江苏省高等学校立项精品教材（苏教高[2009]29号）

南京林业大学“十一五”立项精品教材

水土保持与防护林学

（第 2 版）

主　编　张金池

副主编　胡海波　林　杰　庄家尧

主　审　叶镜中

中 国 林 业 出 版 社

图书在版编目（CIP）数据

水土保持与防护林学 / 张金池主编. —— 2版. ——
北京：中国林业出版社，2011.5（2019.4重印）
ISBN 978-7-5038-6196-3

Ⅰ. ①水… Ⅱ. ①张… Ⅲ. ①水土保持－研究②农
田防护林－研究 Ⅳ. ①S157 ②S727.24

中国版本图书馆CIP数据核字（2011）第100378号

出 版　中国林业出版社（100009
　　　　北京西城区德内大街刘海胡同7号）
电 话　（010）83224477
发 行　中国林业出版社
印 刷　北京中科印刷有限公司
版 次　2011年6月第1版
印 次　2019年4月第2次
开 本　850×1168　1/16
印 张　22
字 数　500千字
定 价　55.50元

前　言

水土资源是人类赖以生存的物质基础，是生态环境与农业生产的基本要素。防止水土资源的损失与破坏，保护、改良和合理利用水土资源是我们的立国之本，也是人类生存和发展的必然选择。因此，维护和提高土地生产力，发展水土流失地区的生产，改善生态环境，整治国土，治理江河，减少水、旱、风沙等自然灾害，具有重要意义。

《水土保持与防护林学》是高等院校"水土保持与荒漠化防治专业教学计划"中设置的专业必修课。本教材作为江苏省高等学校立项精品教材（苏教高[2009]29号），是在1996年编写的《水土保持与防护林学》(第1版)基础上，重新修订编写的。《水土保持与防护林学》（第2版）共分为水土保持、农田防护林以及荒漠化防治三部分，突出体现了我国南方丘陵山区水土保持和平原林业生态工程的特点，补充介绍了近年来国内外水土保持理论与实践发展的新经验、新观念，系统阐述了土壤侵蚀原理及防治措施、水土保持规划及监督执法，以及农田防护林建设技术等，增加了最新的水土流失监测方法、模型，城市水土流失以及开发建设项目水土保持方案编制等内容，增强了教材的实用性。

本教材由南京林业大学森林资源与环境学院张金池任主编，胡海波、林杰、庄家尧任副主编。各章分工如下：第一、五、六、十五章及附录由张金池编写，第二、三、四、七章由林杰编写，第八、十、十一、十二章由庄家尧编写，第九、十三、十四、十六、十七章由胡海波编写。张金池负责全书大纲制订及统稿、定稿工作。

南京林业大学叶镜中教授受邀担任本书主审人，在此表示衷心感谢。

本教材在编写中，引用了大量的有关书籍和科研论文中的资料、数据，在此谨向原文作者致以深切的谢意。

本教材可作为水土保持与荒漠化防治专业（专业方向）本科生必修课教材或农学门类环境生态类其他专业的选修课教材，也可作为水土保持与荒漠化防治、生态环境建设、农业、林业、水利、环境保护等部门和科研单位技术人员的参考用书。

我国地域辽阔，水土流失严重，侵蚀类型复杂，且受编者的知识水平与实践经验所限，书中不足及错误在所难免。衷心期望读者提出批评指正，以便进一步修改、完善。

编　者

2010年9月于南京

目　录

第一篇　水土保持

第一篇　水土保持

第一章
绪　论

水，是生命之源；土，乃万物之母。水与土的结合孕育了无数生命，带来了人类的文明与繁荣。然而对于水土资源的不当应用，破坏了自然的和谐，优质的土壤在缺失，河流湖泊被淤塞，环境退化，气候恶劣，农业萧条，灾害频发。如何控制水土，减少流失，如何更加合理利用水土资源，水土保持学就是在研究处理这些问题时逐渐产生和发展的。本学科主要通过对水土流失规律和水土保持措施的研究，与其他多门自然科学理论相结合，预防和治理自然因素和人为活动造成的水土流失。

第一节　水土保持学研究的对象和内容

一、水土保持的定义

水土保持（Soil and water conservation）是农业计划中的一个项目，其不仅研究土壤侵蚀的控制，消极地保持水土，而且将水土流失的治理、研究和预防监督有机地结合起来，进而实施土地及其经营作业上所需要的水土保持技术，保护和合理利用水土资源，实现经济、社会和环境的可持续发展。

美国首任农业部水土保持局局长贝仁德（H.H.Bennett）指出："现代的水土保持是以合理的土地利用为基础，一方面使用土地，一方面给予土地以其所需要的适当处理，藉以保持其生产至永续不衰"。我国科学家竺可桢在全国水土保持工作会议上的讲话（1955 年）中指出："水土保持就是与自然界水土流失现象作斗争。"在辛树帜和蒋德麒主编的《中国水土保持概论》（农业出版社，1982）中，水土保持学的定义为："水土保持学是在劳动人民防治水土流失危害、发展农业生产的实践中产生和发展起来的一门科学"，它的主要任务是研究地表水土流失的形式、发生和发展规律与控制水土流失的基本原理、治理规划、技术措施及其效益等，以达到合理利用水土资源，为发展农业生产、治理江河与风沙，保护生态环境服务。

在《中国大百科全书·水利》（1992）中明确指出，水土保持学是一门研究水土流失规律和水土保持综合措施，防止水土流失，保护、改良和利用山丘区和风沙区水土资源，维护和提高土地生产力，以利于充分发挥水土资源的经济效益和社会效益的应用技术科学。从这个定义中可以看出：

（1）水土保持是山丘区和风沙区水、土地资源的保护、改良与合理利用，而不仅限于土地资源，水土保持不同于土壤保持。

(2) 保持 (Conservation) 含义不仅限于保护，而是保护、改良和合理利用 (Protection, improvement and rational use)。水土保持不能单独地理解为水土保护、土壤保护、更不能等同于土壤侵蚀控制。

(3) 水土保持的目的在于充分发挥山丘区和风沙区水土资源的生态效益、经济效益和社会效益，改善当地农业生态环境，为发展山丘区、风沙区的生产和建设，整治国土、治理江河，减少水、旱、风沙灾害等服务。

(4) 水土保持学是近年来才发展形成的一门综合性很强的应用技术科学。虽然水土流失规律具有基础理论研究的性质，但它也是应用性的基础理论研究，具有保护、改良和合理利用水土资源的明确目的。

二、水土保持学研究的对象和内容

水土保持学是劳动人民在长期防治水土流失，发展农业生产的实践中发生和发展起来的一门科学，它研究地表水土流失的形式、发生和发展的规律以及控制水土流失的技术措施、治理规划和治理效益等，以达到合理利用水土资源，为发展农业生产，治理江河与风沙，保护生态环境服务的目的。水土保持学研究的内容主要有：

(1) 研究水土流失的形式、分布和危害。即研究地表土壤及其母质、基岩在外营力作用下的侵蚀、搬运和堆积形式，以及水土流失的分布，水土流失对国民经济、水陆交通和生态环境等方面的危害。

(2) 研究水土流失的规律和水土保持的措施。了解在多种自然因素综合作用下，水土流失发生和发展的规律，以及人类活动在水土保持工作中正、反两方面的经验教训，为采取合理的水土保持技术措施提供理论依据。

(3) 研究和制定水土保持规划。通过调查、研究水土资源的现状，进行水土资源评价和侵蚀潜在危险性分析，开展水土保持区划，以及林草、工程和耕作措施规划，达到保持水土，合理开发利用水土资源的目的。

(4) 研究水土保持效益和水土流失预防监督技术。采用相应的水土保持措施后，研究它们在蓄水、拦泥、增产方面的单项和综合效益，以及对江河径流的调节，蓄水拦泥和改善生态环境方面的影响。做到以防为主，防治结合。

第二节　国内外水土保持的历史沿革与发展趋势

一、中国的水土保持历史沿革

1. 历史上的水土保持概况

我国在水土保持防治方面有着悠久的历史，是世界上最早认识水土流失现象并开展水土保持工作的国家之一。据文献记载，春秋时期，《诗经》中有“原隰既平，泉流既清”的诗句，当时治理的土地为平原和下湿地，治理措施主要是从合理利用土地角度出发，为各种土地规定了不同的用途，将山川、薮泽，滨水等下湿地划在耕地之外。同时对山林、薮泽设官立禁，进行保护。《佚周书》说，大禹时的禁令是春季3个月不准刀斧进入山林，以便草木生长，夏季3个月不准网罟进入河川、薮泽，以便鱼鳖繁殖。并加强沟洫治理，防止田面冲刷。

战国时期，由于封建制度的确立，科学技术有了进一步发展，大大解放了劳动力，加之人口增加，社会上对土地的需求量增大，人们在改河造地，围湖造田的同时，还大力开垦那些被认为不适合于耕种的山林、丘陵和沮洳、薮泽。由于水土流失现象严重，水旱灾害的发生日益引起人们的关注。“土返其宅，水归其壑”这一历史上最早出现的具有水土保持内容的口号开始被提出来了。

秦至鸦片战争时期，最突出的现象是山林遭到严重破坏，其原因主要有如下诸方面，封建帝王大兴土木、兴建宫室、陵寝，经常破坏大面积的山林；其次是统治阶级为了镇压人民的反抗和农民起义军，常常大肆砍伐焚毁山林。此外，历代的统治者为了防止外来骚扰，常采取“烧荒防边”办法，每到秋季草枯，将塞上数百里内外的草原全部烧光，加之滥垦滥牧，致使秦汉后期的水土流失现象日趋严重。先秦时期将黄河称为“浊河”。西汉末年的张戎曾用“一旦水六斗泥”来形容黄河多泥沙的情景。大量泥沙淤积河道，致使黄河决口和改道次数增加。据统计，秦汉时期黄河平均26年决口改道一次，三国到五代平均每10年一次，北宋时期平均每年一次，元、明、清三代增加到平均每4～7月一次。然而，当时在水土保持工作方面也取得了很大成绩，特别是南方山区修建梯田技术已发展到十分完善的地步，黄河流域也采用引洪漫地和打坝淤地等措施，一方面增地肥田，另一方面减轻黄河河床的负担。

1840年鸦片战争后，在西方现代科学的影响下，我国水土保持研究和实践逐步展开。从那时起到本世纪30年代初为我国现代水土保持的开创阶段，主要通过高等院校、科研单位介绍国外有关土壤侵蚀与防冲的原理，并在外国专家的帮助下做了一些开创性的调查试验工作。1933年成立黄河水利委员会，并提出上、中、下游并重的治黄方针，改变了“历来河防专重下游，上中游河害无人顾及”的局面。到1949年全国解放前夕共设有5个水土保持实验区和5个附设工作站，但当时国民党统治已临崩溃，水土保持经费不足，多已名存实无。仅留一个“天水水土保持实验区”，即现在的黄河水利委员会天水水土保持科学试验站。

2. 建国以后的水土保持工作情况

新中国成立以后，党中央、国务院对水土保持工作十分重视，水土保持事业蓬勃发展，从上到下层层设立了领导部门和科研机构，提出了一系列有关水土保持方面的方针政策。1955年召开了全国第一次水土保持工作会议，全国人民代表大会通过了《关于根治黄河水害和开发黄河水利的综合规划报告》；1957年国务院颁布了《中华人民共和国水土保持暂行纲要》；1982年国务院颁布了《水土保持工作条例》；1991年第七届全国人民代表大会常务委员会第20次会议，又通过了《水土保持法》，确保了水土保持工作的顺利进展。

通过修梯田、建水库、引洪漫地、打谷坊和造林种草，以及合理的耕作制度，据统计，到1982年，全国已初步治理水土流失面积40万km^2，约占全国水土流失面积的1/4。到1989年，累计治理水土流失面积达50万km^2，其中营造水土保持林0.27亿hm^2，种草330万hm^2，修建水平梯田0.73亿hm^2。到2006年，累计治理水土流失面积达97.5万km^2。其中小流域综合治理面积累计达到37.9万km^2。

根据全国实测河流泥沙资料分析，目前我国平均每年从山地、丘陵被河流带走泥沙约35亿t，其中直接入海泥沙约18.5亿t，占全国河流总输沙量的53%，流出国境的泥沙约2.5亿t，占全国河流总输沙量的7%；内陆诸河每年从山丘区带走泥沙约2亿t，占总输沙量的6%。平均每年约有12亿t泥沙淤积在外流区中下游平原河道、湖泊和水库中，或被引入灌区以及分洪区内。

松花江、辽河、海滦河、黄河、淮河、长江、珠江等7条大江河流域面积占全国国土面积的45%，地表水资源占全国总量的57%，泥沙量占全国总输沙量的85%，其中黄河流域输沙量最大，平均年输沙量和入海量分别占全国的53%和60%；长江流域次之，分别占21%和26%。

黄河流域的水土流失举世瞩目，水土流失面积达49（到2006年）万km^2，占黄土高原总面积的70%以上，其中严重流失区约21万km^2。经过50多年的治理，初步治理面积达18.3（至2000年）万km^2，占黄河中上游水土流失面积的42%。其中营造水土保持林87.7万hm^2，种草269万hm^2，建成基本农田646.7万hm^2，封山育林66万hm^2，泥沙冲刷量大幅度下降（至2005年底，初步治理面积达21万km^2）。据有关资料分析，黄土高原各项水土保持措施（包括库、坝拦蓄），每年减少入黄泥沙约6亿t，但多年来黄河的输沙量仍徘徊在16亿t左右，这主要与黄河中游产沙量有较高有关。

近年来，由于广泛开展长江中上游的防护林工程建设，以及大抓了修梯田、堵崩岗、治沟壑、荒山造林种草，水土流失得到较大幅度控制，仅就四川、贵州、湖南、湖北和江西5省的不完全统计，约有36%以上的水土流失面积得到了控制。

应该指出，我国的水土流失形势仍然是严峻的，如：南方红黄壤区的水土流失又有了新的发展。据1981年调查，30多年来，长江流域13个流失重点县的流失面积，每年平均以1.25%的速率递增。长江上游的土壤侵蚀量也由以往的13亿t增加到15.8亿t。2008年数据：长江流域水土流失面积63万hm^2，占流域面积30%，年均土壤侵蚀总量22亿吨。据不完全统计，上游共有1.3万多处滑坡和3000条泥石流沟。

二、国外的水土保持历史沿革

全世界的山地面积约占陆地面积的1/6，进入本世纪中叶以来，随着人口数量的增加，毁林开荒，以及不合理的土地利用，促使土壤侵蚀加剧。据统计数字表明，全世界约有60亿hm^2的土地发生水土流失，世界各大洲每年土壤流失总量达769亿t，其中亚洲和非洲的流失量最大，分别为269亿t和216亿t，大大增加了河流的泥沙含量。世界上一些大河（流域）的泥沙量，以中国的黄河年输沙量占首位，布拉马普拉河和印度河次之（表1-1）。另据联合国开发署估计，全世界仅由于土壤侵蚀每年要失去耕地500万～700万hm²。水土流失已成为当代世界环境问题中的主要问题之一，已引起人们的普遍关注。

美国国土面积936万km²，水土流失面积427万km²，其中严重流失面积114万km²，占总面积的12.2%。在近200年内，因水土流失毁坏了近2亿hm²的耕地。据统计，多年平均土壤侵蚀总量达64亿t，而流失量达40亿t。仅1934年一场尘风暴，一次就刮走表土3亿多t，毁掉耕地300多万hm²。由于尘风暴的危害，美国政府对水土保持工作给予了高度重视，1935年通过了水土保持法，成立了土壤保持局，1945年成立了土壤保持学会。美国的水土保持措施分为坡面治理措施和沟壑治理措施两大类。

坡面治理措施主要有：水土保持农业耕作措施（休闲、轮作、地表覆盖、等高耕作、少耕法和免耕法等）、田间工程措施（倾坡地埂、水平地埂、带状地埂、水平梯田、隔坡梯田、田间排水系统，垄沟区田等）和植树种草等。

沟壑治理措施主要有：草皮排水道、封沟育林草、沟头防护、削坡填沟、坝库工程（混

表1-1　世界一些大河的泥沙特征值统计

河　名	国　名	站　名	流域面积(10^4km²)	平均年径流量(10^8m³)	平均年输沙量(10^8t)	平均年输沙模数(t/km²)	年平均含沙量(kg/m³)
黄河	中国	龙门等四站	68.8	543	16.1	2290	36.9
面拉马普特拉河	孟加拉、巴基斯坦	杜拉巴特	53.7	6140	7.35	1370	1.16
印度河	巴基斯坦	卡拉巴格	30.5	1100	6.80	2230	6.18
长江	中国	宜昌	100.6	4468	5.14	512	1.18
恒河	孟加拉	尔丁吉桥	97.6	3680	4.80	492	1.31
亚马逊河	巴西		615	69300	3.62	59	0.05
密西西比河	美国		322	5800	3.12	97	0.54
伊洛瓦底江	缅甸		40.9	4860	3.00	730	0.62
阿姆河	前苏联	阿姆河中段	46.5	606	2.18		3.59
密苏里河	美国	赫尔曼	137	715	2.18	159	3.05
干达克河	印度		4.6	630	1.96	4250	3.12
科罗拉多河	美国	大峡	35.7	156	1.81	507	11.6
湄公河	老挝	巴色	54.0	3020	1.32		0.44
红河	越南	越池	11.3	1230	1.30	244	1.06
尼罗河	埃及	开罗	290.0	840	1.11	1150	1.32
阿特察法拉亚河	美国	克罗茨泉		1640	1.10		0.67
阿肯色河	美国	小石城	41.0	370	1.05	256	2.84

凝土坝、砌面坝、土坝）等。

印度国土面积 297.4 万 km²，其中 175 万 km² 土地遭受严重的土壤侵蚀（水蚀和风蚀），还有 69 万 km² 的土地由于遭到侵蚀处于退化阶段，多年平均侵蚀总量达 66 亿 t。

前苏联国土面积 2240 万 km²，不同程度的侵蚀危险土地面积约为 1500 万 km²，占国土面积的 2/3 左右。其中融雪径流侵蚀危险土地面积为 850 万 km²，融雪与降雨径流共同作用的侵蚀危险土地面积为 490 万 km²，降雨径流侵蚀危险土地面积 160 km²。自 50 年代中后期，由于加强了干旱草原的开垦，生态环境恶化，风暴迭起，不断吞没耕地，仅 1963 年一场尘风暴就毁掉耕地 0.2 亿 hm²。到了 70 年代，全国共有 200 多个科学研究单位承担了全国不同自然区的土壤侵蚀规律及水土保持综合治理体系的研究工作。几乎各加盟共和国的土壤与农业化学研究所、农业科学研究所、森林改良土壤研究所、水利科学研究所、果树研究所、农业机械化研究所及高等院校的许多教研室都从事水土保持研究工作。近年来又采取了一系列的水土保持措施，在坡地上修梯田种葡萄、核桃等经济树种，山坡上营造了大面积的松、桦、橡树等用材林，使水土流失得到了较好的控制。

日本是比较重视水土保持工作的国家，国土面积 37.7 万 km²，且 3/4 为山地，年降雨量高，多台风暴雨，加上人多地少，到处开荒，加剧了水土流失。据 1957 年统计，水土流失面积占国土面积的 64%，其中严重流失区占 17%。1947 年，日本制定了“十年治水计划和防沙事业总体规划”，1950 年以来又颁布了《林业基本法》、《防止滑塌法》、《防止陡崖崩塌法》等有关水土保持法案，1953 年通过了“治山治水决议案”。在保护现有森林的同时，还大面积地绿化荒山，至 1959 年基本完成荒山绿化工作，目前森林绿化率高达 68%，水土流失治理成效及其显著。

此外，澳大利亚、朝鲜、意大利、菲律宾等国的水土流失也比较严重，目前正在积极开展水土保持工作，且已取得了较显著的成就。

三、水土保持研究进展

水土流失作为一种自然现象，是在自然因素和人类不合理的生产活动共同作用下，发生和发展的。世界各国在努力探求防治措施的同时，更加重视社会经济因素的分析。联合国环境署所属国际发展研究组织联盟所拟的 SOS（Save our Soils，土壤保护）项目，把这一问题列为研究重点。目前，有 14 个国际性的研究中心从事此项研究工作。

近年来，世界各国水土流失研究有了新的进展，许多国家开展了以流域为单元的流域管理研究。据联合国教科文组织（UNESCO）1974 年统计，全世界共有水文代表性流域和实验性流域千余处，其中美国 300 处，前苏联 200 处。美国土壤保持局 1979 年完成了全国土壤侵蚀状况普查，并选择 72500 个试验区进行水土流失治理工作。

我国的水土保持科研工作，在宏观和微观研究方面也有较大进展，特别是以流域为单位的治理研究，受到许多科研单位和业务部门重视，仅黄河水利委员会“七五”期间组织实施的试点小流域就达 52 处，长江、淮河、珠江、辽河等流域也有新的进展。

随着计算技术的发展，水土流失研究向定量化方面跨进了一步。许多研究者提出了流域数学模型，包括径流成因模型、产沙数学模型和水质模型等。有关水土流失机理的研究，不少学者多已采用人工降雨模型试验，对径流与冲刷，降雨动能与雨滴特性，坡面径流速度与不同土壤类型抗蚀能力进行了定量研究，取得了可喜进展。

应该指出，目前我国的水土流失仍然十分严重，其发展趋势究竟如何是一个十分复杂的问题，也是人们极为关注的问题。为探索和掌握水土流失规律，需要进一步开展多学科的合作研究。诸如关于水土流失的分类与分区研究，水土流失动力机制的研究，土壤允许侵蚀量与治理标准的研究，水土流失与生态环境演变、污染等环境问题的研究，以及水土流失预测预报及新技术的应用等，都有待于组织力量，协调公关，以加速研究进程，从而使水土保持科学研究在农业环境保护和防治水土流失灾害的事业中，发挥更大作用。

第三节　水土流失的危害

历史证明，土壤侵蚀是全球范围发生最广，危害最严重的世界十大环境问题之一，它不仅造成大量的水、土资源流失，而且直接导致洪水隐患、土地退化、水质污染等生态环境问题。古罗马帝国因风蚀沙化毁掉了北非的粮仓；古巴比伦王国因土壤侵蚀恶化生态环境而毁灭；遍及中美洲的玛雅文明，因统治者过分追求眼前利益，掠夺水土资源而衰亡；近 50 多年来，沙化导致撒哈拉沙漠多次南侵，迫使邻近国家不得不放弃大片宜农、宜牧土地；1934 年美国发生的“黑风暴”给美国人民带来了巨大灾难；我国的水土流失历史久、面积广、危害深、程度烈，举世罕见，是我国社会经济持续稳定发展的限制因素之一，全国人大环境资源委员会曲格平认为水土流失是我国头号环境问题。2005 年 7 月 3 日，由水利部、中国科学院和中国工程院联合开展的“中国水土流失与生态安全综合科学考察”，历时近三年的中国水土流失与生态安全综合科学考察活动报告，我国水土流失面积 356.92 万 km^2，占国土总面积的 37.1%，全国平均每年因人为活动新增水土流失面积达 1 万 km^2，每年流失土壤总量达 5.0×10^{12}kg，占世界年流失量的 19.2%，其中有 3.3×10^{12}kg 是耕地土壤。同时，科学综合考察专家组也指出：“水土流失是我国各种生态问题的集中反映，又是导致生态进一步恶化和贫困的根源。”水土流失危害主要表现在如下几方面：

1．土层变薄，裸地增多

在长期的侵蚀—耕作—再侵蚀过程中，土壤颗粒尤其是粘粒不断流失，土壤侵蚀速度远大于成土速度，土层日渐瘠薄，严重地段则伴有大量土地岩石裸露，成为不毛之地。据山东师范大学黄春海教授研究，山东省丘陵区土壤年平均侵蚀深度达 2.7 ~ 3.7mm；西北黄土丘陵区，由于土壤侵蚀使失去 A 层和 A+B 层的土壤已达 90%。安徽大别山区某些低山丘陵因过度开垦，表土流失，存在着严重的土壤沙漠化现象。

2．恶化土壤性状，土地生产力下降

水土流失过程总是由表及里，从表土层至心土层，侵蚀带走的固体物质主要是细小的土粒，这部分又是土壤的精华，致使土壤结板、沙化、生产力降低。据研究，每流失 100g 悬移质，就流失 N、P、K4.87g，按全国每年流失土壤 50 亿 t 计算，可流失化肥 1 亿 t。美国因土壤侵蚀使作物减产，每年损失 8 亿美元；加拿大因水蚀和风蚀引起的经济损失达 4.84 亿～ 7.1 亿美元。

3．江、河水库淤积，减低通航和抗灾能力

坡面土壤侵蚀产生的土壤颗粒随地表径流进入沟道，再进入大江、大河和水库，当水流速度减慢时泥沙沉淀，淤积河道，填满水库。在我国，侵蚀泥沙对河道和水库建设的危害非常突出，在世界上也是罕见的。黄河下游每年淤积泥沙达 4 亿 t，河床上升 8 ～ 10cm。建国后黄河下游河堤已加高 3 次。据资料记载，三门峡水库修建库容 77 亿 m^3，运行 8 年（1958 ～ 1966 年）就已淤积 33 亿 m^3，占库容的 44%，年淤积率为 5.87%。长江上游各类水利工程年淤积量达 3.6 亿 t，泥沙淤积河道、水库，严重影响通航、泄洪和调洪能力，如长江航运距离在 1957 年为 7 万 km，至 80 年代中期已缩减成至 3 万～ 4 万 km。

4．恶化生态环境，自然灾害加剧

土壤是生态系统中的重要组成部分，随着土壤侵蚀的发展，土壤生态也发生相应变化。如土层变薄，肥力降低，含水量减少，热量状况变劣等，致使生态环境长期处于恶化状态而难以逆转。土壤侵蚀和生态系统的恶化，降低了土壤的抗灾能力，加剧了旱、涝灾害的发生。例如，四川省近 50 年来，旱、涝灾害发生的频率增加，50 年代为 3 年一大旱，60 年代为 2 年一大旱，而 70 年代则有 8 年是大旱，基本上都有大旱发生。特别是 90 年代以来，特大旱灾的频率明显增加。1994 年，四川全省大面积遭受了历史罕见的夏旱和伏旱。继 2006 年遭受特大旱灾之后，2007 年又遭受严重冬干春旱连夏旱。可以预料，随着森林植被的破坏和土壤侵蚀的发展，必将导致生态环境的进一步恶化。

第四节　荒漠化防治

由于荒漠化已发展成为全球性的生态环境与资源保护及持续利用问题，曾在 1972 年召开了国际荒漠化会议。1977 年联合国又在内罗毕举行了国际防治沙漠化会议。并在 1992 年 6 月在里约热内卢发表的联合国环境与发展大会决议的第 47 届联大决议基础上，于 1994 年 6 月在巴黎签署了《国际荒漠化防治公约》，以便动员与组织世界各国的力量，开展荒漠化防治工作。

据统计，目前全世界受荒漠化威胁的和将要受到荒漠化影响的土地面积大约 3800 万 hm^2，至少有 2/3 的国家或地区受到荒漠化的影响，涉及全球 14% 的人口。我国约有 1.7

亿人口受到荒漠化的危害或威胁。

土地荒漠化的后果是贫困，土地退化，生产潜力减低，甚至完全丧失生产能力，必将引起社会的不安定。从某一局部地区来看，荒漠化破坏土地及其自然资源，使土地退化，妨碍当地经济和社会的发展；从某一国家来看，荒漠化引起国家经济的损失，破坏能源及物质生产，加速贫困，引起社会不安定。从全球来看，荒漠化对生态系统中气候因素造成不利影响，破坏生态平衡，引起生物物种损失。

我国在荒漠化防治方面成效显著，40多年来已采取营造防护林及封育等措施，使10%的荒漠化土地得到治理及保护，产草量增加20%。但随着人口数量的增长，人们对土地开垦指数增高，近10年来，全国的荒漠化土地面积呈不断增加趋势。因此，应在国民经济持续发展的前提下，动员全民参与防治荒漠化这一涉及全球人类生态环境的共同任务。

第五节　与相关学科的关系

水土保持与荒漠化防治课程涉及水力学、水文学、土壤学、气象学、生态学、地质学、地貌学、应用力学等多个学科内容，涉及的面比较宽，要求掌握的基础理论知识较多。

水土保持与荒漠化防治与气象学、水文学的关系主要体现在各种气象因素和气候类型都对水土流失有着直接或间接的影响，并形成不同的水文特征。在研究暴雨、洪水、风沙、干旱等自然灾害时，一方面要根据气象、气候对土壤侵蚀的影响以及径流、泥沙运动规律，采取相应措施进行防治，使其变害为利；另一方面，通过长期的土壤侵蚀综合治理，改变了大气层的下垫面性状，又对局部地区的小气候及水文特征起到调节和改善作用。

水土保持荒漠化防治与地质学、地貌学的关系主要体现在地貌、地质及地理对土壤侵蚀量和土壤侵蚀过程的影响，同时水力、风力、重力侵蚀及冻融侵蚀等土壤侵蚀过程，在塑造地形中又起着一定的作用。地面上的各种侵蚀地貌既是土壤侵蚀的影响因素，也是土壤侵蚀参与作用的结果。土壤侵蚀与地质、地貌和岩石特性有着密切的关系，滑坡、泥石流等土壤侵蚀问题的研究及其防治措施都需要运用第四纪地质学、水文地质和工程地质等方面的专业知识。

水土保持与荒漠化防治与土壤学的关系主要体现在土壤、母质和浅层基岩是水蚀、风蚀的主要对象，不同的土壤具有不同的渗水、蓄水和抗蚀能力。改良土壤性状，保持与提高土壤肥力与水土流失防治有很大关系。

另外，在研究水土流失的成因，水力、风力、泥沙和风沙流运动规律及其防治对策时，还需要具有水力学、泥沙运动力学、工程力学、土力学、岩石力学等方面的基础知识。在应用科学方面，水土保持与荒漠化防治还与环境保护、农学、林学及农田水利及水利工程等方面的学科有密切关系。

第二章
土壤侵蚀的形式、程度及类型区划分

土壤侵蚀是指土壤或成土母质在外力（水、风）作用下被破坏剥蚀、搬运和沉积的过程。由于土壤性质、气候因素以及生物的影响，土壤侵蚀表现形式也非常复杂。为了更好地反映和揭示不同类型的侵蚀特征和区域分异规律，必须根据侵蚀形式的不同进行分类研究。在划分土壤侵蚀类型时，我们一般按照外营力性质对土壤侵蚀类型进行分类，并根据土壤侵蚀的强弱程度进行强度分级，制定相应的指标，以便为水土流失治理提供依据。在我国也根据外力的不同划分了三大侵蚀类型区，根据各自特点因地制宜的制定相应防控策略。

第一节　土壤侵蚀与水土流失的关系

土壤侵蚀（Soil erosion）是现今世界上大多数国家采用的术语，关于土壤侵蚀的定义，目前尚不统一。

《中国大百科全书·水利卷》（1992）对土壤侵蚀（Soil erosion）有明确的定义：土壤侵蚀是指土壤及其母质在水力、风力、冻融、重力等外营力作用下，被破坏、剥蚀、搬运和沉积的过程。其本质是土壤肥力下降，理化性质变劣，土地利用率降低，生态环境恶化。同时，该百科全书还指出：土壤在外营力的作用下产生位移的物质量，称为土壤侵蚀量（The amount of soil erosion）。单位面积单位时间内的土壤侵蚀量为土壤侵蚀速度（The rate of soil erosion）。在特定时段内通过小流域某一观测断面的泥沙总量称为流域产沙量（Sediment yeild）。

水土流失（Soil and water loss）在《中国水利百科全书·第一卷》中定义为：在水力、重力、风力等外营力的作用下，水土资源和土地生产力的破坏和损失，包括土地表层侵蚀及水的损失，亦称水土损失。土地表层侵蚀指在水力、风力、冻融、重力以及其他外营力作用下，土壤、土壤母质及岩屑、松软岩层被破坏、剥蚀、转运和沉积的全部过程。水土流失的形式除雨滴溅蚀、片蚀、细沟侵蚀、沟蚀等典型的土壤侵蚀形式外，还包括河岸侵蚀、山洪侵蚀和泥石流侵蚀以及滑坡等侵蚀形式。

水土流失一词在我国早已被广泛应用，自从土壤侵蚀一词传入我国以后，从广义上理解常被用作水土流失的同一语。从土壤侵蚀和水土流失的定义中可以看出，两者虽然存在着共同点，即都包括了在外营力的作用下，土壤、母质及其浅层松散母岩的剥蚀、搬运和沉积的全过程。但也有明显的区别，如水土流失中包括了在外营力的作用下水土资源的破坏和生产力的损失，而土壤侵蚀中则没有。

虽然水土流失与土壤侵蚀在定义上存在着明显区别，但因为水土流失一词源于我国，有着较长的应用历史，且在生产实践中应用的较为普遍。土壤侵蚀一词为传入我国的外来语，其涵义又狭于水土流失的内容。随着水土保持学科的逐渐发展和成熟，虽然在教学和科研过程中人们对两者的差异给予了越来越多的重视，但在生产上人们常把水土流失作为土壤侵蚀的同一语来使用。

第二节　土壤侵蚀的类型

土壤侵蚀的形式包括土壤及其母质、基岩受水力、风力、冻融和重力作用的侵蚀形式，以及被侵蚀物质的搬运形式和堆积形式。从解剖土壤侵蚀形式入手，可以总结归纳土壤侵蚀规律的共性，是因地制宜地科学规划水土保持措施的前提和必备条件，具有重要的现实意义。

根据土壤侵蚀研究和防治的侧重点不同，土壤侵蚀类型（The type of soil erosion）的划分方法也不同。通常有如下三种，即按照土壤侵蚀的成因和发展速度来划分土壤侵蚀类型、按照土壤侵蚀发生的时间划分土壤侵蚀类型和按照导致土壤侵蚀的外营力来划分土壤侵蚀类型。

1. 按照土壤侵蚀的成因和发展速度划分土壤侵蚀类型

根据引起土壤侵蚀的原因和发展速度，以及是否对土壤资源造成破坏，将土壤侵蚀分为正常侵蚀（Normal erosion）和加速侵蚀（Accelerated erosion）。

正常侵蚀是在没有人类活动干预的自然状态下，纯粹由自然因素引起的地表侵蚀过程，在人类出现以前，这种侵蚀就在地质作用下缓慢地有时又很剧烈地以上万年或更长时间为周期进行着，其结果也不显著，常和土壤的自然形成过程取得相对稳定的平衡，即土壤的流失小于或等于土壤形成作用的进程，也不至于对土地资源造成危害，这种侵蚀不易被人们所察觉。因而，不仅不破坏土壤及其母质，反而有时对土壤起到更新作用，使土壤肥力在侵蚀过程中有所增高，在坡地上的一些原始土壤剖面能够保存下来，就是自然侵蚀的结果。

随着人类的出现，特别是在世界人口急剧增长的情况下，人们加速了对各类土地的开垦、利用，如在坡地上垦殖，过度樵采、滥伐森林、过度放牧等。人类活动破坏了自然状态，加快和扩大了某些自然因素作用所引起的地表土壤移动过程，直接或间接地加快了土壤侵蚀速度，使侵蚀速度大于土壤的自然形成速度，导致土壤肥力每况愈下，理化性质变劣，甚至使土壤遭到严重破坏，通常把这种现象称之为加速侵蚀。

由于人类生产活动常造成较为剧烈的土壤侵蚀，破坏了人类赖以生存的环境条件。土壤不断流失也意味着人类不断丧失生存的基础。所以，通常根据有无人类活动影响，把土壤侵蚀分为正常侵蚀（自然侵蚀）和加速侵蚀两类。我们常说的土壤侵蚀，是指由于人类活动影响所造成的加速侵蚀。水土保持学所研究和治理对象也是就加速侵蚀而言的。

2. 按照土壤侵蚀发生的时间划分土壤侵蚀类型

根据土壤侵蚀发生的时间来划分，将土壤侵蚀分为古代侵蚀（Ancient erosion）和现代侵蚀（Modern erosion）。

古代侵蚀是指远在人类出现以前的地质时期内，在构造运动和海陆变迁所造成的地形基础上进行的一种侵蚀作用。古代侵蚀的实质是地质侵蚀，即正常侵蚀。古代侵蚀的结果，形成了今日的侵蚀地貌，这种侵蚀地貌既是古代侵蚀的产物，又是当代人类赖以生存的基础。因而，古代侵蚀所形成的地貌条件与现代侵蚀有密切关系。

现代侵蚀是指人类出现以后，受人类生产活动影响而产生的土壤侵蚀现象。人类出现以后，开始是刀耕火种，逐渐开发和利用自然资源，随着地面植被的大量破坏，土壤侵蚀的规模和速度逐渐增加，这种侵蚀有时十分剧烈，往往在很短的时间内，侵蚀掉在自然状态下千百年才能形成的土壤，给生产建设和人民生活带来严重后果。从而又影响和限制着人们的生产和经济活动，所以，现代侵蚀又称之为现代加速侵蚀。

综上所述，古代侵蚀所形成的地貌基础，是人类进行生产、经济活动和现代侵蚀发生发展的基础，也是防治现代侵蚀的场所，而现代侵蚀则是我们当前防治土壤侵蚀的主要对象。

3. 按照导致土壤侵蚀的外营力来划分土壤侵蚀类型

国内外关于土壤侵蚀的分类多以造成土壤侵蚀的外营力为依据，是土壤侵蚀研究和土壤侵蚀防治工作中最为常用的一种方法。在各种诱发土壤侵蚀的因子中，降水和风是最重要的侵蚀外营力，此外还有重力作用、冻融作用、泥石流作用等。

我国土壤侵蚀类型的划分，基本上是以诱发侵蚀的外营力进行的，但同时考虑侵蚀形式和防治特点。因此，我国的土壤侵蚀类型可分为水力侵蚀、风力侵蚀、重力侵蚀、冻融侵蚀、泥石流侵蚀（混合侵蚀）和化学侵蚀等。

另外，还有一种土壤侵蚀类型即生物侵蚀（Biological erosion）。其是指动、植物在生命活动过程中，引起的土壤肥力降低和土壤颗粒迁移的一系列现象。

第三节　土壤侵蚀的形式

土壤侵蚀的形式是指在一定种类土壤侵蚀外营力的作用下，由于影响土壤侵蚀的自然因素和土壤侵蚀发生的条件不同，使地表形态发生变化而导致的地表形态差异。如面蚀是指由于表层土壤颗粒的流失，土层均匀变薄的一种侵蚀形式；而沟蚀则是在地表径流的作用下，呈线状损失部分土壤或母质后形成沟道的一种土壤侵蚀形式。

一、水力侵蚀

水力侵蚀，简称水蚀，是指土壤在水力作用下发生的侵蚀现象，按其发生、发展过程，可分为面蚀、沟蚀和山洪侵蚀。

（一）面蚀

面蚀是指由于雨滴的击溅和分散的地表径流冲走坡面表层土粒的一种侵蚀现象，是土壤侵蚀中最普遍、最常见的一种形式。凡是裸露的坡地表面，都有不同程度的面蚀存在。由于侵蚀面积大，流失的又是肥沃的表土，所以对农业生产危害很大。根据面蚀方式及其表现形态，可以分为雨滴击溅侵蚀、层状侵蚀、鳞片状侵蚀及细沟侵蚀等。

1．雨滴击溅侵蚀

它是指裸露的坡地受到雨滴的击溅而引起的土壤侵蚀现象，它是一次降雨最先发生的土壤侵蚀形态。较大雨滴打击裸露的坡地表面时，把土粒溅起，溅起的土粒落回坡面时，下坡比上坡落的多，因而土粒逐渐向下坡产生位移。随着雨量的增加，溅蚀的加剧，地表往往形成一层泥浆薄层，土粒随之而流失，这种现象常称之为雨滴击溅侵蚀（图 2-1），简称溅蚀。

溅蚀可分为三个阶段，即干土溅散阶段、泥浆溅散阶段和板结阶段。溅蚀破坏土壤表层的结构，堵塞土壤空隙，阻止雨水下渗，为产生坡面径流和层状侵蚀创造了条件。

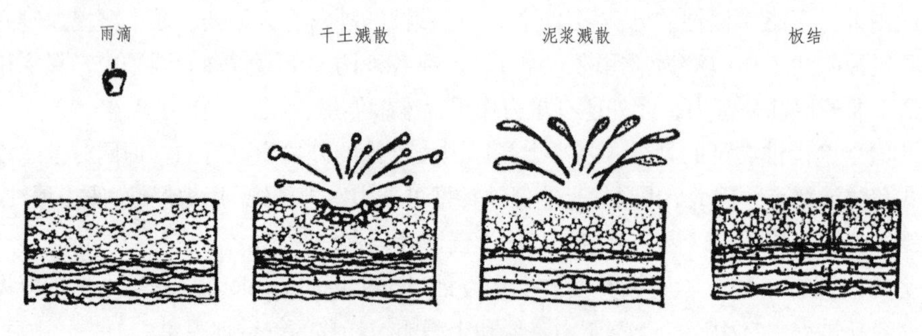

图2-1　击溅侵蚀过程图

2．层状侵蚀

层状侵蚀又称片状侵蚀。当降水在坡面上发生溅蚀，降雨强度超过土壤水分渗透速率时，地面形成泥沙浑浊的薄层水流，把土壤可溶性物质及比较细小的土粒以悬移方式带走，使整个坡地土层均匀减薄。据陕西绥德韭园沟试验站测定，当水层厚 0.2 ~ 0.5mm 时，流量为 0.2 ~ 0.4l/s 的薄层水流中，每立方米含泥沙 162 ~ 531kg。这种泥浆径流实际上是一种由溅蚀向片状侵蚀过渡的侵蚀形式。

3．鳞片状侵蚀

在非农地的坡面上，由于过樵或过牧，自然植被遭到破坏，地被物不能及时恢复，覆盖度降低，呈鳞片状秃斑或践踏成网状的羊道，植被呈鳞片状分布，有植被和没有植被处受溅蚀及径流冲刷情况不同，形成了鱼鳞状面蚀，即鳞片状侵蚀。

鳞片状面蚀发生的程度取决于植被密度、分布的均匀性，以及人或动物的破坏程度。由于不合理地利用资源或过度掠夺资源，鳞片状面蚀在我国的山区及牧区广泛分布。

4．细沟状侵蚀

在较陡的坡耕地上，暴雨过后，坡面被小股径流冲刷，形成许多细密的小沟。这些小沟基本上沿着流线的方向分布，就像屋顶上一条条挂着的椽子，西北黄土高原地区的群众形象地称之为“挂椽”。通常细沟状侵蚀的沟深和沟宽在20cm左右，变化在10～30cm，长度也只有几米或几十厘米，彼此间距不足1m。耕作时可以复平，是一种比较普遍存在的面蚀形式。

（二）**沟蚀**

沟蚀是指汇集在一起的地表径流冲刷破坏土壤及其母质，形成切入地下沟壑的土壤侵蚀形式。面蚀产生的细沟，在集中的地表径流侵蚀下继续加深、加宽、加长，当沟壑发展到不能为耕作所平复时，即变成沟蚀。沟蚀形成的沟壑称为侵蚀沟，亦称水打沟。根据沟蚀程度及表现的形态，沟蚀可以分为浅沟侵蚀、切沟侵蚀、冲沟侵蚀和河沟四种形式。

1．浅沟侵蚀

在细沟侵蚀的基础上，地表径流进一步集中，由小股径流汇集成较大的径流，既冲刷表土又下切底土，形成横断面为宽浅槽形的浅沟，这种侵蚀形式称为浅沟侵蚀。在初期，浅沟侵蚀下切的深度在0.5m以下，逐渐加深到1m。沟宽一般超过沟深，以后继续加深加宽。浅沟侵蚀是侵蚀沟发育的初期阶段，其特点是没有形成明显的沟头跌水，正常的耕翻已不能复平，虽不妨碍耕犁通过，但已感到不便。由于犁耕的作用，沟壁斜坡与坡面无明显界限。浅沟在凸形坡面上呈扇形分散排列，在凹形坡面上呈扇形集中排列，在直线形坡面上平行排列。

2．切沟侵蚀

浅沟侵蚀继续发展，径流冲刷和下切力量增大，有明显的沟头。在初期阶段沟深至少超过1m，逐渐发展到10～20m深。切沟在1/10000地形图上可以被绘出来，其特点是横断面初期呈“V”形，并形成一定高度的沟头跌水，长、宽、深三方向的侵蚀同时进行，即因水流的不断冲刷，使沟头前进和沟底下切，加之重力作用，沟岸亦不断坍塌。由于切沟沟床的比降比坡面比降小，沟头溯源前进，跌水的高度变大，这种跌水是切沟最活跃的侵蚀部分，跌水即冲刷它所跌入的沟底面，又击溅或淘刷跌水面，跌水面的底部被冲蚀淘空之后，悬空的土体很快崩塌，随之出现一个的新的垂直跌水面，落差加大，开始新的循环。

切沟侵蚀在质地疏松、透水性好和具有垂直节理的黄土丘陵区，发展十分迅速，侵蚀量大，切沟深度一般超过20m，深的可达50m。切沟侵蚀使耕地支离破碎，大大降低了土地利用率。切沟侵蚀是侵蚀沟发育的盛期阶段，沟头前进、沟底下切和沟岸扩张均居激烈阶段。所以，这个时期也是防止沟蚀最困难的阶段。

3. 冲沟侵蚀

切沟侵蚀进一步发展，水流更加集中，下切深度越来越大，沟壁向两侧扩展，横断面呈“U”型并逐渐定型化。沟宽和沟深皆可达数十米和上百米，长度以公里计。沟底纵断面与原坡面有明显差异，上部较陡，下部已日渐接近平衡断面，这种侵蚀称为冲沟侵蚀。

冲沟侵蚀形成的侵蚀沟是侵蚀沟发育的末期，沟底下切虽已缓和，但沟头的溯源侵蚀和沟坡、沟岸的崩塌还在发生。当溯源侵蚀达到分水岭时，这就意味着沟顶不再前进，沟底已停止下切，而集中在沟系中的径流仍有一定流速，将以其水平力继续冲刷沟坡的基部，促使沟岸崩塌，不停地促使侵蚀向两旁发展，沟道的宽深比逐渐变大，形成沟岸剧烈扩张的现象。

4. 河沟

在古代水文网雏形的基础上，一些冲沟发育到了老年阶段，这种沟的沟头溯源侵蚀已接近分水岭，沟底下切已达到侵蚀基准所控制的沟道自然比降程度，沟坡扩张达到了其两侧的重力侵蚀趋于大大缓和的地步。同时沟中多具有常流水，说明沟蚀已达老年阶段，此种侵蚀沟称为“河沟”。

另外，在土壤层及母质层不太厚，下层又是坚硬岩石的土石山区，集中的股流虽然有很大的冲力，但是基岩确限制了侵蚀沟的下切，形成了宽而浅的侵蚀沟。沟底的纵断面受基岩影响而呈现各种形态沟，同时来源于两岸或斜坡上的土沙石砾等常堆积在沟内，特称此类侵蚀沟为荒沟。在气温较高、雨量充沛的南方花岗岩地区，由于花岗岩是以球状风化（化学风化）为主，地表径流将风化的岩屑不断带走，形成沟口较圆、沟坡较陡的特殊沟壑，这种沟壑称为崩岗沟。崩岗沟一般是后缘为弧形陡壁，崖下水流冲刷成的短沟，崩岗沟的深度大致与花岗岩风化壳深度大致相当。

（三）山洪侵蚀

在地形起伏的山区、丘陵区，一遇大雨特别是暴雨，坡面很快产生径流，并从坡面挟带大量固土物质泄入沟道，使沟道水流骤然高涨，形成突发洪水，冲出沟道向河道汇集，并冲刷河床和沟岸。这种山区河流洪水对沟道堤岸的冲淘、对河床的冲刷或淤积过程称为山洪。山洪侵蚀是水力侵蚀的形式之一。水头可达数十米，其具有很大的冲击力和负荷力，能将沿途崩塌，滑落的固体物质再夹带起来冲击沟口。当遇坡度变小时，所夹带的大块物质如石头，砾石首先沉积下来。由于山洪所夹带的物质不同，可以分为以泥沙为主的泥洪（如在黄土区）和以岩屑砾石为主的石洪（如石砂山区）。

由于山洪具有流速高、冲刷力大和暴涨暴落的特点，因而破坏能力极强。具体表现在：

(1) 具有巨大的沉击力，能破坏坝库、河堤及交通线路等，并往往伤及人畜，故有“洪水猛兽”的比喻。

(2) 冲出沟口遇到开阔地段，将有大量夹带物质抛放下来，致使河床抬高，造成“地上河”，以及南方的沙压田，北方的沟口堆积锥等。

(3) 丘陵区大量山洪一泄而空，增加干旱威胁，又洪水涌入平原时，经常形成洪水灾害。

二、风力侵蚀

风力侵蚀，简称风蚀，是指土壤颗粒或沙粒在风力作用下，脱离地表，被搬运和堆积的过程，以及随风运动的沙粒在打击岩石表面过程中，使岩石碎屑剥离出现擦痕和蜂窝的现象。那些在陡峭的岩壁上，经风蚀形成的大小不等、形状各异的小洞穴和凹坑即为蜂窝。

风蚀的强度受风力的大小、地表状况、土壤颗粒的粒径和比重的大小等因素的影响。当风力大于地表土粒的抵抗力时，不论平原、高原、丘陵都会发生风蚀。在一般条件下，当风速大于4～5m/s时就产生土壤风蚀。土沙粒开始起动的临界风速，因粒径和地表状况而异，通常把细沙开始起动的临界风速称为起沙风速。表土干燥疏松、颗粒过细时，风速小于4m/s也能发生风蚀。如遇有特大风速，常吹起1mm粒径以上的沙石，形成飞沙走石现象。当起沙风持续时间较长，就会形成含有大量固体物质的气流，即风沙流。

风蚀发生时常因土壤颗粒的大小和质量的不同，表现出以下三种移动方式：

(1) 扬失：粒径小于0.1mm的沙粒和粘粒重量极小，可被风卷扬至高空，随风运行。

(2) 跃移：粒径在0.25～0.5mm的中细沙粒，受风力冲击脱离地表，升高至10cm的峰值后当受到比在地表处较大的水平风力及其本身重力的影响时，沙粒将沿着两者的合力方向急速下降，返回地表，并以较大的能量撞击地表，使一些较大的沙粒移动。

(3) 滚动：粒径在0.5～2mm的较大颗粒，不易被风吹离地表，沿沙面滚动或滑动。

上述三种移动方式中，以跃移为主要方式。从重粘土到细沙的各类土壤，一般跃移占55%～72%，滚动占7%～25%，扬失占3%～28%。

三、重力侵蚀

重力侵蚀，是以重力作用为主引起的土壤侵蚀。严格地讲，纯粹由重力作用引起的侵蚀现象是不多的。重力侵蚀的发生，是在其他外营力特别是水力侵蚀的共同作用下，以重力为其直接原因所引起的地表物质移动形式。以重力为主要动力的侵蚀形态主要有陷穴、泻溜、崩塌和滑坡等。

1. 陷穴

陷穴是黄土地区存在的一种侵蚀现象。地表径流沿黄土的垂直缝隙渗流到地下，日久天长把下部的土体掏空，上边的土体失去顶托而突然陷落，呈垂直洞穴，这种侵蚀现象叫陷穴。陷穴沿着流水线连串出现时叫串珠状陷穴，成群出现时叫蜂窝状陷穴。

2. 泻溜

泻溜发生在土石山区，地表土体在各种外营力的作用下被剥蚀而变得疏散破碎，形成具有棱角的小块状，在重力作用下沿坡面撒落下来，这种现象称为泻溜。泻溜坡度一般为35° ～ 40° 左右。当气候干旱，物理风化强烈，风化碎屑中粘粒含量低，且山坡处于光裸状态时，极易发生泻溜。发生泻溜后，在坡麓逐渐形成的锥形碎屑堆积体，称为泻溜锥。

3．崩塌

崩塌一般发生在70° ～ 90° 的山坡上。在陡坡、陡坎和还没有形成自然倾斜角的沟头、沟壁，基部被径流或地下水流冲淘，上部土体失去顶托时，就会倒塌下来，这种现象叫做崩塌。崩塌是沟岸扩张的主要形式，对耕地的破坏和蚕食作用非常大。

4．滑坡

滑坡是指在一定的自然条件下，组成斜坡的岩层、土体在重力作用下，受自然或人为因素的影响，缓慢地、有时是急剧地沿其内部某一滑动面向下滑移的一种变形现象，山区人民形象地称它为“走山”、“泄山”，是山区和黄土地区最常见的不良地质现象之一。滑坡的规模有大有小，大的可达1亿m^3以上。滑坡的速度也有快有慢，突然滑动的滑坡一般在原处留下一个滑坡陡壁，呈月牙形；缓慢的滑坡呈塑性滑坡，其上方不具陡壁。

滑坡虽使原地面物质层次受到严重扰动，但一般可保持其原来的相对位置，在滑坡体上有“醉林”和“马刀木”等现象。滑坡体上东倒西歪的树木称醉林，表明不久前曾发生过剧烈滑坡。滑坡体上因受滑坡移动而呈歪斜的树体，当滑体固定后又继续向上方生长，树体下部歪斜而上部直立故称马刀木。

影响滑坡形成的因素主要有岩性、地质构造、地形、地震、大爆破和机械震动等。此外，人工切坡、露天开采等人类活动，如设计不当也会引起滑坡。滑坡在山区经常发生，大规模滑坡可造成严重危害。如掩埋村庄，毁坏厂矿，中断交通，堵塞河流，破坏农田和森林等。近年来，甘肃省境内曾发生过多次滑坡，如舟曲滑坡曾使白龙江断流；兰州市西固区的金桥滑坡，摧毁了村庄，毁坏了耕地。1967年，四川雅砻江唐古栋地区发生崩塌性滑坡，6800万m^3土石顷刻间滑入河谷，形成高达175 ～ 355m的石坝，雅砻江被堵，断流九天九夜，随后溢流溃坝，形成高达40m的洪水水头，冲毁下游农田、房屋，使人民生命财产造成巨大损失。

四、冻融侵蚀

冻融侵蚀是土壤在冻融作用下发生的一种土壤侵蚀现象。根据冻融侵蚀物质不同，分为冻融土侵蚀和冰川侵蚀。

1．冻融土侵蚀

冻融土侵蚀在我国北方寒温带较为广泛，如陡坡、沟壁、河床、渠坡等在春季时有发生，其特点是：冻融使斜坡上的土体含水量和容重增大，破坏了土壤内部的凝聚力，土壤的抗剪力降低，因而加重了土体的不稳定性。土壤冻融具有时间和空间的不一致，当上部土体解冻，而下部仍处冻融状态时，下部土层即为一个近似绝对不透水层，水分沿交接面流动，使两层间的摩擦力减小，因此，在土体坡角小于休止角情况下，也会发生不同状态的机械破坏。所以，冻融土侵蚀是一种不同于水力、重力侵蚀的独特侵蚀类型，其危害甚大。

2. 冰川侵蚀

由于冰川运动对地表土石体造成机械破坏作用的一系列现象，称为冰川侵蚀。冰川侵蚀活跃于现代冰川地区，主要发生于青藏高原和高山雪线以上。雪线以上的积雪，经过一系列的外力作用，转化为有层次的、厚达数十米至数百米的冰川冰，当冰体厚度达 50m 左右时，在其本身重力作用下，沿冰床作缓慢的塑性流动和块体滑动，形成冰川。冰川冰的重量大，1 m^3 的冰川冰重 900 多 kg。厚度达 100m 的冰川冰每 1 m^3 产生的压力达 92t，有着巨大的机械功能。冰川在运动过程中，像一台巨大的铲土机，使冰床底部及两侧的基岩破碎，并将破碎的物质掘起带走。其原因主要是冰川的压力使岩石破碎，以及渗入到岩石裂隙中的冰融水冻结膨胀，使岩石破裂。这些岩石碎块在冰川底部或边缘像锉刀一样研磨、刮削着谷底及两侧的基岩或土体，导致较为严重的土壤侵蚀。

五、泥石流侵蚀

泥石流是一种饱含量泥沙、石块等固体物质的特殊洪流。在适当的地形条件下，水的渗透使山坡或沟床的固体堆积物（包括冰渍物、坡积物、洪积物等）的稳定性降低，在流水冲力和自身重力作用下发生运动，形成泥石流。

泥石流侵蚀为山区的一种特殊侵蚀形式，其固体物质含量一般超过 25%，有时高达 80%，容重一般为 1.5 ~ 2.3t/ m^3；黏度一般为 0.13pa•s 以上，最高达 3pa•s；最大流速可达 15m/s。其爆发突然，历时短暂，来势汹猛，具有大冲、大淤和搬运能力极强等特点。在很短时间内可将千百万立方米的泥沙、石砾倾泻出山外，使流域面貌发生巨大变化，对山区的工农业产生危害极大。

按其结构类型，泥石流可分为黏性泥石流和稀性泥石流。

1. 黏性泥石流

以整体输移和停积为主要特征，沉积物分选性差，其粒度组成与补给区物质相近。固体物质含量达 40% ~ 60%，最高可达 80%，容重 1.6 ~ 2.3t/ m^3。因其固体物质丰富，水、泥沙和石块混在一起，形成非常黏稠的整体，以相同的速度作整体运动，有明显的阵流性。阵流的前峰可形成十几米的石浪，称“龙头”。

2. 稀性泥石流

与粘性泥石流相比，稀性泥石流固体物质含量低，浓度小，含量为 10% ~ 40%，容重 1.3t/ m^3，主要由于流域内固体物质含量少，补给不够充分，而汇水面积大，水源充沛所致。水的运动速度较固体物质大，无明显的阵流现象和“龙头”存在。

第四节　土壤侵蚀的程度及强度分级

一、土壤侵蚀的程度

土壤侵蚀的程度系指历史上和近代的自然、人为诸因素对地表及其母质侵蚀作用的结果和所形成的现状，是从数量上更具体的反映土壤侵蚀的强弱，表明土壤现有肥力的高低和今后利用的方向，为确定水土保持工作重点，编制水土保持区划、规划和制定水土保持措施提供理论依据。应该指出，土壤侵蚀的现状——土壤侵蚀程度级别，不是恒定值，而是处在变化中的，它仅表示某一时间各因子所处状况的外在表现。用来表示土壤侵蚀严重程度的数量指标主要有以下几种：

1．土壤侵蚀广度

它是指土壤侵蚀面积占总土地面积的百分数，即：

$$土壤侵蚀广度（\%）=\frac{土壤侵蚀面积}{总土地面积}\times 100\%$$

2．年土壤侵蚀模数

它是指年土壤侵蚀总量与总土地面积之比，即：

$$年土壤侵蚀模数（t/km^2\cdot a）=\frac{年土壤侵蚀总量}{总土地面积}$$

年土壤侵蚀总量 (t)= 年冲刷深度 (m)× 土地侵蚀面积 (m^2)× 土壤天然容重 (t/m^3)

3．土壤侵蚀强度

它是指单位土壤侵蚀面积上的土壤侵蚀量，即：

$$土壤侵蚀强度（t/km^2）=\frac{年土壤侵蚀量}{土壤侵蚀面积}$$

4．径流系数

它是指年平均径流深（mm）与年平均降水量（mm）之比，即：

$$径流系数（\%）=\frac{年平均径流深}{年平均降水量}\times 100\%$$

5．沟壑密度

它是指沟壑总长度与总土地面积之比，即：

$$沟壑密度（km/ km^2）=\frac{沟壑总长度}{总土地面积}$$

6．输移比

它是指流域输沙量与流域内侵蚀量之比，即：

$$输移比（\%）=\frac{流域输沙量}{流域内侵蚀量}\times 100\%$$

7．输沙率

它是指单位时间内通过河流某一过水断面的泥沙重量，即：

$$悬移质输沙率（kg/s）= 流量（m^3/s）\times 含沙量（kg/m^3）$$

8．土壤侵蚀速率

它是指有效土层厚度（mm）与侵蚀深度（mm/a）的比值，是反映土壤侵蚀潜在危险程度的指标，即：

$$土壤侵蚀速率（a）=\frac{有效土层厚度}{侵蚀深度}$$

有效土层厚度系指 A+B 层或已分不出 A+B 层，只有部分 C 层 + 耕作层的厚度。所谓部分 C 层是指有可能生长作物的松散层。

土壤侵蚀面积（km^2）包括坡耕地、耕地、植被盖度在 60% 以下的荒坡、荒沟和其他用地（村庄、沟床、道路）等面积。

土壤侵蚀程度除用上述数量指标表示外，还可以用侵蚀沟的沟头延伸速度，或某一地区、某一流域侵蚀沟沟壑总面积占土地总面积的百分比来反映，也可以从本地区主要河流的年径流模数（$m^3/km^2 \cdot a$）和年输沙量（t/a）来反映。

当用土壤侵蚀速率来评价某地区或某流域土壤侵蚀潜在的危险程度时，原水利电力部给出如下分级指标（表 2-1）。

二、土壤侵蚀强度分级指标

鉴于土壤侵蚀强弱受地形、地质、土壤、气候、植被和人类活动等诸因素的综合影响，故目前有人提出用土壤侵蚀强度这一指标来鉴别土壤侵蚀的强弱，其既能反映这种综合影响，又便于定量分析。

按原水利电力部颁发《关于土壤侵蚀类型区划分和强度分级标准的规定（试行）》，拟定了我国的土壤侵蚀强度分级指标（表 2-2）和不同水力侵蚀类型强度的分级参考指标（表 2-3）以及风力侵蚀、冻融侵蚀类型强度分级参考指标（表 2-4）。

淮河水利委员会根据淮河流域的具体情况提出了淮河流域的土壤侵蚀强度分级指标（表 2-5）。

南京林业大学（1989 ～ 1991 年）应用遥感技术，对江苏省北部云台山区土壤侵蚀强度等级划分标准进行了探讨，并针对不同土壤侵蚀强度等级状况，提出合理的防护林经营意见（表 2-6、2-7）。

表2-1　土壤侵蚀潜在危险程度分级指标

级　别	侵蚀速率（a）
一、无险型	>1000
二、较险型	100～1000
三、危险型	20～100
四、极险型	<20
五、毁坏型	裸岩、明沙、土层不足与5cm者

表2-2　土壤侵蚀强度分级指标

级　别	年土壤侵蚀模数（t/km^2）	年平均流失厚度（mm）
一、微度侵蚀（无明显侵蚀）	<200，500，1000	<0.15，<0.37，<0.74
二、轻度侵蚀	（200，500，1000）～2500	（0.15，0.37，0.74）～1.9
三、中度侵蚀	2500～5000	1.9～3.7
四、强烈侵蚀	5000～8000	3.7～5.9
五、极强烈侵蚀	8000～15000	5.9～11.1
六、剧烈侵蚀	>15000	>11.1

注：本表流失厚度系按土的干密度1.35g/cm^3折算，各地可按当地土壤干密度计算。

表2-3　不同水力侵蚀类型强度分级参考指标

级　别	面　蚀		沟　蚀		重力侵蚀
	坡度（坡耕地）	植被覆盖度（%）（林地、草坡）	沟壑密度（km/km^2）	沟蚀面积占总面积的%	滑坡、崩塌面积占坡面面积的%
微度侵蚀（无明显侵蚀）	<3°	>90	/	/	/
轻度侵蚀	3°～5°	70～90	<1	<10	<10
中度侵蚀	5°～8°	50～70	1～2	10～15	10～25
强烈侵蚀	8°～15°	30～50	2～3	15～20	25～35
极强烈侵蚀	15°～25°	10～30	3～5	20～30	35～50
剧烈侵蚀	>25°	<10	>5	30～40	>50

表2-4 风力侵蚀、冻融侵蚀类型侵蚀强度分级参考指标

侵蚀类型	级 别	参考指标
风力侵蚀	一、微度侵蚀（无明显侵蚀）	干旱半干旱区的草甸沼泽、草甸草原和湖盆滩地等低湿地
	二、轻度侵蚀	旱季以吹扬为主，河谷沙滩或其他沙质土，有沙坡出现
	三、中度侵蚀	地面常有沙暴，或见有沙滩、沙垄
	四、强烈侵蚀	有活动沙丘或风蚀残丘
	五、极强烈侵蚀	广布沙丘、沙垄，活动性大
	六、剧烈侵蚀	光板地，戈壁滩
冻融侵蚀	一、微度侵蚀（无明显侵蚀）	极高原，高寒地区，沿海较湿润地区
	二、轻度侵蚀	极高原，高山，高寒缓坡草原漫岗地区
	三、中度侵蚀	极高原，高寒丘陵，荒漠草原地区
	四、强烈侵蚀	极高原，高寒中、低山荒漠地区
	五、极强烈侵蚀	极高原，高山冰川侵蚀荒漠、寒漠地区

表2-5 淮河流域土壤侵蚀强度分级指标

项目 级别	丘陵山地林草覆盖率（%）	耕 地	经济林地	其他用地	生态特征	土壤侵蚀深度（mm/a）
无明显侵蚀	>90	高标准梯田，平川地，水田	高标准梯田，经济林	城镇、湖泊、水库、洼地	山青水秀、林茂粮丰	很小（<0.2）
轻度侵蚀	70～90	一般梯田	一般梯田，阶地经济林	山区村镇	暴雨水浑、河道不淤	0.2～1.0
中度侵蚀	50～70	<8°坡耕地、坡式梯田	山坡经济林	土公路	土地贫瘠河道淤积	1.0～3.0
强烈侵蚀	30～50	8°～15°坡耕地	柞蚕坡、油桐、油茶坡	一般基建工矿	水冲沙丘、生境恶化	3.0～5.0
极强烈侵蚀	10～30	15°～25°坡耕地	稀疏经济林	管理差的山区工矿横山开路，光	四料俱缺灾害频繁	5.0～10.0
剧烈侵蚀	<10	>25°坡耕地	山坡全市造林、陡坡茶山、桐山	山秃岭，裸地裸岩	穷山恶水地瘠民贫	>10.0

表2-6　云台山区土壤侵蚀强度分级结果

等级	名称	样地数	立地特征							
			海拔(m)	有效土层厚（cm）	表土厚（cm）	坡度	坡形	坡位	林分状况	植被状况
1	微度	37	低	厚	厚	缓	凹、平	下	密、幼	好
2	轻度	27	中、低	厚	中、厚	缓	平、凹、少凹	下、中	密、少疏	中、好
3	中度	32	中、少低	薄、少厚	中、少厚	陡、缓	平	中	疏、幼	中、差
4	强烈	39	中、少高	薄	中厚、薄	陡、少缓	平、凸	中、上	无、幼	差、少中
5	极强	24	中、高	薄	薄、中厚	陡	凸	上、少中	无、疏	差
6	剧烈	18	高、少中	薄	薄	陡	凸	上	无（裸岩）	极差

注：海拔带（m）分低（< 200），中（200 ~ 400）和高（>400）；有效土层厚（cm）分薄（< 40）和厚（>40）；表土层厚分薄（< 10）、中厚（10 ~ 20）和厚（>20）；坡度分缓（< 25°）和陡（≥ 25°）；坡形分平，凹和凸；坡位分上、中、下；林分状况按郁闭度分密（>0.5）、疏（0.2 ~ 0.5）、幼（新造林地）、和无（< 0.2）；植被状况按盖度分高（≥ 80%）、中（50% ~ 80%）、低（20% ~ 50%）和极低（≤ 20%）。

表2-7　造林树种选择和森林经营意见表

土壤侵蚀强度等级	面积（hm²）	适宜林种	适生造林树种	参考造林树种	森林经营意见
1	1629.4	用材林 经济林	国外松、楸树、银杏、麻栎、山楂	薄壳山核桃、毛竹、刚淡竹、茶	等高栽植，加强幼林管理
2	793.9	中径用材林、经济林、水保林	麻栎、栓皮栎、毛竹、茶、油桐	楸树、刚淡竹、油茶	梯田整地，大苗、大穴密植
3	886.2	水保林、水源林、经济林	赤松、黑松、栎类、板栗、油桐	黄连木、花椒、紫穗槐、白蜡	梯田或鱼鳞整坑地，大苗、大穴、密植
4	763.4	水保林、水源林	刺槐、朴树、赤松、黑松、紫穗槐	黄连木、化香、黄檀、枫香、白蜡	鱼鳞坑或水平沟整地，大穴造林，施肥
5	664.0	水保林、水源林、国防林	侧柏、山槐、赤松紫穗槐、葛藤	化香、黄檀、山槐、白蜡	鱼鳞坑整地，客土造林，封山育林
6	548.0	水保林、水源林、国防林	黄连木、化香、侧柏、紫穗槐	山槐、白蜡、牛奶子、葛藤	封山育林，密植，增加覆盖度

第五节　我国的土壤侵蚀类型区

我国是一个幅员辽阔、自然环境复杂的国家，山地丘陵面积占国土总面积的2/3，由于各地自然条件和人为活动不同，形成了许多具有不同特点的土壤侵蚀类型区。根据我国地形特点和自然界某一外营力在一较大区域里起主导作用的原则，原水利电力

表2-8　土壤侵蚀类型区的划分和分布范围

一级类型区	二级类型区	分布范围
一、水力侵蚀类型区	1.西北黄土高原区	大兴安岭-阴山-贺兰山-青藏高原东缘一线以东；西为祁连山余脉的青海日月山；西北为贺兰山；北为阴山；东为管涔山及太行山；南为秦岭
	2.东北黑土地区（低山丘陵和漫岗丘陵区）	南界为吉林省南部，西、北、东三面为大小兴安岭和长白山所围绕
	3.北方土石山区	东北漫岗丘陵以南、黄土高原以东、淮河以北，包括东北南部，河北、山西、内蒙、河南、山东等省（区）范围内有土壤侵蚀现象的山地、丘陵
	4.南方红壤丘陵区	以大别山为北屏，巴山、巫山为西障（含鄂西全部），西南以云贵高原为界（包括湘西、桂西），东南直抵海域并包括台湾、海南岛以及南海诸岛
	5.西南土石山区	北接黄土高原，东接南方红壤丘陵区，西接青藏高原冻融区，包括云贵高原、四川盆地、湘西及桂西等地
二、风力侵蚀类型区	1.“三北”戈壁沙漠及沙地风沙区	主要分布于西北、华北、东北西部，包括新疆、青海、甘肃、宁夏、内蒙古、陕西、黑龙江等省（区）的沙漠戈壁沙地
	2.沿河环湖滨海平原风沙区	主要分布在山东黄泛平原、鄱阳湖滨湖沙山及福建省、海南省滨海区。
三、冻融侵蚀类型区	1.北方冻融土侵蚀区	主要分布在东北大兴安岭山地及新疆的天山山地
	2.青藏高原冰川冻土侵蚀区	主要分布在青藏高原和高山雪线以上

部颁布了《关于土壤侵蚀类型区划分和强度分级标准的规定（试行)》，将全国区分为三大土壤侵蚀类型区，即水力侵蚀为主的类型区、风力侵蚀为主的类型区和冻融侵蚀为主的类型区，各类型区的分布范围见表 2-8、图 2-2。辛树帜等主编的《中国水土保持概论》中对各土壤侵蚀类型区的自然状况和土壤侵蚀特征进行了详细介绍。

一、以水力侵蚀为主的类型区

水力侵蚀类型区大体分布在我国大兴安岭—阴山—贺兰山—青藏高原东缘一线以东，包括西北黄土高原、东北低山丘陵和漫岗丘陵区、北方土石山区、南方红壤丘陵区、西南土石山区五个二级类型区。

（一）西北黄土高原区

这一高原区是指青海日月山以东，山西太行山以西，陕西秦岭以北的广大地区。绝大部分属黄河中游，是我国土壤侵蚀最严重的地区。黄土在本区内分布最广，质地匀细，组织疏松，具有大的孔隙构造，垂直节理发育，失陷性和渗透性都较大。具有

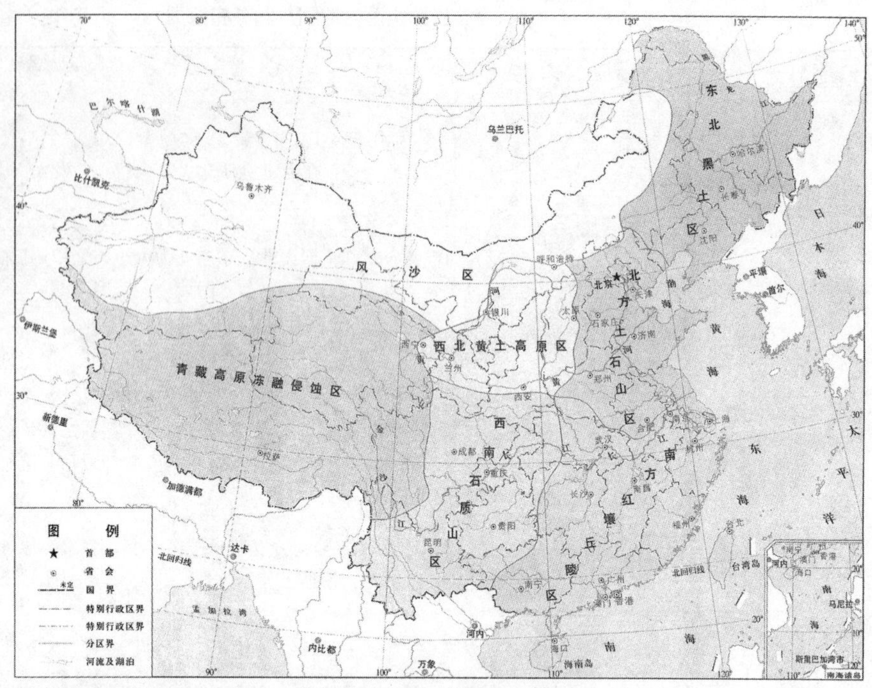

本图上中国图界线系按照地图出版社1980年出版的《中华人民共和国地图》绘制

图2-2　中国水土流失类型分区图

迅速分散的特性，在静水中1～4min即可全部分散。黄土性农业土壤耕作层更加疏松，有机质含量较低，一般为1%～2%，抗雨滴击溅和径流冲刷的力量很弱。

黄土高原大部分海拔在1000～2000m，少数石质山地超过2000m。总的看来，沟壑纵横，地形破碎，沟深坡陡是黄土地貌的主要特征。

黄土高原属大陆型季风性气候，冬寒夏热，气温变化剧烈。年平均降水量一般在300～600mm，7～9三个月的降雨量约占全年的70%，多以暴雨形式出现，暴雨强度每分钟可达1mm，甚至2mm以上，瞬时暴雨强度则更大。暴雨对地面强有力的击溅，以及坡面径流的巨大冲刷作用，是土壤侵蚀剧烈发生的外营力。研究结果显示，一次大暴雨的产沙量可占全年总产沙量的40%～86%。

在自然植被方面，黄土高原自东南向西北大致可分为：山地森林、森林草原、草原和干旱草原4个带。山地森林带的植被以针、阔叶混交林和灌丛为主，开垦指数低，一般在10%以下，土壤侵蚀轻微；森林草原带的植被类型以夏绿阔叶林及禾本科、菊科群落为主，开垦指数一般在40%～50%，部分人多地少地区则高达60%～70%，土壤侵蚀严重；草原带的植被以禾本科、菊科群落为主，开垦指数30%～40%，部分高达60%，土壤侵蚀非常严重；干旱指数为10%～20%，土壤侵蚀较重，同时有较强烈的风蚀发生。黄土丘陵沟壑区处于草原带和森林草原带。除洛河以西的子午岭和以东的黄龙山，以及延安、甘泉之间的崂山一带有较好的次生林外，其余为农耕地区；黄土高原沟壑区，处于森林草原地带，全为农耕地区。

黄河中游的主要支流有洮、清水、大黑、窟野、无定、泾、渭、洛（北洛河）、汾、伊（伊洛河）等河，均发源或流经本区。由于降雨量年内分布不均，多数支流洪枯流量变化很大，若干旱持续时间一长，有些支流几乎濒于断流。但在多雨季节，河流进入汛期，往往暴发山洪，水位高涨，造成水患。

根据调查研究，在黄土高原区，除了击溅和淋溶侵蚀，以及层状侵蚀普遍发生外，2° 以上的坡耕地在离分水线以下 10m 处发生细沟侵蚀；5° 以上，则细沟侵蚀较强，并开始发生浅沟侵蚀；15° 以上，细沟、浅沟侵蚀强烈；25° 以上，细沟、浅沟侵蚀极强烈，并有切沟出现;35° 以上，耕地土壤发生泻溜;45° ～ 75° 陡坡地可发生滑坡;75° 以上的陡崖和岸壁可发生崩塌。

黄土高原由于土质疏松，易遭侵蚀。在暴雨强烈、地形破碎的条件下，加以历史上长期滥伐滥垦，造成了本区十分强烈的土壤侵蚀。年土壤侵蚀模数一般为 5000 ～ 10000t/km²，高的可达 20000t/km² 以上。黄河下游的泥沙，绝大部分来自本区，每年平均向三门峡以下河段倾泻泥沙 16 亿 t。径流中多年平均含沙量为 37.6kg/m³，最大可达 590kg/m³，远远超过国内外其他诸河，居世界河流含沙量之首。

当前，黄土丘陵沟壑区一些地方的梁峁坡面几乎全部耕种，另一些地方虽没有全部耕种，但有轮荒习惯，天然植被都被撩荒地所代替，甚至沟坡上都辟为耕地。由于坡耕地修成水平梯田的比例还很小，土壤侵蚀十分强烈，是黄土高原河流泥沙的主要来源地。黄土丘陵的沟谷深度变化在 50~120m，其中多数在 70~80m。沟谷地与谷间地的面积比例大致为 5：5，有些地区约为 6：4。当地称为头道，其流失情况和黄土塬有共同之点，这两部分合起来面积约为 4.5 万 km²。

（二）东北黑土区（低山丘陵和漫岗丘陵区）

本类型区南界为吉林省南部，西、北、东三面为大、小兴安岭和长白山所围绕。在这个范围内，除了大、小兴安岭林区以及三江平原外，其余地方都有不同程度的土壤侵蚀（包括风蚀）。该类型区分为低山丘陵和漫岗丘陵两部分。

1. 低山丘陵

主要分布在小兴安岭南部的汤旺河流域、完达山西侧的倭肯河上游、牡丹江流域、张广才岭西部的蚂蚁河、阿什河、拉林河等流域，吉林东部和中部的低山丘陵也属之。这一带开垦已有百年，坡耕地较多，在 >10° 的坡地上也有开垦，垦殖指数 20% 左右，加之降雨量较多,侵蚀潜在危险性大。目前这些地区天然次生林较多,植被覆盖率较高，就当前土壤侵蚀情况来看，尚属轻度和中度的侵蚀，局部地方侵蚀较严重，表土年流失厚度为 0.5 cm 左右。但由于这一地区降雨量大，一旦植被遭到破坏，将会导致严重的后果。

2. 漫岗丘陵

为小兴安岭山前冲积台地，具有较缓的波状起伏地形，海拔一般为 180 ～ 300m，相对高差为 10 ~ 40m，丘陵与山地界线明显。这一带原是繁茂的草甸草原，近 50 ~ 60 年进行开垦，垦殖指数达 70% 以上，土壤侵蚀面积大，分布范围广，为我国东北有代表性的黑土侵蚀类型。以嫩江支流乌裕尔河、雅鲁河和松花江支流呼兰河等流域的土壤侵蚀较为严重。

黑土漫岗丘陵区，坡度一般在 7° 以下，并以小于 2° ~ 4° 的面积居多。但坡面较长，多为 1000 ~ 2000m，最长达 4000m，汇水面积很大，往往使流量和流速增大，从而增强了径流的冲刷能力。

土壤侵蚀的形式主要有面蚀、沟蚀、风蚀。面蚀方面，每年表土平均流失厚度约为 0.6 ~ 1.0cm，年土壤侵蚀模数为 6000 ~ 10000t/km²。随着开垦时间的早晚，沟侵蚀的发展，而有着明显的差异，一般是南部冲沟多于北部。沟谷密度一般为 0.5 ~ 1.2km/km²，最大可达 161k m/km²，每年沟头前进速度平均 1m 左右，最大的可达 4 ~ 5m。在风蚀方面，黑土含有较多的有机质，开垦以后表土比较疏松，特别是经过冬季数月的干旱和冰冻之后，表土更为细碎。春季干旱多风，常引起严重风蚀，一次大风可吹失表土 1 ~ 2cm。

由于长期受面蚀、沟侵蚀和风蚀的影响，黑土层已逐渐变薄，有的地方已露出心土，出现了黑黄土、黄黑土等肥力较低的土壤。土壤生态环境受到破坏，理化性质恶化，土壤侵蚀进一步加剧。

（三）**北方土石山区**

本区是指东北漫岗丘陵以南，黄土高原以东，淮河以北，包括东北南部，河北、山西、河南、山东等省范围内有土壤侵蚀发生的山地、丘陵区。

从地形上讲，该类型区的山地丘陵都以居高临下之势环抱平原，且从高山到低山，到丘陵（垄岗），到谷地（盆地），到平原呈阶梯状分布。可见，山区土壤侵蚀与平原河流水患之间有着密切关系。

北方石质山地与丘陵往往在各种岩层上形成薄壳状土层。土壤多属褐土和棕色森林土类，粗骨性比较突出。这些土壤的抗蚀力并不太低，但因多在陡坡上，加之土层浅薄，下面又为渗透性很差的基岩，原始植被一旦遭到破坏，极易引起土壤侵蚀。

本类型区内各地的降雨量和土壤侵蚀量的情况大致如下：河北围场、丰宁一带山地，年降雨量 400 ~ 500mm，80% 的降水集中在 6 ~ 8 月份，山区地面坡度多在 30° 以上，覆盖度为 50% ~ 70%，年侵蚀模数为 800 ~ 1300t/km²；浅山区，坡度 20° ~ 30°，植被覆盖度 30% ~ 50%，年侵蚀模数为 1000 ~ 1500 t/km²；丘陵地区，人为活动频繁，自然覆盖度不到 30%，年侵蚀模数 1500 ~ 1800 t/km²。太行山地区，中山、低山、丘陵与盆地、谷地相交错，为海河水系中绝大部分支流的发源地，降雨自南至北渐增，由 500 ~ 600mm 到 700 ~ 1000mm，80% 以上雨水集中的夏季，极易发生暴雨，尤其是易县一带，是该区主要暴雨中心之一。豫西熊耳、伏牛山区，是淮河水系的源头，部分地面由于林木保护不好，土壤侵蚀强烈，年侵蚀模数 1300t/km²。高山区和丘陵区，除局部山谷内有少量的次生林外，广大山区都是荒山草坡或岩石裸露的童山，土壤侵蚀较严重。伏牛山东南的低山、丘陵地区，以农耕为主，土壤侵蚀面积约占45%～55%，这些低山、丘陵主要由花岗岩、片麻岩构成，风化剧烈，加上缺乏植被覆盖，土壤侵蚀极为严重。

（四）南方红壤丘陵区

本类型区的范围大致以大别山为北屏，巴山、巫山为西障，西南以云贵高原为界（包括湘西、桂西），东南直抵海域，并包括台湾、海南岛以及南海诸岛。土壤侵蚀地区主要集中在长江和珠江中游，以及东南沿海的各河流的中、下游山地丘陵区。

1．土壤侵蚀类型

南方山地、丘陵区温暖多雨，有利于植物生长，植被恢复较容易，一般地面植被覆盖良好。年雨量1000～2000mm，且多暴雨，最大日雨量超过150mm，1小时最大雨量普遍超过30mm。因而地面径流较大，年径流深在500mm以上，最大达1800mm，径流系数为40%～70%。加之高温炎热，风化作用强烈，地面花岗岩、紫色沙页岩及红土又极易破碎，因此，在植被遭到破坏的浅山、丘陵岗地，土壤侵蚀相当严重。由于土壤、母质及其他自然因素的不同，本区内又可分为如下类型区：

（1）风化层深厚的花岗岩丘陵：在江西、广东、福建、湖南、湖北、浙江、安徽等省均有广泛的分布，是我国东南地区土壤侵蚀有代表性的类型。

花岗岩风化壳的红土层中含粘粒较多，而网纹层中含沙粒很高，在侵蚀上就有利于切沟和崩岗的发育。风化壳各层厚度各地不一，如在赣南地区红土层可达1～10m，网纹层10～20m；在华南沿海地区，风化基岩可深达30m，碎石层亦可厚到17m。由于风化壳厚度大，在该区除有强烈的面蚀外，切沟和崩岗侵蚀也很活跃，年平均侵蚀模数达8000～15000 t/km^2。

(2) 紫色沙页岩丘陵：在湖南、江西、广东广泛分布。此类丘陵地形破碎，植被稀少，侵蚀严重；土壤已遭破坏，地面残留着极薄的风化碎屑物，下部基岩透水性差，保水力弱。因此，大雨或暴雨后径流量大，水流急，冲刷力极强，面蚀、沟蚀活跃，常发生崩岗现象，最大年侵蚀模数可达27000 t/km^2。

（3）红土岗地：在江西、浙江、福建、安徽、广东、湖南等省均有分布，多集中在河谷两侧的阶地或盆地的内侧边缘，宽度不超过2 km，土层厚度10cm左右。地面起伏不大，多在10～20m，岗顶比较平坦。土壤粘粒含量较多，达30%～50%，土壤抗蚀力较花岗岩风化壳强。但由于透水性差，暴雨后产生大量地面径流，引起严重侵蚀。坡耕地除层状侵蚀外，细沟、浅沟侵蚀较为常见，许多地方还有切沟侵蚀，沟豁密度可达2～4km/km^2。同紫色页岩和花岗岩丘陵区相比，其土壤侵蚀相对较轻，年侵蚀模数一般在5000～10000t/km^2•a。

2．主要土壤侵蚀地区

南方的山地、丘陵多与平原交错分布，也就构成了断断续续的土壤侵蚀地区。下面简要介绍几个有代表性的地区。

（1）大别山山地丘陵区：这是南方山地丘陵区中长江以北的一片土壤侵蚀地区，

包括湖北东部以及安徽西部的山地丘陵地区。大别山海拔一般在1000m左右，个别高峰达1700m以上，地形破碎。花岗片麻岩分布广泛，约占总面积的80%。风化层厚度20～30m左右。因此，植被遭到破坏后，将出现严重的土壤侵蚀。

在坡面径流汇入沟壑前，土壤侵蚀的形式主要是面蚀和沟状侵蚀；当坡面径流汇入沟壑后，主要是沟头前进，沟身下切和沟壁扩展；洪水汇入河道时，又造成河岸冲刷和河床淤积。

（2）湘中、湘东丘陵山地区：包括湘潭、衡阳、邵阳、滨州地区的全部或一部分，是湖南省土壤侵蚀严重的地区。大部分属于丘陵地形，谷地开阔，坡度以10°～25°为最多，海拔100～200m，只有少数山峰如衡山等，高度在1000m以上。分布有紫色沙页岩、极易风化，群众称为“风见消”。还有大量花岗岩，风化壳一般深6～7m，最深可达20～30m，石英颗粒多，无粘结能力，群众称为“豆腐渣”。当表层土壤破坏流失后，切沟和崩岗沟立即活跃起来，侵蚀强烈，植被一旦破坏就很难恢复。

（3）赣南山地丘陵区：赣南地区是江西省土壤侵蚀最严重的地区，也是我国南方具有代表性的一个土壤侵蚀地区。除零星分布的小片河谷冲积平原外，山地、丘陵占土地总面积的74%。总的地形是周围高中间低，四周为武夷山、诸广山、大余岭、九连山、于山等中山所环绕，山体海拔大都在800m以上。中部除个别超过1000m的峰顶外，广大地区是海拔200～500m的低山、丘陵，其间还分布着为数众多、成因不同、大小悬殊的盆地。

根据调查，赣南地区各类土壤侵蚀面积共11万km^2，占总土地面积的26.9%，其中年侵蚀模数大于15000t/km^2的占总土地面积的0.4%，3000～8000 t/km^2的占7.5%，小于3000 t/km^2的占19%。虽然侵蚀模数大于3000 t/km^2面积所占比重不大，但由于它们出现在主要农业区，其危害是十分严重的。

（4）福建、广东东部沿海山地丘陵区：这一片土壤侵蚀的特点与赣南很类似。沿海丘陵主要由花岗岩、流纹岩等火山岩组成，风化壳较厚，如晋江一带，风化壳可达15m以上。在缺乏植被的情况下，土壤侵蚀现象都十分严重。

（5）台湾山地丘陵区：台湾省地面组成物质大部分为粘板岩、页岩、砂岩等，由于质地脆弱且常有地震，故山崩、坍塌现象多有发生；境内河流源短流急，且受台风暴雨的淋洗冲刷，土壤侵蚀较为严重。更因为第二次世界大战期间，日本侵略者大量砍伐森林，当地农民又有烧山开垦习惯，森林草原遭到严重毁坏，土壤侵蚀愈来愈严重。

（五）西南土石山区

北接黄土高原，东接南方红壤丘陵区，西接青藏高原冻融区，包括云贵高原、四川盆地、湘西及桂西等地。气候带为热带、亚热带；主要流域为珠江流域；岩溶地貌发育；主要岩性为碳酸盐类，此外，还有花岗岩、紫色砂页岩、泥岩等；山高坡陡、石多土少；高温多雨、岩溶发育。山崩、滑坡、泥石流分布广，发生频率高。按地域分为五个区：

（1）四川山地丘陵区：四川盆地中除成都平原以外的山地、丘陵；主要岩性为紫红色砂页岩、泥页岩等；主要土壤为紫色土、水稻土等；水土流失严重，属中度、强烈侵蚀，并常有泥石流发生，是长江上游泥沙的主要来源之一。

四川盆地，大致在北以广元、南以叙水、西以雅安，东以奉节为四个顶点连成一个菱形地区内。盆地西部为成都平原，其余部分为丘陵。盆地四周为大凉山、大巴山、巫山、大娄山等山脉所围绕。甘肃南部、陕西南部及湖北山区与本区山势相连，特点近似，可附于本区。

四川盆地气候温和，雨量充沛，大部分地区年平均降雨量在1000mm左右，但季节分配不均匀，夏季降雨集中，多暴雨，径流系数为40%～50%，加上大量的深丘和浅山部分遭到不合理的开垦，植被受到明显破坏，土壤侵蚀十分严重，年侵蚀模数达1000～5000t/km^2。盆地内紫色砂页岩丘陵的一般侵蚀特征与南方山地丘陵区基本相同。除了通常的水力侵蚀外，四川山地区暴雨型泥石流也很发育。西昌地区，有泥石流沟数十条，是我国泥石流分布集中，活动频繁，危害剧烈的地区之一。大渡河、雅砻江等几条江河沿岸的支沟中，泥石流活动也较频繁。川东丘陵山区及长江沿岸还有大量的滑坡分布，这些滑坡大多数都在红色砂页岩和其上面的黄色粘土中发生。

(2) 云贵高原山地区：多高山，有雪峰山、大娄山、乌蒙山等；主要岩性为碳酸盐岩类、砂页岩；主要土壤为黄壤、红壤和黄棕壤等，土层薄，基岩裸露，坪坝地为石灰土，溶蚀为主；水土流失为轻度～中度侵蚀。

高原四周地形起伏较大，有的已被流水侵蚀成低山、高丘。高原温暖多雨，年降雨量一般在1000mm左右，多数达2000mm。夏季雨量约占全年降水量的80%。径流量大，径流系数为40%～50%。

高原上的盆地、宽谷和缓坡上分布着紫红色砂页岩。长期以来，由于烧山垦种，滥垦滥伐的影响，坡耕地及荒山上存在着较严重的面蚀和沟蚀。在金沙江两岸，年侵蚀模数为1000～5000t/ km^2。

云南省西南部西双版纳州等热带季雨林－砖红壤地区，高温多雨，适宜种植橡胶、金鸡纳、咖啡、可可、椰子等热带经济作物。因为雨量集中，径流量大，在开垦利用时如不注意水土保持，将导致严重的土壤侵蚀。

云南东川地区是我国泥石流最发育，危害最严重的地区之一。如流经东川市的小江流域，泥石流沟成群分布，活动频繁。其中的蒋家沟流域是川东地区最大的一条泥石流沟，1965年爆发28次，1966年爆发17次。根据观测，这条沟每年排出的泥石流总量达300万～500万m^3，造成了很大危害。云贵高原山区的滑坡也很发育。贵州西部的水城、六枝、盘县等地是滑坡较多，危害较大的一个地区。云南的滑坡分布是和泥石流的分布交错在一起的，而前者又为后者提供了大量的泥沙石块，危害十分严重。

在云南东部，贵州和广西、湖南西部石灰岩集中分布的地区，还发育着一种特殊的水力侵蚀形式，即岩溶侵蚀。由于土壤侵蚀的严重影响，水、土皆缺，对人民的生产生活带来很大的困难。

(3) 横断山地区：包括藏南高山深谷、横断山脉、无量山及西双版纳地区；主要岩性为变质岩、花岗岩、碎屑岩类等；主要土壤为黄壤、红壤、燥红土等；水土流失为轻度～中度侵蚀，局部地区有严重泥石流。

（4）秦岭大别山鄂西山地区：位于黄土高原、黄淮海平原以南，四川盆地、长江中下游平原以北；主要岩性为变质岩、花岗岩；主要土壤为黄棕壤，土层较厚；水土流失为轻度侵蚀。

（5）川西山地草甸区：主要分布在长江中上游、珠江上游，包括大凉山、邛崃山、大雪山等；主要岩性为碎屑岩类；主要土壤为棕壤、褐土；水土流失为轻度侵蚀。

二、以风力侵蚀为主的类型区

风力侵蚀盛行于沙漠地区。我国沙漠（包括半干旱地区的沙地）和戈壁主要分布于西北、华北，东北西部也有一小部分，包括新疆、青海、甘肃、宁夏、内蒙古、陕西等省（区）的部分地区。此外，在陕西大荔县沙苑，河南兰考县及山东蓬莱，广东电白，福建平潭等沿海地区，还分布着零星小片的沙地。风力侵蚀类型区又分为两个二级类型区，包括"三北"戈壁沙漠及沙地风沙区和沿河环湖滨海平原风沙区。

（一）"三北"戈壁沙漠及沙地风沙区

主要分布在西北、华北、东北的西部，包括青海、新疆、甘肃、宁夏、内蒙古、陕西、黑龙江等省(自治区)的沙漠戈壁和沙地。气候干燥，年降水量 100 ～ 300mm，多大风及沙尘暴、流动和半流动沙丘，植被稀少；主要流域为内陆河流域。按地域分为六个区：

（1）（内）蒙（古）、新（疆）、青（海）高原盆地荒漠强烈风蚀区：包括准噶尔盆地、塔里木盆地和柴达木盆地，主要由腾格里沙摸、塔克拉玛干沙漠和巴丹吉林沙漠组成。

（2）内蒙古高原草原中度风蚀水蚀区：包括呼伦贝尔、内蒙古和鄂尔多斯高原、毛乌素沙地、浑善达克(小腾格里)和科尔沁沙地，库布齐和乌兰察布沙漠；主要土壤：南部干旱草原为栗钙土，北部荒漠草原为棕钙土。

（3）准噶尔绿洲荒漠草原轻度风蚀水蚀区：围绕古尔班通古特沙漠，呈向东开口的马蹄形绿洲带，主要土壤为灰漠土。

（4）塔里木绿洲轻度风蚀水蚀区：围绕塔克拉玛干沙漠，呈向东开口的绿洲带，主要土壤为淤灌土。

（5）宁夏中部风蚀区：包括毛乌素沙地部分、腾格里沙漠边缘的盐地等区域。

（6）东北西部风沙区：多为流动和半流动沙丘、沙化漫岗，沙漠化发育。

（二）沿河环湖滨海平原风沙区

主要分布在山东黄泛平原、鄱阳湖滨湖沙山及福建省、海南省滨海区。湿润或半湿润区，植被覆盖度高。按地域分为三个区：

（1）鲁西南黄泛平原风沙区：北靠黄河、南临黄河故道；地形平坦，岗坡洼相间，多马蹄形或新月形沙丘；主要土壤为沙土、沙壤土。

（2）鄱阳湖滨湖沙山区：主要分布在鄱阳湖北湖湖滨，赣江下游两岸新建、流湖一带；沙山分为流动型、半固定型及固定型三类。

(3) 福建及海南省滨海风沙区：福建海岸风沙主要分布在闽江、晋江及九龙江入海口附近一线；海南省海岸风沙主要分布在文昌沿海。

三、以冻融侵蚀为主的类型区

冻融侵蚀主要分布在我国西部青藏高原及其他一些高山地区，特别是现代冰川活动的地区。可以分为两个二级类型区，包括北方冻融土侵蚀区和青藏高原冰川冻土侵蚀区。

（一）北方冻融土侵蚀区

主要分布在东北大兴安岭山地及新班的天山山地。按地域分两个区：

（1）大兴安岭北部山地冻融水蚀区：高纬高寒，属多年冻土地区，草甸土发育。

（2）天山山地森林草原冻融水蚀区：包括哈尔克山、天山、博格达山等；为冰雪融水侵蚀，局部发育冰石流。

（二）青藏高原冰川冻土侵蚀区

主要分布在青藏高原和高山雪线以上。按地域分为两个区：

（1）藏北高原高寒草原冻融风蚀区：主要分布在藏北高原。

（2）青藏高原高寒草原冻融侵蚀区：主要分布在青藏高原的东部和南部，高山冰川与湖泊相间，局部有冰川泥石流。

青藏高原是世界上最大的高原，海拔在4500m以上，喜马拉雅山脉中的珠穆朗玛峰，海拔8844.43m，是世界第一高峰。高原上空气温度很低，太阳辐射强烈，降水不多，风力强劲。许多山峰高耸在雪线（海拔4000 ~ 6000m）以上，终年白雪皑皑，发育有多种类型的现代冰川，一般长达3 ~ 5km，也有长达20 ~ 26km。冰川侵蚀十分强烈，造成许多雏形山峰、角峰、冰斗和冰蚀谷。在谷地中又堆积大量冰渍物。

第三章
影响水土流失的因素

一般认为，导致水土流失的因素有两种，一是自然因素，即气候、地质、土壤、地形、植被等因素；二是人为因素，即人类加剧土壤侵蚀活动、人类控制土壤侵蚀活动等。前者是影响水土流失发生和发展的潜在因素。后者是影响水土流失发生、发展和保持水土的主导因素。

第一节　自然因素的影响

水土流失是全球性的一个严重问题，影响水土流失的自然因素主要有气候、土壤、地质、地形和植被等，它们对水土流失的影响虽各不相同，就是对同一类型的水土流失，在不同自然因素的组合下，其影响也是各不相同的。因此，在讨论某一因素与水土流失的关系和拟定相应的水土保持措施时，必须同时考虑到各种自然因素间的相互制约、相互影响的关系。在一般情况下，气候、土体（包括一部分基岩）和地形是水土流失过程中必须同时具备的因子，是造成水土流失的潜在因素，但气候、土体和地形条件具备，是否形成水土流失却还取决于植被因素。

一、气候因素的影响

所有的气候因子都从不同方面和在不同程度上影响着水土流失，大体可分为两种情况：一种是直接的，如降雨和风对土壤侵蚀的促进作用。暴雨是造成严重水土流失的直接动力和主要气候因子。另一种是间接的，如温度、湿度、日照等变化通过对于植物的生长，植被类型，岩石风化速度，成土过程和土壤性质等的影响，进而间接影响水土流失的发生、发展过程与程度。

降水是气候因子中与土壤关系最为密切的一个因子，是地表径流和下渗水分的主要来源。在土壤侵蚀的发生发展过程中，降水是水力侵蚀的基础。

降水包括降雨、降雪、冰雹等多种形式，在我国分布的土壤侵蚀类型及形式中，以降雨的影响最为明显。

1. 降雨的影响

降雨通过雨滴的溅蚀和地表径流冲刷引起水土流失。

(1) 降雨量和降雨强度对水土流失的影响

降雨对水土流失的影响主要有两方面，一是降雨强度，二是降雨量。降雨量影响地面径流，从而影响到水土流失。降雨量越大，水土流失情况越严重。而降雨强度主要是通过影响雨滴对地面的冲击来影响水土流失情况的。强度越大的雨滴对地面的冲击越强烈，土壤侵蚀就严重。在同一地区，降雨强度对水土流失的影响要比降雨量的影响大。

降雨强度是指单位时间内的降雨量，一般用分（5min、10min、30min、45min）和小时（h）计算，有时也用一次降雨的历时计算。大量研究结果显示，降雨强度是降雨因子中对土壤侵蚀影响最大的因子。我国许多土壤侵蚀研究者也得到降雨强度与土壤侵蚀量呈正相关的结论。

根据我国气象部门规定，日降雨量超过50mm的降雨称暴雨，超过100mm的称大暴雨，超过200mm的称特大暴雨。一般而言，并非所有的降雨都会引起严重的水土流失，只有降雨强度较大的暴雨才会造成较严重的水土流失。因为只有当降雨强度达到一定值后，降雨量超过土壤渗透量时，才会产生地表径流，而径流又是水力侵蚀的动力，同时暴雨雨滴大，击溅侵蚀作用也强，故而较大强度的降雨将会造成严重的水土流失。中国科学院地理研究所景可、李凤新在黄河中游半干旱带的研究表明(表3-1)，一场暴雨的产沙量可占到年产沙量的50% ~ 80%。且随暴雨强度的增大，水土流失量也增大。

（2）前期降雨的影响

水土流失的发生还与前期连续性降水有关。在前期降水较为充足的情况下（如连阴雨），土层墒情较高，地表植被中含水量趋于饱和，地表层径流数增多，地表滑动力加大。

充分的前期降雨是导致暴雨形成较大地表径流和产生严重冲刷的重要条件之一。这是因为充分的前期降雨已使土壤含水量大大增加，甚至达到饱和状态，再遇强度较大的暴雨，极易形成地表径流而引起严重的水土流失。我国各地降雨量年内分配都很不均匀，连续最大三个月的降雨量一般均超过全年总降雨量的40%，有的甚至超过70%。

降雨量的高度集中，将导致侵蚀产沙时间的集中性。年产沙量和输沙量主要来自

表3-1 单场暴雨的水土流失量

地 点	暴雨中心雨量（mm）	降雨时间（年、月、日）	降雨历时（h、min）	洪 水		泥 沙	
				径流量（m³）	占年总量（%）	冲刷量（t/km²）	占年总量（%）
神木杨家坪	408.7	1971.1.24	12:00	24285.9	27.2	13592.1	59.4
绥德韭园沟	45.1	1956.8.8	2:30	17600	48.7	4668.0	70.0
天水吕二沟	74.3	1962.7.26	20:45	8834.0	62.5	2416.0	82.3
西峰董庄沟	99.7	1960.8.1～2	20:57	7085.0	56.5	3105.0	66.3

汛期 3 ~ 4 个月，一般可占年总量的 90% 以上。天水水土保持试验站 1945 ~ 1953 年的观测资料表明，在天水地区每年 5 ~ 8 月份的降雨量占年总降雨量的 59.1%，而该期间的地表径流量占全年径流总量的 96.8%，土壤侵蚀量占全年侵蚀总量的 94.4%。

(3) 降雨侵蚀力对水土流失的影响

降雨侵蚀力是降雨引起侵蚀的潜在能力，它与降雨量、降雨历时、降雨强度、降雨动能有关，反映了降雨特性对土壤侵蚀的影响。

雨滴溅蚀是降雨雨滴对土壤结构的力学侵蚀，侵蚀程度主要取决于降雨动能，即降雨雨滴的群体动能，根据 $E=1/2mv^2$ 求得（雨滴动能与其本身的质量和降至地表时的速度平方成正比）。劳斯（Laws，1941、1949 年）等通过对直径为 0.2 ~ 6.0mm 雨滴的末速度研究指出，直径大的雨滴不仅具有较大的质量，而且在空气中降落速度较快，末速度也大。故认为雨滴越大，动能越大，对土体的溅蚀能力越强。

应该指出的是，在一次降雨过程中，雨滴的大小也并非均一，劳斯和帕森（Laws and Parsons，1943 年）研究指出，自然降雨，既有直径小于 0.25mm 雨滴，也有 0.25 ~ 7.0mm 的雨滴。因此准确测定一场降雨中每个雨滴的动能较为复杂。所以维斯奇迈尔和史密斯（Wischmeier and Smith，1958 年）利用劳斯和帕森的资料研究提出了降雨动能的计算公式：

$$E=118.9+87.3\log_{10}I$$

式中：E——降雨总能量（10^3J/hm²•mm）；

I——降雨强度（mm/h）。

降雨动能与降雨侵蚀力间有着密切关系，直接决定土壤侵蚀的程度。对降雨侵蚀力（R）的研究，国外开展较早，美国学者威斯奇迈尔和史密斯（Wischmeier，W H and Smith，D D，1958）找出了降雨的总动能（ΣE）及其 30min 最大雨强（Ⅰ30）的乘积与土壤流失量的关系最为密切，因而降雨侵蚀力的表达式为 $R=\Sigma E \cdot I30$。表现出降雨动能愈大，降雨侵蚀力愈大，土壤侵蚀愈严重。北京林业大学模拟试验结果表明，中耕后的农田在雨滴容积为 0.1016ml，降雨总量为 6.192mm 时，土壤溅蚀量折算为 28.3t/hm²；而雨滴容积为 0.04ml，总降水量相同，土壤溅蚀量为 18.81t/hm²。

2. 降雪对水土流失的影响

在北方和高山冬季积雪较多的地方，由融雪水形成的地表径流取决于积雪和融雪的过程和性质。在冬季较长的多雪地区，降雪后常不能全部融解而形成积雪。积雪受到风力和地形的影响进行再分配，在背风斜坡和凹地堆积较厚。融雪时产生不同的融雪速度和不等量的地表径流，尤其是当表层已融解而底层仍在冻结的情况下，融雪水不能下渗，形成大量的地表径流，常引起严重的水土流失。

大体上看，降雪引起的冻蚀并不占主要方面，无论是在季节分布，还是对水土流失的影响程度上，液态降水都占居主导地位。

3. 不同的降水分布对水土流失的影响

(1) 在时间序列上，我国南部地区降水多集中于夏半年，尤其集中于每年的初夏季节。汛期（4 ~ 8月）是一年中主要的降水季节，而梅雨又是最主要的雨季。这一时期也是这些地区主要的农事季节和旅游旺季。这期间发生的水土流失现象，对农业生产、旅游活动等均有着举足轻重的影响。

(2) 在垂直高度上，随着海拔的上升，降水有明显的变化。根据黄山市气象学会的研究表明：随着海拔的上升，降水逐渐上升的趋势；这在一定的高度范围内规律非常明显，不同的坡向也存在差异性。粗略地看，黄山年降水量 2395mm（20 年均值），比南坡的黟县多 708mm，比北坡的黄山区多 858mm。随着垂直高度的升高，南坡降水量上升率为 75mm / 100m（半山寺以下），北坡降水量上升率为 83mm / 100m（北海以下）。不同的高度、不同的坡向，对水土流失的影响程度也是不同的。以黄山地区为安徽省降雨量中心，其暴雨的次数、山洪暴发的概率为安徽省之冠，当然也是安徽省水土流失的重点地区，对下游地区水土环境和生产等也有着重要的影响。

4. 风对水土流失的影响

风是土壤风蚀和风沙流动的动力。风蚀活动范围大，一般不受地形条件的影响，在平原也能发生，终年均可发生。有些地方，风蚀所造成的土壤流失量比水蚀还要大。我国风蚀的面积主要集中在东北、华北、西北等地区的干旱、半干旱地带，最严重的地区为沿长城两侧。此外在黄河古道、豫东和沿海地区也有发生。有些地方水蚀和风蚀现象同时存在。在比较干旱、缺乏植被的条件下，地表风速大于 4 ~ 5m/s 时就会发生风蚀。一般地讲，土壤吹失量大体与风速的平方成正比。风速越大，吹失量越大。在我国北方，冬春刮风季节的风速多在 5 级以上。榆林地区一年中能刮起尘沙的风在百次以上，大风持续时间较长。风蚀给农业生产带来很大危害，每年春播期间，不仅刮走大量肥土，加大土壤水分蒸发，甚至把种子也刮走了，有时连续毁种二三次。

风蚀除了风力和土壤干燥等因素外，还取决于地面的粗糙度和有无植被覆盖。地势高处、迎风坡、植被较少的地方，风蚀严重。如果地面上留有茬秆，或者实行沟垄耕作等，就可降低风速，减少风蚀量。据国外科学家研究，在距离地表 30cm 处，风速变化很大。防止风蚀一般采用免耕，留茬、覆盖、机械沙障、化学固沙及建立防护林带等措施。

像雨滴和流水一样，风也有削蚀（分散）和搬运土壤颗粒的能力，有些土壤颗粒在沉积之前移动较短的距离，有的则移动较长的距离，这主要取决于风速大小。受地面摩擦阻力的影响，离地面愈近，风速愈小，而紊流和涡动作用愈强。当达到起沙风速后，土壤颗粒有 3 种移动方式：

直径小于 0.05mm 的土壤颗粒（或沙粒）一旦被抬升到空气中，就悬浮在气流中，以悬移的方式被移到较远的地方，除非降雨或风速的巨大降低才会降至地面。

中等粒径的颗粒，直径大致为 0.05 ~ 0.5mm，在风中以跳跃形式移动，称为跃移。跃动中的颗粒有大量能量，可将其他颗粒弹到空气中去，或者将自己弹回。

粒径大于 0.5mm 的土壤颗粒不能被抬升到气流中，但粒径小于 1mm 者由于跃移颗粒的反弹和风力作用，可沿地表滚动，这部分称为推移质。

粒径大于1mm者不能被风吹动，仍保持在侵蚀表面，保护土壤免遭更进一步侵蚀。但这无疑已导致了土壤的沙漠化，使土壤结构变坏，肥力流失，生产力降低。

另外，起沙风的持续时间也在很大程度上影响着风蚀程度，如果持续时间较短，就不能形成大规模的风沙流。风蚀还受起沙风的次数、季节、空气湿度、温度等的影响，湿度低、温度高能加速表层土壤的干燥，有利于风蚀和风沙流的形成和加强。

二、地质因素的影响

1. 岩性的影响

岩性就是岩石的基本性质，对风化过程、风化产物、土壤类型及土壤的抗蚀能力有重要影响。

(1) 岩石的风化性

由容易风化的岩石发育形成的土壤，如岩浆岩中的侵入岩，结晶颗粒大，晶形完好，风化强烈，风化壳深厚，往往遭受较为强烈的土壤侵蚀。我国南方的花岗岩风化壳一般厚度10 ~ 20m，有的甚至达40m，以石英砂为主，结构松散、粘粒含量低，抗蚀能力极弱。沉积岩抗风化能力强弱则取决于胶结物的种类，岩石的节理和层理状况。当胶结物为硅质时，则不易风化，如硅质岩等。而以铁质、钙质或粘土质物质为胶结物时，则易风化。节理发达，层理较薄的岩石也易风化，形成较厚的风化层，为土壤侵蚀奠定了基础。变质岩的风化性与变质过程密切相关，既可使难风化的岩石通过变质作用形成易风化的岩石，也可使易风化的岩石变以难风化的岩石。

不同种类岩石的风化产物和特征及遗留给土壤的特征，如质地、矿物养份的组成及含量也不相同，这些都对水土流失有影响。紫色页岩等软质岩层容易风化，风化产物富含矿物营养，多开垦为耕地，一般水土流失较为严重。

(2) 岩石的透水性

岩石的透水性对降水的渗透、地表径流和地下潜水的形成有重要的影响。在浅薄土层下为透水差的下伏岩层时，土层含水量迅速饱和，多余降水极易形成地表径流，冲蚀土壤。若透水快的土层较厚，在难透水的土层上则可形成暂时潜水，使上部土层和下伏基岩间的摩擦变小，往往导致滑坡的发生。相反，当地面为疏松透水性强的物质时或下伏基岩的层理和节理较发育，且层理方向垂直向下或地层倾斜时，下渗的水分就会沿着岩石的层理、节理或断层间隙迅速下渗，不致于引起较为严重的水土流失。

(3) 岩石的坚硬性

块状坚硬的岩石抵抗较大的冲刷，阻止沟头前进、沟床下切和沟壁扩张。岩体松软的黄土和红土，沟床下切很深，沟壁扩张和沟头前进很快，全部集流区可被分割得支离破碎。黄土具有明显的垂直节理，沟床下切、沟壁扩张时，常以崩塌为主。红土由于比较粘重坚实，沟床的下切较黄土慢。沟壁扩张以泻溜、滑坡为主。

(4) *岩石的矿物质组成*

矿物成分是以 Si 为主的岩石，质地坚硬，不易风化，所以不易造成水土流失，而矿物成分是以 Fe、Mg、Al、黄土类为主的岩石，质地松软，容易风化，所以容易造成水土流失。

2. 新构造运动的影响

新构造运动是指在第四纪（Q_4）发生的地壳运动，通常也包括第三纪末期的地壳运动。其之所以不同于其他各纪的构造运动，是因为它具有振荡性、节奏性和继承性的特点。新构造运动是导致侵蚀基准面变化的根本原因。在水土流失区，如果上升运动显著，就会引起该区冲刷作用加剧，促使一些古老的侵蚀沟再度发生水土流失，而下降地区则表现为接受沉积。

三、土壤因素的影响

土壤是侵蚀作用的主要对象，土壤的性质尤其是土壤的渗透性、抗蚀性和抗冲性对水土流失的发生和发展有着重要的影响。

1. 土壤透水性

径流对土壤的侵蚀能力主要取决于地表径流量，而透水性强的土壤往往在很大程度上能够减少地表径流量。土壤的透水性主要取决于土壤机械组成、土壤结构、土壤孔隙率、土壤剖面构造和土壤含水量等因素。

(1) *土壤的机械组成*

一般沙性土壤，颗粒较粗，土壤孔隙大，因此其透水性好，不易产生地表径流。而壤质或粘质土壤透水性就较沙性土壤差。据西北水土保持研究所调查结果，黄土的透水性随着沙粒含量的减少而降低（表 3-2）。

(2) *土壤结构性*

土壤结构越好，透水性和持水量越大，土壤侵蚀的程度越轻。西北黄土高原地区的调查研究证明：土壤团粒的增加可以提高土壤的渗水能力。如黑垆土的团粒含量在 40% 左右时的渗透能力，比松散无结构的耕作层（一般含团粒小于 5%）要高出 2 ～ 4 倍。有林木的黄土，其含团粒结构在 60% 以上的渗水能力比一般耕地高出十余倍。

表3-2　黄土质地沙粒含量和渗透率的关系

沙粒含量（%）（粒径0.5～0.05mm）	前30min平均渗透率（mm/min）	最后稳定渗透率(mm/min)
86.5	4.76	2.5
39.5	2.64	1.0
36.5	1.89	0.8
32.5	1.42	0.6

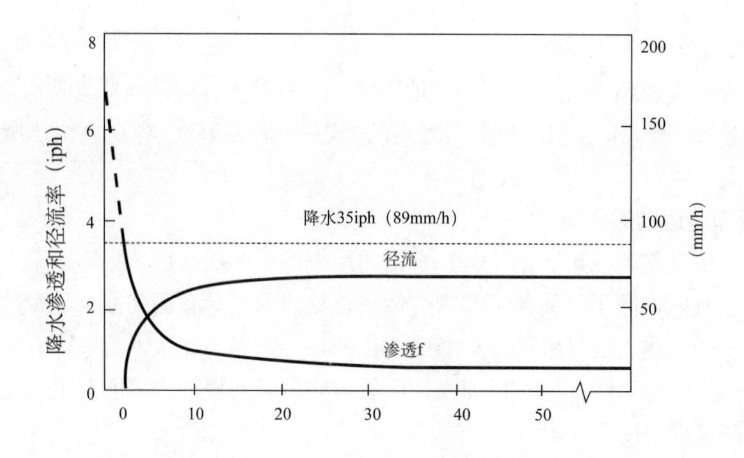

图3-1　典型降雨渗透和径流曲线

（3）土壤孔隙率

土壤持水量的大小对于地表径流的形成和大小也有很大影响。如持水量很低，渗透强度又不大，那么在大暴雨时，就要发生强烈的地表径流，

土壤透水性强弱常用渗透率（或渗透系数）表示。渗透率—时间曲线（图3-1）中，当渗透量达到一个恒定值时的入渗量即为稳渗系数。

由图3-1可以看出，在降雨初期一段时间（几分钟）内，土壤渗透速率较高，降雨量全部渗入土壤，此时土壤的渗透速率和降水速率等值，没有地表径流产生。随着降雨时间延长、土壤含水量增高，渗透速率逐渐降低，当渗透速率小于降水速率时，地表产生径流。

2. 土壤抗蚀性

土壤抗蚀性是指土壤抵抗雨滴打和径流悬浮的能力，其大小主要取决于土粒和水的亲和力。亲和力越大，土壤越易分散悬浮，土壤团聚体越易受到破坏而解体。土壤抗蚀性大小，可用水稳性指数表示。

土壤腐殖质能够胶结土粒，形成较好的团聚体和土壤结构，提高土壤的水稳性指数，增强土壤的抗蚀性。对江苏省沿海平原沙土区土壤的测定结果表明，土壤有机质含量与土壤水稳性指数关系密切（r=0.8933），回归公式为：

$$K=0.1305+0.5640x$$

式中：K——土壤水稳性指数；

x——土壤有机质含量（%）。

3. 土壤抗冲性

土壤抗冲性是指土壤抵抗径流和风等侵蚀力机械破坏作用的能力，通常用土壤的抗冲指数来表示。应用C.C.索波列夫抗冲仪，在一定大气压（1个大气压）力下，以0.7mm直径的水柱对土壤冲击1min，使其产生水蚀穴，每10个水蚀穴的深与宽乘积的平均数的倒数，即为该层土壤的抗冲指数，抗冲指数大，土壤抗冲性强，反之则小。

粘重、紧实的土壤往往具有较强的抗冲性，另外，植物根系网络和固结土壤，可增强土壤的抗冲性。李勇（1993 年）在研究植物根系强化土壤抗冲性在因时指出，根系通过改善土壤理化性质，增加土壤非毛管孔隙度，强化降水就地入渗等综合因素，提高土壤抗冲性，则时指出根系尤其是径级 <1mm 的须根，在稳定土层结构、增加土壤稳性团粒及有机质含量，创造抗冲性土体构型中起主导作用，并首次提出土壤抗冲性的物理基础是土壤剖面中 $100cm^2$ 的截面上 <1mm 的须根个数。张金池等（1994 年）、代全厚等（1998 年）采用 C.C. 索波列夫抗冲仪分别对苏北海堤、嫩江大堤林带树木根系固土功能的研究提出，土壤的抗冲指数与植物根系，尤其是与细根的根长、根量密切相关；结构良好的土壤往往也具有较强的抗冲性。有机质是土壤结构的改良剂，故土壤抗冲指数亦随着有机质含量的增加而增大。研究表明抗冲指数与根长和根量间有显著的直线回归关系，并建立了抗冲性与根长和根量的直线回归模型：

$$y=0.024426+0.063965x_1 \quad n=27 \ r=0.8256$$
$$y=0.043064+0.000312x_2 \quad n=27 \ r=0.9325$$
$$y=3.377118+0.557418x_3 \quad n=21 \ r=0.8050$$

式中：y——土壤抗冲指数；

x_1——根径≤ 2mm 的根量（g）；

x_2——根径≤ 2mm 的根长（cm）；

x_3——土壤有机质含量（%）；

根量、根长均指 30cm × 30cm × 10cm 土柱中根量、根长。

4. 不同土地利用情况的影响

不同的土地利用方式影响了土壤的抗冲性，从而间接对水土流失产生影响。以黄土为例，黄土的颗粒以细沙和粉沙为主，其中以粒径 0.05 ～ 0.01mm 的粉沙含量最高，约占 45% ～ 60%。黄土吸水后，迅速崩解为碎块或碎粒，而在不同的利用方式下，其抗冲性有显著差异，在曾光等（2008 年）野外实地放水冲刷实验结果表明，以刺槐林的土壤抗冲性最强，其次为灌木林、草地、乔木林、果园、农地（表 3-3）。

四、地形因素的影响

地形是影响水土流失的重要因素之一，地面坡度、坡长、坡形和坡向等地形因素都在不同程度上影响着水土流失。我国是一个多山的国家，山地面积占国土总面积的 2/3，同时又有黄土发育最典型、分布最广，地形起伏的黄土高原，是水土流失严重发生的潜在因素。

1. 坡度

地表径流所具有的冲刷能力随径流速度增大而增加，而径流速度的大小主要取决于径流深度和地面坡度。当其他条件相同时，地面坡度愈大，径流流速愈大，径流冲

表3-3　不同土地利用情况下黄土的抗冲性

土地利用类型	退耕年限/a	坡度/(°)	坡位	取样深度/cm	抗冲性/(g·L^{-1})
刺槐林	20	25	坡中上	0～10 20～30 40～50	3.50 12.52 18.29
铁杆蒿群落	30	36	坡中	0～10 20～30 40～50	2.22 5.46 8.55
狼牙刺	36	40	坡下	0～10 20～30 40～50	0.24 0.79 1.65
果园	10	平地	坡下	0～10 20～30 40～50	3.85 21.25 34.71
玉米地	-	平地	坡下	0～10 20～30 40～50	4.12 7.26 12.55

表3-4　淳化泥河沟流域不同雨强和坡度下光滑地表的径流模数与侵蚀模数

	坡度/(°)									
	5		10		15		20		25	
雨强	Mw	Ms	Mw	Ms	Mw	Ms	Mw	Ms	Mw	Ms
0.50	3952.75	236.089	6587.13	503.824	14133.10	1038.375	6840.11	687.375	7562.62	823.919
1.00	7661.17	333.749	14697.76	799.945	16757.16	1180.977	11794.34	1037.448	14638.83	1357.074
1.50	8319.93	414.273	15373.59	861.168	17276.53	1208.518	15627.84	1283.259	16822.26	1507.379
2.00	11142.93	516.596	17400.59	1049.597	20865.50	1393.76	20464.83	1573.246	26059.61	2098.172
2.50	14956.38	627.162	25257.81	1390.901	21766.89	1439.515	28134.01	2000.931	27023.17	2156.528

刷能力愈大，土壤侵蚀量也越大。在5°～40°的坡耕地或荒坡上，土壤侵蚀量随坡度增加而增加，呈明显正相关关系。细沟侵蚀是坡面侵蚀的主要形式，其侵蚀量占坡面总侵蚀量的70%以上。根据西北农林科技大学的郑子成等（2006年）对淳化泥河沟流域对不同地表条件下径流模数与侵蚀模数进行分析（表3-4）。

湖南省林业科学院的田育新等（2006年）在人工模拟降雨强度为1.44 mm/min的条件下，研究了不同坡度（β）红壤近似裸地坡面径流、泥沙的变化特征，研究结果表明：红壤近似裸地坡面地表径流量随坡度的增大而迅速增加。当 β ≤23° 时，红壤近似裸地坡面土壤侵蚀量随坡度的增大而迅速增加；土壤侵蚀量随坡度的增加而增大。但径流量在一定条件下，随坡度的增大有减少的趋势。据福建省水土保持试验站（1995 年）对福州地区观测资料表明（表 3-5，表 3-6），坡度对水力侵蚀作用的影响并非无限止地成正比，而是存在一个“侵蚀转折坡度”。超过这个坡度土壤侵蚀量不再是随坡度的增大而增加，而是减少。在南方，自然原状土的侵蚀转折坡度值为 40°，而人工扰动的侵蚀转折坡度值为 25°。据陈永宗（1976 年）对黄土地区观测资料，在黄土地区这个转折坡度大致在 25° ～ 28.5° 之间。

表3-5　坡度对水力侵蚀作用的影响

坡度(°)	5	8	11	15	18	21	23	25	28	30	33	35	38	40
侵蚀量（g）	20.6	41.0	62.0	98.8	130.4	165.4	188.1	214.5	213.5	214.4	213.6	213.1	213.7	214.3
径流量(mm)	8.5	8.6	8.8	9.1	9.4	9.9	10.5	11.2	12.0	12.9	13.9	15.0	16.2	17.5

表3-6　不同坡度与土壤侵蚀的关系

坡度（°）	侵蚀量（t/km²）	径流量(m³/hm²)
5	1737	7212
12	1940	6855
20	3912	6279
25	4375	6973
30	3740	5272
35	3681	6476

2. 坡长

坡面是地表径流汇集的场所，在相同条件下，坡面愈长，汇集的径流量就愈多，径流冲刷能力愈强，土壤侵蚀也愈严重。甘肃省天水水土保持站 1954 ～ 1957 年观测资料表明，在相同坡度条件下，坡长 40m 的坡耕地比坡长为 10m 坡耕地的土壤侵蚀量增加 41%。前苏联奥尔洛娃（1978 年）在坡度为 2° ～ 5° 的坡地上，离分水岭 200 ～ 300m 处观测到的是中度侵蚀；而在坡度 5° ～ 10°，坡长 300 ～ 400m 的坡地上就可以发现强度侵蚀。上述试验结果不仅说明了坡长的增加会引起土壤侵蚀量的增加，而且还表明了坡长对水土流失的影响比坡度更为重要些。但应该指出，土壤侵蚀量还受其他因素的影响和制约，不能形成有规律的正相关关系，尤其当雨量不大，在坡度较小的坡面上，土壤渗透性较强时，随坡长的增大，径流量和侵蚀量反而减少，出现所谓的“径流退化现象”。根据省水保所和隰县水保试验站观测资料，黄土丘陵沟

表3-7　坡长与土壤侵蚀量关系

地面坡度(°)	坡长(m)	土壤侵蚀量	
		(t/hm²)	比例(%)
12～26	7	52.5	100
	14	149.4	297
26～31	12～25	153.3	100
	24～36	217.7	142
	37～75	242.4	158

壑区坡长与水土流失关系如表3-7。

3. 坡形

自然界中坡形虽十分复杂多样，但一般不外乎凹形坡、凸形坡、直线形坡和阶梯形坡四种。坡形对水土流失的影响实际上就是坡度、坡长两个因素综合作用的结果。直线形斜坡在自然界中所占比例很小，这类斜坡只要坡度较大，距分水岭越远，汇集的地表径流水越多，水土流失也越严重。凸形斜坡上部缓，下部陡而长，随径流路线加长，坡度亦在增大，水土流失亦在加剧，下部的流失量较直线坡更大。而在凹形断面斜坡上，则随径流路线的加长，坡度减小，如果下部平缓时，常使水土流失停止，甚至发生沉积现象。在阶梯形断面的斜坡上，各陡坡地段易发生水土流失，距分水岭最远的陡坡将是侵蚀量最严重的地段，而在较低洼的台阶部位水土流失轻微。

4. 坡向

一般阳坡较阴坡接受更多的光照，土壤水分散失较快，土体空气充足，有机质分解快积累少，土壤的发生层次较薄且偏于干旱，植被生长较差，易发生水土流失，而阴坡则恰恰相反。前苏联资料表明，在东北向的坡地上（坡度2°～5°，坡长200～300m），土壤受到轻度侵蚀，而在同样坡度、坡长和降雨条件下，西南向的坡地上的土壤却受到中度侵蚀，并且这种差异随坡度的增大而日趋明显。

此外，易产生地形雨的部位，也易发生土壤侵蚀。

5. 地面破碎程度

地面破碎程度对水土流失有明显的影响。地面越破碎，便越起伏不平，斜坡越多，地表物质的稳定性降低，同时地表径流容易形成，由此加剧了水土流失。例如我国晋西北和陕北黄土高原丘陵区，地面坡碎程度相当高，水土流失情况也相当严重。如果其他条件不变，则水土流失量与地面破碎程度呈正相关关系。

五、植被因素的影响

植被条件的好坏直接影响着土壤侵蚀的程度。植被可以减少或防止雨滴直接冲击地面，减少地面径流量，并对径流速度起控制作用；植物凋落的枯叶覆盖地面，形成保护层，在它们腐烂分化的过程中，可以改善土壤的孔隙状况，有利于水流的分散和入渗，从而减少坡面径流量；而植被的根系纵横交错，加强土体的固结力。整个植物体系在水土保持和防止水土流失过程中作用十分突出，从表3-8可以看出森林植被在防止水土流失中的巨大功效。作物植被的保土作用也很明显，据刘秉正等的研究，作物植被的保土作用与覆盖度呈正相关关系。

植被在保持水土方面具有重要的地位，几乎在任何条件下植被都有阻缓水蚀和风蚀的作用。良好的植被，能够覆盖地面，截留降雨，减缓流速，分散流量，过滤淤泥，固结土壤和改良土壤，能减少或防治水土流失。植被一旦遭到破坏，水土流失就会产生和发展。植被在水土保持上的主要功效有以下几方面：

(1) 植被可拦截降水，降低雨滴能量。植物的地上部分，能够拦截降水，使雨滴的速度减少，也就减小了到达地面的降雨强度，有效地削弱雨滴对土壤的打击破坏作用。植被覆盖度越大，拦截的效果越好，尤其以茂密的复层森林最为显著。郁闭变高的林冠像雨伞一样承接雨滴，使雨水通过树冠和树干缓缓流落地面，因而减小了地表径流及雨滴直接打击土壤。树冠截留降雨的大小因郁闭度、叶面特性及降雨特性而异。在一般情况下（10 ~ 20mm/d降雨），降雨量的15% ~ 40%首先为树冠所截留，而后又蒸发到大气中去，其余大部分落到林内，被林内的枯枝落叶所吸收；降雨的5% ~ 10%从林内蒸发掉；1%的降雨量形成地表径流；而50% ~ 80%的降雨则渗透到地内变成地下径流。虽然有时也形成较大的水滴，但落下的高度较小，击溅能力不大。

(2) 地表枯落物可以吸收、阻拦和过滤地表径流。在保护良好的森林、草地中往往有较厚的一层枯枝落叶，像海绵一样，接纳通过树冠和树干的雨水，使之慢慢的渗入林地变为地下水，不易产生地表径流。此外，枯枝落叶还有保护土壤、增加地表粗糙度、分散径流、减缓流速及拦截泥沙等作用。据大量测定结果表明，该层枯落物的吸水量可达本身干重的2 ~ 3倍，可大大减低地表径流。即使降雨量超过枯枝落叶层和土壤的入渗量而产生径流，流水也只能在枯枝落叶层和土层间顺坡流动，受到枯枝落叶和土粒反复阻拦，水流方向不断改变，径流受到分散，流速相当缓慢，不仅能防

表3-8 北江流域部分县森林资源覆盖率与水土流失量

县名	活立木蓄积量/万m²	森林覆盖率/%	总流失面积/万km²	流失占总面积/%
南熊	286.3	51.94	6.0	26.1
始兴	838.1	63.75	1.6	7.7
连县	293.6	41.10	6.4	24.0
阳山	287.8	29.65	14.6	44.0
英德	316.2	27.43	14.3	25.1

止水土流失的发生，而且可将径流中已挟带的泥沙进行过滤、沉淀。甘肃庆阳子午岭林区中，在稠密的灌丛基部常拦截堆积厚约30cm的泥沙层。庆阳县后官寨乡后寨村附近集流槽（浅凹地）中种植几年的苜蓿可积淤泥达60cm以上，但在缺乏枯枝落叶层无草本植物生长的林地，仍有水土流失发生。因此，保护林下的枯枝落叶层及在水土流失严重地区营造乔、灌、草混交的水土保持林，实为控制水土流失的一个重要措施。

（3）死亡根系和枯落物可以改良土壤结构，提高孔隙度，提高土壤透水和持水量。一方面枯枝落叶腐烂、分解形成腐殖质、胶结土壤颗粒，形成良好的水稳性团粒，改良了土壤结构，提高了土壤的抗蚀、抗冲和渗透能力，从而起到减少地表径流和土壤冲刷的作用；另一方面，由于枯枝落叶的不断积累和分解，为土壤生物（如蚯蚓）繁衍、活动提供了良好的条件，土壤生物种群数量增加，不仅通过体腔的排泄物改良土壤，而且其活动过程中又为土壤形成无数大型孔道；加之植物根系的死亡、分解留有的孔道都为土壤水分的渗透创造了条件。

（4）植物可以通过蒸腾作用，降低土壤湿度，增强土壤的贮存降水能力。

（5）植物根系对土体有良好的穿插、缠绕、网络和固持作用。根系缠绕可增强土体的抗冲性，特别是自然形成的森林及营造的混交林中，各种植物根系分布深度不同，有的垂直根系可伸入土中1m以上，能将表土、心土、母质和基岩连成一体，提高土体的稳定性，对防止崩塌、滑坡等侵蚀有一作用。此外，植被能削弱地表风力，保护土壤，减轻风力侵蚀的危害。一般防风林的防护范围为树高的15～20倍。据观测，在此范围内，风速、风力可减低40%～60%，土壤水分蒸发也可减少，有利于保墒。其土壤含水率也比该范围外的同样土壤高1%～4%。

植物具有上述种种功效，其在保持水土上的作用十分显著，张展羽、张国华（2007年）江西省水土保持生态科技园红壤坡地的保土效益研究（表3-9，表3-10）表明，植被覆盖能有效地防止坡面水土流失。例如，第一小区百喜草全园覆盖，第二小区百

表3-9　不同水土保持措施蓄水保土效益

小区号	径流量/m			侵蚀量/(kg·(100m²)⁻¹)		
	2003年	2004年	合计	2003年	2004年	合计
第1小区	12.91	3.41	16.32	0.561	0.424	0.985
第2小区	15.46	10.54	26.00	0.474	0.515	0.989
第3小区	33.35	15.45	48.80	0.617	0.525	1.142
第4小区	40.37	13.88	54.25	2.36	90.271	92.631
第5小区	25.42	13.35	38.77	0.57	0.564	1.134
第6小区	38.16	20.42	58.58	1.068	3.511	4.579

表3-10　不同植被类型蓄水保土效益

坡度指标 \ 植被类型	荒坡	山杏	红豆草	沙打旺	刺梨+山杏
10°土壤流失量（t/hm²·a）	1.61	0.257	0.170	0.138	0.158
与荒坡流失量之比（%）	100	16.0	10.6	8.6	9.8
20°土壤流失量（t/hm²·a）	5.42	0.615	0.42	0.404	0.370
与荒坡流失量之比（%）	100	11.3	7.8	7.5	6.8

表3-11　主要森林植被类型的水土保持状况

植被类型	土壤类型	森林植被状况			土壤总孔隙度（%）	枯落物现存量(t/hm²)	林冠截留率（%）	地表径流量（m³/km²·a）	径流系数	年土壤侵蚀模数(t/km²·a)
		郁闭度	林冠层	灌草层盖度						
对照区	黄棕壤	0.00	0	0.00	53.7	0.00	0.00	87.91	45.37	1439.09
杉木林		0.72	1	0.80	52.3	6.85	20.45	18.76	9.55	281.0
火炬松		0.60	1	0.86	46.8		8.04	75.15	38.99	225.4
栎林	山地棕壤	0.86	1～2	0.80	55.6	9.22	21.74	11.92	6.01	238.4
栎木迹地		0.00	0	0.88	55.6	5.00	0.00	21.52	10.74	537.9

喜草带状覆盖，第三小区百喜草间作，第四小区阔叶雀稗草全园覆盖，第五小区狗牙根带状覆盖，第六小区狗牙根全园覆盖。

南京林业大学对江苏省南部丘陵区主要森林类型水土保持功能分析结果（表3-11）表明，对照区因没有森林植被覆盖，其地表径流量、径流系数和年土壤侵蚀模数最大，属剧烈侵蚀地段；栎林迹地，杉木林、柳杉林和火炬松林年土壤侵蚀模数分别为对照区的3.73%、1.95%、1.5%和1.56%。在有林地段，栎林林冠层次多，枝叶密集，降水截留率最高，其地表径流量和径流系数最小。火炬松林虽有较大的地表径流量和较高的径流系数，但由于灌草层盖度高，根系网络土壤作用强，加之土壤粘重，抗冲力强，年土壤侵蚀量反而比杉木林低，相差19.8%。栎林迹地无论是径流量、径流系数和土壤侵蚀模数均高于栎林，分别相差44.6%、44.0%和55.8%。如以200t/km•a、500 t/km•a、1000 t/km•a分别作为我国东北、华北和南方山区及黄土高原区的允许土壤侵蚀值，杉木林、松林、栎林和栎林迹地的土壤侵蚀量均属允许侵蚀之列，而对照区的流失量则远远超出相比值。这充分反映了森林和灌草层的蓄水保土功能。

第二节　人类活动的影响

水土流失的发生和发展是外营力的侵蚀作用大于土体抗蚀力的结果。人类活动作为一种特殊的地质营力，是水土流失发生、发展和水土保持过程中的主导因素。随着人口的剧增，人类活动的加强，人类对环境资源的影响也越来越大，土壤侵蚀的发生与防治，沙漠的进退，河流湖泊的变化，以及全球性的土壤沙化问题都与人类活动有关。人类活动一方面表现在按照自然规律合理利用土地，通过适宜的治理措施，控制水土流失的发展，变荒沟为良田；另一方面则随着人口的不断增长和人类对自然资源不合理开发利用的频度增加，自觉或不自觉地破坏人类自身的生存环境，致使水土流失随之加剧。

一、人类加剧土壤侵蚀的活动

人类加剧土壤侵蚀的活动主要表现在以下几个方面：

1. 土地利用结构不合理

随着人口的剧增，迫使平原地区人口迁居山区，加大了山区的压力。为了生存，砍伐森林开垦土地，坡耕地比重过大，而林、牧业用地比例不断减小，水土流失日渐加剧，使我国不少人工林地区长期步入“人口增加—过度开发—水土流失加剧—环境恶化和土地退化—地区贫困化”的恶性循环。因此，需要合理调整农、林、牧各业的比例，对禁垦坡度以上的陡坡地严禁开垦，以免出现新的水土流失；对已经在禁垦坡度以上开垦种植农作物的，要监督开垦者按计划退耕还林还草，恢复植被；对已开垦的禁垦坡度以下，5° 以上的坡耕地，应积极采取水土保持措施，降低水土流失量。

2. 森林经营技术不合理

人们在重利用、轻保护的观念指导下，无计划地乱砍乱伐、烧山炼山、樵采灌丛和大面积皆伐，以及不合理的造林整地技术都在很大程度上加剧了水土流失的发生和发展。一方面，无计划、无节制地砍伐，使森林遭到严重破坏，失去涵养水源、保持水土的功能；另一方面，在水土流失严重地区，采用大面积“剃光头”式的皆伐作业，合采伐迹地失去森林植被的覆盖，造成地面暴露出来，直接受到雨滴的打击、破坏和流水及风的侵蚀。另外，我国不少林区（如南方杉木林区）历来有“炼山”的习惯，将山坡上的林、灌、草全部砍光挖松整地，或者烧光后整地。这可能使林地肥力在短期内有所提高，促进幼林生长，种杉树后，前几年树小，起不了覆盖作用，地面裸露，雨水直接打击土壤，水土流失严重。而且更多的研究表明，“炼山”不仅烧掉了大量的生物量，并使土壤有机质和营养元素丧失，而且使地表裸露，失去枯枝落叶和植被层的覆盖，水土流失大大增强。据福建林学院杉木研究所研究，在炼山的第一年地表径流量和侵蚀量分别为不炼山的 11 倍和 88 倍；第二年分别为 6 倍和 28 倍；第三年分别为 4 倍和 5 倍。此外，造林整地措施也在一定程度上增加了地表水土流失量，据张先仪(1987 ~ 1990 年)在湖南株州对全垦、穴垦水平带垦和自然对照区土壤流失量的研究，未采取整地措施的地区（自然状态）土壤侵蚀量最低，穴垦整地略低于水平带垦整地，以全垦整地为最高，比值为 1 ： 3.6 ： 3.7 ： 4.4。

由此看来，在水土流失严重地区，只要避免大面积的皆伐作业和烧山炼山旧习，采用择伐或带状间伐和免耕造成林技术，并杜绝乱砍乱伐，是可以有效控制水土流失的发生。

3. 陡坡开荒

陡坡开荒，顺坡直耕，不仅破坏地面植被，且因坡陡，又翻松了土壤，最易引起水土流失。根据《水土保持法》规定，坡地垦荒只允许在 25° 以下，目前一些地方开荒已达到 30° 以上，甚至在 45° 还进行连片开荒，造成严重水土流失。需要指出的是，25° 的禁垦耕坡是根据我国当前人口多，宜耕地不足条件下而制定的临时措施，它绝不是科学的限垦坡度。国际上不少发达国家的限垦坡度为 15° 等。随着我国生产力的进一步发展，未来的禁垦坡度也一定要缩小。

4. 不合理的耕作方式

顺坡直耕是加剧坡耕地水土流失的主要根源。径流沿坡面犁沟下泄，沟蚀加剧。据水建国等（1987 年）研究表明，花生进行等高种植比顺坡种植减少泥沙流量 61%，大豆减少 71%，玉米减少 54%。另外，缺乏轮作与不合理施肥也会使地力减退，破坏土壤团粒结构和抗蚀抗冲性能，从而加剧土壤侵蚀。在坡地上广种薄收的不良耕作习惯，也是引起土壤侵蚀的原因。改顺坡直耕应根据当地雨量和防治标准要求而进行科学设计。

5. 过渡放牧和铲草皮

过渡放牧，使山坡和草原植被遭到破坏和退化，难以得到恢复，种群结构趋于单一，长势衰退，地表覆盖度降低，甚至出现裸露荒坡，易遭受水蚀和风蚀，加剧水土流失和风沙危害。铲草皮不仅减低地表植被覆盖状况，而且土壤失去植物根系的网络固持作用，遇暴雨或大风极易发生水土流失。因此，应提倡舍养，改变野外放牧习惯，或有计划地采用轮封轮牧，坚决杜绝铲草皮这种杀鸡取蛋的行为。

6. 工矿、交通及基本建设工程

开矿、冶炼、建厂、采石、挖沟、修路、伐木、挖渠、建库等这些活动一方面使地表植被遭到破坏引起水土流失，但更重要的是排弃的表土、矸石、尾沙、废渣，如不作妥善处理，往往冲进沟道和江河，也加剧了水土流失。刁基昌等（1992 年）调查表明，山东省烟台市采金过程中，每年排弃的尾矿渣达 60 万 m^3，全部堆放在山坡和沟道两旁，未加妥善处理，累计占地面积达 222.6hm^2。不仅影响了农业生产发展，而且引起的水土流失污染水质、淤积河道、影响泄洪。1985 年 9 号台风，一次暴雨（340mm）将烟台市罗山河流域（90km^2）山坡上的确良尾矿渣冲入河床，使罗山河河床平均抬高 70cm，淤积总量达 5.6 万 m^3，泄洪能力减少了 240m^3/s，占原泄洪能力的 65%。目前，工矿建设及开山采石中人为造成大量的水土流失问题，已显得十分突出和严重，必须引起我们的高度重视。

表3-12　渭河流域人类活动增沙量

时段	开荒	修路	庄院建设	挖药材铲草皮	其他	合计	年均
1954～1959	211.2	1199.7			10.63	1421.53	236.9
1960～1969	229.6	1460.9	125.0	2198.5	421.7	4435.7	443.6
1970～1979	222.8	4437.5	226.7	2865.1	1792.1	9544.2	954.4
1980～1989	434.2	1971.4	308.1	1831.0	1128.3	5673.0	567.3
1990～1996	229.9	3106.2	274.3	449.1	789.8	4849.3	692.8
1954～1996	1327.7	12175.7	934.1	7343.7	4142.4	25923.6	602.9

据黄河水利委员会天水水土保持科学试验站等单位在渭河流域单位典型调查，修路开矿等引起的1954～1996年年均增洪量34.58万m^3,年均增沙量602.90万t(表3-12)。

7．现代城市的迅速发展

当今，城市水土流失现象已越来越普遍，城市水土流失是在改革开放以后，城市化过程中由于大规模土地开发或基本建设发生负面效应所致，这是一个新的地貌灾害问题。城市水土流失与乡村山野的情况不一样，城市水土流失已不完全受自然规律的支配，而是以人为因素的影响为主，其发生原因复杂，具有隐蔽性的特点。据连云港水利局数据显示，连云港水土流失面积遥感测定达1036km^2，占总面积约1/7。深圳市的水土流失程度也相当严重。现阶段，我们不能以停止经济建设的代价来防止城市水土流失，因此城市水土流失在很长一段时间内将会变得越来越严重。

8．旅游活动

众多游客在旅游风景区的密集活动会对自然生态环境产生一系列的负面影响，这些影响主要包括土壤板结、树木损坏、根茎暴露、水质污染、动植物种群成分改变以及生物多样性下降等。虽然不同形式或种类的旅游活动对自然生态环境的影响方式和程度不同，但它们都可能直接或间接地影响到旅游区和（或）邻区的土壤、植被、野生动物和水体。土壤和植被是构成风景区生态环境的最基本要素，植被可通过改变地面粗糙度、地表水径流条件和其他各种动力场的时空变化来减弱水土流失的动力强度，从而起到控制水土流失的作用。但在旅游风景区，土壤和植被承受着旅游活动带来的主要压力，旅游活动对土壤和植被造成的干扰和破坏改变了土壤结构、降低了植被的蓄水保土作用，进而引发水土流失并影响到土壤侵蚀速度。

二、人类控制土壤侵蚀的活动

人类控制土壤侵蚀的积极作用除表现在合理调整山区、丘陵区和风沙危害区农、林、牧各业的占地比例，合理经营和采伐森林资源，防止过度放牧、铲草皮以及不合理开矿、取土、挖河等活动外，还具体地表现在如下几个方面：

1. 改变地形条件

人们通过多种工程技术措施可以对局部地形条件加以改变。坡度在地形条件中对侵蚀量的影响最大。如在山坡上修水平梯田、挖水平阶、开水平沟、培地埂以及采取水土保持耕作法，均可减缓坡度、截短坡长、改变小地形，防止或减轻土壤侵蚀，陡坡造林也要实施鱼鳞坑、反坡梯田等水土保持整地法，以改变局部地形，达到保持水土和促进林木生长的目的。在沟道及溪流上，可通过修谷坊、建水库、打坝淤地、闸沟垫地等措施，提高侵蚀基准面，改造小地形，控制沟底下切和沟坡侵蚀，在侵蚀沟两岸可采取削坡等工程措施，使坡角变小，达到安息角度，以稳定沟坡，防止泻溜、崩塌、滑坡等水土流失现象的发生。

在风沙地区，根据坡地或沙丘上不同部位的风蚀情况和平坦地上糙率与风蚀的关系，结合有关条件，采取建立护田林网、设置沙障等措施改变地形条件，减弱风速，防止风蚀。

2. 改良土壤性状

抵抗侵蚀能力较强的土壤一般要求本身具有良好的渗透性、强大的抗蚀和抗冲性，这和土壤的质地、结构等特性有关。这些条件是可以通过人的积极改造达到的，如采用在沙性土壤中适当掺粘土，在粘重土壤中适当掺沙土，多施有机肥，深耕深锄等措施，就可以改良土壤性状，提高透水及蓄水保肥能力，增强抗蚀、抗冲能力。

3. 改善植被状况

如前面所说，植被可以拦截雨滴，调节地面径流，固结土体，改良土壤，减低风速，从而起到保持水土的作用，植被状况的改善可以通过造林种草、封山育林以及农作物的合理密植、草田轮作、间作套种等人为措施得到改善。

综上分析，可以认为水土保持工作实际上就是人们运用有关改良地形条件，改良土壤性状和改善植被状况的一些有效措施，在地面上把它们因地制宜地、合理地、综合地配置起来，以建成一个完整的合理利用土地的水土保持体系，达到根治河流、发展生产和保护生态环境的目的。

第四章
通用流失方程及其应用

通用土壤流失方程是美国上世纪50年代以大量野外实测资料为基础，分析影响土壤侵蚀的因子，采用数理统计的方法，拟合出土壤侵蚀量与侵蚀因子之间定量关系的模型。它是用来表示坡地土壤流失量与其主要影响因子间的定量关系的侵蚀数学模型，计算在一定耕作方式和经营管理制度下，因面蚀产生的年平均土壤流失量。目前国际上出现了很多用于土壤侵蚀监测和预报的模型，但通用土壤流失方程是最基本的土壤流失方程，在全球使用最为广泛。

第一节　通用土壤流失方程

通用土壤流失方程(USLE)是美国1958年利用36个地区8000个径流小区一年的观测数据得出的分析研究成果，是一种估算土壤水蚀量的数学模型，它在美国各大洲都有成功应用的实例，传入我国相对较晚。由于方程中各因子参数的复杂性，美国农业部(USDA)针对提高各因子计算的通用性又提出了修正方程RUSLE。目前，通用土壤流失方程已被世界上一些国家广泛应用。

一、通用土壤流失方程的形成过程

作为对侵蚀过程的进一步理解，土壤流失预报技术已提出多年了。然而，早期的估算基本上是定性的。随着研究的深入，占优势的定性描述导致了对有关因子的定量估算，真正通过经验公式进行土壤流失量的预报，则是从辛格(Zing，A．W．，1904年)进行侵蚀小区试验开始的。他把土壤流失量与坡度和坡长联系起来，提出了模型：

$$A=CS^{m}L^{n-1}$$

式中：A——单位面积上的平均土壤侵蚀量；

C——变量常数；

S——坡度；

L——坡长（水平）；

m，n——坡度和坡长指数（取值分别为1.4和1.6）。

在此基础上，史密斯(Smith，D．D．，1941年)根据作物轮作和土壤处理的不同组合，评价了土壤保持措施因子的作用，将作物和工程措施因子与土壤流失量有机联系起来。布朗宁（Browning，G. M.）等人（1947 年）又进一步发展和完善了史密斯对土壤流失量的估算方法，并作了土壤处理措施对流失量影响的估算。同时，马斯格雷夫（Musgrave，G. W.，1947 年）建立了降水特性与土壤侵蚀量间的关系，并广泛应用于估算流域的总侵蚀量，方程式为：

$$E=(0.00527)IRS^{1.35}L^{0.35}P_{30}^{1.75}$$

式中：E——土壤流失量（mm/a）；

I——在坡长 22 m、坡度 10% 的坡面上，内在的土壤可蚀性（mm/a）；

R——植被覆盖因子；

S——坡度（%）；

L——坡长(m)；

P_{30}——最大 30min 降雨量（mm）。

至 1954 年，土壤侵蚀预报研究才统一于共同克服研究项目分区域进行的一些固有缺点，把从美国 21 个州 36 个地区所获得的大量研究资料进行汇编，对影响土壤流失量的因子重新评价，最后由维斯奇迈尔(Wischmeier，W. H.)和史密斯（Smith）于 1961 年提出了目前应用最为广泛的通用土壤流失方程，数学模型如下：

$$A=R\cdot K\cdot L\cdot S\cdot C\cdot P$$

式中：A——单位面积多年平均土壤流失量（t/hm^2）；

R——降雨侵蚀力指数（或称降雨因子），以 100J—cm/m^2—h 计；

K——土壤可蚀性因子，对于一定土壤，等于标准小区上单位降雨侵蚀力所产生的土壤流失量（标准小区，在美国要求坡长 22.13m，纵向坡面规整，坡度 9%。顺坡耕翻，至少连续休闲 2 年）；

L——坡长因子，当其他条件相同时，实际坡长与标准小区坡长上土壤流失量的比值；

S——坡度因子，当其他条件相同时，实际坡度与标准小区坡度上土壤流失量的比值。实际计算中常将 L 和 S 合成一个地形因子，以 LS 表示；

C——作物经营因子，为土壤流失量与标准处理地块（经过犁翻而没有遮蔽的休闲地）上土壤流失量的比值；

P——水土保持措施因子。有水土保持措施地块上的土壤流失量与没有水土保持措施小区（顺坡犁耕的坡地）上土壤流失量的比值。

应该指出，通用土壤流失方程是以大量实验数据为基础的经验性方程。因此只有根据本地区具体条件和情况，通过长期观察的资料，推导出方程式中各因子值和其变动范围，以及它们之间的相关关系，才能应用到本地的实践中去。

二、与通用土壤流失方程有关的几个问题

通用土壤流失方程介绍到我国的时间不长，国内对它的研究和应用时间更短。加之它又是一个以实验数据为基础的经验性方程，而我国与美国在作物种植管理、降雨类型等因子上存在着一些差异。因此，有必要就有关问题做一阐述。

1. 通用土壤流失方程的适用范围

通用土壤流失方程主要用于农地上由水所引起的土壤侵蚀（片蚀和细沟侵蚀），计算结果只表示多年平均土壤流失量，而不能够代表当地某一年或某一次降雨所产生的土壤流失量。因为降雨本身年际变幅很大，而由此引起的土壤流失量在年际上的变化也就相当可观了。近年来随着研究的深入，通用土壤流失方程逐渐被推广应用于计算林地和牧草地由水引起的土壤侵蚀量。

2. 通用土壤流失方程的主要用途

（1）预报单位面积上多年平均土壤流失数量

若方程右边的 6 个因子值都已确定，即地块内的土壤类型、坡长、坡度、作物管理情况、地块内的土壤保持措施以及降雨侵蚀力都已知，它们相乘后，就得出在此特定条件下所预报的平均土壤流失量。

（2）利用土壤流失方程制定水土保持规划

水土保持的重要任务是预防和治理水土流失，制定最佳的水土保持措施。土壤流失方程能较科学地提出防与治的有效措施。对于任何一块作物地，知道了 R、K、L、S、C、P 各因子值后，即可求算出该地块的土壤流失量。如果这个数值在允许土壤流失量之内，那就不需要采取保土措施。然而，在实际生产情况中，土壤流失量常常是允许值的若干倍，如不采取保土措施，土壤将日益退化，以致于不能再继续生产。为了保证土地能永续的进行高水平的生产，必须采取必要的保土措施，使其流失量在允许值之下，而通用土壤流失方程就能出色的完成这个任务，这正是方程最重要的用途所在。

在一般情况下，方程中的 R、K 值是个常数，是不易改变的。但我们可以通过调整或改变 C、P、L、S 值，如增加地面覆盖度、种植植物防冲带、等高垄作、修筑地埂和梯田等措施达到减少土壤流失量的目的。

3. 允许侵蚀极限（Acceptable Limits of Erosion）

在土壤侵蚀中，侵蚀的标准是什么？也就是说，哪些侵蚀是可为人们所接受的？哪些侵蚀是人们不允许的？土壤保持工作的目的就是使土地永续的利用下去，而不致发生退化。当土壤的流失速度不超过其形成速度时就能够达到这一目的。

美国土壤学专家本尼特（Bnnett）于 1939 年曾指出，成土速度不可能在短时间内精确地测定出来，但是根据土壤学家们的估计，在不扰动的自然条件下，每 300 年可以形成 25cm 厚的表土层。

但是在经过扰动的条件下，土壤的通气性和淋洗作用由于耕种而加强了，300 年的时间就可能缩短为 30 年左右，其成土速度大约为 $11.2t/hm^2 \cdot a$，因此在英美等国家中

常使用的允许侵蚀极限为 11.2 t/hm²•a。

但允许侵蚀极限还取决于土壤条件，当土壤剖面由深厚的土层构成且整个土壤剖面上肥力状况都基本上相同时，它在 30 年内流失 25mm 厚的土层，其严重性要比由覆盖在坚硬岩石上的薄层土壤在 30 年内流失 25mm 厚的土壤小得多。所以在后者情况下，土壤的允许侵蚀极限要比 11.2t/hm²•a 小一些。在美国比较通用的数值是 2 ~ 11 t/hm²•a，目前我国有些地方采用的允许土壤侵蚀极限为 10 t/hm²•a，但也有人主张采用 5 t/hm²•a。

4. 其他土壤侵蚀经验模型

(1) AGNPS 模型

农业非点源污染模型 AGNPS(Agricultural Nonpoint Source)是由美国农业部建立的基于事件的分布式参数模型(Young et al.,1995 年)。以流域为研究对象，将流域离散化为土地利用、水文、土壤、植被等物理特性均质的网格，以解决空间异质性问题。该模型由水文、侵蚀、沉积物和化学物质迁移 3 大模块组成，其中土壤侵蚀模块采用 USLE 计算流域土壤侵蚀量，用曲线数法进行网格上径流量计算。模型需要输入 22 个参数，在每一个网格单元上输入所有的参数，输出结果主要有水文、沉积和化学物迁移。模型公式如下：

$$SL=(EI)\cdot K\cdot LS\cdot C\cdot P\cdot (SSF)$$

式中：SL——土壤侵蚀量；

EI——暴雨产生的整个动能和最大 30 分钟雨强；

K——土壤可蚀性因子；

LS——地形因子；

C——作物覆盖和管理因子；

P——水土保持因子；

SSF——在一个单元内可调整的坡型因子。

该模型仍为经验统计模型，模拟过程以网格进行，要求在运算过程中输入所需的所有参数。

(2) EPIC 模型

Williams 等发展了侵蚀—生产力评价模型 EPIC(Erosion-Productivity Impact Calculator)(Williams et al.,1984 年)。EPIC 用来评价土壤侵蚀对生产力的影响，确定农业生产上管理因素的影响。该模型第一次把土壤侵蚀和土壤生产力结合了起来，主要包括水文气象、侵蚀与沉积、养分循环、植物生长、耕作、土壤温度、经济因子、土壤排灌以及施肥等 9 个因子、36 个方程。

EPIC 模式从作物产量的下降程度上，也显示出对侵蚀的敏感性。但模型复杂，考虑因子多，还未得到普遍应用。

第二节　通用土壤流失方程中诸因子值的确定

通用土壤流失方程中各因子参数的确定均要求对监测区的相关地理要素进行详尽分析，所以引用 USLE 的关键在于对各相关因子的科学计算或测试。现将方程式中各因子值的确定方法分述如下：

一、降雨侵蚀力因子（*R*）

降雨侵蚀力是降雨引起侵蚀的潜在能力，它是土壤流失方程中首要的基础因子。降雨侵蚀力（*R*）指标与降雨量、降雨历时、降雨强度、降雨动能有关，反映了降雨特性对土壤侵蚀的影响。降雨是引起土壤侵蚀的动力和前提条件，对降雨侵蚀力（*R*）的研究，国外开展较早，美国学者维斯奇迈尔和史密斯（W.H.Wischmeier and D.D.Smith，1958）经过大量试验研究发现，降雨量和降雨强度与土壤侵蚀的相关关系都不理想，与土壤侵蚀量相关性最好的是暴雨动能和最大 30min 降雨强度的乘积，这个乘积被称为“降雨侵蚀力指数”，用 EI_{30} 表示。它是判断降雨侵蚀的最佳指标之一，已成为土壤侵蚀规律研究和土壤侵蚀预报的重要基础。函数式为：

$$R=EI_{30}=\sum E_{\mathrm{i}}I_{30}$$

式中：R——降雨侵蚀力（J · cm/m² · h）；

E——一次暴雨的总动能（J/m²）；

I_{30}——该次降雨中，连续 30min 最大降雨强度（cm/h）；

E_{i}——一次降雨过程中某时段降雨量产生的功能。

为数字上处理方便，实际应用中常把 EI_{30} 缩小 100 倍。即：

$$R=EI_{30}\times\frac{1}{100}$$

用上式来计算 *R* 值是相当繁琐的，在使用上也极不方便。事实上，在降雨动能和降雨强度间并非是相互独立的，而是存在极其密切的关系。维斯奇迈尔和史密斯通过大量的试验资料得出了它们间的回归关系：

$$E=916+331\log_{10}I$$

式中：E——功能（foot—t/Acre—inch）；

I——降雨强度（inch/h）。

或

$$E=12.1+8.9\log_{10}I$$

式中：E——动能（m－t/hm²－mm）；

I——降雨强度（mm/h）。

我国黄河水利委员会在黄土高原地区也曾得出过类似的回归关系：

$$E=210.3+89\log_{10} I$$

式中：E——降雨过程中某时段每厘米降雨产生的动能（J/m²·cm）；

I——相应时段的降雨强度（cm/h）。

实际上在一次降雨过程中，其强度是不断变化的，因此就需要对降雨强度大体相同的时间进行分段。分段计算出各时段的降雨能量 E_i，然后相加求得 $E_{总}$，分段的依据就是自记雨量计所描绘的降雨过程曲线。$E_{总}$再乘以自记雨量记录曲线上查得的最大 30min 降雨强度后，除以 100 就得到该次降雨侵蚀力因子 R 值。下面通过一个实例计算一次降雨的 R 值。

由自记雨量计绘出的某次降雨过程曲线如图 4-1 所示。从该曲线查得的降雨资料

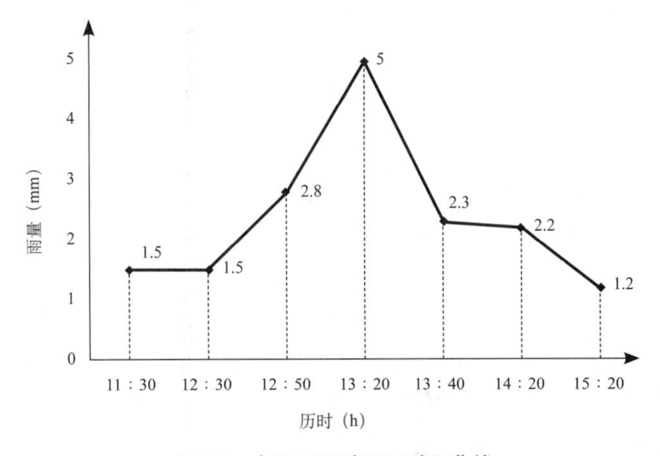

图4-1　自记雨量计降雨过程曲线

表4-1　降雨动能计算表

(1)	(2)	(3)	(4)	(5)
降雨时间	降雨量（mm）	降雨强度（cm/h）	单位雨强的动能（J/m²·cm）10^3	时段内降雨动能（J/m²）
11:30～12:30	1.5	0.15	136.9721	20.545
12:30～12:50	1.3	0.39	173.9048	22.61
12:50～13:20	2.2	0.44	178.5673	39.28
13:20～13:40	2.7	0.82	202.6294	54.71
13:40～14:20	0.1	0.15	136.9721	1.37
14:20～15:20	1.0	0.1	121.3	12.13
Σ	8.8			150.65

如表4-1的（2）和（3）栏。在表中，将（3）栏各数字分别代入E=210.3+89log10I式中得（4）栏各相应值；将（2）栏各数分别与（4）栏各相应值相乘，就得（5）栏各相应值。

由图4-1查得最大30min降雨强度为：

$$I_{30}=（2.2mm/30min）\times 2=0.44cm/h$$

将该次降雨总量$E_{总}=\Sigma E_i$=150.65（J/m²）和I_{30}=0.44cm/h相乘，得该次降雨的R值如下：

$$R=E_{总}\times I_{30}\times 1/100=150.65\times 0.44\times 1/100=0.663$$

若将某一时期内的所有降雨侵蚀力R值相加，即可得到周、月或年的降雨侵蚀力（R）的值。

后来维斯奇迈尔（Wischmeier）又提出一个直接利用年平均降雨量和多年各月平均降雨量推求年降雨侵蚀力R值的经验公式：

$$R=\sum_{i=1}^{12} 1.735\times 10\,(1.5\times \log\frac{P_i^2}{P}-0.8188)$$

式中：R——年降雨侵蚀力值；

P——年降雨量（mm）；

P_{i}——月平均降雨量（mm）。

R值是根据降雨资料推求的，所以据此可以编绘出全国各地区（有降雨资料的地方）侵蚀力R的等值线图。我们国家也做了这方面的工作，中国科学院水利部采用分析R雨量分布的方法，以一次降雨最大30min降雨强度（I_{30}）作为强度指标，绘制了全国R值雨强分布变化曲线（图4-2）。

在使用EI_{30}法计算降雨侵蚀力R的过程中，逐步发现大部分低强度降雨不会引起侵蚀现象的发生。侵蚀总是位于一个分界雨强以上的降雨时才出现。在美国，这个分界雨强大约25mm/s。所以有人提出，在计算降雨总能量时不应包括雨强<25mm/h的降雨能量，即KE>1法，它与EI_{30}法计算R值的方式基本一样，而精度和相关性比EI_{30}法要好得多。

但在不同国家和地区，引起侵蚀的分界雨强是不同的。近年来的实际应用中，美国有些地区也把这个分界雨强由25mm/h降低到13mm/h左右。我国在这方面的研究中，一部分地区选取了10mm/h作为引起侵蚀的降雨分界值。

二、土壤可蚀性因子（K）

在其他影响侵蚀的因子不变时，K因子反映不同类型土壤抵抗侵蚀能力的高低。影响K值的因素主要是土壤质地、土壤结构及其稳定性、土壤渗透性、有机质含量和

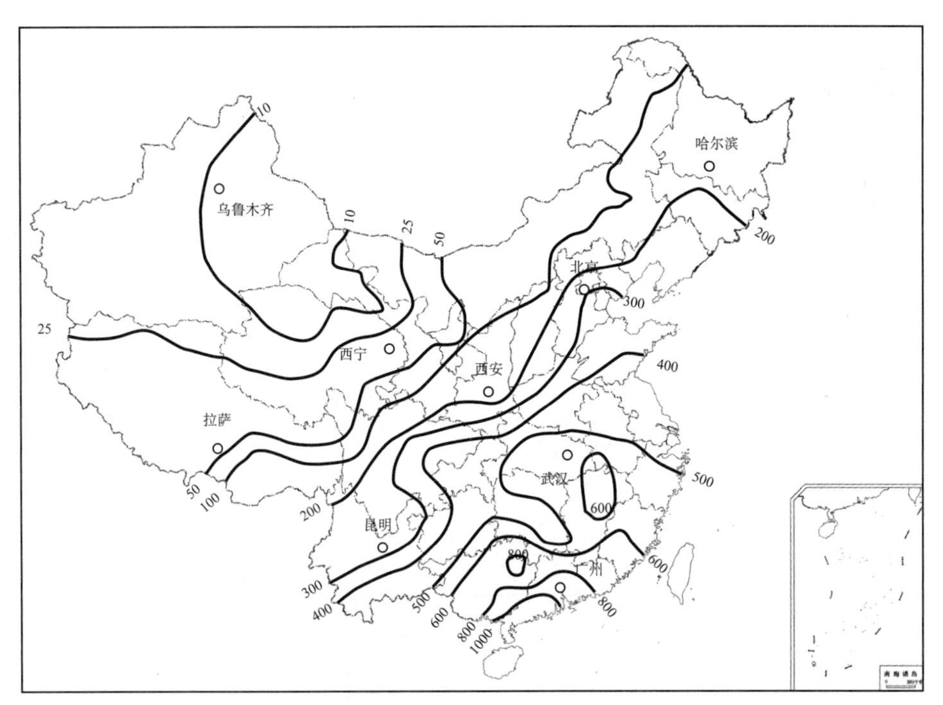

图4-2　全国年降雨侵蚀力 R 值等值线图

土层厚度。当土壤颗粒粗、渗透性大时，*K* 值就低，反之则高；抗侵蚀能力强的土壤 *K* 值低，反之则 *K* 值高。一般情况下 *K* 值的变幅为 0.02 ~ 0.75。

K 因子的值是在标准小区（坡长 22.1m，宽 1.83m，坡度 9%）内测定的，小区上没有任何植被，完全休闲，无水土保持措施。降雨后，收集由于地面径流而冲蚀到集流槽内的土壤烘干称重，然后由下列公式求得 *K* 值：

$$K=A/R$$

式中：*A*——标准小区内年平均土壤流失量（$t/hm^2 \cdot a$）；

R——降雨侵蚀力 *R* 的年值。

一般来说，土壤可蚀性因子 *K*，对粉沙质粘土为 0.15 ~ 0.20，粉沙质壤土为 0.2 ~ 0.3，沙壤土 0.3 ~ 0.5。

1　诺谟图法

土壤可蚀性因子 *K* 可以根据土壤的颗粒组成、土壤有机质含量、土壤结构和土壤渗透性，由 *K* 值诺谟图查出（图 4-3）。

土壤特性及其分级如下：

(1) 土壤颗粒组成及表示方式：

①淤泥 + 细沙（粒径 0.0002 ~ 0.10mm）的百分含量（%）；

②沙子（粒径 0.10 ~ 2.0mm）的百分含量（%）。

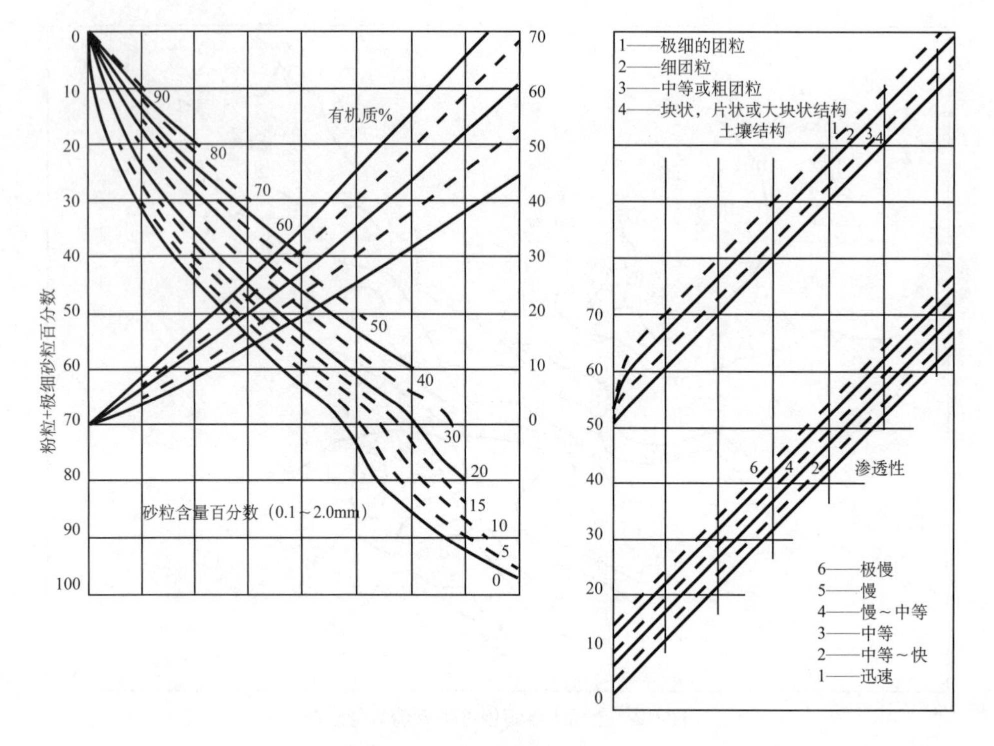

图4-3　K 值诺谟图

（2）土壤有机质含量（%），可分为 0、1、2、3、4 五级，通过实验分析获得。

（3）土壤结构分四个等级：

①特细粒（很细的粒状结构）；

②细粒（细粒状结构）；

③中粒（中等结构或粒状结构）；

④块状、片状或土块（块状或片状结构）。

（4）土壤渗透性根据浸透速度的大小，分为快、中快、中、中慢、慢、特慢等六级，由田间或实验室测定到。

根据诺谟图查 K 值的步骤是：

从左边淤泥 + 细沙的坐标值查起，然后找相应的表示沙、有机质百分数线，以及土壤结构和渗透性的线点，依次内插各曲线。例如：淤泥和细沙的含量为 65%，沙粒含量为 5%，有机质含量 2.8%，土壤结构为 2，渗透性为 4。由此而查得 K=0.41。我国的黄土性质与美国相差不多，K 值一般在 0.35 ～ 0.45 之间，平均为 0.40，可参照以上方法求得。

在没有大量外业小区观测资料的情况下，要很精确地计算出不同土壤的可蚀性 K 值是不可能的。因此，目前国内外正在对这方面做进一步的研究。

目前，美国根据外业观察资料通过整理计算和比较，将常见土壤类型可蚀性因子

表4-2　美国具有特定土壤质地的若干土系的K值

地　点	土　系	质　地	K 值
纽约州	阿尔比亚	砾质壤土	0.03
新泽西州	弗里霍尔德	壤质沙土	0.08
佐治亚州	蒂夫顿	壤质沙土	0.10
密西西比州	博斯韦尔	细沙壤土	0.25
北卡罗来纳州	塞西尔	沙壤土	0.28
得克萨斯州	奥斯汀	粘土	0.29
依阿华州	马歇尔	粉沙壤土	0.33
印第安纳州	谢尔比	壤土	0.41
俄亥俄州	基思	粉沙壤土	0.48
纽约州	敦刻尔克	粉沙壤土	0.69

K值制成表（表4-2），供实际中应用。

2. 公式法

直接测定K值方法被认为是最符合田间实际土壤对侵蚀力的敏感尺度，但是直接测定K值所需的时间较长，经费较多；诺谟图法不仅需要较多参数，特别是土壤结构级别和土壤渗透级别很难准确的获得，故也较烦琐；公式法则比较快捷。

Wischmeier和Mannering(1969)用人工降雨法测定了55种土壤的土壤可蚀性指数，选定13个土壤特性指标与土壤可蚀性进行回归分析，得出了下式（即诺谟方程）：

$$K=[2.1\times10^{-4}M1.14\,(1.2\text{-}M_0)+3.25\,(S\text{-}2)+2.5\,(P\text{-}3)]/100$$

式中：M——粉沙与极细沙所占百分比含量与土壤中非粘粒物质所占的百分比的乘积；

M_0——土壤有机质含量；

S——结构系数；

P——渗透性等级。

该方程尤其适用于温带中质地土壤。

Swaify等(1976)则建立了适用于热带火山灰式土壤的土壤可蚀性K值的回归方程：

$$K=-0.0397+0.00311x_1+0.00043x_2+0.00185x_3+0.00285x_4-0.00823x_5$$

式中：x_1——大于0.250mm的非稳定性团聚体的比例；

x_2——修订的粉粒（0.002～0.1mm）含量与修订的沙粒（0.1～2mm）含量之积；

x_3——基础饱和度；

x_4——原土中粉粒含量；

x_5——修订的沙粒含量。

对含有 2：1 型晶架结构的粘土矿物土壤，Young 等建议用下列式计算 K 值：

$$K=-0.204+0.385x_6-0.013x_7+0.247x_8+0.003x_2-0.005x_9$$

或

$$K=0.004+0.00023x_{10}-0.108x_{11}$$

式中：x_6——团粒系数；

x_7——土壤中蒙脱石的含量；

x_8——深 50 ~ 125mm 土层的平均密度（g/cm³）；

x_9——土壤分散率；

x_{10}——修订粉粒（0.002 ~ 0.1mm）与修订沙粒（0.1 ~ 2mm）含量之积；

x_{11}——土壤中用 CDB（柠檬酸－硫酸盐－碳酸盐）可提取的氧化物（Al_2O_3，Fe_2O_3）的百分比。

Shiriza 等（1984 年）建立了上述情况之外且没有足够资料情况下，土壤可蚀性指数的计算公式。

$$K=7.594\left\{0.0034+0.00405exp\left[-\frac{1}{2}\left(\frac{\lg D_g+1.695}{0}\right)\right]\right\}$$

或

$$K=7.594\left\{0.0017+0.049exp\left[-\frac{1}{2}\left(\frac{\lg D_g+1.675}{0.6986}\right)^2\right]\right\}$$

式中：D_g——土壤平均颗粒的平均粒径。

Williams 等人（1990 年）在 EPIC（Erosion-Productivity Impact Caculator）模型中发展的土壤可蚀性因子 K 值计算公式为：

$$K=\{0.2+0.3\exp[-0.0256SAN(1-SIL/100)]\}^{0.3}\cdot\left(\frac{SIL}{SIA+SIL}\right)\cdot$$

$$\left[1.0-\frac{0.25C}{C+\exp(3.72-2.95C)}\right]\cdot\left[1.0-\frac{0.7SN_1}{SN_1+\exp(-5.51+22.9SN_1)}\right]$$

式中：SAN——沙粒含量，%；

SIL——粉沙含量，%；

SLA——粘粒含量，%；

C——有机碳含量，%；

$SN_1=1-SAN/100$。

这些方法与土壤侵蚀和土壤的理化性状相联系，易于测定，所得结果比较稳定。随着对土壤侵蚀机理的深人研究，国外已开始应用水动力学模型实验的方法进行求解，但结果不理想，尚有待于进一步研究。

三、坡长与坡度（地形）因子（*LS*）

L（坡长）和 *S*（坡度）因子对土壤侵蚀有着重要的影响，一般情况下土壤流失量与坡长和坡度呈正相关关系。

在最初的研究中，*L* 和 *S* 两个因子是分开来测定的，由于确定 *K* 值的标准坡长为 22.1m。因此坡长因子 *L* 可通过如下等式计算，即：

$$L=\left(\frac{\text{坡长}}{22.1}\right)^m$$

式中：m——随坡度而变的指数，变幅 0.2 ～ 0.5。

地形因子中的坡度因子可用下式计算，即：

$$S=0.065+0.045S+0.0065S^2$$

式中：S——地面坡度（%）。

当坡面上修建工程措施后（如梯田、水平阶等），坡长和坡度之间的紧密关系就非常明显地表现出来了。因此，在后来的实际应用中，也就将二者合并成一个地形因子，以 *LS* 表示。

地形因子是在其他条件相同情况下，某单位田间坡面土壤侵蚀量和标准小区（坡长 22.1m，坡度 9%）土壤侵蚀量的比。通常规定标准小区的 $LS=1.0$，若 $L>22.1$m，$S>9\%$，$LS>1.0$；反之，$LS<1.0$；*LS* 一般取值 0 ～ 7 之间。

另外，也可以用 *LS* 关系式推算某地区的 *LS* 值，即

$$LS=\left(\frac{L}{22.1}\right)^m\ (0.065+0.045S+0.065S^2)$$

式中：L——坡长（m）；

S——地面坡度（°）；

m——随 S 而变的指数。

当 $S<1\%$ 时，$m=0.2$；$S=1\%$ ～ 3% 时，$m=0.3$；$S=3.1\%$ ～ 4.9% 时，$m=0.4$；$S>5\%$ 时，$m=0.5$。

另外，也可以用 $LS=(L/72.6)^m\ (65.4\sin^2\theta+4.56\sin\theta+0.065)$

式中：L——坡长（m）；

θ——坡角（°）；

m——随 S 而变的指数（同上式）。

在取得通用土壤流失方程式中的地形因子 *LS* 方面，维斯奇迈尔和史密斯（1978 年）

表4-3　坡地不同坡长和陡度的地形指数 LS 值表

陡度（%）	坡长（m）									
	15	25	50	75	100	150	200	250	300	350
0.5	0.08	0.09	0.10	0.11	0.12	0.13	0.14	0.14	0.15	0.15
1	0.10	0.12	0.15	0.17	0.18	0.21	0.23	0.24	0.25	0.27
2	0.16	0.19	0.23	0.26	0.29	0.32	0.35	0.37	0.40	0.41
3	0.23	0.27	0.33	0.37	0.41	0.46	0.50	0.54	0.57	0.59
4	0.30	0.37	0.48	0.57	0.64	0.75	0.84	0.92	0.99	1.05
5	0.37	0.48	0.68	0.84	0.96	1.18	1.36	1.52	1.67	1.80
6	0.47	0.60	0.86	1.05	1.21	1.48	1.71	1.91	2.10	2.26
8	0.69	0.89	1.26	1.55	1.79	2.19	2.53	2.83	3.10	3.35
10	0.96	1.24	1.75	2.15	2.48	3.04	3.50	3.92	4.29	4.64
12	1.27	1.64	2.32	2.84	3.28	4.02	4.64	5.18	5.68	6.13
14	1.62	2.09	2.96	3.63	4.19	5.13	5.92	6.62	7.25	7.83
16	2.02	2.60	3.68	4.52	5.21	6.38	7.37	8.24	9.02	9.74
18	2.46	3.17	4.48	5.50	6.34	7.77	8.97	10.03	10.98	11.86
20	2.94	3.79	5.36	6.58	7.58	9.29	10.72	11.99	13.13	14.19

注：上表达式根据 $LS=(\frac{L}{22.1})m\ (0.065+0.045S+0.065S2)$ 计算获得。当 $S<1\%$，$m=0.2$；$S=1\%\sim3\%$，$m=0.2$；$S=3.1\%\sim4.9\%$，$m=0.4$；$S\geqslant5\%$，$m=0.5$。

给出了坡长、坡度与 LS 的关系表供参考（表 4-3）。

我国黄河水利委员会通过径流小区的试验研究，得到如下 LS 关系式

$$LS=1.02\,(\frac{L}{20})^{0.2}\cdot(\frac{\theta}{5.07})^{13}$$

式中：L——坡长（m）；

θ——坡角（°）。

上式和美国 W.H.Wischmeier 及 D.D.Smith 得出的 LS 关系式极为相近，在我国有一定实用价值。

四、作物经营管理因子（C）

植物对侵蚀的影响是复杂、多样的，植物拦截降水，防止表土孔隙堵塞，有助于保持土壤渗透率和减少地表径流。作物根系和残留物影响着土壤结构，渗透率和渗透

性能，也影响土壤结构的稳定性和可蚀性。作物种类、生长阶段和经营管理方法也影响着土壤侵蚀的数量。

作物经营管理因子 C 值，实际上是在特定条件下耕种作物土地与连续休闲的标准小区上土壤侵蚀量的比率。连续休闲耕地上的土壤侵蚀量等于 R、K 和 LS 的乘积，而有作物覆盖的耕地上的土壤流失量通常是非常小的。美国规定，地面无任何覆盖时，C 取最大值 1.0；有很好植被或其他保护时，C 取最小值 0.001；玉米生长期的 C 值为 0.3 ～ 0.5；牧草地的 C 值为 0.01 ～ 0.1；林地的 C 值为 0.01。

C 值的计算公式如下：

$$C=\frac{A'}{A}\times 100\times R\times 10^{-4}=C'\times 100\times R\times 10^{-4}$$

式中：A'——有作物生长小区的土壤流失量（t/hm²）；

A—— 休闲小区的土壤流失量（t/hm²）；

R——降雨侵蚀力值；

$C'=\frac{A'}{A}$

C 值通过大量的田间试验资料分析计算后，才能比较合理的确定出来。作物在不同的生长发育期内，地面覆盖度有很大差异，而且在一年当中降雨的分配也是不均匀的，因此每种作物的 C 值都是根据不同耕作期分段计算后相加而成。

美国和一些其他应用通用土壤流失方程的国家，根据每一时期植被和作物秸秆的作用，作出了 4 个耕作期，规定如下：

F——土壤翻耕期（裸露休闲）；

1——整地播种期（播种后一个月内）；

2——作物苗期（从播种一个月以后到第二个月的幼苗生长期）；

3——作物生长到成熟期；

4——收获期（$4L$ 为收获后留残茬，$4NL$ 为收获后不留残茬）。

美国把不同作物在 4 个阶段的 C' 值列成表（表 4-4、4-5），表中数值是经过许多小区试验资料取得的。因此在应用时必须根据当地情况，通过一定量的实验确定出适

表4-4　几种作物在不同耕作期的 C' 值

作物种类	F	1	2	3	$4L$	$4NL$
玉米	0.15	0.40	0.33	0.15	0.22	0.45
小麦	0.30	0.45	0.35	0.08	0.20	0.40
谷类	0.30	0.45	0.35	0.08	0.20	0.40
高粱	0.15	0.35	0.28	0.14	0.20	0.45
马铃薯	0.25	0.60	0.35	0.25	0.45	0.65
大豆	0.35	0.63	0.40	0.26	0.30	0.45

表4-5　几种林地和草地在不同覆盖率下的C'值

覆盖率	0	20	40	60	80	100
牧草	0.45	0.24	0.15	0.09	0.043	0.011
灌木	0.40	0.22	0.14	0.085	0.04	0.001
乔灌木	0.39	0.20	0.11	0.06	0.027	0.007
林地	0.10	0.08	0.06	0.02	0.004	0.001

合于本地的数据。

我国实行作物与牧草轮作的情况较少，大部分都是连年种植的土地，所以C因子的值是较高的，下列一些作物的C值供参考。

玉米、高粱、谷子（随产量而变）：C为0.4 ~ 0.9；

水稻（大量施肥）：C为0.1 ~ 0.2；

棉花、烟草：C为0.5 ~ 0.7；

花生（随产量和播种期变）：C为0.4 ~ 0.8；

计算林地上的C值比较简单，从表4-5中查得C'值，然后直接乘以全年的R值，再乘以10^2即得：

即代入下式

$$C = C' \times 100 \times R \times 10^{-4} = C' \times R \times 10^{-2}$$

而求算作物地上的C值，就需要按月求出R值占全年的百分比，并点绘出全年R值累计曲线图（图4-4）。然后根据作物各个生长期从表4-4查得C'值（用百分数表示），并从全年R值累计曲线图上查得与该作物生长期相对应的R值（用百分数表示），二者相乘后，再乘以10^{-4}，即得该时段土地上的C'值，各生长期C'值相加后就是该作物生长全年的C值。其数学表达式如下：

$$C = (C'_1R_1 + C'_2R_2 + C'_3R_3 + C'_4R_4) \times 10^{-4}$$

式中：C'_1、C'_2、C'_3、C'_4——分别不同耕作期的C'值；

R_1、R_2、R_3、R_4——与不同耕作期相对应的降雨侵蚀力。

以下就以当年种植收割的谷子和跨年种植收割的小麦地为例，试算他们的C值（表4-6、4-7）。

谷子地和小麦地上的C因子年值分别为：

谷子地：$C = (60 + 225 + 1225 + 440 + 60) \times 10^{-4}$

$= 2010 \times 10^{-4} = 0.201$

小麦地：$C = (300 + 675 + 280 + 120 + 2080) \times 10^{-4}$

$= 3455 \times 10^{-4} = 0.3455$

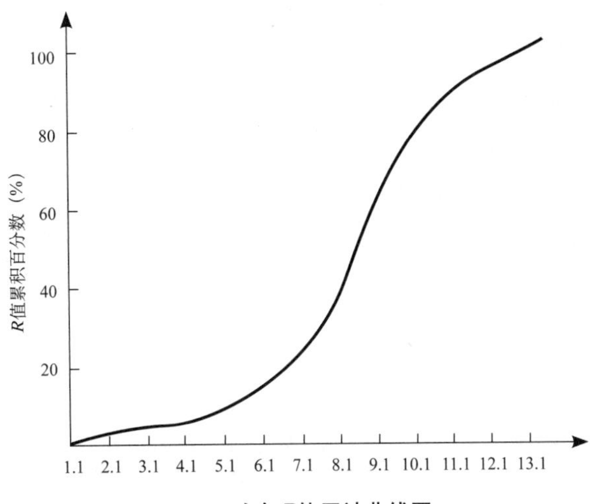

图4-4　全年R值累计曲线图

表4-6　作物经营因子C的年值计算表（谷子）

1	2	3	4	5
作物各生育期	起止日期	侵蚀力R值（%）	各耕作期的C'值（%）	3×4=5
F.休闲期	3.15～4.1	2	30	60
1. 整地播种期	4.1～5.15	5	45	225
2. 苗期	5.15～8.1	35	35	1225
3. 成熟期	8.1～10.15	55	8	440
4. 收获留茬期	10.15～次年3.15	3	20	60

表4-7　作物经营因子C的年值计算表（小麦）

1	2	3	4	5
作物各生育期	起止日期	侵蚀力R值（%）	各耕作期的C'值（%）	3 × 4=5
F. 休闲期	9.1～9.15	10	30	300
1. 整地播种期	9.15～11.1	5	45	225
2. 苗期	11.1～次年4.15	8	35	280
3. 成熟期	4.15～6.15	15	8	120
4. *NL*、收获不留茬期	6.15～9.1	52	40	2080

五、水土保持措施因子（*P*）

水土保持措施因子，是指采取专门措施后的土壤流失量与采用顺坡种植时土壤流失量的比值。这一因子的侵蚀控制措施主要有等高耕作、等高带状种植和修梯田，它们在防止土壤侵蚀方面均有一定的作用。美国规定，在未用任何水土保持措施时 $P=1.0$，P 值随采用的保土措施而变化，一般在 0.25 ~ 1.0 之间。

维斯奇迈尔和史密斯（1978 年）在大量的实际观测之后，列出如下 P 值供参考（表 4-8）。

表4-8　水土保持措施因子 *P*

土地坡度（°）	等高耕作	等高带状种植并开垄沟	修梯田*
1～2	0.6	0.30	0.12
3～8	0.5	0.25	0.10
9～12	0.6	0.30	0.12
13～16	0.7	0.35	0.14
17～20	0.8	0.40	0.16
21～25	0.9	0.45	0.18

* 作为外侧田面输沙量部分的预报值。

由上表可看出，在每一项措施中，当坡度为 3%～ 8%时，P 值最小，即 P 最有效，而后 P 值随坡度的增加而增大，其保土效果也随之而减低。

由于我国各地习惯上把梯田、造林、种草作为坡地的主要水土保持措施，黄河水利委员会根据黄河中游各水土保持站实测资料的研究结果，给出了三者的 P 值供参考使用。当修梯田时，$P=0.05$；造林时，$P=0.19$；种植牧草时，$P=0.18$。

第三节　通用土壤流失方程的应用

通用土壤流失方程式的主要作用之一就是预报在特定条件下的土壤流失量。如果预报出的土壤流失量超过了当地规定的允许土壤流失量，就是调整公式中的某些可以改变的因子，如 C、P、L 或 S，使其土壤的流失量控制在允许侵蚀范围之内。

另外，水土保持的重要任务是预防和治理水土流失，制定最佳的水土保持措施。土壤流失方程能较科学地提出防与治的有效措施。通过使用该方程式，还可能通过允许土壤流失限量，找出适当的坡长、坡度和耕作措施，从而可以选择最佳的水土保持治理措施。

可用以下经过变形的公式求得：

$$LS = \frac{A}{R \cdot K \cdot C \cdot P}; P = \frac{A}{R \cdot K \cdot LS \cdot C}$$

在某一地区，使用通用土壤流失方程的资料收集工作，大致有以下三个方面：

(1) 多年平均降雨，各月多年平均降雨和典型暴雨资料，以计算R值。

(2) 土壤颗粒组成，有机质含量、土壤结构、土壤渗透等资料，以求算K值。

(3) 调查该地区的主要作物以及林、草、梯田、耕作措施等面积，其中不同坡度、坡长应分别归类列表计算。如调查面积太大，可选择有代表性的小流域（1 ~ 3km²）进行详细调查，找出规律、定额去推算大面积上的土壤侵蚀量。

第五章
水土保持林的作用

水土保持林是水土流失地区营造的以减缓地表径流和土壤冲刷，减少江河库塘泥沙淤积，保持和恢复土地肥力，增加植被改善生态环境，促进农业稳定高产，保障交通、水利、水保工程安全的一种防护林。其主要作用是：涵养水源，保持水土；调节气候，增加降雨；降低风速，防风固沙，改良土壤；保护环境，防治污染；提供林副产品，发展农村经济等。

第一节　涵养水源，保持水土

水的性质决定水在自然界起着循环作用，它能给人类的生活带来方便，但有时会造成不便甚至对人类生命、财产造成严重威胁。因此，人们对水调节的好，就是水利；调节的不好，就是水害。在有森林覆盖的山丘区，当下暴雨的时候，很少出现水土流失的现象，暴雨之后，也不致造成洪水泛滥，也不会因为干旱而使河川枯竭；而光山秃岭，一旦遇到暴雨，水土大量流失，甚至引起山洪暴发，洪水泛滥，造成严重的危害。俗语说："山上没有树，水土保不住；山上栽满树，等于修水库；雨多它能吞，雨少它能吐。"大量研究表明，我国各地河流含沙量与流域内森林覆盖率成明显的正相关关系，森林覆盖率越高，河流含沙量越低；反之，覆盖率越低，含沙量越高（表5-1）。森林

表5-1　我国各地河流含沙量与流域森林覆盖率的关系

地区或河流	森林覆盖率（%）	径流总量（亿m^3）	含沙量（kg/m^3）	年输沙量（亿t）
东北	29.6	1702	0.51	0.86
华北	4.5	172	8.72	1.50
黄河	6.7	430	37.00	15.93
淮、沂、沭河	16.2	598	0.25	0.15
浙闽区各河流	43.7	2462	0.11	0.26
长江	20.8	9293	0.54	5.02
珠江及华南各河流	28.6	467	0.22	0.95
西南地区各河流	19.1	2158	0.75	1.62

之所以具有这种作用是因为：

一、林冠层对降雨的截留作用

在降雨过程中，雨滴对裸露土壤表现出直接的侵蚀破坏作用，而郁闭的森林，枝叶繁茂，树冠相接，直接承受着雨水的冲击，使林地土壤免受暴雨的打击，削弱了雨滴对土壤的击溅作用，减轻了土壤侵蚀，延长了产生地表径流的过程（图 5-1）。

所谓林冠截留作用，是指降水到达林冠层时，有一部分被林冠层枝叶和树干所临时容纳，而后又蒸发返回到大气中去的作用。一般情况下（指降雨强度为中雨，即 10～20mm/h），由于森林的存在，林冠可截留降雨量的 15%～30%，而后再蒸发到大气中去。但大部分降雨落到林内，一部分被林内枯枝落叶吸收，一部分则渗透到土壤内变成地下径流，两者之和为降雨量的 50%～80%，还有 5%～10% 的雨水从林内蒸发掉，只有 0%～10% 的降雨形成地表径流。而裸露地上，渗入土壤内的雨水只有 0%～10%，形成地表径流的则高达 70%～80%，加之裸露地表几乎没有什么障碍，地表径流速度快，极易引起土壤侵蚀。

林冠截留降雨的多少称截雨量（又称承雨量），截雨量与降雨量之比称截留率（又称承雨率或承雨能力），一般用百分比表示。林冠的截留量和截留率受许多因素影响，如林分树种组成、年龄、林冠结构、郁闭度、降雨量、降雨强度、降雨历时以及降雨时的风速、风向等，此外，还与降雨前林冠的湿润程度有关。从林冠截留作用产生的机理来看，对林分的林冠截留量影响比较大的林冠特性因子有：林分树种组成、郁闭度、林冠结构、林龄降雨前林冠的湿润程度等。它们的关系是：

（1）林冠层次多，郁闭度大，则其截留量和截留率就大，反之则小。针叶树枝密，层次多，成水平轮状重叠分布，枝叶总面积大，截留率就大；阔叶树较针叶树枝叶稀疏，层次少，表面光滑，截留率较针叶树小；灌木截留率则居于针阔叶树之间。阴性树种树冠较密，比阳性树种截留雨水多。另外，即使当树冠和枝干为降雨充分浸润后，树木依然具有缓冲和调节降水的能力。据有关资料表明，在一定降雨强度情况下，不

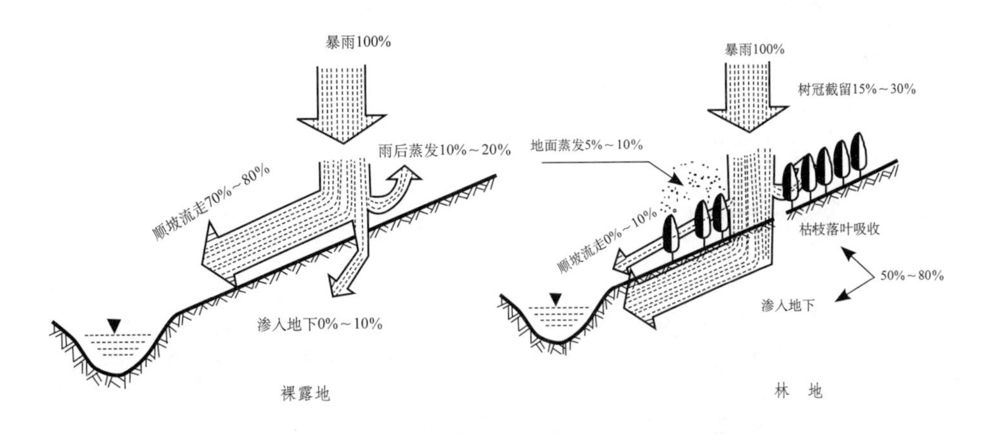

图5-1　不同地面（裸露地、林地）承接江水情况示意图

表5-2 树种与截留率的关系

项目＼树种	针叶树	阔叶树			灌木		
	油松	山杨	海棠	辽东栎	沙柳	点子梢	茶条槭
树冠投影面积（m^2）	29.5	22.0	18.9	3.8	22.4	4.0	4.0
郁闭度	0.9	0.8	0.7	0.7	0.9	0.7	0.7
树冠厚（m）	10.2	7.5	5.2	1.7	3.5	1.4	1.4
树冠形状	塔型	圆椎状	漏斗状	圆椎状	馒头状	圆椎状	圆椎状
平均截流率（%）	26.6	16.5	14.8	8.2	22.2	18.5	18.3
备注	此为中国科学院地理所水文室在陕西省黄龙山林区仙姑河上游寺沟流域森林坡地上进行的单株（丛）观测结果						

表5-3 降雨量、降雨强度与截留率的关系

林分	降雨时间 年月日	雨量 mm	雨强 I平（mm/h）I'（mm/s）	截流率 %
柳杉林	1993-06-22	27.9	3.72　0.2	41.0
	1994-05-13	28.9	25.626　0.8067	27.4
水杉林	1993-06-22	27.9	3.72　0.2	26.3
	1994-05-13	28.9	3.72　0.8067	16.1
刺槐林	1993-06-22	27.9	25.626　0.8067	24.7
	1994-05-13	28.9	3.72　0.8067	13.0

表5-4 红松阔叶林冠湿润程度与截留量的关系

截留量（mm）＼降雨量(mm)		5～10	11～16	16～20
截留量统计	与前次降水相隔时段在5h内	2.0	2.1	3.0
	与前次降水相隔在5h至1天内	2.9	3.1	3.8
	与前次降水相隔时段在1天以内	3.6	4.2	5.4

同树种的截留率不同(表5-2)。

（2）在同样郁闭度条件下，截留率随降雨量和降雨强度的增大而减小，如表5-3所示。

（3）降雨前林冠的湿润程度对截留量影响很大，与前次降水相隔时段愈长，林冠

干燥，截留雨水潜在能力愈大；反之，与前次降水相隔的时段愈短，截留雨水的潜在能力就愈小（表 5-4）。

二、林地凋落物及林地枯枝落叶层对地表径流的吸收调节作用

森林凋落物和林地枯枝落叶层是森林土壤区别于其他土壤最明显的特征。森林凋落物是指森林生态系统内，由生物组分产生并归还到林地表面，作为分解者的物质和能量来源，藉以维持生态系统功能的所有有机物质的总称。林地枯枝落叶层是森林凋落物在降水、气温和微生物的作用下分解而形成的具有一定结构的特殊土壤层。森林的凋落物及林地枯枝落叶层中，是由林木及林下植被凋落下来的茎、叶、枝条、花、果实、树皮和枯死的植物残体所形成的一层地面覆盖层。其中枯枝落叶占 70%～90%，树皮占 9%～14%，繁殖器官占 5%～10%。林地枯枝落叶层不仅直接承受着穿过林冠和沿树干流下来的雨水，彻底消灭降雨动能，大大减轻了雨滴对地表土壤的直接冲击，增加地表粗糙度，分散、滞缓、过滤地表径流，形成地表保护层，而且是土壤有机质养分的重要储备库，储存着各种矿物质营养元素，经土壤微生物、动物及植物根系的活动，分解转化释放出大量的养分，供应林木根系吸收利用，同时维持土壤结构的稳定，增加土壤有机质，改良土壤结构，使土壤变得疏松，具有较强的透水和蓄水性能，同时提高土壤肥力。起到滞蓄径流和泥沙，保护表土免遭径流侵蚀的作用。

良好的枯枝落叶层具有相当大的容水性和透水性（表 5-5）。森林凋落物层吸水性能的大小，一方面与其厚度成正比，另一方面与形成凋落物的树种及其年龄有着密切

表5-5　不同森林类型死地被物容水量

森林类型	地点	死地被物 (t/hm^2)	容水量		
			重量(t/hm^2)	占死地被物的%	相当于水深(mm)
红皮云杉林	内蒙古	21.2	63.6	298.58	6.3
红松混交林	吉林长白山	16.0	48.0	300.0	4.8
杨桦林	吉林松花湖	9.91	45.61	460.29	4.5
落叶松林	吉林松花湖	18.92	59.61	315.06	5.9
苔藓云杉林	甘肃祁连山	97.26	363.99	374.25	36.4
苔藓灌木云杉林	甘肃祁连山	32.75	121.34	370.46	12.1
冷杉林	四川西部	40～43	240～258	600.00	24～25.8
辽东栎林	陕北黄龙山	70.45	166.0	235.63	16.6
油松林	陕北黄龙山	41.3	72.6	175.79	7.3
杉木林	福建	10.06	30.18	300.00	3.0

关系。一般来说分以下几种情况：

(1)混交林凋落物层比纯林的厚度大；

(2)阔叶林的凋落物层比针叶林厚度大；

(3)树龄大的林分凋落物层比树龄小的厚度大。

凋落物层厚度越大，吸水能力越强。据南京林业大学对江苏沿海几种人工林的测定，15 年生的刺槐林，其凋落物厚度和吸水能力分别为 2.3cm、15.4t/hm²；7 年生的意杨林为 1.5cm、9.2t/hm²。据高新河对天山北坡云杉林土壤枯枝落叶层持水量分析表明，天山北坡云杉林枯枝落叶层持水量在 227.1～845.4t/hm² 之间，森林土壤枯落物层蓄水总量在 1.63～3.38×10^8t 之间。另据中国科学院西北水土保持研究所资料，1980～1981 年在宁夏六盘山林区，枯枝落叶层占降雨量的 75%，即使在暴雨时，也有 1/3 的降水立即为森林中的枯枝落叶吸收；在林内，若有 1cm 以上厚度的枯枝落叶，就能有效地发挥林地土壤的透水性能和蓄水性能，使地表径流减少到只有相当于裸地地表径流 10% 以下。

森林凋落物层不仅能吸收降水、保护表土免遭雨滴的直接冲击，防止土壤板结，而且还可增加地面粗糙度，起到阻挡、分散径流和调节河川流量、消弱洪峰的作用。当集中的小股径流遇到枯枝落叶时，通常沿叶缘移动，改变原来的流动方向。由于枯枝落叶纵横交错，这就使得小股径流被分散并多次改变方向，曲折前进，从而大大降低了流速，延长了雨水入渗的时间。据测定，在坡度为 10°，15 年生的阔叶林下，有良好枯枝落叶层覆盖的地表，径流量仅为裸露地的 1/30；在 25° 的坡地上，15 年生的阔叶林下，枯枝落叶层内的流速仅为裸露地上的 1/40。由于凋落物层的挡雨、吸水和缓流作用，径流不能短时间集中，形成不了强大的地表径流，因而可减缓洪峰流量、降低洪枯比。这样，不但可削弱洪水之害并能以林补水，增加枯水期流量，减少最高最低水位变幅，调节河川径流。但是森林削弱洪峰流量的作用是有限的，对一次暴雨比较明显；对连续暴雨或多年一遇的暴雨就不那么明显了，其作用多在 25% 以下。

坡地土壤侵蚀包括两个相反的因素，土粒搬运和截持作用。对裸露地而言，后一种作用就是将土粒沉积于凹地、河道和水库中。林地在枯枝落叶层的保护下，一般不会发生土壤侵蚀，这是由于它能消弱雨滴对表土的直接打击，吸水降水，减少地面径流；另一方面使地面粗糙度增加，分散滞缓了径流，大大减低了流速，从而使得径流中挟带的泥沙及其他物质在枯枝落叶层中淤积下来，这就是死地被物层过滤泥沙的作用。据国外报道，径流挟持的固体物质不仅可沉积在森林或林带的上方和内部，而且可以沉积在下方两倍树高的范围内，12～15 m 宽的林带每年可沉积 5～7cm 的肥土层。根据牡丹江水土保持试验站测定，在 16° 的坡地上，有枯枝落叶层覆盖的 13 年生落叶松林地和多年榛子灌丛林地，其径流速度仅分别为裸地的 1/7 和 1/11，土壤流失量分别减少 98.2% 和 98.8%，所以从林内流出的是潺潺清流，泥沙含量少，大大减低了河床、水库的淤积速度和洪水泛滥的可能性。因此，在河道上游和水库集水区营造水源涵养林和水土保持林，具有特别重要的意义。

三、林地土壤的渗水、蓄水作用

森林有改良土壤结构的作用，土壤贮蓄水分的总量取决于土壤的质地、结构和土层深度。表土一般为团粒结构，土壤孔隙率特别是非毛管孔隙率大，为水分渗透、蓄积降水创造了良好条件。

1. 森林土壤的透水作用

林地土壤具有强大的透水性和容水性，这是因为：

（1）改善了土壤理化性质

森林每年都产生大量的枯枝落叶，同时土壤中还有相当数量的树根和草根腐烂，可大量增加土壤中的有机质。有机质经分解，变成黑色的腐殖质，与土壤结合形成良好的团粒结构，使土壤容重减小、孔隙度增大。据测定，林地土壤具有大量大团粒结构土层可深达 40～50cm，而一般草地和农田土壤只有少量小团粒结构，且主要分布在土壤表层。

（2）根系腐烂形成了大量孔道

森林土壤中林木根系盘带错节，且分布较深，林木采伐后，这些根系逐渐腐烂，形成根系孔道。据前北京林学院在西北黄土高原地区的研究，20 年生刺槐人工林，每公顷垂直根系通道在 15000 条以上，这些孔道是根系腐烂后形成的，有的几乎是空的，有的充满有机物，有的则被类似 A 层的土壤注满。许多侧面孔道是从中心辐射出去的，因而腐烂后也形成辐射状的孔道。由于腐烂的根系孔道是纵深盘结在一起的，有利于水分迅速地分散到较深的土层中。

（3）土壤动物活动形成了大量洞穴、孔道

森林中大量的枯枝落叶，给土壤动物提供了丰富的食物和良好的隐蔽场所，这些动物不仅疏松了土壤，产生了大量的洞穴、孔道，而且其排泄物能在土壤表面形成良好的水稳性团粒结构，增大土壤空隙。

由于上述原因，在森林土壤中水分下渗速度很快（表 5-6），处在斜坡上的森林不仅有能力接纳林地上空的降水，而且可能还有余力接纳来自上方（农田、牧场或荒地）的地表径流。

2. 森林土壤的蓄水作用——水源涵养作用

土壤能够储存水的总量取决于它的非毛管孔隙度和土层厚度，土壤非毛管孔隙度大，其涵养的水量就多。由于森林土壤的孔隙率远比其他形式的用地大，因而其储水能力也很强。在土壤孔隙中，毛管孔隙所储存的水分能够抵抗住重力作用而保持在孔隙中，这种水分对江河水流和地下水不起作用，但坡地植被所需的水分几乎全靠它们供应。非毛管孔隙除形成水分运动的通道外，还为水分的暂时贮存提供了场所。当水分进入土壤的速度大于它流到底层的速度时，水分就贮存在孔隙中，但只是暂时停留。然而，这种贮存形式很有意义，因为它延长了水分向底层渗透的时间。此外，它还提供了水分的应急贮存场所，否则大量降水就会被迫从土壤表面流走。

表5-6 不同立地土壤渗透特性

林分类型	初渗率5min	稳渗率	平均入渗率	总渗透量150min
毛竹林	748.66	273.04	399.45	33700.00
松　林	1027.50	363.17	570.46	50756.50
常绿阔叶林林	725.75	303.63	405.94	22970.00
茶　园	1214.67	324.64	542.16	41517.50
灌木林	989.31	409.55	529.91	42447.50
落叶阔叶林	1482.05	437.02	657.94	63095.00
草　地	1145.92	413.55	544.59	45020.00
裸露地	416.35	121.47	220.20	18075.00

表5-7 不同森林类型林地贮水量

森林类型	土壤贮水量（t/hm^2）	枯落物贮水量（t/hm^2）	林地贮水量（t/hm^2）	100万m^3的贮水所需森林面积（hm^2）
50年生天然常绿阔叶林	1018.0	270.0	1288.0	776.4
次生林	1209.0	33.8	1242.0	804.6
马尾松、木莲混交林	759.1	105.1	99.2	1110.9
马尾松林	792.8	109.2	902.0	1108.6
杉木林	720.5	27.5	748.0	1337.0
草　坡	512.1	2.0	514.1	1945.1

当土壤已经湿润到田间持水量时，滞留贮存（也可暂时贮存）是唯一的贮水形式。当它的容积足以容下暴雨雨量时，地表很少形成径流，但这些水分将会补充地下水或从土壤流入沟道，再汇入江河。森林的这种减少地表径流，促进水流均匀进入河川或水库，在枯水期间仍能维持一定水位、水量的作用，称它为森林的水源涵养作用。而森林涵养水源能力可用贮水量来表示，公式为：

$$每公顷林地降水贮水量(t)=10000(m^2)\times 土层深度(m)\times 土壤非毛管孔隙率(\%)\times 水的比重(t/m^3)$$

这里的非毛管孔隙，是指土壤能使降水凭借重力渗透下去的孔隙。非毛管孔隙率越大，土壤贮水量也越大，越有利于涵养水源；而毛管孔隙中水分粘附在土壤颗粒上，不能再往下层渗透移动，也就不能发挥涵养水源的机能。不同森林类型林地贮水量见

表 5-7。

当降雨强度大到一定程度，使森林土壤中非毛管孔隙填满雨水后，即开始产生地表径流，但由于受枯枝落叶和苔藓、草类的阻挡，流速减小，另外，水分在土壤下层的移动速度十分缓慢，这对涵养水源、减缓洪峰很有利。据祁连山水源涵养林研究所测定，以坡长 500m 计算，在长满了苔藓的植物落叶层内，地表径流需 2h 才能到达沟底。而土壤上层的水分到沟底则需 3 天时间，下层土壤中的水要历时 4 个月之久才到沟底。一般情况下，森林可使降雨量的 50%～80% 渗入土壤，涵养河川平时流量的 70%；每公顷有林地比无林地多蓄水 300m³，若有 5hm² 森林，其所蓄水分就相当于一个 100 万 m³ 小水库。这就使得大量雨水渗入土壤并贮存起来，转变为地下潜流，从而大大减轻了地表径流对土壤的冲刷，调节了河川径流，减少了旱、涝灾害。

第二节　调节气候，增加降雨

一、森林对气候的影响

当大面积的水土保持林郁闭成林后，它能有效地促进林地及其周围地区的热量和水分的变化。森林对气温的影响主要表现在降低年平均气温，缩小气温差、日温差，使温度变化趋于缓和。据测定，在森林上空 500m 的范围内，有林地年平均气温比无林地低 0.7 ～ 2.3℃。一天之中最高温度林内低于林外，而最低温度则林内高于林外；一般白天林内温度低于林外，夜间和黎明则高于林外。

森林对气温的这种影响，主要是通过林冠层的活动达到的。在晴朗的白天，太阳辐射强烈，由于林冠层的遮挡，约有 80% 的太阳辐射被茂密的林冠阻挡而不能直射林地，穿透林冠的部分，又为林内灌木、地被植物所吸收，因而辐射能量大大降低。据观测，白天林内辐射强度只有林外的 10% ～ 15%。林冠遮阴，加之本身的蒸腾吸热，使林内气温在一定时间和时期（白天、夏季）较无林地低；而林冠的覆盖又使林内空气对流大大减弱，因此又使林地气温在一定时间和时期（夜间、冬季）较无林地高。

森林对土壤温度也有类似的调节作用，主要表现在使各土壤层次温度日变幅减小。据测定（表 5-8），林地表层土壤温度日变幅较无林地平均减少 23.9℃，随着深度增加，林内外土温日变幅迅速减小，在 20cm 深处日变温仅相差 5.8℃。森林对土壤温度的影响，还表现在使冬季土壤温度升高，夏季土壤温度降低。在森林的影响下，土壤温度一般可增加或降低 0.5 ～ 2.0℃。而这种作用的大小，与水土保持林的树种、组成、林分结构及地形、土壤条件密切相关。

由于林冠层和林内地表的蒸腾、蒸发，森林能显著提高空气湿度。据测算，林木在生长过程中所蒸腾的水分，比树木本身重 300 ～ 400 倍。每公顷阔叶林，一个夏季约蒸腾 2400t 水。实验证明，森林比同纬度上海洋蒸发的水分多 50%。因此，一般森

表5-8　林内外土壤温度日变化(℃)

观测地点	测定项目	深度（cm）				
		0	5	10	15	20
蕨类灌木红松林(郁闭度0.6～0.8)	最高温度	23.6	9.2	8.0	5.5	4.8
	出现时间	15:00	16:00	18:00	18:00～19:00	19:00
	最低温度	10.0	6.8	6.0	4.7	4.5
	出现时间	5:00	-	6:00	6:00	9:00
	日振幅	13.6	2.4	2.0	0.8	0.3
空旷地	最高温度	47	33.5	23.3	21.1	19.6
	出现时间	12:00	12:00	17:00	17:00	18:00
	最低温度	9.5	11.5	13.5	13.5	13.5
	出现时间	3:00	4:00～5:00	6:00	7:00	7:00
	日振幅	37.5	22.0	9.8	7.6	6.1

林上空的空气湿度较农田上空高 5% ～ 10%，有时达 25%。

森林对气温、土壤温度和空气湿度的调节作用，不仅对林木本身的生长发育十分有利，而且对林地附近农作物的生长也十分有利，并且还可减少各种灾害性天气的发生。夏季白天气温、地表土温降低，可以减少蒸发，抗旱保墒。另外，因林冠强大的蒸腾作用降低了气温，从而可避免气流急速上升，破坏产生冰雹的条件，故有林地区很少有冰雹危害；春季和秋冬季节气温和土壤湿度升高，则可延长林木生长期，提高生长量，还可减轻霜害。

二.森林对降雨的影响

森林对降雨的影响，主要是因为森林具有强大的蒸腾作用。一个地区降雨多少在很大程度上取决于大气中水气含量多少。在无林空旷地，只有地表蒸发，蒸发影响很小。而在有林地区，林木在生长过程中以其强大的根系吸收土壤深层的水分，向上空大量蒸腾。据测定，在夏季，一棵树一天中散失的水分相当于本身叶重的 5 倍，而一棵树枝叶面积要比这棵树所占的土地面积大 75 倍，由于蒸腾面积比空旷地大得多，这就大大增加了输送到空气中的水量。从根部吸进的水，有 99.8% 是通过叶子被蒸发掉，通常林内空气比空旷地每立方米多含水 1 ~ 3g。林冠在蒸腾水分同时，要吸收大量热量，引起上层气温下降，由于森林的障碍，气流被迫上升，产生涡流，加强了空气的垂直运动。由林冠蒸发的大量湿气被迅速带到上空。由于森林附近空气湿度大、温度低，为水分凝结形成降水创造了条件。

在一个地区，当有较大规模的森林时，不论是集中成片还是均匀成块状或带状分布，就能形成一个优越的气候区，有效地增加降雨量。甘肃是我国有名的干旱少雨省份，但“森林雨”现象比较明显，存在着以林区为中心的多雨区，如以陇南白龙江为中心的多雨区，面积约 5000km²，年降雨量达 700mm，比周围无林区多 100 ~ 200mm。广东省雷州半岛在解放前，林木稀少，干旱严重；新中国成立后，造林 24 万 hm²，森林覆盖率 23%，年降雨量增加了 32%。据前苏联资料，有林地区降雨量比无林地区多 3.6% ~ 17.6%，最高可达 26.6%。对法国南锡地区的研究表明，林区比无林区年降雨量多 16%。

据国外资料，一个国家或地区的森林覆盖率在 30% 以上，且分布均匀时，可基本上防止灾害性天气的发生，减免水、旱、风、沙、霜、雹等危害；山区森林覆盖率在 60% 以上，才能发挥其涵养水源和保持水土的作用。一般认为，森林面积在 7000hm² 左右，即可起到增加降雨的作用。

第三节　降低风速，防风固沙

空气流动就成为风。同其他任何事物一样，风既有有利的一面，又有有害的一面。风可以将海洋的湿气吹至大陆，风还可以调节植物体温、促进植物生长等。但当风速大于 5m/s 时，轻则可以使农作物倒伏，重则扒地毁苗，吹落枝叶，吹折茎杆，使植物过度蒸腾，造成凋萎，落花、落果、落叶、发育不良，生长衰退，甚至死亡等。在风沙区危害更大，陕西榆林地区北部沙地，每当大风一来则飞沙走石，沙丘移动，威胁村镇，填塞河渠，破坏农田，阻碍交通等。

俗话说：“树大招风”。其实，风是大气环流、空气流动形成的，树不仅不能招风，反面会挡风。那么，在风大的天气，站在树下，为什么觉得风大呢？实际上，那是树木在和狂风展开激烈搏斗所发出的回声，由于响声大，使人感到风也大，树招来了风，这是一种错觉。

当前进中的风遇到林木后，一小部分从枝、叶、干的空隙中挤过去，在这个过程中经过摩擦、碰撞，风力就减弱了；大部分由于林木阻挡，迫使它沿树冠向高空吹去，然后再逐渐回到地面，这本身就会使风速减小，而且当和透过林木的气流会合后，又削弱了一部分风力。如果是成片林，人们只听到风声，却感觉不到有大风。如果是防护林网，被削弱的风在没有恢复到原来的风速时，就被另一条林带所阻挡。这样，经过层层阻挡，强风就被驯服了。据测定，在疏透结构林带背风面相当于树高 20 ～ 25 倍的地方，风速才恢复到原来的 80%；如果遇到第二道林带，风力又要在同样的距离按同样的百分比递减。这样，风力就由强变弱、由弱变无了。农田防护林降低风速的影响详见本书第二篇“农田防护林”。

由于防护林降低了风速，它能有效地起到防风固沙作用。以“风库”著称的新疆吐鲁番县，在 1961 年 5 月 31 日刮了一场持续了 13h 的 12 级大风，由于没有林带的防护，全县受灾农田达 1.5 万 hm^2，其中 1 万 hm^2 基本无收。但在 1979 年 4 月一场持续了 20h 的 12 级大风中，由于有了防护林带的保护，全县受灾面积 0.23 万 hm^2，只占前次的 18%。现在，8 级以下的大风基本无灾害。所以，群众说：“沙地没有林，有地不养人；沙地有了林，沙土变成金。”

林带风速降低后，引起了一系列气候因子的变化，改善了气候条件，给农作物稳产高产创造了有利条件。我国黄淮海地区，在小麦灌浆期有一段持续时间较长的干热风，常使小麦减产。据观测，在农田栽植泡桐（7 年生），同未栽植泡桐的农田比较，风速降低 35% ～ 58%，地面蒸发减少 20% ～ 40%，空气温度增加 9% ～ 29%，土壤湿度提高 24%，温差缩小。这样有效地减轻干热风危害，为小麦生长创造了良好的环境条件，使小麦增产 10% ～ 30%，获得桐粮双丰收。

第四节　固结土壤，改良土壤

一、固结土壤作用

水土保持林具有固持土壤的作用，主要是通过林木的根系固持网络土壤，以及地上部分的枯枝落叶过滤地表径流内的固体物质而实现的。各种植物的根系都有固持土壤的作用，但以森林最好。乔灌木树种的根系不但分布深而且广，在水平和垂直方向上都有固持、网络土壤的作用。另外，林木之间的根系纵横交错、相互缠绕，构成一个密集、复杂的网络体系，使表土、心土、母质连成一体。同时，深根性树种和浅根性树种形成的混交林，由于根系呈多层分布，可促进土壤和母质层次之间过渡层不明显，使风化土层和基岩之间的分界成为渐进过度状态，可消除土壤滑落面的形成。其次，林木强大的根系从土壤深层吸收水分，并通过枝叶的蒸腾减低深层土体的含水量，使土层内特别是滑动面处的潜流减少，所有这些对于消除滑坡、泥石流和洪泥都是十分有益的。例如丛生沙棘根系，多呈水平状向四周伸展，纵横交错，密集分布于 55cm 的土层中，深达 1m。据甘肃天水水土保持试验站测定，一棵平茬后的 3 年生沙棘，根系向水平方向延伸最长可达 6.3m，新生根蘖苗 95 株，庞大的根系和密集的须根固结和网络土壤的作用，有力地增强了土体的抗冲、抗蚀能力，见表 5-9。

表5-9　沙棘根系分布情况及其固土作用

树龄	根系水平方向延伸长度（m）		萌蘖苗数（株）		固土面积（m^2）	
	未平茬	平茬后	未平茬	平茬后	未平茬	平茬后
1年生	0.7	/	/	/	0.75	/
2年生	2.5	3.4	10	25	1.85	2.5
3年生	4.0	6.3	22	95	2.70	4.8

在水土流失严重地区，为充分发挥水土保持林固结土壤的作用，应特别注意灌木树种的选择。因为密集的灌丛其地上部分能给水流造成很大阻力，地下部分根系固结网络表土的能力很强；同时，灌木林落叶在一定历史条件下，能迅速形成一定厚度的枯枝落叶层。因而，在坡地上营造乔灌木混交林或种植灌木防冲林带，对过滤沉积来自上方的径流泥沙，保护下方的农田、牧场有着良好的作用。另外，在水库周围滩地、河流两岸，为防止流水冲刷、波浪冲淘，可采用一些耐水湿的灌木树种，以其发达的根系和密集、柔软的枝条，可以固结土壤，减少径流和冲刷量，起到缓冲水流对岸边冲淘破坏的作用，这种功能是其他任何工程措施难以比拟的。

二、改良土壤作用

土壤是在一定地形条件下，森林植物与母岩、气候相互作用，经过漫长的发育时期形成的，其中森林植被是最积极、最活跃的因素，给土壤以深刻的影响。森林凋落物的归还、死地被物层的分解、以及植物根系等因素直接作用于土壤，使绝大多数森林土壤比其他植被下的土壤具有较高的肥力。

森林是地球上生产有机物质最多的一种植物群落，林木通过其强大的根系向深层土壤吸收无机盐分，再通过庞大的树冠进行光合作用制造有机物质，这样便为提高土壤肥力提供了物质基础。据研究，林木每年有60%～70%的有机物质以枯枝落叶的形式归还到土壤中，而只有30%～40%的有机物质用来生长木材。林木每年从土壤中吸收有机物质比同等面积的农作物和草本植物少10～15倍。100年生云杉林，土壤中所含的灰分物质为28t/hm²，有机物质为520t/hm²；而在100年生橡树林土壤中则分别为63.3 t/hm²和588 t/hm²。无论是针叶林还是阔叶林，光合作用生产的有机物质比它从土壤中吸收的无机物质多得多。因此,林内每年都有大量的凋落物积累（表5-10），经过微生物的分解，土壤腐殖质含量大大增加，而土壤中腐殖质含量的多少反映了土壤肥力的高低。据研究，森林土壤的腐殖质要比同类土壤的无林地多4%～10%。

林地中根系数量很多，对土壤理化性质影响很大。根系直接和土壤接触，一方面从土壤中吸取养分生产有机物质；另一方面，又向土壤内分泌碳酸和其他有机化合物，增加了土壤中无机物质和有机化合物溶解和分解。另外，根系不断更新，为增加土壤有机质，改良土壤结构，及土壤微生物的活动提供了良好的条件。

表5-10 北亚热带几种不同森林类型凋落物现存量

森林类型	现存总量	半分解层		未分解（当年）	
		现存量	%	现在量	%
栎林	9.22	4.45	48.27	4.77	51.73
竹林	5.64	5.64	/	/	/
竹栎混交林	5.35	2.40	44.83	2.95	55.16
马尾松林	7.97	3.80	47.76	4.16	52.23
松栎混交林	3.08	0.94	30.60	2.14	69.29
火炬松林	8.46	2.94	34.71	5.53	65.29
杉木林	6.85	2.77	40.50	4.08	59.50

表5-11 不同林地土壤抗蚀指数与土壤有机质含量

地类	0～10cm土层		10～40cm土层	
	抗蚀指数	有机质（g/kg）	抗蚀指数	有机质（g/kg）
柳杉林地	0.914	13.28	0.395	5.56
水杉林地	0.895	10.28	0.323	3.12
刺槐林地	0.939	19.75	0.325	5.88
杉木林地	0.832	11.85	0.334	5.19
刚、淡竹林地	0.916	16.90	0.36	5.18
茅草地	0.927	13.90	0.28	3.45
农地	0.260	6.20	0.22	3.10

森林改良土壤的作用主要取决于树种、年龄、密度以及气候、土壤等自然条件。树种和生长条件不同，它所形成的小气候和提供有机物质的数量和质量就不一样，在土壤形成过程中的作用也不一样（表5-11）。某些豆科乔灌木树种，如合欢、刺槐、紫穗槐、小叶锦鸡儿、胡枝子等，其根瘤对于改善林地肥力有着良好的作用。据南京林业大学研究，在江苏沿海地区，刺槐在0～20cm土层内的有机物质含量分别比水杉和农田（开垦15年）高28.7%和83.1%，全氮含量则分别高24.4%和55.1%。并且林分的年龄、密度越大，改良土壤的效果就越好。

第五节　提供林副产品，促进多种经营

我国水土流失地区，木料、肥料、饲料、燃料等“四料”俱缺，对人民生活和生产影响很大。因此在这些地区重视和实施水土保持林建设，改变贫穷落后的面貌，不仅具有理论意义，而且经济效益显著，也具有重要的现实意义。

一、提供“四料”

首先，许多农具是用木材制成的，山区的经济发展离不开木材。据陕西长安县商业局统计：农业上的竹木农具共有 175 种，人民群众的生活家具和建筑房屋都需要大量木材。湖北省英山县三门河流域，从 1975 ～ 1986 年共造林 731.8hm²，退耕还林 104.7 hm²，封山育林 800 hm²，国家对林业投入 6.5 万元，经过 10 年治理，森林覆盖率从 38% 提高到 56.5%，活立木蓄积量由于某种原因由 1.8 万 m³ 增加到 5.9 万 m³，增长 3.3 倍，获得经济效益 659 万元。因此水土保持工作的重点是利用山地优势，发展林业生产，既可保持水土，又能提高经济效益。

此外，林木的枝、梢、根和叶也是很好的燃料，结合幼林抚育可以解决群众的烧柴的问题。陕西吴旗县长城乡榆林坪村坚持造林 1340 hm²，从 1966 年起每年通过幼林抚育获得烧柴 7.5 万 kg，每户平均 1500kg，基本上做到了烧柴自给。

林木的果实、种子和树叶均可作牲畜的饲料。橡实、榆树叶、刺槐叶以及杨树叶等是猪、羊的好饲料。松叶中含有大量蛋白质、胡萝卜素、维生素 E 和能够预防家畜、家禽肠胃病的植物杀菌素，是很好的饲料。据研究，在饲料掺入 3% 的松针粉喂猪，可使猪生长量提高到 5%；掺入 3% 松针粉喂鸡，可使鸡生长量提高 35%。

树木的枝叶也是很好的肥料。紫穗槐的枝叶的含有丰富的氮、磷、钾等营养元素。据分析，每 500kg 紫穗槐枝叶相当 33kg 硫酸铵、7.5 kg 过磷酸钙，7.9kg 硫酸钾，约等于紫云英的 2.8 倍，紫花苜蓿的 2.3 倍，草木樨的 3.2 倍。陕西横山县白界乡开沟村，1966 年前因无林地少草肥缺，粮食产量只有 1500 多 kg/ hm²，年年吃返销粮。1967 年开始营造紫穗槐林 323 hm²，不仅固定了流沙，减少了风沙危害，而且由于大量的绿肥和猪粪，粮食自 1969 年起年年增产。

二、促进多种经营

我国水土流失地区大多贫穷落后、经济贫困，因此水土保持工作应该同改变山区经济面貌结合起来。大力营造水土保持林，对于促进多种经营、增加群众收入具有重要意义。水土保持林中有许多树种的果实和种子，含有大量淀粉和脂肪，营养价值高、用途广泛。如桃、杏、梨、柑橘、苹果、猕猴桃、龙眼、荔枝等是著名的水果。核桃、板栗、枣、榛子、银杏、香榧等是著名的干果。

许多林木种子是可以用于生产的重要的工业、医药、化工原料，是国民经济建设不可缺少的重要物资。桐油是我国特产，是举世无双干性植物油，我国产量占世界总产量的 80% ~ 90%，是重要的出口物资。我国樟脑和樟油产量居世界第一位，前者主要用于医药、化学和国防工业，后者是很好的溶剂。

许多树木树脂是重要的化工、工业原料。松香和松节油，是工业不可缺少的原料，我国的马尾松、云南松、华山松、红松，以及火炬松、湿地松都能生产树脂。橡胶，是橡胶树的副产品，不仅是国计民生中的重要物质，而且和钢铁、石油、煤炭合称为“世界四大工业原料。”

有些树木的树皮，如杜仲、厚朴等树皮是传统的名贵药材。栓皮是栓皮栎的树皮(东北的黄波罗也有栓皮层)，由于比重小、浮力大、弹性好、不透水、耐酸碱，对热、声、电的绝缘性好，是重要的工业原料。青檀，又名檀皮树，是我国特有的植物，广泛分布于东北、华北、华东和西南各省，以安徽的宣城地区最为集中，其树皮是制造宣纸不可缺少的原料。

除乔木外，林地中还有许多灌木、草本植物，可供药用和食用。如沙棘果、黑豆果、山丁子、马林果、山葡萄、刺莓果等，既可食用，又可酿造果酒、果汁。特别是有些经济灌木，如灌木柳、胡枝子、紫穗槐、杞柳等，除可做肥料、饲料外，还是优良的编织材料。

林副业生产项目很多，如栽桑养蚕、养蜂、培育木耳、银耳、蘑菇及药材等。此外，森林又为发展狩猎、培育有用禽畜创造了有利条件。总之，林区副业的门路很多，要把它与水土保持结合起来，一个一个地落实，发展规模经济，集约经营，使群众见到效益，以激发广大群众开展水土保持工作的积极性和创造性。

第六章
水土保持林体系建设

我国幅员辽阔，地形复杂，水土流失各有特点，只有合理营造水土保持林，才能充分发挥山丘区自然资源优势。在水土保持林体系建设时，首先要本着全面规划，综合治理的原则，摸清本地区的具体情况，明确生产方向；然后根据因地制宜，因害设防的原则，根据当地地貌类型和土壤侵蚀特点，决定在适当的位置采取有效的造林方式，以实现控制水土流失，保护水土资源，改善生态环境，改变山丘区贫穷落后面貌的目的。

营造水土保持林，应做到乔、灌、草相结合，不同林种相结合，不同树种相结合。在具体实施中，一定要做到先山上后山下，先治坡后治沟，生物措施与工程措施相结合，才能取得较好的效果。

第一节　水土保持林的林种、防护林体系及配置

山丘区地貌条件的多样性，一方面反映了各地形部位水土流失的特点；另一方面，也决定了适宜从事的生产方向，从而也确定了土地利用方式。配置在各个不同生产用地上的水土保持林必将要求发挥其独特的水土保持作用，根据地貌部位和对各类土地防护方面的要求，把这些具有不同营造目的和特定作用的水土保持林称为水土保持林的林种，如分水岭防护林、护坡林、水源涵养林等。营造水土保持林，是防止水土流失的根本措施，也是恢复和改善生态环境，调节地表径流，改良和固持土壤的根本措施。水土保持林的命名，有人主张采用双名法，即“防护目的＋林种”，如护坡用材林、固沟薪炭林、护渠用材林等，这样的命名既反映了水土保持林的作用，又反映了它的培育方向。

水土保持林各林种之间有着密切的相互关系。根据保持水土和林业生产的需要，将具有内在联系的许多林种有机结合起来，即形成水土保持防护林体系。这种水土保持防护林体系同单一的水土保持林种不同，它是根据区域自然历史条件和防灾、生态建设的需要，将多功能多效益的各个林种结合在一起，形成区域性、多树种、高效益的有机结合的防护整体。这种防护林体系的营造和形成，往往构成区域生态建设的主体和骨架，发挥着主导的生态功能和作用。目前，我国水土保持林体系正在形成。随着水土保持工作的深入开展，特别是我国四大防护林工程（三北防护林工程、长江中上游防护林工程、沿海防护林工程及平原防护林工程）的建设，水土流失地区不仅林种划分上要适应实际生产的需要；同时，以林业措施所构成的防护林体系已超出水土

保持林的范畴，因而应建立防护林体系的新概念。在这种防护林体系中，应包括以下几个方面：

(1) 现有的天然林和天然次生林；

(2) 现在保存的人工乔、灌木林：包括木本粮、油、林基地，果园基地和“四旁”植树；

(3) 根据农牧业生产及其有关设施的生产需要规划设计的各个水土保持林种，例如：水源涵养林、护坡林、分水岭防护林、梯田地坎防护林、侵蚀沟防护林、护岸护滩林、池塘水库防护林、农田防护林、防风固沙林、护牧林等。

由此可以看出，水土保持防护林体系以具有水源涵养和水土保持作用的各个水土保持林种为主体；同时，将其他林业生产内容也纳入防护林体系中。这是因为从防护作用的整体性来看，这些以林业生产为主要特征的林种，它们同时也覆盖着一定面积，占据着一定空间，在改善当地农、牧业生产条件，控制水土流失，帮助当地群众脱贫致富等方面，都有各自的作用，都是防护林体系不可缺少的有机组成部分。因此，水土保持林体系就是在水土流失地区，以改善农牧业生产条件，改善当地生态平衡条件，具有一定的林副产品收入为目的的以小流域为综合治理单元，因地制宜，因害设防，以水源涵养、护坡固沟等水土保持林林种为主体的带、片、网相结合的各个林种的综合体。

一个流域或一个地区防护林体系占有的合理比例或森林覆盖率多少是人们十分关注的问题。世界上凡是森林覆盖率达30%以上并均匀分布的国家或地区，一般生态环境良好，各种自然灾害较少或较轻。近年来，有些学者认为，合理的森林覆盖率低限不应是30%，而应是再高些。当然，这里的森林覆盖率是就较大面积而言的，对于水土流失严重的山丘区，森林覆盖率应在60%以上才能有效地控制水土流失，改善生态环境。

水土保持林的配置，是以防治土壤侵蚀，改善生态环境，保障农牧业稳定高产为目的的。所以，水土保持林体系内各个林种的配置与布局，必须从当地的自然生态平衡来考虑，以自然资源的高效、合理利用为基础，根据当地水土保持林防护的目的和发展林业生产的需要，全面规划，精心设计，合理布局。在规划中要做到因地制宜，因害设防，将生物措施与工程措施紧密结合起来；要把眼前利益和长远利益结合起来，做到长短结合，以短养长。在配置形式上，应根据当地实际情况，实行乔、灌、草相结合，网、带、片相结合，用材林、经济林与防护林相结合，以较小的林地面积达到最大的防护效果，产生最大的经济、生态和社会效益。这是我们在水土保持工作中，应该遵循的基本原则。

从上述水土保持林配置原则可以看出，我国水土保持林具有生产性和综合性的特点。生产性主要表现在木材生产和为农牧业提供服务的生产两方面，这显然是由我国水土流失地区“四料”俱缺，农业生产水平低而不稳的现状决定的；综合性主要反映在水土保持林既要与各项生产内容相协调，使其成为农业生产体系中的有机组成成分，又要反映生物措施与工程措施的紧密结合，以及生物措施中乔、灌、草相结合的特点。

第二节　现有天然林和人工林的保护和管理

我国森林覆盖率低，分布不均匀，长期以来又存在着重采轻造的问题，许多地方乱砍滥伐，毁林开荒，其结果不仅使森林面积迅速减少而且质量下降，造成了严重的生态后果，如1998年长江和东北嫩江、松花江的特大洪灾就是一个典型的例子。因此，对现有天然林（包括天然次生林）以及现存的人工乔、灌木林的保护和经营管理，对保护和改善生态环境、保障我国社会经济的可持续发展具有重要意义。在我国“六大”林业生态工程中，就有“天然林保护工程”，其目的就是要保护为数不多的天然林。

一、对现有天然林和天然次生林的保护和经营管理

我国现有天然林和天然次生林，主要分布在大江大河的上游，一般处在人烟稀少、山高坡陡的地方，其涵养水源、保持水土的意义十分重大。但由于历代管理和使用不当，致使森林植被受到严重破坏，水土流失加重，以及江河水文状况恶化。

在水土流失严重的地区，保护和管理好现有的天然林和天然次生林尤为重要。如我国黄土高原地区天然林已不复存在，现有天然次生林和人工林覆盖率仅9.47%，目前的主要问题仍然是利用不合理、滥砍滥伐等现象严重，致使生态环境质量恶化。解决的办法是：

（1）在管理体制和政策方面：党和政府十分重视，并已着手解决。如1991年我国颁布了《水土保持法》，从法律角度制止各种造成水土流失的违法行为，随后各省（市、自治区）也相继颁布了《<中华人民共和国水土保持法>实施办法》；近年来又实施了“退耕还林工程”，下大力气治理坡耕地水土流失问题。

（2）在技术方面：采取以林为主、管护为主的生产建设方针，封造并举扩大森林面积；对一些陡坡或重要水利设施上游严禁采伐；在一些林区采取停止采伐，及普遍号召和组织造林、种草等措施。

二、对现有人工林的保护和经营管理

建国以来，我国各地营造了大面积的人工乔木纯林和人工灌木林，大多林分整齐，生长健壮。当然也有些地方由于种种原因，林木生长不佳，形成“小老树”林分，有条件的地方应立即更新，对暂时不能更新的应加强经营管理，改善林分状况，促进林木生长。

在人迹稀少的偏远山区，无论是天然林还是人工林，“封山育林”是保护森林植被、提高水源涵养能力的有效措施，是利用自然条件恢复山区植被的好方法，可起到事半功倍、一举几得的效果。一般应做到以下几点：

（1）加强组织领导，各级应有专人负责，形成封山育林的骨干队伍；

(2) 封山之前，制定封山规章或公约，并立告示牌“广而告之”；

(3) 统一规划，合理安排，放牧区、打柴区、封禁区等都要明确规定；

(4) 对宜林荒山荒坡，要先封山育草、保持水土，然后进行人工造林；

(5) 轮封轮开轮用，做到封而不死，开而不乱；

(6) 在有母树林的残林山坡，而人口较多、缺乏烧柴、牧草的山区，也可采取分期轮封、轮开的办法进行，加强母树管理，创造天然下种及幼苗成活生长的有利条件；

(7) 封山必须与育林相结合，封、管、育并重，如果封山育林没有切实的管护措施，也不能取得预期的效果；

(8) 封山之后，有条件的山坡进行人工天然更新和人工造林，尽快恢复植被。

第三节　水源涵养林

水源涵养林泛指河川上游、湖泊和水库集水区内的天然林和人工林。这些森林以其自身的作用，吸收、储蓄地表径流，从而对下游的水文状况产生显著影响。如果这些林分具有良好的林分组成，在上游占一定面积，就可以将地表径流控制在森林内，使地表径流转化为地下径流，从而起到减缓洪峰、调节河川径流的作用，变水害为水利，因此，水源涵养林是水土保持林体系的重要组成部分。

一、土石山区的水源涵养林建设

我国各河川的水源地区，大多是石质山地或土石山区，一般都保留有相当数量的原始林，而且还能划出相当数量的土地进行造林。因此，在制定水土保持规划时，应将河川上游，特别是大中型水库上游山高坡陡、不宜划作农牧用地的坡地，应尽可能划作林地，营造水源涵养林。

一些边远山区和丘陵地区广泛分布着未曾开垦的天然林和天然次生林，虽然这些天然林曾屡遭破坏，但通常由于地广人稀，基本上没有水土流失现象，但是从涵养水源，彻底消除山洪、泥石流等自然灾害的发生和发展林业的要求来看，还须做许多工作。对于这些天然林或天然次生林，通常采用封山育林或林分改造的办法来恢复植被、提高林分质量，使其在合理利用的基础上，发挥涵养水源、改善生态环境的作用。

二、丘陵地区的水源涵养林建设

在丘陵漫川漫岗地区，由于人口密集、垦殖指数较高，条件较好的斜坡大都已开垦为农耕地，在开展以小流域为单元的综合治理规划时，应尽可能将流域上游，特别是水库和塘坝上游坡度较陡，不宜作农牧用地的山坡规划作林业用地，营造水源涵养林。但是，在这些地区水源涵养林的面积比例仍将远远小于石质山区，就要求我们设计出最佳的水源涵养林（合理的树种、组成、密度、配置方式、经营管理等），并与当地分水岭防护林、护坡林等结合起来，以最小的林地面积发挥最大的生态效益。

在受到广泛垦殖、水土流失严重的丘陵山地，由于不合理的耕作习惯、经济贫困等原因，开展水源涵养林建设难度较大。在这类地区，要在做好群众思想工作、解决好群众实际困难的基础上，发动群众营造水源涵养林。

三、水源涵养林的营建技术

水源涵养林要求能够形成具有深厚、松软死地被物层的乔灌木混交林，因此要注意造林树种的选择和造林技术。树种的选择应从以下几方面来考虑：①根系发达且分布较深，具有改良和网络土壤的作用；②树冠浓密，落叶丰富且易分解，能有效地起到改良土壤的作用（如刺槐、沙棘、紫穗槐等）；③生长迅速，能尽快郁闭，减轻雨滴对地表土壤的冲击；④能适应特殊的环境条件，如在干旱瘠薄的坡地上要耐干旱、耐瘠薄（如沙棘、柠条、胡枝子、樟子松、马尾松、合欢等），在进水凹地要能够耐水湿（如柽柳、柳树等）。在造林技术上，水源涵养林一般要求密植，栽植行沿等高线分布，相邻两行的树种呈“品”字形分布。在干旱瘠薄的造林地上，还应通过造林技术来改变立地条件，如采用鱼鳞坑、水平沟、水平阶整地等，以及进行必要而细致的管理工作。

第四节　分水岭防护林

丘陵或山脉的顶部通常称为分水岭，它是地表径流和泥沙的发源地，也是比较容易遭受风蚀的地段，俗话说：“水是一条龙，先从顶上行；治沟不治山，等于一场空”。因此，分水岭防护林对保持水土，防治土壤侵蚀是非常重要的；同时，它还可以起到保持顶部土壤湿度，调节分水岭附近农田小气候的作用。

分水岭防护林应沿分水岭走向设置林带，其宽度视分水岭宽窄、灾害性质和土 地利用情况而定。以防水蚀为主的，林带要宽些；以防风蚀为主的，林带要窄些。林带宽度一般为 5 ～ 20m，林带结构以疏透或通风结构为主。分水岭通常有三种类型，即：

一、环山帽状分水岭

这种分水岭顶部为“馒头”状，有的还有农田。防护林的布设，可沿横披水平带状走向设置（图 6-1），设计成环山帽状防护林。在我国黄土高原地区，梁峁分水岭通常有两种类型，即顶尖平缓和顶尖较尖。

1. 顶尖平缓的梁峁防护林

平缓梁峁防护林的位置，应选择在梁峁四周开始变陡的凸形斜坡上，或在细沟上部。若梁峁顶部作为放牧用地时，还可以适当往下推移，沿细沟顶部设置，这样可增加牧场面积，解决林牧矛盾。

阳坡、半阳坡耕地较多，应分类设置。①坡耕地以上，可采用白榆、刺槐、臭椿、

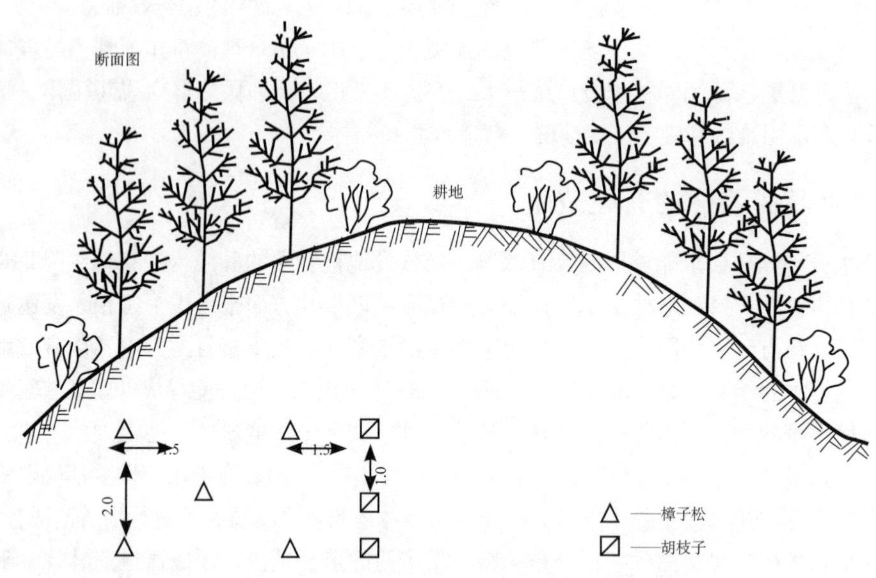

图6-1 环山帽状分水岭防护林（馒头岗）

侧柏、油松、杜梨、山杏等乔木树种和紫穗槐、沙棘、狼牙刺等灌木树种，营造乔灌混交的复层林带。乔灌木混交方式，可采用刺槐和紫穗槐或沙棘行间混交，也可采用 2 ~ 3 行紫穗槐或沙棘组成的灌木水平带与 1 行刺槐或油松交互配置的混交方式营造片林。②在坡耕地处，应以紫穗槐、山杏、柠条等灌木树种为主，沿水平坡地的地坎或梯田埂，营造 2 ~ 3 行较窄的灌木带，这样的配置既能阻拦径流、保土固坡，又不影响作物产量。

阴坡、半阴坡多属陡坡荒地，土肥草厚，耕地较少，可用作大面积造林。在水平带状造林时，一般带宽 15 ~ 20m，营造乔灌混交林，主要树种有油松、侧柏、河北杨和沙棘、柠条、胡枝子等。

2. 顶尖较尖的梁峁防护林

顶部较尖的梁峁分水岭，海拔较高，风蚀强烈，面积狭窄、土层薄，有时梁峁顶部岩石裸露，两侧坡陡，多属荒地。斜坡断面多成凹形或直线形，营造防护林的目的是拦蓄径流，固土护坡。

梁峁面积狭窄，顶端可适当封顶种草。下部至坡耕地应全面造林，树种有白榆、刺槐、臭椿、沙枣和紫穗槐、沙棘、柠条等，采用带状混交或行间带状混交方式。阴坡、半阴坡应采用落叶松、油松、侧柏等树种，山坡下部可采用河北杨、青杨和沙棘等水平带状混交造林。在较高的梁峁顶部，可设置 10 ~ 20m 宽的林带，株行距为 1m × 2m 或 1m × 1.5m，灌木株行距为 0.5m × 1m 或 0.5m × 1.5m。

在规划设置这类梁峁防护林时，应注意以下几个问题：

(1) 根据防护目的，一般采用乔、灌木行间混交方式，沿等高线布设成疏透结构的林带；

(2) 靠近农田和牧场附近的林带边缘 2 ～ 3 行，应配置萌芽力强、串根力弱的柠条等带刺灌木，以防牲畜危害林带；

(3) 设置林带时，应适当加大灌木比重，尽快形成良好的死地被物层，发挥其涵养水源和保持水土的作用；

(4) 设置林带时，应将梁峁坡防护林、梁峁边防护林以及通过分水岭的道路、渠道防护林有机地结合起来，形成一个完整的梁峁防护林体系。

二、鱼脊状分水岭

山丘顶部较窄，形成鱼脊状，通常面积较小，土层干燥、瘠薄，立地条件差，防护林应沿岭脊营造（图 6-2）。

三、顶部宽坦的分水岭

在黄土高原，顶部平坦的面称为塬。黄土塬面，地势平坦、土壤深厚，历来是农业生产基地。但由于塬面高亢（塬沟相对高差在 70 ～ 200m 间），缺乏水源，风大霜多，塬面面蚀和沟道侵蚀剧烈等现象严重影响了农业生产。因此，黄土高原沟壑区应抓好塬面治理，绿化沟壑，固沟保塬，并注意边缘林带的设计，以防止顶部径流冲出平台，威胁边坡的稳定。塬面防护林的设计可参考农田防护林的设计，下面着重谈谈塬边防护林。

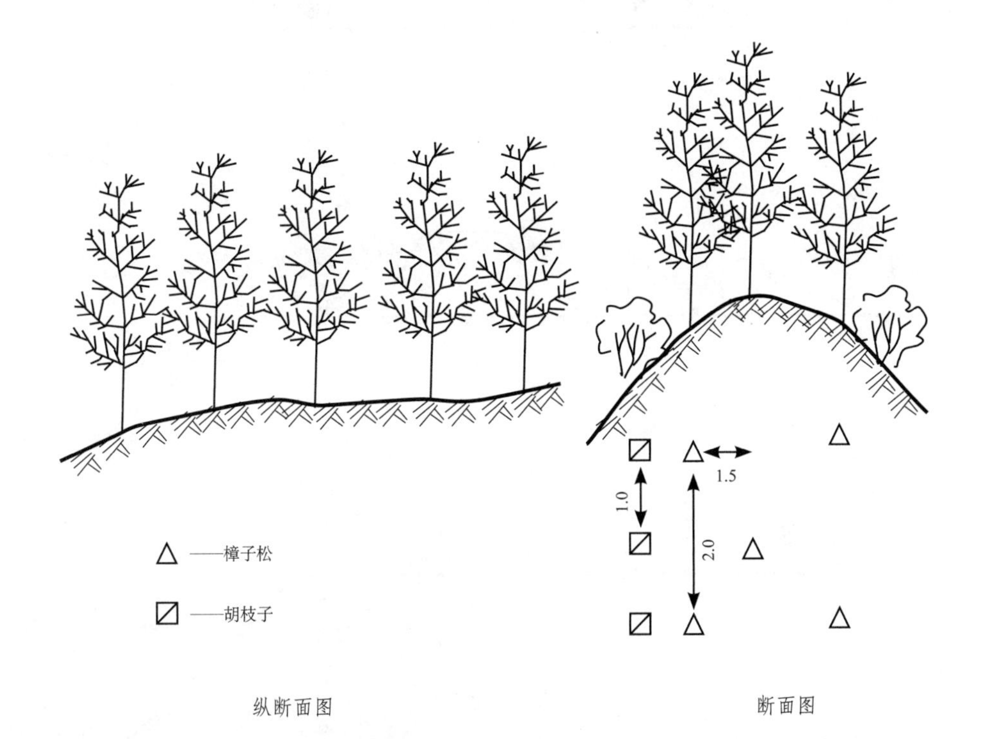

图6-2　鱼脊状分水岭防护林（鱼脊岗）

1．塬边防护林的位置和宽度

这类防护林位置和宽度的布设应根据集水区面积大小，侵蚀沟坡的陡缓，沿岸稳定程度和土地利用状况确定。一般应设置在自然倾斜角以上，带宽以 4 ～ 5m 为宜。

2．塬边防护林的营造

塬边防护林应结合塬边培筑地埂进行，这样能更好地起到涵蓄、分散地表径流，发挥固持塬边陡坎的作用。一般做法是：

（1）在边坡 35° ～ 45° 自然倾斜角的稳定线以上 1 ～ 2m 处，沿沟岸培修高、宽各约 0.5m 的沟边埂，并在埂内每隔 15 ～ 20m 处设一个横挡，以防止埂内集水冲毁土埂。埂外栽植一行乔木树种如榆树，埂内栽植 2 ～ 3 行刺槐、臭椿等乔木，每边再配植 1 ～ 2 行灌木［图 6-3（1）］。

（2）如果当地风害不大，为了减少对农作物的遮荫和串根的影响，更好地涵养水源，分散地表径流，在土埂两侧边坡上各栽一行灌木固埂护坡，埂内栽植 3 ～ 4 行紫穗槐、柠条，埂外栽植 1 ～ 2 行根系发达的沙棘［图 6-3（2)］。

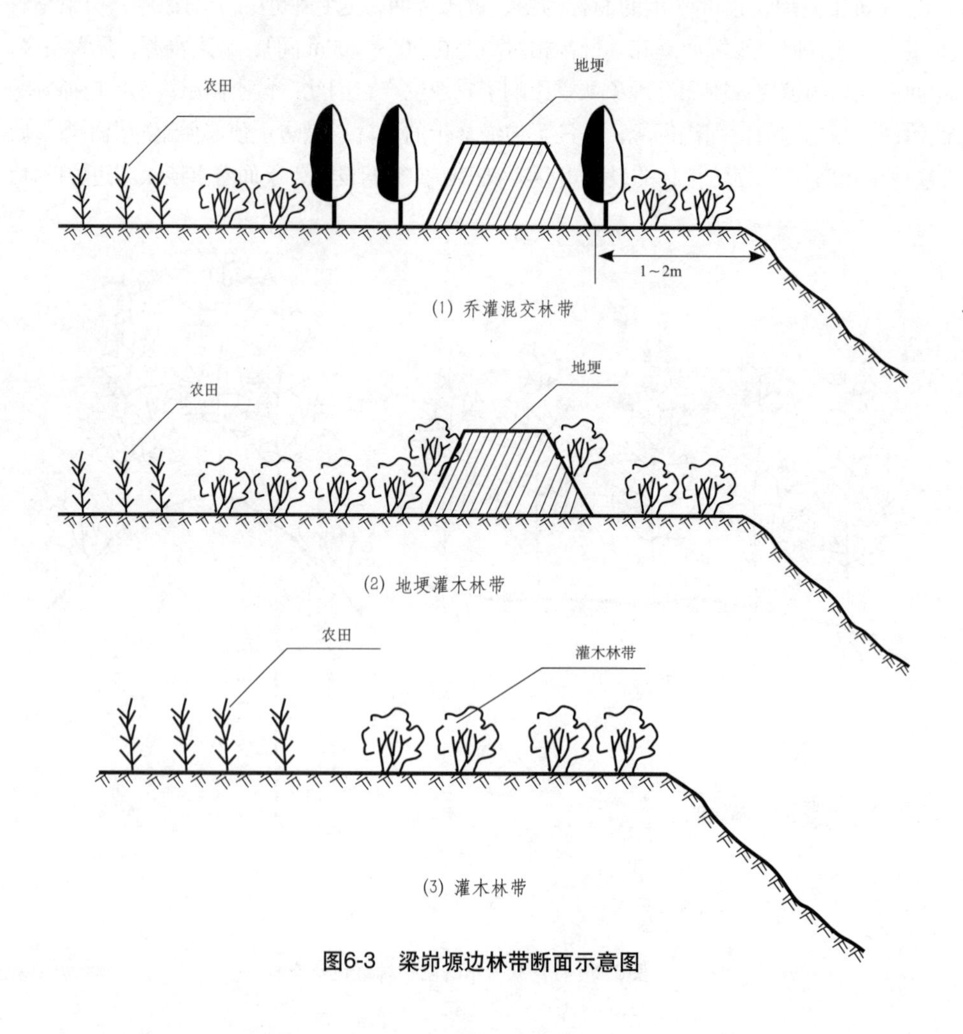

图6-3　梁峁塬边林带断面示意图

(3) 集水面积较小，而且沟坡不太陡，基本上已形成了自然稳定的倾斜角的地方，若不设置地埂，可直接在塬边密植 3 ～ 5 行灌木 [图 6-3（3）]。

塬边防护林的株行距，乔木应为 1m × 1.5m 或 1m × 2m，灌木与乔木行间距离 1m，灌木株行距 0.5m × 1.0m。

3. 营造塬边防护林应注意的问题

(1) 当塬边防护林以外被侵蚀成破碎的地块时，可在较近的侵蚀沟头联线以外或侵蚀沟沿以上全部营造成小片灌木林。

(2) 若塬边附近出现集水槽时，塬边防护林应该设置在靠近沟头防护工程上游的集流槽底部。在留出一定水路的条件下,垂直于水流方向配置 10 ～ 20m 宽的灌木林带，在塬洪发生时起到缓流挂淤的作用。

(3) 在修筑沟头防护工程时，可结合工程进行鲜柳枝埋条或垂直流水方向打鲜柳桩，待其萌发生长后，可进一步巩固沟头防护工程，即使遇到特大塬洪滚水过坝，也可收到安全防护和防止沟头前进的效果。

第五节　坡面防护林

在丘陵山地，斜坡坡面既是农林牧业生产基地，同时又是产生地表径流和土壤冲刷的基地。坡面治理状况如何，不仅影响其本身生产利用的可能性和生产力，而且也直接影响坡下农田的生产条件及沟道、河流的泥沙淤积和水文状况。大多数山丘区，适宜农业利用的土地只限于那些坡度缓（<15°）、坡面较长、土层较厚的局部坡耕地和一些需要修成各种梯田的土地，其他坡地大多数为宜林地，因此配置在坡面上的水土保持林多呈片状或带状分布，发展潜力大，从而成为当地水土保持林体系的主要组成部分。在坡面营造水土保持林,并结合田间工程和农业耕作技术,可以控制坡面径流，从而改善农牧业生产条件，为农牧业的发展创造良好的环境条件。

一、护坡林带的设置

1. 护坡林带的位置

只有合理设置护坡林的位置才能最大限度地发挥其阻截、吸收、分散径流的作用。设置时，应使地表径流不集中在一处流入护坡林，同时还要尽可能提高护坡林的有效系数。如改善护坡林的组成、结构，在林内进行造林整地工程等。如果防护林的位置不合理，则起不到拦截径流的作用 [图 6-4（1）（2）]。从图 6-4 看出，虽然两个护坡林的面积相同，但径流流入林地的地点、方式不同，起到吸收调节地表径流的作用相差很大。从图 6-4（1）可看出，地表径流直接受到护坡林地阻挡，顺护坡林的根系浸入地下，减少了冲刷，所以吸收调节地表径流的效果较好。若能在护坡林上方采用一些简单的分散径流的工程措施，效果会更好。这里着重谈一下如何选择护坡林的位置。

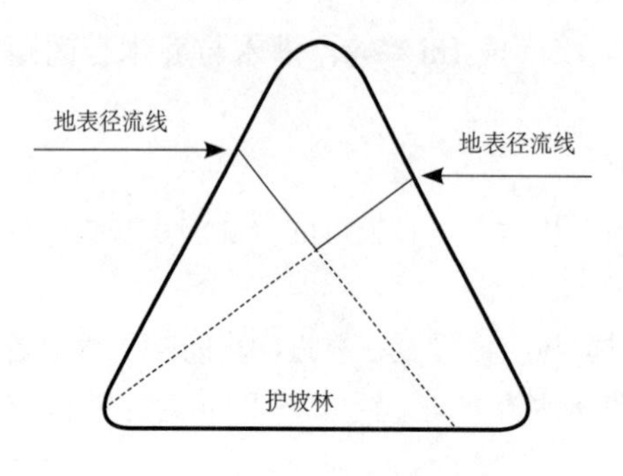

（1）起到吸收调节作用的护坡林

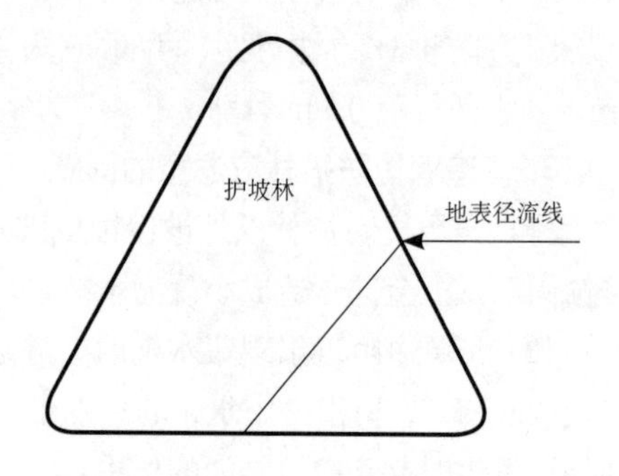

（2）未起到吸收调节作用对比

图6-4　不同设置位置不同作用对比示意图

（1）平直斜坡

在斜坡上，越往下径流汇合越集中，流速越来越大，冲刷也越来越严重。设置防护林带的位置，就应当选在斜坡中部，使斜坡上部的径流逐渐被林带阻截、吸收、分散而减少，这样就能消除产生地表径流的根源[图6-5（1）]。

（2）凹形斜坡

凹形斜坡在上半部邻近分水线，坡度较陡，土壤冲刷也较严重，而距分水线越远，坡度越趋平缓，在坡的中下部虽然流量集中，但因流量随着坡度的减小，流速逐步变小，从而土壤冲刷也随之减轻，往往还出现泥沙沉积现象，设置防护林带的重点，应在中上部的中间。若上部坡陡，则应往上部移动，这样才能最大限度地发挥调节径流的作用[图6-5（2）]。

（3）凸形斜坡

凸形斜坡在邻近分水线附近坡度平缓，以后随坡长的增加坡度增大，地表径流也随之增加。坡面流量汇集到中下部时，由于坡陡、流速大、水土冲刷特别严重。因此设置护坡林的重点应在中、下部，这样效果较好[图6-5（3）]。

（4）阶梯形斜坡

自然形成的斜坡是多种多样的，除了上述三种类型的斜坡外，还兼有上述三种斜坡特点的阶梯形斜坡。它的水土流失特点是，随着坡度的转折和坡长的变化，水土流失状况也有变化。在坡度大、坡面长的地段，水土流失较为严重，而在凸形斜坡转变到凹形斜坡的转折处最为严重。所以设置防护林带的重点，应在斜坡陡而较长的地段，这样才能起到阻拦、缓冲地表径流的作用[图6-5（4）]。

2. 护坡林带的方向

林带承受径流的多少，取决于地形、林龄、林分组成和林带内草本植被状况等。根据经验，护坡林带的方向，原则上应沿等高线分布，即与径流方向垂直。这样可最大限度地发挥阻拦、吸收地表径流，防止水土流失的作用。但由于实际地形比较复杂，

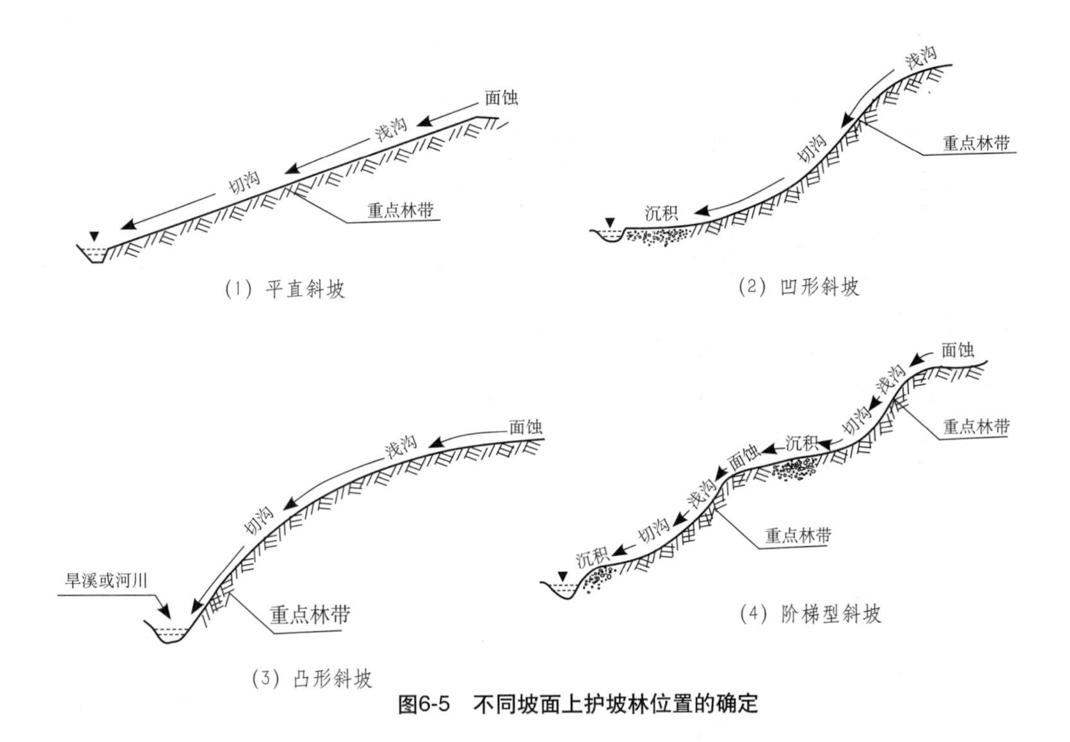

图6-5　不同坡面上护坡林位置的确定

径流线有长有短，分布参差错落很不规则。若机械地按等高线布设防护林带，会造成林带承受径流负荷量大小不均的现象，不能充分发挥整体防护效能。

为使各段防护林能够均匀地承受径流，当坡度逐渐倾斜时，林带应按垂直于径流线的方向，沿地表径流中部联线布设为好（图 6-6）。这样在径流相对集中，而又未引起冲刷时就被林带分散、吸收了。

为防止林带走向与地表径流线不垂直而有偏角时引起的部分径流于林带上方边缘集中造成的冲刷，可在防护林带上方边缘，每隔 50 ~ 100m 的距离挖一道分水沟，沟埂的高低，应根据地表径流的大小而定，一般培起 0.5 ~ 1m 高，以便分散径流，使林带上方的径流均匀地流入林带内，更好地发挥其阻拦、吸收地表径流，防止土壤侵蚀地作用。

3. 防护林带宽度

一般来讲，林带愈宽，密度越大，效果越好。实际上，林带宽度应根据暴雨频率和最大径流系数，以及坡度的大小、侵蚀强弱、土地利用状况等条件来综合确定。集水面积大、坡度陡、径流量大，林带应宽些，一般为 20 ~ 40m；反之，林带应窄些，一般为 10 ~ 20m。若地块面积小，坡陡且短，地形起伏，插花地多，可沿地坎或梯田埂营造 1 ~ 2m 宽的窄林带；若地块面积大，可每隔 15 ~ 20m，沿水平方向营造 2 ~ 4m 宽的林带。

另外，还可以根据公式计算护坡林带的宽度，即：

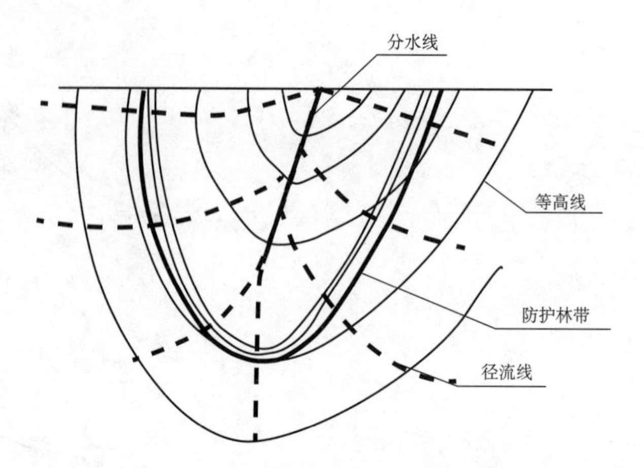

图6-6　径流中部联线防护林带示意图

$$B=\frac{A\cdot k_1+P\cdot k_2+C\cdot k_3}{L\cdot h}$$

式中：B、L、h——分别为护坡林带的宽度（m）、长度（m）和吸水率（mm）；

A、P、C——分别为护坡林带上方梯田、草地、裸地面积（m²）；

k_1、k_2、k_3——分别为林带上方梯田、草地、裸地所能产生的最大径流深（mm）。

例如：要设计500m长的护坡林，护坡林上方梯田2000m²，草地15000m²，裸地500m²，而梯田、草地、裸地的最大径流深分别为2.5 mm、2 mm和3.5 mm，通过调查，得知护坡林的吸水率为5 mm，则其护坡林宽度为：

$$B=\frac{2000\times 2.5+15000\times 2+500\times 3.5}{500\times 5}=14.7(\mathrm{m})$$

4. 防护林带的间距

当集水区很宽，又有明显的斜坡，径流线很长时，应当营造多条防护林带，林带间距则应根据林带本身吸水力的大小来决定。实践证明，一般林带能够吸收上方裸露地表水的面积，相当林带宽度的4～6倍。若为乔灌木混交类型，且林木生长良好、能形成良好的枯枝落叶层，则林带能够吸收上方10倍于林带面积的来水。如果按照我国各地多年来设置20～40 m宽的护坡林带计算，林带间距约为80～240 m。但这要根据当地实际情况灵活掌握，尤其在我国黄土丘陵区，相对高差大，地形起伏，插花地多，只能在20～50 m之间设置一条宽4～6m的林带，而不能生搬硬套、硬性规定林带间距大小。

石质山区和丘陵漫岗区自然条件、水土流失状况差异较大，因而护坡林的树种、配置以及目的、任务各不同，下面作一下简单的介绍。

二、山区护坡林

在山区划作护坡林用地的坡面，一般来说坡度较大，水土流失严重，土层瘠薄，土壤干旱且肥力较低、结构差。护坡林的主要目的是保持水土、防止土壤进一步受到冲刷，并起到涵养水源的作用。对于这种坡面，如期望生产大量木材则受到一定限制，宜成片营造以解决“三料”（燃料、肥料、饲料）为主的灌木型护坡林；另外，也可配置一些具有改良土壤作用的灌木，成片营造乔灌木混交林，以生产一定量的小径材，经过一段时期的造林和改土后，可发展成中小径材基地。当然，在山区也有一部分坡面因坡度较陡，水土流失严重，需要退耕还林。这些坡面有的经连年耕种和施肥，还保持一定的土层厚度和肥力；有的因开垦年限不长，土层较厚，肥力较高，应营造以用材林和经济林为主的护坡林。

山区坡面立地条件差（水土流失、干旱、风大、霜冻等），在造林特别是营造经济林时要通过水土保持治坡工程，如水平阶、反坡梯田、窄面梯田、鱼鳞坑等整地措施，为幼树成活和生长创造条件。树种配置上，一般采用乔、灌木混交方式使之形成复层林冠，发挥生物群体相互间的有利影响，使林分尽快郁闭，形成较好的枯枝落叶层，充分发挥其调节坡面径流、涵养水源和固结土壤的作用。

三、丘陵漫岗防护林

在丘陵漫岗区，划作护坡林用地的坡面与山区有很大差别。除少数地块外，大部分坡面具有一定的土层厚度和土壤肥力，坡度也较小；还有些地方因不合理的人为活动，植被受到严重破坏，以及采用不合理的耕作方式，水土流失比较严重，有些护坡林地与农田紧密相连，大多处在坡度较陡和土壤瘠薄之处。所以，丘陵漫岗区的护坡林，应与林业建设结合起来，要求护坡林不仅能固持和改良土壤，改善环境；同时也要生产一定数量的木材、果品和燃料。

在丘陵山地营造护坡林，应本着“因地制宜，因害设防”的原则，在立地条件差、坡度陡的坡面上，应以保持水土、涵养水源为主，同时兼顾生产木材和燃料；在立地中等的坡面上，既要保持水土，又要生产木材、燃料以解决群众缺少木材和薪材的问题，应积极发展用材林和薪炭林；在立地条件较好、坡度较缓的坡面上，应注重效益，积极发展经济林，如木本粮油树种、果树、特种经济树种等，同时加强管理，实行集约经营和规模经营，努力改变山丘区的经济面貌。

第六节　梯田地坎防护林

兴修梯田、培修地埂，是治理坡耕地水土流失，保持水土，改变农业生产条件，变“三跑田”为“三保田”的基本措施。但坡耕地兴修梯田或培筑地埂后，地坎或地埂一般要占农田总面积的10%～20%，这不仅浪费了土地，减少了效益，而且裸露的梯田地坎、地埂外坡变陡（一般为50%～70%），极易遭暴雨冲刷，影响其安全，增加维修管理用工。另外，地坎、田埂还易孳生杂草，危害农田。但是梯田地坎占地面积较大，据统计，梯田地坎面积一般可以占到耕地面积的5%～20%，最高可达36%，且地坎坡度陡峻，一般为50°～75°，一遇暴雨，裸露的田埂地坎易遭受冲刷造成垮塌。

为充分利用和保护好地坎和田埂，应在其上栽植一些保土作用好、经济价值高的植物，不仅能起到护坎（埂）防冲、保护梯田安全的作用；还可充分利用土地，发展多种经营，增加收益。例如，黑龙江省拜家县通双流域在综合治理中，就特别注意梯田地坎造林、种草。他们在流域内将所有的梯田地坎（共50hm²）全部种上胡枝子，其结果不仅减少了自然灾害，促进作物增产5%～10%，而且每年可收果75万kg，收入12万元，平均每公顷地坎收入2400元。

1. 梯田地坎造林位置

选择梯田地坎造林位置时，既要考虑到将串根和遮荫的影响降到最小限度，又要考虑耕作方便，这就应根据具体情况而定。一般在地坎外坡的1/2或1/3处造林，这样可使树冠绝大部分投影控制在地坎上，根系几乎全部分布在田坎的土层中。

当地坎较矮（坎高1m左右）且较陡时，应在上部或中上部造林，也就是离地坎顶1/3或1/2处。可采用平行密植，株距为0.5m [图6-7（1）]，采用这种形式造林，灌木生长较快，能迅速起到防风和吸收地表径流的作用。当地坎较高（大于2m以上）且较陡时，应在中部或中下部造林，栽几行灌木，株行距可为0.5m×0.8m，呈“品”字形排列[图6-7(2)]。当地坎不太高、坡度较缓时，可在中上部或中部造林，栽植2～3行灌木，株行距可为0.5m×0.6m，呈“品”字形排列[图6-7（3）]。为了防止水土流失，也可在地坎中部采用乔灌行内混交方法，乔木株距为2～4m，灌木株距为0.5～0.8m。

总之，在地坎上营造灌木林，株距不宜超过0.5m，行距一般视坎埂高度而定，高者宜宽，矮者宜窄，一般为0.5m，最大也不超过0.8m。另外，栽植的灌木每年均应进行平茬，平茬时间宜在早春或晚秋，这样既可采到优良枝条，又不影响灌丛的防护作用。

2. 梯田地坎造林的树种选择

梯田地坎造林树种的选择，应本着“适地适树，因地制宜”的原则，合理选择。一般可选择紫穗槐、杞柳、胡枝子、柽柳、狼牙刺、珍珠梅、扁核木、枸杞、花椒、桑条、白蜡条等灌木树种和金针菜（黄花菜）、苜蓿等草本植物。

由于这些灌木一般主侧根发达，栽植在地坎中部或中下部不会产生“串根胁地”，而在灌木形成后每年平茬，一般生长高度仅1.5m左右，在梯田范围内既能形成良好的小气候，而灌木丛与梯田田面间相距50～100cm，对田间作物遮荫影响不大。

在梯田地坎上栽植黄花菜、苜蓿、豆类或瓜类等草本植物，不仅可以起到较好的固定地坎的作用，而且经济效益也非常显著。当地坎坡度较缓时，可在整个坎坡上种植优良牧草，可有效地提高防护效果和经济效益。

除上述灌木林和草木植物外，有些地区在保证农业生产的前提下，可栽植一些干

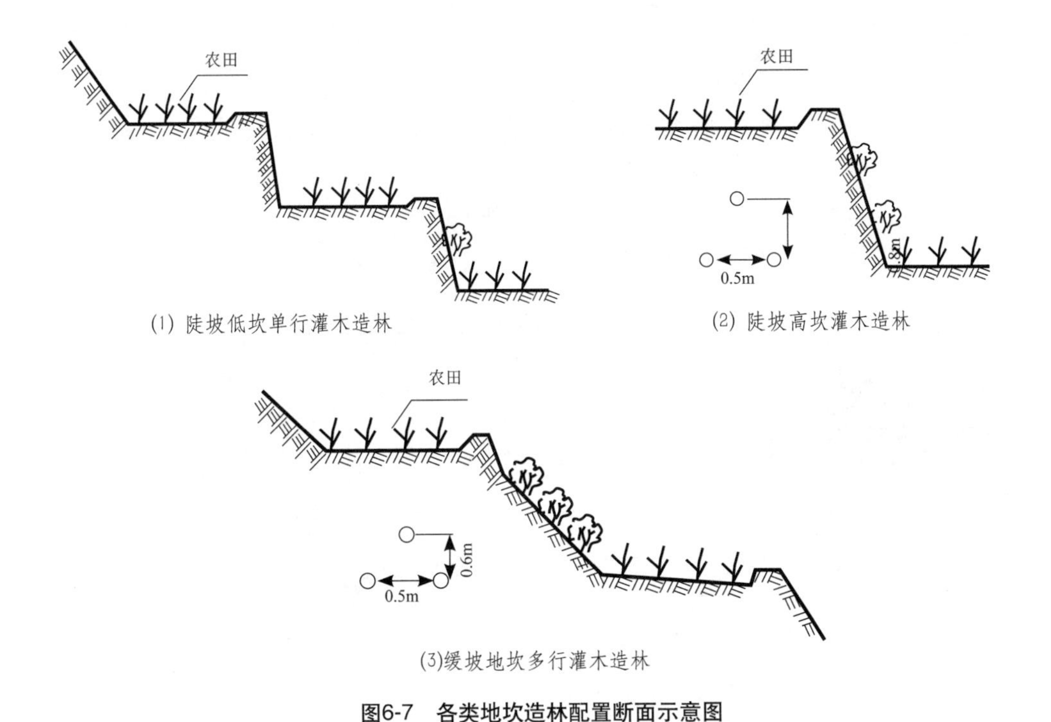

图6-7　各类地坎造林配置断面示意图

鲜果等经济价值较高的树种。例如河北、北京等地栽植核桃、板栗、花椒，河北、河南栽植柿树、君迁子，山东、陕西、河南、河北栽植枣树，甘肃、河北栽植家杏，山东、河南栽植桑条、白蜡条；江苏、安徽栽植板栗、山楂、银杏，许多省份还利用梯田地坎和梯田栽植茶树，保持水土效果也很好。栽植地坎经济林时，可在地坎中部采取小坎式栽培，株距 4 ～ 5m [图 6-8（1）]。

梯田地坎也可以栽植臭椿、泡桐等乔木树种，株距 3 ～ 5m，因其发叶晚，树冠稀疏，对梯田上光照影响不大。采用其他乔木树种时，在树冠形成过程中应注意修枝，同时应避免根蘖性强的树种如刺槐等。

3. 坡式梯田地坎造林

由于坡式梯田地坎高差较小，可在地坎上营造 1 ～ 2 行灌木林带，株行距采用（0.5 ～ 0.6）m×（0.8 ～ 1.0）m，呈“品”字形排列。这种造林方式，每年应起高垫低，采用里切外垫的方法加高地坎，通过人工培土和灌木本身拦截泥沙的作用，使坡式梯田逐年变成水平梯田 [图 6-8（2）]。

4. 坡地生物地坎造林

在一些人多地少地区，一时尚不能修成水平梯田，群众有沿坡地等高栽植紫穗槐、黄花菜、苜蓿等习惯，同样具有保持水土的作用 [图 6-8（3）]。通过灌木（草本植物）的茂密枝条拦截泥沙以及平茬后人工培土，逐年形成梯田。待灌木长起后，最好在梯

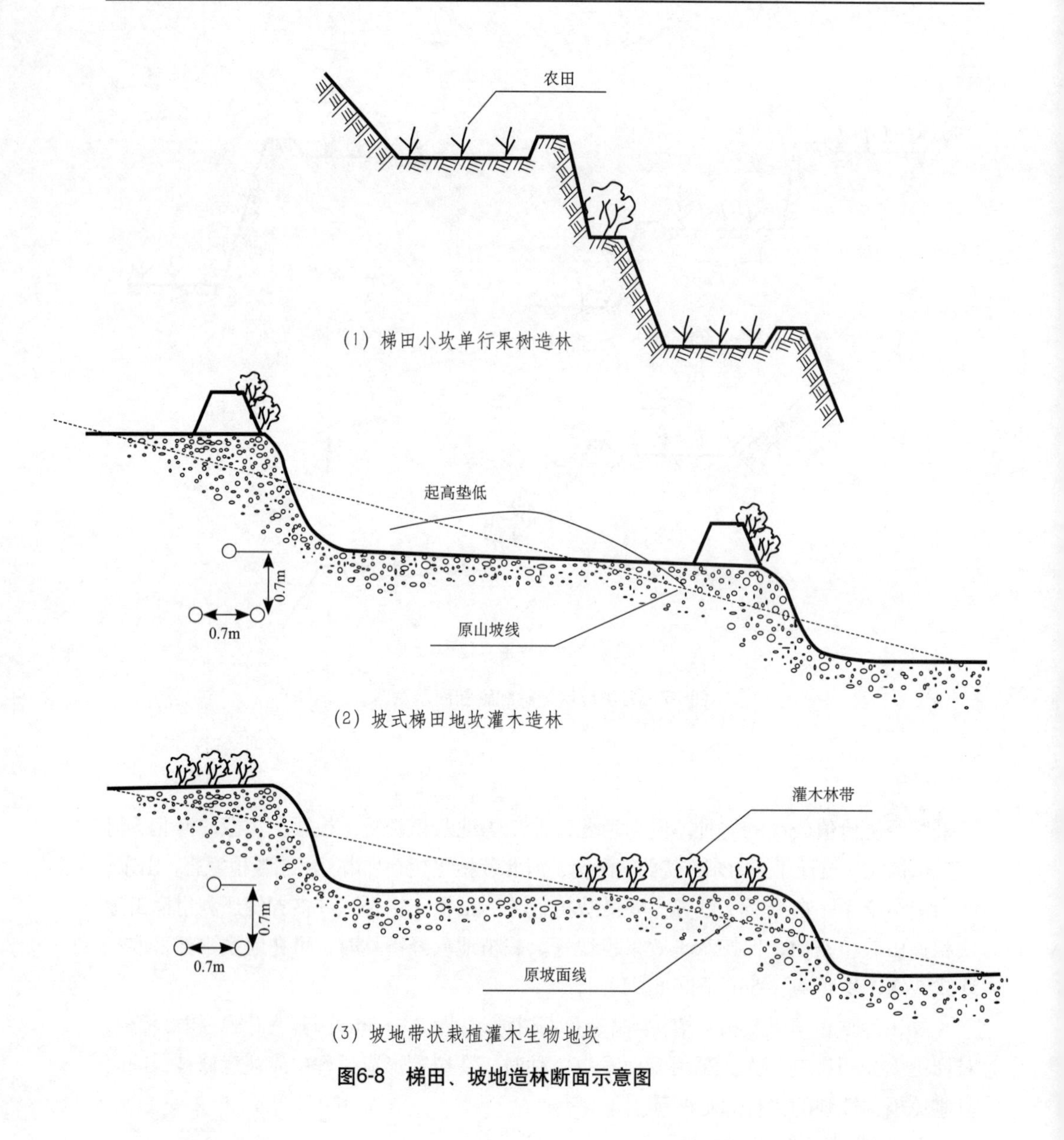

图6-8　梯田、坡地造林断面示意图

田地坎内挖一条宽、深各 30 ~ 40cm 的地坎沟（又名断根构），防止灌木串根，影响农作物的生长发育。

第七节　侵蚀沟道防护林

在水土流失地区，即使坡面径流得到基本控制后，总还有一部分地表径流流到沟壑和河川中去；同时，沟壑本身承接的降雨在沟道径流中也占有相当比例，如黄土地区沟壑纵横，黄土丘陵沟壑区沟道面积占总面积的40%～50%，有的地方高达60%，这些径流是引起沟壑中水土流失的主要动力。

水土流失严重地区，沟壑面积往往很大，常常是这些地区群众割草、打柴、放牧、生产木材、果品、药材等副业生产的基地，沟里成滩淤地，川台坎地，是群众的"眼睛地"。因此，为全面控制水土流失，提高土地利用率，增加收益，搞好沟壑区治理和利用具有重要意义。

侵蚀沟的造林，应根据侵蚀沟的发展状况、造林地立地条件等特点，选择不同的配置方法和造林技术。对于不同发育阶段侵蚀沟道的防护林，通过控制沟头、沟底侵蚀，减缓沟底纵坡，抬高侵蚀基点，稳定沟坡，达到控制沟头前进、沟底下切和沟底扩张的目的，从而为沟道全面合理的利用，提高土地生产力创造条件。对于正在发展的侵蚀沟，应采取生物与工程相结合的措施；沟底下切和沟坡坍塌严重的侵蚀沟，应先采取工程措施，然后再造林。侵蚀沟防护林按营造位置不同，可分为汇水线防护林、沟头防护林、沟边防护林、沟坡防护林、沟底防冲林等五种。

一、汇水线防护林

在坡耕地上，一遇暴雨或连续降雨，地表径流从分水岭开始，沿坡地凹处集中下泄，这个凹处叫汇水线。种植在汇水线部位的作物常被冲毁，年复一年就形成耕犁难以平复的侵蚀沟。营造汇水线防护林的目的，就是防止侵蚀沟的形成，避免耕地被切割。

汇水线防护林应在汇水侵蚀部位沿等高线成短带状布设，林带长度略大于汇水线宽度。来水面积不大，历年只出现细沟的汇水线，可在原横坡垄位上，每隔5～7垄种植2～3垄灌木；径流量大，冲刷较严重，历年都出现浅沟的汇水线，可垄垄种植灌木，且密集栽植。

二、沟头防护林

侵蚀沟沟头都出现在凹地（洼地）当中，凹地实际是径流汇集最为集中的地段，由于地表径流汇合集中，产生强烈的沟头侵蚀，使沟头不断前进。在我国黄土区，有的沟头一年可前进5～10m，遇上大雨，一次就可前进10m。营造沟头防护林的目的，在于固定沟头，防止沟头溯源侵蚀。

沟头防护林应设在沟头底部与径流垂直，形成一个等高的环状带，林带宽度要根据冲刷程度、汇水面积和径流量的大小而定。沟头面积小、坡陡、径流量大、侵蚀严重，或土壤特别干燥、不宜用作耕地时，可全部造林；当沟掌面积较大，坡度较缓，径流量较小，侵蚀较轻时，林带宽度可按沟深的1/3到1/2设计。沟头防护林与工程措施相结合效果更好，具体做法是：在整个侵蚀沟的周围修筑封沟埂，然后在封沟埂内部侵蚀沟上部及支沟间的坡面上全面造林。方式可采用乔灌带状混交、乔灌行间混交或乔灌株间混交等形式。在沟底编篱谷坊群，具有缓流挂淤、固定沟床的作用，当洪水来临时，谷坊与沟道间形成的空间发挥着消力池的作用，同时，又与沟头防护林相配合，发挥着固定沟顶的作用。先在沟头附近修一条封沟埂，再在封沟埂以上的一定距离处，修筑连续围埝或断续围埝，最后在封沟埂以上营造沟头防护林。

沟头防护林若无其他工程配合，应使林带与沟沿拉开距离，一般沟深与林带至沟头距离之比为 1 ： 1，若沟深超过 3m，则以 1 ： 1.5 为好，以防止径流流入沟头，或沟头崩塌造成林带被冲毁。造林时，应先栽植 3 ～ 5 行萌芽性强、根系发达的灌木，然后再栽植速生乔木树种。乔木株行距可采用 1m×1.5m 或 1m×2m，灌木株行距为 0.3m×0.5m 或 0.8m×1.0m，以阻挡径流、防止冲刷。

1. 沟头造林

沟头的进水凹地造林包括两个部分，即汇水线路造林和水路两侧造林。由于汇水线路承受的水较多，水流冲刷较严重，宜选用萌芽性强、枝条茂密的灌木，灌木配置成与流水线垂直，株距 0.3 ～ 0.5m，行距 1m，以起到缓流挂淤的作用。水路两侧营造乔灌木混交林，林带宽度必须超过水路最高水位的宽度（图 6-9）。

2. 沟头围埝造林

沟头围埝造林是造林措施和工程措施相结合的治理沟头的方法，根据埝的连续与否，又可分为沟头连续围埝造林和沟头断续围埝造林。前者适于丘陵沟壑地区坡面较平缓的塬面上，后者适于丘陵山区 15° 左右的侵蚀沟头坡面上。都是运用工程措施拦截地表径流，再利用造林措施加以巩固，下面详细介绍连续围埝造林。

沟头连续围埝造林，通常是在沟头上部先设一道封沟埂，然后再设 1 ～ 2 道连续围埝。若坡度较缓，集水面积小，做一道围埝亦可。

（1）封沟埂的布置

封沟埂应布置在沟头边沿上方周围沿沟顶等高线处，距沟边的距离应根据沟顶坡度、沟壁深度、侵蚀轻重而定。若沟头陡、沟壁深、侵蚀严重，封沟埂设在沟边 1 ～ 2m

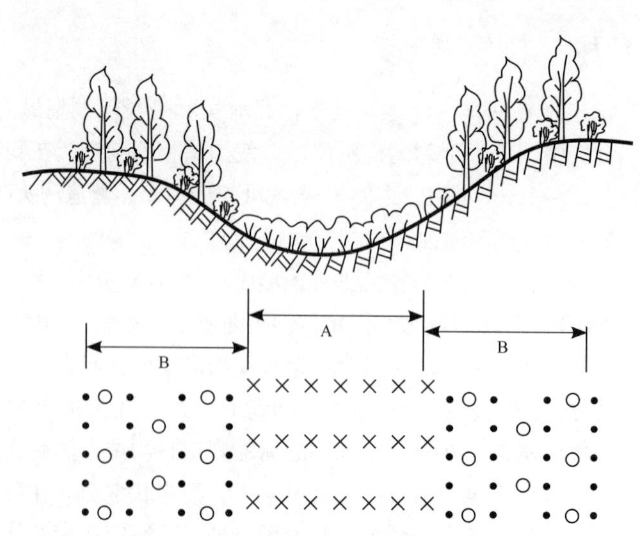

图6-9　沟头进水凹地造林横断面示意图

（A）水路造林（B）水路两侧造林

处即可。埂高一般为 50 ～ 100cm，顶宽 50cm，内、外坡分别为 1 ∶ 0.5 和 1 ∶ 2，采取里切外垫的办法筑埂。

(2) 沟头连续围埝的布置

在封沟埂上部，一般设 1 ～ 2 道围埝，与沟沿大致平行排列成弧形，每道埝长约 100 ～ 150m，并可按沟的大小适当延长或缩短(图 6-10)。第一道埝与沟边(包括封沟埂)的距离为沟深的 2 ～ 3 倍；第二道围埝在第一道围埝汇水线以上 10 ～ 20m 即可。

(3) 设置横埝

为了避免径流集中造成漫决冲毁围埝和封沟埂，应在每道围埝上方相距 10 ～ 15m 处设一道横埝，在封沟埂上方 3 ～ 4m 处修一横档，在长埝和横埝上，增设溢水口，以便调节积水。横埝和土埂高 40 ～ 60cm，长等于汇水线宽，顶宽 30 ～ 40cm，底宽 100cm。

(4) 造林方法

为了巩固围埝工程。在两道围埝范围内应全部栽植灌木；第二道围埝以上，进行乔灌木混交造林，以固持沟边土壤。乔木株行距应为 1m × 1.5m 或 1m × 2m，灌木株行距应为 0.5m × 1m。

若沟头围埝拦不住大量来水，可在沟头上方再修筑蓄水池，将来水引入池内。在蓄水池周围栽植灌木或多年生草本植物，这些灌木和草类串根、萌蘖力强、繁殖快，能有效地拦蓄径流。

三、沟边防护林

沟边土壤的水肥状况，因侵蚀沟所处的侵蚀类型区和地形区部位不同而有很大差异。一般情况，土石山区侵蚀沟的沟边水肥条件较差，丘陵漫川漫岗区沟边水肥条件较好；产生在坡面上的原生侵蚀沟的沟边水肥条件较差，谷底次生侵蚀沟的沟边水肥条件较好。因此，在沟边防护林树种选择上，应根据立地条件不同选择适宜的树种造林。如在黄土区干旱的侵蚀沟边可选择白榆、沙棘、紫穗槐、柠条等，进行株间混交或行间混交(图 6-11)。乔木株行距为 1m × (1.5 ～ 2) m，灌木株行距为 0.5m × (1 ～ 1.5) m。

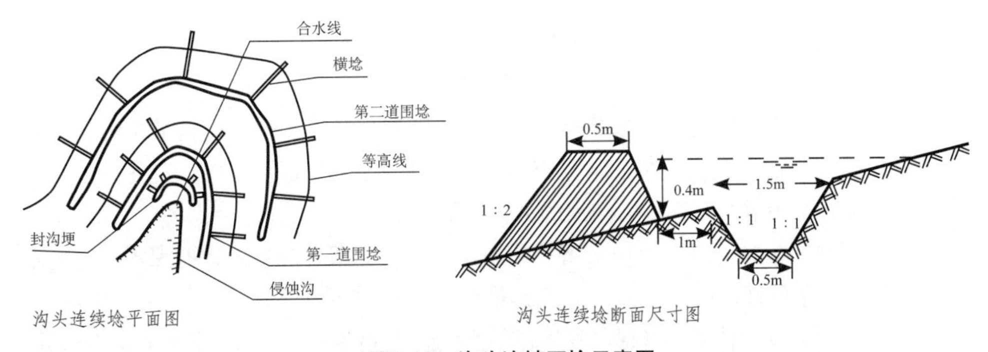

图6-10　沟头连续圈埝示意图

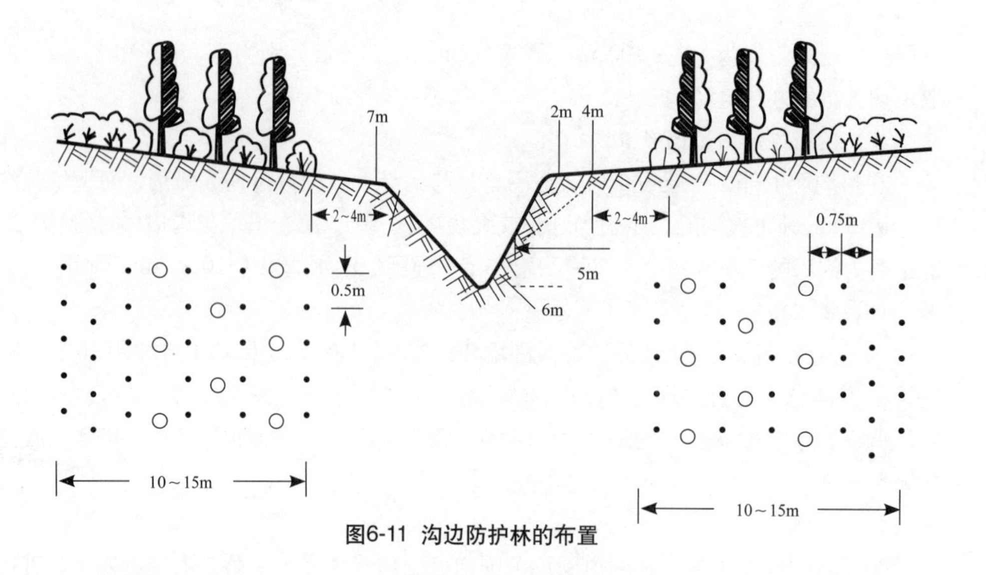

图6-11 沟边防护林的布置

四、沟坡防护林

一般在侵蚀沟中，沟坡面积约占70%～80%。由于坡度陡峭（大多数沟坡都在30°以上）、植被稀疏，重力侵蚀及沟底冲淘侵蚀现象时常发生。营造沟坡防护林可以起到缓流固坡，防止沟岸继续冲刷扩展，并利用沟坡土地进行林副业生产的作用。营造护坡林应掌握以下原则：

(1) 首先要综合考虑沟坡的坡度、坡位、侵蚀程度、坡向及土质情况等立地因子。若坡度大于50°，侵蚀极严重，造林不便施工，造林后又不易成活，此时可进行封育，使天然植被逐渐地自然恢复；若在侵蚀严重、立地条件很差的陡坡，坡度约30°～50°，应全部栽植灌木或营造以灌木为主的乔灌混交林；在20°～35°、土层较厚、侵蚀较轻地沟坡上，应当尽量配置乔灌混交林或针阔乔灌混交林，乔木地株行距位（1.0～1.5）m×1.0m，灌木的株行距为0.5m×1.0m。如果沟坡基本稳定，土质较疏松，土壤深度湿润，也可配置以枣、杏、山桃等为主的果树，果树的株行距为4m×4m。由于沟坡侵蚀严重，造林前必须进行整地，常常采用的整地方法有反坡梯田、水平阶、鱼鳞坑几坑穴等。

(2) 在陡、缓交错的沟坡，可先在缓坡容易造林的地方进行片状造林。若土层较厚，条件许可，还可切坡填沟，使深沟变浅，窄沟变宽，然后整地造林或种植牧草。

(3) 坡上部的侵蚀沟，坍塌严重，土壤干旱，立地条件较差；而沟坡下部，一般有较稳定的坡积物，坡度较缓，土壤较为湿润，立地条件较好。因此，应先从适宜林木生长的下部开始进行，逐渐向干燥的上方推进。

(4) 阳坡的干燥地带，土壤贫瘠，冲刷严重，造林困难，应先栽植灌木，在灌木作用下使土壤条件逐渐改善，以后再营造乔木。

(5) 侵蚀沟坡造林应选择根系发达，萌芽力强，枝叶繁茂，固土作用大的速生树种，并根据坡向不同选择适宜的树种造林，如刺槐、臭椿、青杨、小叶杨、油松、侧柏、玫瑰、胡枝子、沙棘等。

五、沟底防冲林

沟底防冲林的目的是拦蓄沟底径流，防止沟底下切、沟壁扩展，拦淤泥沙并可进一步用沟底土地造林。在水流缓、来水面不大的沟底，可全面造林或片状造林；在水流急、来水面大的沟底，由于径流量大，来势凶猛，如果仅进行植树造林，幼树往往会被较大的径流冲掉，劳而无功。因此，在侵蚀沟底造林，要根据沟谷类型、地形部位和侵蚀程度，必要时结合采用不同的工程措施和方法，才能起到防止沟底下切、缓流拦淤的作用。

除全面造林和片状造林外，在沟底比降较小，沟底下切基本趋于停止的沟道，常采用栅状和翅状造林方法，从沟头到沟口，每隔一定距离（10 ～ 15m）与水流垂直方向造几行灌木如柽柳、沙棘等，株行距（0.3 ～ 0.5）m×（1 ～ 1.5）m。沟底造林方法可采用插条法（图 6-12），为防止淤积埋没，可把柳条插入土里 30cm，地上部分留 30 ～ 50cm。栅状和翅状造林一般不进行人工修枝，而是使树木成灌木丛，最大限度地发挥减低流速、过淤拦泥地作用。

在沟底纵坡大于 5%时，应在沟道结合土谷坊或土柳谷坊进行全面造林。配置形式主要有乔灌带状混交(其中灌木应配置在迎水的一面，多为 5 ～ 6 行，乔木 3 ～ 5 行)、乔灌行间混交或乔木纯林等。乔木地株行距为 1.0m×(1.0 ～ 1.5)m，灌木为(0.5 ～ 1.0)m×0.5m。沟道造林后以拦蓄更多地泥沙和水分，也为树木的生长提供良好的条件。

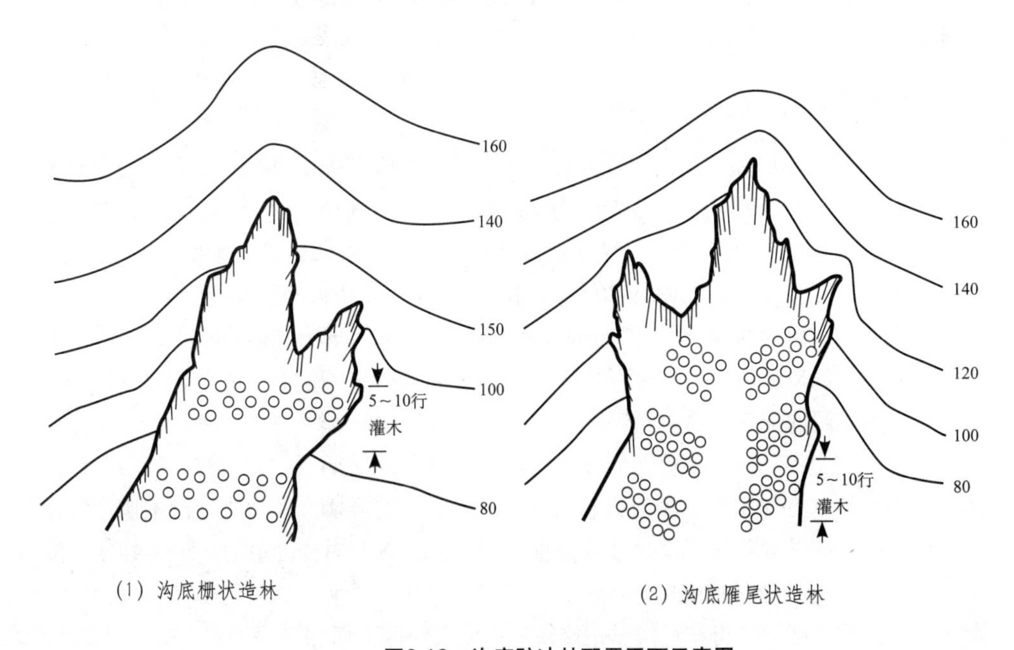

图6-12　沟底防冲林配置平面示意图

第八节　护岸护滩林

一、河川发育及土壤侵蚀特点概述

河川的成因是各种各样的，有的完全由天然降水形成，有的由地下水上升而形成；有的由高山冰雪融化的水形成；亦有的是由湖泊中流出来的。天然河川，按其地理环境和演变过程，可分为河源、上游、中游、下游和河口，在河川上游地区，其纵断面比降大，河谷狭窄，水流湍急，冲淘强烈，且多跌水。在河川中游地区，河谷断面大致稳定，比降小，河水冲淘和淤积不太显著。而在下游地区比降更小，流速减低，河谷宽广而多弯曲，淤积显著，河床抬升，在暴雨之后常造成水灾。河口由于流量和含沙量以及入海坡度小，加之海水絮凝作用，大量泥沙沉积，逐渐形成河口三角洲（如黄河、长江三角洲等）。

河川侵蚀往往是通过冲淘、塌陷、崩塌等现象实现的，由于河岸的构造不同，其侵蚀的程度也不同。上下由坚硬岩石组成的河岸，一般侵蚀很轻微或者根本不产生侵蚀；而由黄土或砂土—粘土构成的河岸侵蚀非常剧烈。

河谷由黄土及砂土—粘土构成时，最容易在两岸产生崩陷现象。主要是由于河岸基部经常受水浪的冲淘所致。在河身弯曲处，河岸冲淘现象最为明显。当水流经过弧形的河身时，由于离心力和重力的双重作用，水流有纵横方向运动的力量。于是就冲淘河的凹岸使之继续深凹。另一方面则在凸岸产生淤积，形成浅滩。这种冲淘和淤积作用继续，就使河槽逐渐向凹岸移动。随着河身变得更加弯曲，冲淘与淤积作用将变得更为剧烈。当河水猛增时，有可能突破旧的河槽，舍弯取直，而使水流注入较短的新槽中。

二、护滩林的营造

缓岸的河滩地原属河川浸水地，当河川上游集水区范围内进行一系列水土保持工作后，洪峰得到控制和调节；或者因为河川中下游河道宽阔，河床蛇曲摆动，除常水河床外，在河道的一侧或两侧，往往形成平坦滩地。这些滩地，枯水期一般不浸水，但洪水期仍有浸水可能。护滩林的任务，就是通过在洪水时期浸水的河滩或河滩外缘营造乔灌木林，以达到缓流挂淤，抬高河滩的目的，为发展农业生产或直接在河滩地上大面积营林创造条件。护滩林主要依据河流流速的大小、流量多少以及滩地的宽窄、长短等采用不同的配置方式。

一般在河道面积狭窄，径流量不大，洪水时期可能短期浸水的河滩，分段分片在河流两侧与流水方向垂直密集成行栽植耐水湿、速生的旱柳、杨树类及灌木柳、沙棘等，最好配置成乔灌行间混交林或乔灌株间混交林。乔木的株行距为 0.5m × 1.0m，灌木为 0.5m × 0.5m。成林后既可以固滩护岸，又可以缓流挂淤。如果河川流速较快，为避免片林被洪水冲毁，可在近河一边修筑丁坝或大埂等工程加以保护。

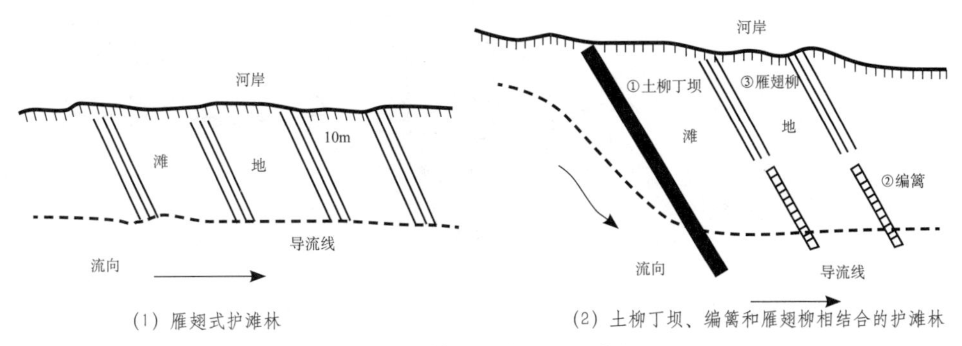

（1）雁翅式护滩林　　（2）土柳丁坝、编篱和雁翅柳相结合的护滩林

图6-13　护摊林配置平面示意图

当顺水流方向的滩地很长，流速又较大时，可营造雁翅式护滩林 [图 6-13（1）]。即在河流两岸（或一岸）河滩地进行带状造林，顺着规整流路所要求的导流线方向要求林带与水流方向构成 30° ～ 45° 的夹角，每带栽植 2 ～ 3 行杨柳，每隔 5 ～ 10m 栽植一带，其宽度依滩地宽度和土地利用要求而定。株行距以(0.3 ～ 0.5)m × (1.0 ～ 1.5) m 为宜，采用埋干或插干方法造林。插干采用长 0.5 ～ 0.7m，2 ～ 3 年生的枝条，应埋深，不要外露过长。以雁翅式配置的护滩林，不仅可以减少洪水的冲力，也能淤积泥沙，逐步缩小河滩的宽度，并使河滩由弯变直。另外，根据弯道水流规律，滩地顶部常不断被洪水冲刷，使滩地向下推移。所以，不论河道长短，均应在滩地顶部设置各种丁坝或编篱等措施，以防滩地继续往下游推移 [图 6-13（2）]。

三、护岸林的营造

河岸有缓有陡，有窄有宽，一般缓岸较宽，应营造较宽的护岸林；陡岸较窄，应营造较窄的防护林带。因此，护岸林的设计必须贯彻“因地制宜，因害设防”的原则。护岸林的营造应以减缓水流速度与减少水流挟带泥沙为目的，保护河岸地表免遭水流的侵蚀，固定堤岸；改善流域气候条件，减少自由水面蒸发；提高景观质量等为目的。

1. 平缓河岸防护林

河川遭受长期侵蚀与冲淘，形成弯曲的河床，平缓河岸与陡峭河岸交错存在，往往一边为平缓河岸，而对岸则为陡峭河岸，同时平缓河岸又与河滩连接在一起。

在一般情况下，缓岸的立地条件较好，护岸林的设置可根据河川的侵蚀程度及土壤情况来确定，在坡岸上采用根蘖性强的乔灌木树种营造大面积的混交林，在靠水一边可栽 3 ～ 5 行灌木柳。在岸坡侵蚀和崩塌不太严重，且岸坡平缓时，在紧靠灌木柳上方应营造 20 ～ 30m 宽的乔木护岸林带，以耐水湿的树种为主（图 6-14）。

在岸坡侵蚀和崩塌严重的情况下，造林要和水土保持工程措施结合，林带边缘距河岸边留出 3 ～ 5m 空地，营造 20 ～ 30m 的林带，采用速生树种和深根性树种造林（图 6-15）。

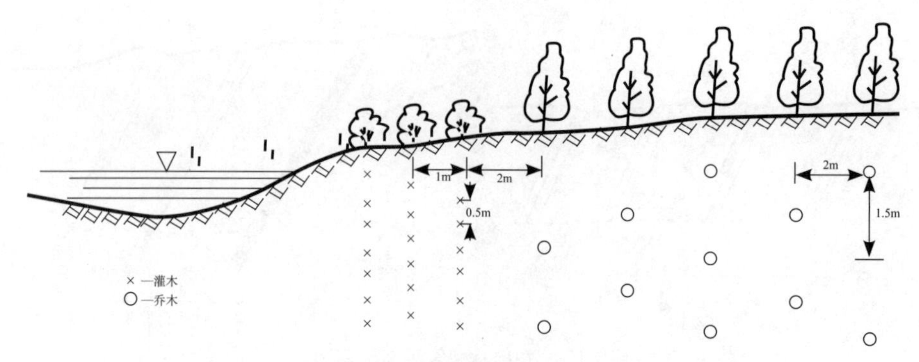

图6-14 侵蚀及崩塌不太严重的平缓河岸护岸林配置图式

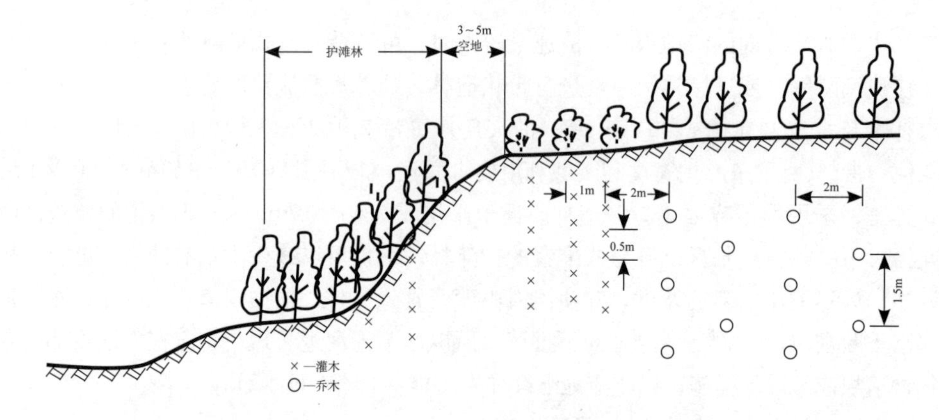

图6-15 侵蚀及崩塌严重的平缓河岸护岸林配置图式

2. 陡峭河岸防护林

河川陡岸多属流水迎冲地段，侧蚀冲淘严重，防护林的营造与河滩地带不同。因此，护岸林应配置在陡岸边及近岸滩地上（也可能无滩可护），以护岸防冲为主。陡岸上造林除考虑河水冲淘外，还应考虑重力坍塌。另外，树木虽然具有保土固岸作用，但其根系深度总是有限的，一般树木根系密集层的固岸深度为2m左右，若单纯采用造林护岸措施，岸高不应超过这一深度。因此，在2m以下的陡岸造林，可直接从岸边开始；当陡岸超过2m时，应于岸边留出一定距离，一般从岸坎临界高度处，按土体倾斜角（即安息角，一般为30° ～ 45°）引线与岸上之交点作起点，营造几行根系发达的灌木，株行距可为0.5m×1m。然后再根据河岸具体情况，一般营造5～10行乔木；如河岸较宽、面积较大，可视具体情况加宽（图6-16）。

综上所述，治理河滩，营造护滩、护岸林应注意以下问题：

（1）治理河滩要统一规划，统一安排，做到左右岸、上下游兼顾，生物措施和工程措施相结合，林、草、水、土综合治理，否则一侧护岸，一侧冲刷，或两侧引起互相冲淘，就会造成更大损失。

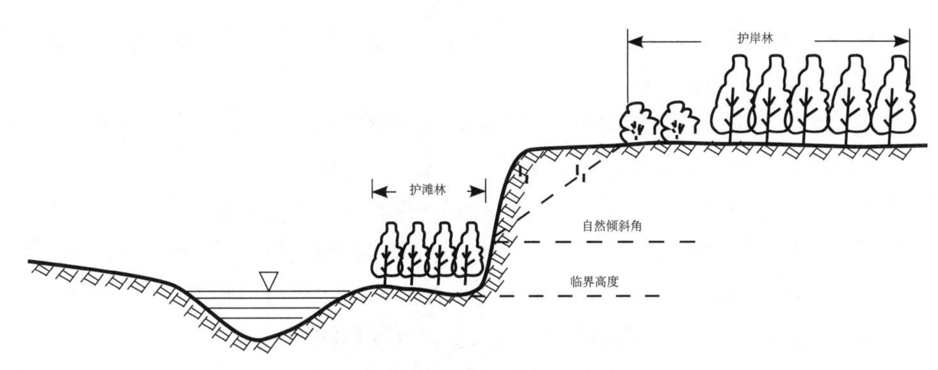

图6-16　陡峭河岸护岸林的配置图式

(2) 常年洪水位以下不宜营造乔木，可种植芦苇、芭茅、五节芒等草本植物或根系发达、枝叶茂密的灌木。个别河道宽阔处，在不影响过洪断面的情况下，常年洪水位以上可营造乔、灌、草结合的混交林带。这样，既能发挥防洪固岸的作用，又能取得较大的经济效益。

(3) 营造护滩、护岸林带，要根据河水流量的大小，留出一定的流水宽度。若建筑护岸工程，一般应根据具体情况营造 30 ~ 50m 的林带，适当栽植一些适应性强、耐旱、耐湿，根系发达、枝叶茂密、淤沙固土能力强的灌木、草本植物才能发挥更好的作用。洪水淹后，草类茎叶顺水流方向倒伏在地，既对洪水有较大阻力，又不减少过洪断面，还可保护表土不被洪水冲刷。

第九节　塘库防护林

在我国丘陵山区，池塘、水库（主要指小水库）是沟壑治理的主要骨干工程，也是农田水利及人畜的重要水源。池塘、水库往往遭受泥沙淤积、库岸崩塌、水面蒸发失水及抬高附近地下水位等致使土壤盐渍化或沼渍化。池塘、水库中的泥沙来源既有流域范围内的汇集，也有库岸冲淘、崩塌所致。为防止泥沙淤积等危害，应由沟系到库区建立较为完整的防护林体系。

一、塘库防护林的作用

据统计，全国每年平均进入江河的悬移质泥沙约 35 亿吨，其中约 14 亿吨淤积在河道、水库、灌区、湖泊。由于泥沙大量淤积相继出现了防洪问题、坝体安全问题及损失效益等问题。因此，对池塘水库库区及集水区积极采取综合性的水土保持措施是极为重要和迫切的。

在池塘水库周围营造防护林是为了固定库岸，防止波浪对库岸的冲击破坏，拦截并减少进入进入塘库的泥沙，缓洪挂淤，减少塘库水面的无效蒸发，延长塘库的使用寿命。另一方面，在水库周围营造的多树种多层次的防护林，还有美化景观的作用，可以利用其发展当地的旅游业。

池塘、水库的岸坡形态和地质状况不同，受水浪冲淘破坏的程度就不一样，当库岸由均一的疏松母质（如黄土）所构成时，其破坏冲淘程度视水浪大小而定。水浪越大对库岸的破坏也越大，进入库区的泥沙越多。据观测，塘库水面浪高在 0.1 ～ 0.2m 时，库岸即出现明显的冲淘现象。库岸防护林的作用就在于缓冲波浪对库岸的冲击破坏。一般在库岸接近水面的地段和坝体的迎水面，配置以灌木柳为主的防浪林。灌木柳具有较强的弹性，能很好地削弱波浪的冲击力量，其发达的根系也可固持岸坡。这种防浪林带越宽，栽植密度越大，防护效益越好。据观测，15 ～ 20 行的灌木柳防浪林可以削弱高达 1 ～ 1.3m 的波浪，而保护岸坡不受其冲淘破坏。

池塘、水库沿岸营造乔灌木混交，并具有一定结构和宽度的防护林，既能拦蓄岸坡固体径流，又可减少塘库水面蒸发。据报道，在防护林作用下，塘库水面风速减低近 1/2，蒸发量减少 25%～ 30%。

二、塘库防护林的设计

池塘、水库防护林包括：进入库区各条沟道的各种水土保持林；池塘沿岸的防浪林、防护林以及坝体前面地下水位较高地段的造林。

在设计塘库沿岸的防护林时，应该具体分析研究塘库各个地段的库岸类型、土壤及母质性质以及与塘库有关的水文资料（高水位、低水位、常水位等持续的时间和出现季节、频率等），然后根据实际情况和存在问题，分地段进行设计。

塘库沿岸防护林由靠近水面的防浪灌木林和其外侧的防护林组成。如果库岸为陡峭类型，其基部又为基岩母质，则无需也不便设置防护灌木林，视条件只可在陡岸边一定距离处配置以防风为主的防护林。同时，这里所说的塘库沿岸的防护林，重点应设在塘库周围由疏松母质组成和坡度较缓（30° 坡以下）的地段。

1. 塘库防护林的设计起点

塘库防护林设计起点的确定对于充分利用塘库沿岸土地以及合理保护库内水域有重要意义，设计时必须根据实际情况合理规划。具体一个水库设置沿岸防护林应由何点作为起始带线，在分析有关资料时需考虑如下原则：如果高水位和常水位出现频率较少和持续时间较短而不至于影响到耐水湿树种的正常生长时，林带应尽可能由低水位线和常水位线之间开始。这样，一方面可以充分合理地利用塘库沿岸的土地作为林业生产用地，另一方面也可以使塘库沿岸的防护林充分发挥其减低风速和防止水面蒸发的防护作用，使更大的水面处于其防护范围之内。根据一些水库沿岸防护林带设计资料的分析，仅是由于林带设计的起点不同，沿着高水位线设计的林带比沿着常水位线设计的林带，约有 20%～ 40%的水域土地面积没有得到利用，或者塘库的水面有 20%～ 40%处于林带防护范围之外。因此，防护林带的设计起点多建议由正常水位线或略低于此线的地方开始。

2. 塘库防护林的宽度

塘库沿岸防护林带的宽度应该根据水库大小和两岸冲淘侵蚀程度而定，因此，即使是同一水库，沿岸各个地段防护林带的宽度往往也不相同，当沿岸为缓坡且侵蚀作用较弱时，林带宽度可为 30 ～ 40m；而当坡度较大，水土流失严重时，其宽度扩大为 40 ～ 60m，在水库上游进水凹地泥沙量很大时，林带宽度甚至可达 100m 以上。一般只有在平原地区，当池塘面积较小且沿岸防护林主要作用为防风时，林带宽度才采用 10 ～ 20m 或更小些。

3. 塘库防护林的配置

塘库沿岸的防护林，由于防护作用的要求以及立地条件的变化，基本上由防浪灌木林和兼起拦截上坡固体径流与防风作用的林带所组成。防浪灌木林配置在常水位线或其略低的地段，由灌木柳及其他耐水湿的灌木组成；在常水位以上到高水位之间，则采取乔灌木混交型，乔木采用耐水湿树种，灌木则仍可采用灌木柳；在高水位线以上，立地条件较为干燥，应采用较耐旱树种。在这类林带中，为防止水土流失或牲畜进入，可配置若干行灌木林带。

在塘库沿岸造林的同时，也可进行水坝造林。迎水坡配置纯灌木柳；接近边坝顶处，栽植杨柳类喜湿树种；坝的背水坡栽植较耐旱的乔灌木树种。

坝坡植树特别是栽植乔木，使一些工程人员担心，认为乔木树种的根系腐烂后会造成坝体空洞而威胁坝体安全，并且由于强风摇动树木不利于坝体安全。据研究，乔木的根系主要分布在坝体的土壤表层，深入坝体的深度最大部超过 1.5m，其走向大致是沿坡面水平发展。因此，在坝坡上植树有益无害。至于在坝坡上是否一定需要栽植乔木树种尚应斟酌，目前在坝坡上大多不栽乔木。

对于坝体前或其他低湿地，宜用作栽培速生用材基地，选择耐水湿的树种造林，以降低地下水位，防止土壤返盐，造林树种可选用旱柳、垂柳、杨树类、丝绵木、三角枫、桑树、乌桕、池杉、枫杨等。塘库下游造林，根据地形条件多栽植成块状或片状纯林，株行距为（1.0 ～ 1.5) m×（1.5 ～ 2.0）m。这样，一方面借助林木强大的蒸腾作用降低地下水位，改良土壤，以利于附近其他用地的正常生产；另一方面，以充分利用这些不适合耕种的土地进行林业生产，提高经济收入。

第七章
水土保持农业技术措施

在水土保持技术体系中，农业技术措施是保持水土的基本措施，它投资小，见效快，简便易行，是治理和改造坡耕地的重要技术措施。而坡耕地是我国许多地区水土流失的主要来源，由于经济落后、人口密度较大，要立即退耕还林、还牧目前尚不现实，因此，治理坡耕地的土壤流失是目前我国丘陵山区水土保持工作的主攻方向。实践表明，在坡耕地上因地制宜地采用各种水土保持农业技术措施，通过改变小地形、增加地面覆盖、培肥地力，可有效地拦截降水，减缓地表径流，防止土壤冲刷，改良土壤结构，增强土壤抗冲、抗蚀和渗透能力，有效防止水土流失、提高农作物产量。

第一节　概　　述

一、水土保持耕作措施的重要性

据统计，全国总耕地面积约 1 亿 hm^2，已修成水地 0.477 亿 hm^2，水平梯田 0.04 亿多 hm^2，其余旱地大部分为坡耕地和风蚀地，除一部分需要退耕还林还草外，还有相当大面积的旱地，这些正是水土流失发生的主要地区。由于受水资源和人力、物力、财力和地形条件的限制，旱坡地既不可能都变成水地，也不可能短时期内修成水平梯田，因而必须用水土保持耕作措施来控制旱地环境，发展旱地农业。在长期的生产劳动过程中，劳动人民创造、总结了许多优良的耕作方法，由于这些措施投资小，效益高，便于掌握，易于推广，因此特别适合我国农村目前的情况，容易激发广大群众治山治水的热情。可以说，实施水土保持耕作措施，要做到既符合群众的经济利益，又适合我国当前的生产力发展水平。

二、水土保持耕作措施的种类

水土保持耕作措施形式多、内容丰富，包括大部分旱地农业耕作、栽培技术，既有我国广大劳动人民创造的传统技术，如区田、等高种植、间作套种、培肥等，又有从国外引进的草田轮作、覆盖耕作、免耕法和少耕法等技术。

按其作用性质，概括起来可分为三类：一是以改变微地形为主的农业耕作方法，以达到拦截降水、减小地表径流、减轻土壤冲刷目的，包括等高耕作、沟垄种植、半旱式耕作等；二是以增加地面覆盖为主的农业耕作措施，以减缓地表径流，增强土壤抗冲、抗蚀能力，包括留茬（或残茬）覆盖、秸杆覆盖、地膜覆盖等；三是以增加土壤入渗为主的农业耕作措施，其目的是改善土壤理化性质，疏松土壤，增强土壤的渗透性，包括少耕、免耕等。根据蒋德麟关于水土保持措施的分类，唐德富、包忠谟将水土保持耕作措施的方法、适宜条件及要求和适宜地区汇成表7-1。

表7-1 水土保持农业技术措施一览表

耕作法名称		适宜条件与要求	适宜地区（括号内可作示范试验区）
改变微地形为主的	等高耕作	1. 25°以下； 2. 坡愈陡作用愈小；	全国
	等高带状间作	1. 25°以下，坡愈陡作用愈小； 2. 坡度愈大，带愈窄，密生作物比重大； 3. 带与主风向垂直可防风蚀； 4. 可作为修梯田的基础	全国
	水平沟种植（又名套犁沟播）	1. 20°以下； 2. 坡愈缓作用愈大	西北（华北）
	垄作区田（包括平播培垄、中耕换垄等）	1. 15°以下，坡愈缓作用愈大； 2. 等高； 3. 川、坝地、梯田也可	西北（华北）
	等高沟垄（横坡开行）	1. 20°以下，坡愈缓愈好； 2. 沟有比降，可排水并有拦沙凼	四川(南方)
	等高垄作	1. 15°以下，坡愈缓愈好； 2. 等高；	吉林、辽林（东北）
	蓄水聚肥耕作（丰产沟）	1. 15°以下，要等高 2. 旱坪、梯田也可； 3. 需劳力较多；	西北（北方）
	抽槽聚肥耕作	1. 15°以下等高 2. 平地亦可； 3. 造林，建设经济林园； 4. 需劳力较多；	湖北（南方）
	坑田（古名区田，陕北叫掏钵种，南方叫大窝种）	1. 20°以下 2. 品字排列； 3. 平地也可； 4. 需劳力较多；	全国
	半旱式耕作	1. 在冬水田免耕、少耕条件下 2. 掏沟垒埂，治理隐匿侵蚀；	四川(南方)
	防沙农业技术	1. 沙地边缘种草带 2. 农田边缘空地翻耕； 3. 棉花沟播； 4. 田埂种高粱； 5. 地边种大麻；	新疆（风沙区）

（续）

耕作法名称		适宜条件与要求	适宜地区（括号内可作示范试验区）
	水平犁沟	1. 20° 以下 2. 坡度愈大间隔愈小； 3. 适于夏季休闲地和牧坡	西北
以增加地面覆盖为主的	草田带状轮作	1.要等高； 2. 各种坡度，坡度愈大，牧草比重愈大； 3. 带与主风带垂直可防风蚀； 4. 可作为修梯田的基础	全国
以改变微地形为主的	留茬覆盖（又名残茬覆盖）	1. 缓坡地； 2. 平地也可； 3. 不翻耕；	黑龙江（北方）
	秸秆覆盖	1. 缓坡地 2. 平地也可； 3. 不翻耕；	山东（北方）
	砂田	1. 干旱区缓坡或平地 2. 有砂卵石来源； 3. 需劳力多	甘肃（新疆）
	地膜覆盖	1. 缓坡或平地； 2. 经济作物	山东、辽宁（北方）
	青草覆盖	1. 茶园； 2. 种绿肥也可；	湖北、安徽（南方）
	少耕深松	1. 缓坡地 2. 平地也可； 3. 深松铲；	黑龙江、宁夏（北方）
	少耕覆盖	1. 缓坡地 2. 平地也可； 3. 5年以上要全面深耕	云南（南方）
	旱三熟耕作	1. 带状种植； 2. 各种坡度；	四川（南方）
	防沙农业技术	1. 沙荒地种苜蓿 2. 田埂种高粱； 3. 地边种大麻	新疆（风沙区）
	免耕	1. 暂在平地上用； 2. 用除草剂； 3. 在坡地上尚待研究	湖南、东北
	间、混、套、复种	1. 各种坡度； 2. 间、混、套种属于立体栽培	全国
以增加土壤入渗为主的	深松耕法		黑龙江（北方）
	增肥粪肥		全 国
	草田轮作		全 国

三、水土保持耕作措施的作用

水土保持耕作措施是防止水土流失的三大技术措施之一，水土保持耕作措施与生物措施、工程措施相结合，进行综合治理，构成了控制水土流失完整的科学体系。大量资料表明，我国大部分地区的水土流失，主要来源于坡耕地。四川省农业科学研究院赵燮京等研究表明，四川省丘陵区占耕地45.58%的旱坡耕地是水土流失的主要根源。琼江流域5°以上的15万hm²旱坡耕地，面积仅为流域面积的36.25%，而土壤流失量却占总流失量的64.5%。

1. 控制水土流失，提高土壤肥力

在拦蓄径流量、减少泥沙量、保持土壤肥力、净化大气、固碳供氧和减少噪音等方面上，水土保持耕作措施发挥着重大的作用。据全国各地水土保持试验站观测，在中等坡度的耕地上，等高耕作，套犁沟播，平播起垄，草田带状间作，草田轮作等耕作措施，多年平均拦蓄径流53%～79%，减少冲刷51%～85%。这相当于每公顷只花几十个工日，就能在耕地上灌水几立方米到几十立方米，增加肥沃表土几吨到几十吨。据黄河水利委员会天水、西峰、绥德水土保持实验站及陕西、山西的晋西有关水土保持研究所观测，小于20°的坡耕地，在一般暴雨情况下，符合质量标准的沟垄种植与平作比较，径流减少80%左右，土壤冲刷减少90%左右。甘肃省推行的垄作区田与常规耕作相比，可使土壤有机质增加0.34%，水解氮增加1.3mg/100g，速效磷增加2.24ppm。东北各地推行的少耕深松法比一般耕作法减少风蚀量71.1%，减少土壤冲刷量93.6%，增加土壤水分3%。

2. 提高农作物产量

由以上分析可以看出，水土保持耕作措施的蓄水保土效果非常显著；同时，由于深翻改土，集中施肥，改善了土壤理化性质，为农作物高产稳产创造了有利的环境条件，因此其增产效果非常显著。据中国科学院西北水土保持研究所尹传逊研究，在黄河中游丘陵区，采用水平沟种植，可使作物产量提高12%～76.8%；采用青草覆盖耕作，可使作物产量提高38%～147%；在水平沟种植的基础上，采用青草覆盖，还能继续增产，增产幅度在10.4%以上，最高可达53.9%；草田带状间作轮种，可使粮食每公顷增加435～727.5kg，增产38%以上。因此，水土保持耕作措施是丘陵山地粮食增产的重要途径。

第二节　水土保持耕作措施的防蚀机制

水土保持耕作措施之所以具有防蚀蓄水保土的功能，是因为它能够改变小地形，增加地面覆盖，提高土壤入渗能力。

一、截短坡长，减少径流速度和对土壤的冲刷力

水土保持耕作措施大都具有截长坡为短坡的特点，而一般说来坡长越大，坡面径流速度越大，流水的冲刷力越强，土壤冲刷严重。根据河北省承德地区水土保持研究所的试验材料，在坡长为1.4m时，土壤侵蚀量为20.1t/hm²；坡长为5.4m时，土壤侵蚀量为38.4t/km²，坡长为40.4m时，土壤侵蚀量则高达211.8t/km²。由此可见，采取各种耕作措施截短坡长，都可大大减小土壤冲刷量。

二、增加地面覆盖，减小了雨水和径流对土壤的侵蚀力

在水土保持耕作措施中，有许多措施如草田带状轮作、覆盖耕作、间作套种等，都有增加地面覆盖，保护表土不受雨滴直接冲击、减缓径流的作用。据研究，在我国黄土丘陵区，采用青草覆盖耕作，年平均径流量可减少33.0%，冲刷量减少61.5%，同时由于径流量和表层肥沃土壤流失量的减少，耕作层肥力状况明显好转；采用留茬倒垄种植，比一般种植法减少径流量31.5%，减少冲刷量29.8%，土壤含水量提高0.8%；草田带状轮作，使径流量减少37.4%，冲刷量减少78.4%。因此，增加地面覆盖，可明显提高土壤肥力，为农作物增产创造必要条件。

三、改善土壤理化性质，提高土壤入渗力，减少地表径流

由于作物根系的生长以及人为耕作施肥等活动，土壤理化性质明显改善，入渗能力显著提高。在我国沿海平原沙土区，农耕地与光板地相比，表层土壤容重可减少15.1%～28.0%，非毛管孔隙率增加50%～160%，水稳性团粒含量，抗冲能力均提高几倍至几十倍，有机质含量提高2～4倍；土壤入渗能力也有较大提高。在黄河中上游地区，黄河水的透明度与黄土层的入渗率成正相关，而大力推广水土保持耕作措施，可提高土壤入渗率，减少地表径流。试验表明，沙打旺与苜蓿草地，有改善土壤结构，增强土壤渗透的功能，6年生的沙打旺草地与一般农田相比，前者比后者高出1倍左右。1977年7月，内蒙古乌省旗在10h内降雨1400多mm，可谓世界之冠，但因雨区地面土壤（沙土）的渗透能力较高，并未造成强烈侵蚀。这说明提高土壤入渗率对削减径流，减轻农耕坡地土壤冲刷具有重要作用。

第三节 水土保持的主要耕作措施

水土保持耕作措施，习惯上称水土保持耕作法，在我国有几千年的历史。在同大自然作斗争的生产实践中，劳动人民特别是水土流失严重地区的人民群众，创造了许多行之有效的耕作方法，将耕作与蓄水保墒、培肥地力结合起来，把用地和护地结合起来，对于防治水土流失、促进农业生产起到了积极的推动作用。

一、改变小地形的水土保持耕作措施

1. 等高耕种

等高耕种又叫横坡耕作，即在坡面上沿等高线种植，是坡耕地保持水土最基本、应用最广泛的耕作措施，不仅能拦蓄地面径流，减少土壤冲刷，而且疏松土壤、增厚土层、增加入渗，起到保水、保土、保肥作用。此外，等高耕种还是其他水土保持措施的基础，特别是在等高耕种的基础上实行等高带状间作，把坡耕地有计划地分成若干坡段，实行粮草或粮灌草等带状间作，既可以改变小地形起到保持水土的作用，又可以通过逐年翻耕使地面陡度变缓，若干年后过渡成水平梯田。因此，在改顺坡、斜坡耕种为横坡耕作时，既要考虑当前保水保土，又要考虑长远，为将来逐渐建成水平梯田作准备。

（1）等高耕种的作用

① 减少坡耕地径流量和冲刷量　据研究，在黑龙江省北安县，3°坡耕地等高种植比顺坡种植径流量减少 60%～80%，冲刷量减少 75%～90%；4°坡地，分别减少径流量 75%，冲刷量 83%。

② 提高土壤水分含量和抗旱保墒能力　据各地调查资料分析，一般顺坡种植改等高种植后，土壤水分提高 3%～5%，旱年抗旱能力多持续 5～7 天。

③ 提高地力，增加产量　四川省内江、资阳等县，从 50 年代开始就大力推广改顺坡耕作为横坡耕作，不但土壤冲刷量减小 30%左右，改善了土壤理化性质，而且坡地上的玉米、红薯、甘蔗等作物产量提高 10%～15%。

2. 等高耕种的技术

① 改垄原则。根据地形、土质、气候等条件，本着宜横则横、宜斜则斜、大弯就势、小弯取直、便于机耕等原则。

② 改垄测量。改垄前进行调查测量，选择代表性地段，测量基线，按确定的垄底比降，开好第一犁。

③ 改垄类型。根据地形不同，改垄有三种类型，即：一面坡→横坡垄；钱搭子地→月牙垄；馒头地→转山垄。

④ 注意事项。拐弯时，不能拐陡弯，避免水流汇集拐弯处，打断垄台，冲出侵蚀沟；调好茬口，改垄前在坡耕地上种植农作物，收割后结合伏翻或秋翻改垄；搞好防冲措施，在改垄同时应在坡地上部开挖截水沟，防止外水进地。对坡长较长的坡耕地，可每隔 50～100m 种植防冲带，以减少地表径流，防止特大暴雨断垄出沟。

3. 沟垄种植

沟垄种植是在等高耕作基础上进行的，通过耕作，在坡面上形成一道道顺等高线的沟和垄，在沟内或垄上种植作物（图 7-1）。沟垄种植具有明显的防蚀增产作用，可减少地表径流量 60%～90%，减少土壤冲刷量 80%～95%，这是我国西北地区广泛采用的保水保土耕作法。黄河中游各地普遍采用的垄作区田耕作法，是沟垄种植中一种比较完善的形式，即在顺等高线作成的沟垄中，每隔一定距离（2～5m）修一小土挡，

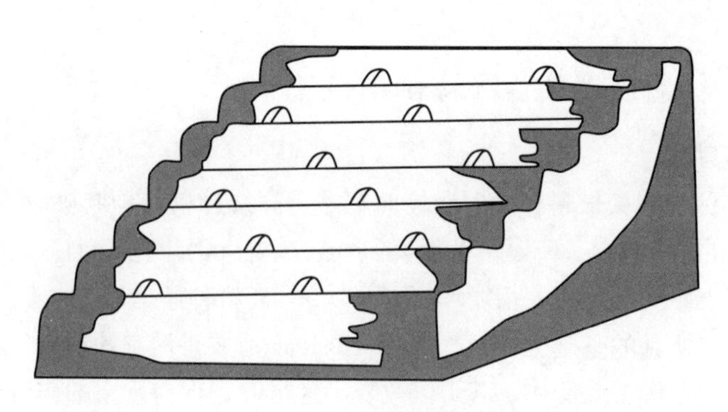

图7-1　沟垄种植

以分散径流，蓄水保肥。目前，垄作区田已成为西北地区旱坡地增产的一种重要措施。

4. 蓄水聚肥耕作

蓄水聚肥耕作法是山西省水土保持研究所试验研究的一种适于山丘区旱地的耕作技术，也叫"丰产沟"。这种耕作法蓄水增产效果十分显著。根据山西省水土保持研究所的试验资料，1978年7～9月阴雨连绵41天，降水430.7mm，"丰产沟"全部入渗，没有产生径流，而一般田块却遭到严重侵蚀。雨后测定2m深处的土壤含水量，"丰产沟"玉米地比一般坡地多55.6mm，增产1倍左右，增产原因是：蓄水保土，抗旱力强；集中施肥，活土层厚；种地养地，不断培肥；边行优势，得到发挥。蓄水聚肥的耕作程序如图7-2所示。实践证明，蓄水聚肥耕作法是黄土高原地区、丘陵旱地迅速控制水土流失，提高单产的一种行之有效的措施。

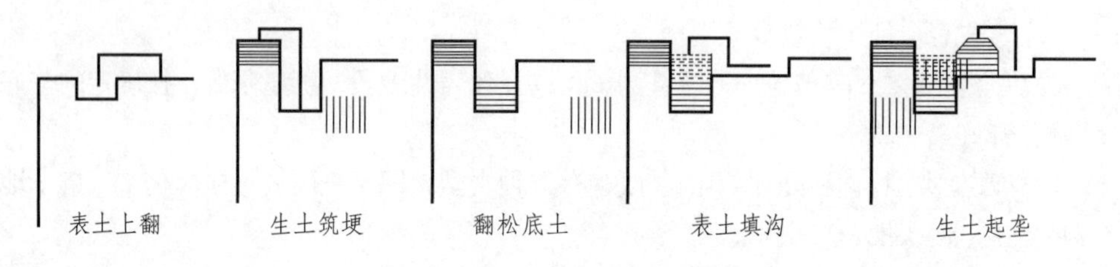

图7-2　丰产沟耕作剖面示意图

5. 区田

区田又叫坑田，是在古代区田的基础上发展起来的一种耕作法，属于集约耕作形式，适于20°以下的坡耕地。具体做法是在坡面上沿等高线每平方米左右的范围挖一个方坑，长、宽、深各约50cm，用生土在坑的下沿和左右两侧作土埂，把上方50cm和左右50cm范围内的表土集中放在坑内，然后在坑内施肥、播种。一般呈"品"字形交错排列（图7-3）。这样，不仅表土、肥料可集中使用，而且改变了小地形，暴雨时能拦蓄地表径流，保持水土，加之实行密植，因而能显著地提高产量。陕西省榆林地区，50年代后期曾大量推广，每公顷增产可达3750～5225kg，比一般坡地提高4～6

图7-3　区田示意图

倍。此后，其他地区和一些省也曾推广过，收到一定效果，唯因挖坑主要靠手工操作，用工量较大，在坡地上搞水平梯田以后，区田没有得到扩大推广。

6. 水平犁沟

水平犁沟是简便的水土保持耕作法，有庄稼地里的水平犁沟和休闲地上的水平犁沟两种，以后一种较多，在小麦等夏作物收割后正值暴雨季节，地表裸露，容易发生水土流失。这时，结合伏耕翻地，在坡面上每隔一定距离犁一条水平犁沟可起到拦截径流，保持水土的作用。水平犁沟的间距视坡度而定，坡度大的，沟的间距可小一些（1 ~ 5m）；坡度小的，沟的间距可大些（5 ~ 10m）。甘肃省天水地区采用这种方法，在发生一般暴雨时，地表径流量减少 70%，土壤冲刷量减少 90%，并收到显著的增产效果。

二、增加地面覆盖的水土保持耕作措施

1. 草田带状间作

草田带状间作在甘肃省环县、镇原县等地已有一百多年的历史，具体作法是：在10° ~ 20° 的坡耕地上，每隔 10 ~ 20m，顺等高线种一条苜蓿带，带宽 1 ~ 2m（个别有宽到 3.5m 的），把地面分成几个坡段，起到了截短坡长，减轻冲刷和缓洪挂淤的作用。通过每年耕作，草带上部逐渐升高，下部逐渐降低，使坡度逐渐变缓，原来没有台阶的坡面，逐渐形成 1.0 ~ 1.5m 高的台阶，其规律是：原来的坡度越陡，草带的间距越小，开始几年坡度减缓越快。这种方法既能保持水土，又能为坡地变梯田创造条件，还能解决牲畜饲料，一举三得。我国西北有些地方，还有种红柳带代替苜蓿带的，广东等省，坡耕地上顺等高线种菠萝带。东北漫岗丘陵区种苕条带，安徽大别山区的老茶园改造过程中，开始采用茶带与草带间作，茶园抚育引起的水土流失由草带拦截，收到了良好的水土保护效果。如果把草带的宽度加大到与作物带相同，实行轮作，就形成草田轮作。

2. 间作混作

间作混作是指在同一块地上种植两种或两种以上不同的作物，来提高单位面积产

量，防止水土流失的一种种植法。间作指同时在一块地上成行或带间隔地种植生长期相近的作物。混作指在同一行或穴内混种生长期相近的作物。间混作利用植物的生物学特性和生态学特性的差异，如种的高矮、叶的大小、根的深浅、有无根瘤菌等，将生长特点不同的农作物长在一起，既增加了土壤覆盖，避免雨滴直接打击地面；又因为根系的作用，改善了土壤理化性质，固结土壤，从而提高了土壤的抗蚀性、抗冲性能，增加了土壤的渗透能力，起到了保持水土的作用。

3. 套种复种

套种复种是提高土地覆盖率、防止土壤侵蚀，提高农作物产量的农业耕作措施。套种就是选择两种生长期不同的作物，充分利用作物生长前、后期的空间和时间，达到提高单位面积产量和增加地表覆盖的一种种植方法。常采用的套种有麦豆套种、麦薯套种、小麦地里套种草木樨等方法。根据黑龙江省双城县同德科学研究所试验，玉米套种草木樨。玉米单产 305kg，比对照区增产 17.9%；翻压后当年土壤有机质含量较对照区增加 4.9%。复种就是指一年内在同一块土地上种收一茬以上的作物，以增加地面覆盖和农作物产量的方法。常见的复种方式有麦豆复种、麦料复种、小麦油菜复种，等等。

4. 覆盖耕作

覆盖耕作是水土保持农业措施的重要内容，主要作用是减轻雨水对土壤的直接冲击，减少土壤水分蒸发、改善土壤水热状况，达到控制水土流失，改善土壤理化性质，提高农作物产量的目的。主要形式有留茬覆盖、秸秆覆盖、地膜覆盖、青草覆盖、少耕免耕等。

(1) *留茬覆盖*

留茬覆盖可减少中耕过程中人、畜和机具对土壤结构的破坏，减少土壤水分蒸发，增强土壤的抗冲性、减少径流和冲刷，使土壤含水量显著提高。在黄土丘陵区，采用留茬倒垄种植，比一般的沟垄种植减少径流量 16.4%，减少冲刷量 31.8%，土壤含水量也有所提高。

(2) *地膜覆盖*

本世纪 50 ~ 60 年代，一些工业发达国家开始研究和应用覆膜栽培技术，到 70 年代开始大面积推广，推广面积最大的国家是日本。我国自 1979 年从日本引进了这项新技术，当年就在 14 省、市、区的 48 个单位试验。到 1982 年，推广面积就达 10 万 hm^2，覆膜栽培作物达 70 多种，发展最快的是新疆、辽宁、山西等省区。实践表明，覆膜栽培是我国建国以来所推广的各项农业增产技术中，见效最快、效果最好的栽培技术，是旱地农业增产技术的一项突破，也是旱地作物栽培科学的新发展。

地膜覆盖特别适于收入较高的经济作物。在农作物方面，适于高寒地区，一方面可减少蒸发，增加土壤水分利用率（表 7-2）；另一方面，提高地温及光热效应。此外，地膜覆盖在改善田间光照条件、消灭杂草、保土保肥方面，均有显著作用。我国青海的化隆县黄土丘陵区，海拔大多在 3000m 左右，气温低，蒸发小，生产力水平较低，采用地膜覆盖后，洋芋产量由 4500kg/hm² 增加到 45000kg/hm²，宁夏固原，海拔多在 2000m 左右，气温 5 ～ 6℃，采用地膜覆盖后，玉米产量由 3000kg/hm² 增加到 7500kg/hm²。

（3）青草覆盖

青草覆盖的主要作用是增加地面覆盖，防止雨滴的直接冲击，减少地表径流和土壤冲刷量；同时还可提高土壤肥力，改善土壤理化性质。试验表明，在陕西延安地区，采取青草覆盖措施后，径流量和土壤冲刷量分别减少 33.0% ～ 61.5%。由于径流量和表层肥沃土壤流失量的减少，耕层肥力状况好转，0 ～ 30cm，土壤有机质含量增加 0.9g/kg，速效 N、P、K 分别增加 0.7mg/kg、1.67 mg/kg 和 3.7 mg/kg，pH 值由 8.20 减为 7.5。另外，青草覆盖的保墒效果也比较好。据研究，夏季休闲地用野草覆盖，小麦播种前 0 ～ 20cm 土壤含水量为 23%，而无青草覆盖仅为 16%。秸秆覆盖的功能、效果与青草覆盖大致相同，其保水、增温效应见表 7-2。

5. 少耕免耕

少耕免耕法是在本世纪 60 ～ 70 年代才引起世界广泛重视的新的耕作方法，也是干旱地区抗旱保墒、保持水土的一项新技术。少耕免耕法是少耕法与免耕法的总称。所谓少耕法是指一次完成多种作业的耕作法，它包括耕。播同时进行的“耕播法”；把播种机装在犁的后面而使犁地与播种结合在一起的“犁种”；以拖拉机胶轮镇压播种行的“轮迹播种法”；把种子播在各条带之中而各条带之间留出间隔不进行犁种和播种一次完成的“带状种植”等等。当少耕减少到除将种子播进土壤外，不再进行任何土壤耕作的最少量耕作法，称为免耕法和零耕法。

美国是世界上最早推行少耕免耕法的国家，他们首先在玉米、大豆、高粱等中耕作物上应用，以后扩展到棉花、烟草类、麦类，甚至甜菜等块根作物。至 1979 年，其推广面积达 7200 万英亩，占全国耕地面积的 26%。西欧、前苏联、日本、加拿大等国在 50 ～ 60 年代也都先后进行过少耕免耕的试验研究及推广。由于现代农业科学技

表7-2　小麦地表覆盖保水增温效应

覆盖物种类	土壤含水量（%）和温度（℃）测定结果								分蘖（万株/hm²）	产量（kg/hm²）
	5天		20天		40天		90天			
	水分	温度	水分	温度	水分	温度	水分	温度		
薄膜覆盖	18.6	13.6	18.5	10.1	18.0	6.9	17.9	2.8	987.0	4653.0
无覆盖	18.3	12.9	17.9	9.2	17.0	5.4	15.2	1.1	703.5	3313.5
麦秆覆盖	21.3	16.1	20.6	11.7	20.0	8.6	19.1	3.1	943.5	3769.5
无覆盖	20.9	16.0	20.1	11.3	18.9	8.4	16.2	2.8	837.0	3181.5

术的发展，特别是化学除草剂的出现和一些先进农具的研制成功，使少耕免耕法在世界各国得到了普遍应用和推广。

少耕法和免耕法的优点是在：①能防止土壤侵蚀，这主要是由于此法基本不翻动土层，以及秸秆残茬对土壤表面覆盖的缘故；②减少土壤水分蒸发，提高水的利用率；③可以减少能源消耗和机械投入；④增加土壤有机质和团粒结构，提高土壤肥力。

在坡耕地上采用少耕免耕法，也存在一些问题，主要是径流量增加、土壤板结等。据尹传逊、尹贻亮在我国黄土丘陵区的研究，在23°的坡耕地上，免耕种植与一般种植相比，虽然冲刷量减少42.1%，但径流量却增加12.3%，径流的增加势必给坡下的土壤冲刷造成威胁。

三、增加土壤入渗的水土保持耕作措施

1. 深松耕法

深松耕法是黑龙江省应用较广的一种农业技术措施，其特点是：只松不翻或上翻下松。它既能蓄住天上水，增加地下水，又能协调蓄水和供水，解决"岗地怕旱，洼地内涝"的矛盾，是提高土壤入渗率，减轻坡耕地上土壤侵蚀的重要途径。

深松耕法的重要作用是：①加深耕层土壤，打破犁底层，改善耕层土壤通气、透水状况，为作物生长创造良好条件。②蓄水保土，减轻水土流失。据研究，深松区比对照区地表径流减少12.3%～25.0%，冲刷量减少5.4%～43.3%。③增加土壤含水量，增强抗风蚀能力。④改善土壤耕层的水、肥、气、热状况，促进农作物增产。

深松耕法的主要技术要求是：①分层深松。只有坚持分层深松，才能达到"土层不乱"，增强碎土能力；②间隔深松，创造"虚实并存"的耕层结构。另外，深松的深度、宽度需视深松方法、地形、土壤和作物种类而定。

2. 增肥改土

土壤是被侵蚀的对象，土壤理化性质如何对其影响很大。因此，增施有机肥料，改善土壤理化性质，增强土壤抗蚀、抗冲性能，促进土壤中水稳性团粒结构的形成，增强土壤的透水和蓄水能力，对于控制水土流失、保持水土是至关重要的。

江苏沿海平原沙土区，未经改良的光板地，土层瘠薄、结构性差，土壤抗蚀、抗冲性能弱，渗透系数小。据测定，在0～20cm土层内其有机质含量仅为3.0～6.0g／kg，土壤容重1.40g / cm³左右，水稳性团粒含量几乎为零，土壤抗冲、抗蚀能力分别为0.05～0.10cm²和5%～15%，因此土壤稳渗速度仅为6～10mm／h；一旦遇到暴雨，径流迅速形成，冲刷土壤，形成严重的土壤侵蚀。通过增施肥料，以及其他的人为活动，土壤理化性质大大改善，土壤有机质含量提高到10.0%～20.0%，因而土壤抗蚀、抗冲性增强，分别为0.15～0.40cm²和40%～60%，土壤稳渗能力增加至150mm／h以上。通常情况下，即使遇到暴雨也不会产生径流，引起水土流失。

增肥改土、培肥地力，可改善土壤理化性质，提高了土壤肥力，为农作物生长创造了有利条件，还可起到增产增收的作用。据研究，在黄土高原地区，每公顷施37.5t

优质农家肥的新修梯田，可以做到当年不减产；每公顷施 75t，可增产 15.41%。在坡地上，每公顷施 1kg 纯氮肥增产谷子 66kg，川地上每公顷施 1kg 纯氮增产玉米 171kg，施肥的增产效果非常显著。

因此，在水土流失较严重的地区，增肥改土，不仅是增强土壤抗蚀、抗冲能力，增加土壤水分入渗，防止水土流失的一个重要途径，而且也是提高农作物产量的一个行之有效的方法。

3. 草田轮作

在水土流失地区，合理科学地施行作物之间或牧草与作物之间的轮作，对提高农牧业生产和改善土壤理化性质，都有实际意义和深远的影响。在农业生产过程中，将不同的品种的农作物或牧草按一定原则和作物（牧草）的生物学特性在一定面积的农田上排列成一定的顺序，周而复始地轮换种植就是轮作。草田轮作制度是 40 年代前苏联土壤学家 B.P. 威廉姆斯根据当地土壤退化而制造的一种先进的栽培制度。对防止土壤侵蚀、恢复土壤肥力和提高农牧业生产曾起到了积极的作用。欧、美、日等国家也普遍采用这种轮作制度。

在草田轮作中安排多年生牧草，尤其是豆科和禾本科牧草混播，有着特殊的作用。其作用主要有：

（1）可以提高土壤肥力，丰富土壤中的氮素和有机质。据研究表明，种植二三年的草木樨的耕地，表层（0 ~ 5cm）土壤有机质增加 10.3% ~ 43.4%，团粒结构增加 11.9%；每公顷土地所积累的有机质相当于施用厩肥 52500kg，再加上草木樨根瘤菌的固氮作用，培肥的效果就更好。

（2）减轻水土流失。种植绿肥牧草（草木樨、三叶草、紫花苜蓉等），由于其根系的影响，不仅可改善土壤理化性质，还能固结土壤，增强土壤的抗冲性能，另外，其繁茂的枝叶覆盖地面，可阻止雨滴直接冲击土壤，减少地表径流，防止土壤侵蚀。据黄河水利委员会天水水土保持试验站材料，草田轮作（扁豆加草木樨一草木樨一冬麦、谷子），第一年地表径流量减少 58.0%，土壤冲刷量减少 73.8%；第二年地表径流量减少 78.2%，土壤冲刷量减少 84.8%。

（3）提高农作物产量，促进畜牧业发展。实行草田轮作，改善土壤肥力减少水土流失，为农作物提高产量打下了物质基础。陕西省绥德县王河堡村，坡耕地上冬小麦连作 5 年，每公顷总产 1875kg；先种 2 年草木樨，再种 3 年冬小麦，每公顷冬小麦总产 2632.5kg，而且增收干草 4500kg、干柴 600kg、草籽 450kg。种植绿肥牧草，还为畜牧业的发展创造有利条件，改善单一的农业生产结构，提高群众收入。

第八章
水土保持工程措施

水土保持工程是改变小地形，控制坡面径流，治理沟壑，防止水土流失，建设旱涝保收，高产稳产基本农田，保障农业生产的重要措施。在耕作措施和生物技术措施不能充分控制水土流失的地方，就必须有工程措施的配合实施，做到各项水保措施有机结合，互相促进。水土保持工程研究的对象是坡面及沟道中的水土流失机理，即在水力、风力、重力等外营力作用下，水土资源损失和破坏的过程及其工程防治措施。

本书根据兴修目的及应用条件，将水土保持工程分为以下三种类型：

(1) 坡面治理工程。坡面治理工程的作用在于通过改变小地形，将降水就地拦蓄，减少或防止形成坡面径流，保持水土，改善坡耕地生产条件，为作物的稳产、高产和生态环境建设创造条件。

(2) 沟道治理工程。沟道治理工程的作用在于防止沟头前进、沟床下切、沟岸扩张，减缓沟道纵坡、调节山洪洪峰流量，减小山洪流速，变荒沟为良田。

(3) 山区小型水利工程。小型水利工程的作用在于拦蓄坡地径流，减缓流速，减少水土流失危害，灌溉农田，提高农作物产量。

第一节 坡面治理工程

人们在长期的生产实践和与水土流失、干旱作斗争的过程中，创造了各种各样的坡面治理工程（治坡工程），如梯田、水平沟、水平阶、鱼鳞坑、水簸箕和地坎沟等，在防止坡面径流，保持水土，促进农业生产中发挥了重要作用。上述方法虽然形式不同，但都有一个共同特点，即通过在坡面上沿等高线开沟筑埂，修成不同形式的水平台阶，用改变小地形的方法，发挥蓄水保土作用。

梯田是山区、丘陵区常见的一种基本农田，它是由于地块顺坡按等高线排列呈阶梯状而得名。梯田可以改变地形坡度，拦蓄雨水，增加土壤水分，防治水土流失，达到保水、保土、保肥的目的，同改进农业耕作技术结合，能大幅度地提高产量，从而为贫困山丘区退耕陡坡，种草种树，促进农、林、牧、副业全面发展创造了前提条件，实现高产、稳产。所以梯田是改造坡地，保持水土，全面发展山丘区农业生产地一项重要措施。我国规定 25° 以下的坡地一般可修成梯田，种植农作物，25° 以上的则应退耕植树种草。本节就梯田的种类、作用、规划设计与施工等内容进行详细阐述。

一、梯田的种类

梯田是坡面治理工程的重要组成部分，是在坡面上沿等高线筑成的水平阶地。按其断面形式分类，有阶台式梯田和波浪式梯田；以田坎的建筑材料分类，有土坎梯田、石坎梯田和植物田坎梯田；以种植的作物分类，有水稻梯田和旱作梯田等。在生产实践和科学研究中，主要是按梯田的断面形式进行分类。

1. 阶台式梯田

在坡地上沿等高线修筑成逐级升高的阶台形的田地。中国、日本、东南亚各国在人多地少地区的梯田一般属于阶台式。阶台式梯田又可分为水平梯田、坡式梯田、隔坡梯田、反坡梯田四种类型。

（1）水平梯田

即按照田面设计宽度，采用半挖，半填的方法，将坡面修成若干台田面水平的地块，达到截短坡长，减缓坡度，保持水土的目的。原来，水平梯田多在坡度较陡的坡耕地上采用，控制水土流失效果最好。目前，多将水平梯田应用在6%～8%的坡地上，修建宽面梯田以满足机械化作业的需要。目前，根据生产需要修成田面宽度不等的水平梯田，如各地山区和丘陵区种植苹果、桃、梨、柑橘，海南岛种植橡胶树，雷州半岛上种植胡椒、菠萝，以及浙江一带种植茶树等经济作物过程中，都采用了窄田面的水平梯田，取得了显著的经济效益。

（2）坡式梯田

在坡面上每隔一定距离，沿等高线开沟筑埂，将坡面分割成若干等高带状的坡段，用来截短坡长，拦蓄部分径流，减轻土壤侵蚀。除开沟筑埂部位改变了小地形，其余坡面仍保持原状，故称坡式梯田。结合每年耕作，不断向下坡翻耕表土，可以过渡成水平梯田，故又称为过渡梯田。这种梯田在坡度较小，土层较厚的坡耕地上应用较广，其保水、保土和保肥效果虽然较差，但在地广人稀、劳力缺少地区要大面积控制水土流失，它却是速度快、用工少的一种梯田。

在农耕地上修的坡式梯田，每两条沟埂间的距离一般为20～30m，果园和橡胶园或其他林地上，两条沟埂间的距离，主要根据行距来决定，有3～4m和5～6m不等。

（3）隔坡梯田

在原坡面上隔一定距离修筑一台水平田面的梯田，是水平梯田与坡式梯田相结合的一种形式。斜坡段和水平段宽度的比例通常为1∶1或2∶1。斜坡段上种草沤肥，水平台面上种植农作物，利用斜坡上的地表径流，浇灌水平田面上的庄稼，既有利于农业生产，又控制了水土流失。隔坡梯田在地广人稀、水源短缺的干旱地区有广阔的应用前景。

目前，在造林整地过程种，有的也采用隔坡梯田，斜坡段与水平段宽度的比例大致为3∶1到5∶1，水平面宽度较小，其上种植树木，群众称作“水平阶”。也有的地方将水平段修成倒坡，称做“倒坡梯田”或“反坡梯田”。

(4) 反坡梯田

在坡面上隔一定距离修筑一台田面微向内侧倾斜的梯田，反坡一般可达2°，能增加田面蓄水量，并使暴雨时过多时的径流由梯田内侧安全排走。干旱地区造林反坡梯田，一般宽仅1～2m，反坡为10°～15°。反坡梯田适用于干旱及水土冲刷较重而坡面平整的山坡地及黄土高原，但修筑较费工。

2. 波浪式梯田

在缓坡地上修筑的断面呈波浪式的梯田，又名软埝或宽埂梯田。一般是在小于7°的缓坡地上，每隔一定距离沿等高线方向修软埝和截水沟，两埝之间保持原来坡面。软埝有水平和倾斜两种：水平软埝能拦蓄全部径流，适于较干旱地区；倾斜软埝能将径流由截水沟安全排走，适于较湿润地区。软埝的边坡平缓，可种植作物。两埝之间的距离较宽，面积较大，便于农业机械化耕作。这种梯田美国较多，前苏联、澳大利亚等国也有一些。

二、梯田的作用

修梯田不仅能根治水土流失，减轻或消除旱、涝灾害的威胁，而且能改变山丘区农业生产的基本条件，提高基本农田的占地比例和促进山区经济的发展。多年的实践证明，修建梯田有以下诸方面的好处。

1. 变三跑田为三保田

坡耕地上，如遇暴雨都会有不同程度的水土流失，在20°～30°以上的陡坡更甚，致使农耕地里的水、土、肥大量流失。如黄河中游黄土丘陵沟壑区，在25°左右的坡耕地上，每年每公顷流失水量450m³左右，流失泥量150t左右，每吨泥沙中含全氮0.8～1.5kg，全磷1.5kg，全钾20kg。故当地群众把坡耕地称为跑水、跑土和跑肥的“三跑田”。如果把坡耕地修成水平梯田，地形改变了，一般可以做到水不出田，农耕地也就成了保水、保土和保肥的“三保田”。

2. 变低产田为高产田

坡耕地上因水土流失严重，“三跑”现象突出，加之山区土壤肥力水平低，许多地块基本不施肥或根本不施肥，土地越种越瘦，产量低而不稳。修成梯田后，农田中的水、土、肥不再流失，而且梯田的通风透光条件较好，有利于作物生长和营养物质的积累，从而为提高土壤肥力创造了条件，群众也愿意施肥，再实行合理轮作，要达到高产稳产是可以实现的。据江苏省东海县高山河小流域综合治理材料，改坡造梯有明显的增产效益，一般增产65%以上（表8-1）。

3. 便于机耕和灌溉

几千年来，由于小生产遗留下来的小块零星坡耕地，高低不平，无法使用农业机械，也不便于灌溉，即使在5°左右的缓坡耕地上，机械化作业仍有不少困难，水利灌溉也得采用水平灌溉的形式，费工多，管理困难。在10°以上坡耕地上，机械化作业基本不可能，灌溉也不便进行。因此，坡耕地要建成高产稳产的基本农田，实现农业机械化、

表8-1　梯田坡耕地产量调查表

作物名称	坡耕地产量(kg/hm²)	梯田产量（kg/hm²）	梯田比坡耕地增产	
			kg/hm²	%
小麦	30.7	53.3	22.7	73.9
花生	23.3	39.9	16.5	70.9
山芋	260.0	416.0	169.3	65.1

水利化和现代化，一定要把坡耕地修成水平梯田。

4. 减少下游洪水泥沙危害，有利于流域的综合开发利用

我国各地有大量的荒山、荒坡仍存在着严重的水土流失，引起下游江河、湖泊和水库的淤积，影响了蓄水、发电、灌溉和通航能力。如将坡耕地修成水平梯田，不仅可防止下游江河、水库的淤积，而且能大大提高土地生产力。广东省电白县菠萝山地区，1958年以来，把几十公顷水土流失十分严重的荒山，修成水平梯田，种上胡椒、杨桃、葵树等经济作物，连年获得丰收，取得了显著的生态、经济和社会效益。

5. 缓解农、林、牧争地矛盾

许多地广人稀的山区、丘陵区，普遍存在广种薄收的旧习，人均耕地0.07hm²左右，影响了林牧业的发展，陷入了越垦越穷，越穷越垦的恶性循环。改变广种薄收的重要途径之一，就是坡地修梯田，做到少种高产多收，有计划地将陡坡远地退耕还林、还牧，促进农、林、牧业的全面发展。

三、梯田的规划与设计

1. 梯田建设的基本原则

梯田建设是山区保持水土和改变农业生产条件的一项重要措施，在梯田的规划设计和施工过程中，都必须充分考虑适用、坚固、增产和省工四条基本原则。

（1）适用性

要求在梯田的规划、设计中，充分考虑道路和渠系的布局，确定适当的田面宽度和地畛长度，以满足机耕和灌溉的要求。

（2）坚固性

要求有合理的规划设计和良好的施工质量，保证在较大暴雨下，水不出田，田坎不被冲跨。

（3）增产

梯田施工过程中，要求表土和底土不能混放，做到心土筑埂，表土复原，加强施肥管理，确保当年增产。

(4) 节省费用

要求所修梯田既能达到预期要求，保证标准和施工质量，又能最大限度地节省人力、物力、财力和时间。

2. 梯田的规划

无论采用何种方法修筑梯田，除施工方案和工作进度方面有别之外，其耕作区的划分、道路规划和梯田地块的布设都应基本一致。

(1) 选地

在某一经济单元（一个乡或一个村）内，根据农、林、牧全面发展，合理利用土地的要求，研究确定农、林、牧各业生产的占地比例和具体位置，优先选出其中坡度较缓、土层深厚、土质较好、距村较近、交通和水源便利、有利于实现机械化和水利化的地段作为修梯田的对象。

(2) 耕作区划分

在修梯田地段内，以道路（结合渠道）为骨架，划分耕作区。耕作区的划分就是合理安排道路、渠道和地块。在塬、川缓坡地区，一般以道路、渠道为骨干划分耕作区，道路（结合渠道）一般要求与等高线平行或正交，每一耕作区面积 7 hm^2 左右。在丘陵陡坡地区，一般按自然地形，以一面坡或一个峁、一架梁为单位划分耕作区，每一耕作区的面积一般为 3～7 hm^2。

如耕作区规划在坡地下部，而上部为林地、牧场或荒坡，有暴雨径流下泄时，应在耕作区上方开挖截水沟，拦截上部来水，并引入蓄水池或在适当地方排入沟壑，以防耕作区农田受害。

(3) 梯田地块布设

在每一耕作区内，根据地面坡度、坡向等因素进行具体的地块规划。规划一般应掌握以下原则：

① 地块的平面形状，要求基本上顺着等高线布设为长方形。一般情况下，尽量避免梯田施工时远距离运送土方。

② 当坡面有浅沟或地形比较复杂时，地块布设必须注意“小弯取直，大弯就势”，不能强求一律顺等高线，以免将田面修成连续的“S”型，不利于机械化作业。

③ 地块长度规划 为适于机耕，地块长度最好为 150m 以上，尽量不要小于 100m，有条件的地方可达 300～400m，田面越长，机耕工效越高。

④ 考虑灌溉方面，田面纵向应留有 1/300～1/500 的比降，在某些特殊情况下，比降可适当加大，但不应大于 1/200。

⑤ 在耕作区和地块规划中，如有不同乡镇的插花地，必须根据“自愿互利，等价交换”的原则，进行协商和调整，便于施工和耕作。

(4) 梯田附属建筑物规划

梯田规划过程中，对附属建筑物的规划要有足够的重视。附属建筑物的规划合理与否，直接影响到梯田建设的速度、质量、安全和生产效益。其规划内容主要包括三个方面。

① 坡面蓄水拦沙设施的规划：坡面蓄水拦沙设施的规划主要包括“引、蓄、灌、排”等缓流拦沙附属工程，遵循“蓄引结合，蓄水为灌，灌余后排”的原则，根据各台梯田的布置情况，由高台到低台逐台规划。其拦蓄量可按拦蓄区内5～10年一遇的一次最大降雨量的全部径流与全年土壤可蚀总量之和为设计依据。

② 道路规划：山区道路规划总的要求，一是保证今后机械化耕作机具能顺利进入每个耕作区和每一地块，二是要有一定的防冲设施，保证路面完整与畅通，保证不因路面径流而冲毁田面。

丘陵陡坡地区的道路规划，应着重解决机械上山问题，在山坡下部，沟道的比降较小，因此道路可布设在沟底，到达山坡上部时，道路应呈“S”型盘旋而上。其中主干道的宽度不能小于4.5m，转弯半径不小于15m，路面坡度不能大于11%（即水平距离100m，高差下降或上升11m）。个别短距离的路面坡度亦不能超过15%。田间小道可结合梯田埂坎修建。

塬、川缓坡地区的道路规划，由于这类地区地面广阔平缓，耕作区的划分主要以道路为骨干划定，道路一般要求与等高线正交，不宜使道路与等高线间成大角度的斜交。山地道路还应考虑防冲措施，必须搞好路面的排水、分段引水进地或引进旱井、蓄水池。

③ 灌溉排水设施的规划：梯田灌溉排水设施的规划重点是坡地梯田区以突出蓄水灌溉为主，结合坡面蓄水拦沙工程的规划，根据坡地梯田面积和水源（当地降水径流）情况，布设池、塘、埝、库等蓄水和渠系工程；冲沟梯田区，不仅要考虑灌溉用水，而且排洪和排涝设施也十分重要。冲沟梯田的排洪渠系布设可与灌溉渠道相结合，平日输水灌溉，雨日排涝防冲。

3. 梯田的断面设计

梯田断面关系到修筑时人工与机械的用工量，田坎的稳定，以及修成后机械化作业和灌溉的便利程度，因此，梯田设计的基本任务是确定“最优断面”。其要求主要有三点：一是能适应机耕和灌溉要求，二是保证安全稳定，三是最大限度地省工。

梯田断面包括如下要素（图8-1）：田面净宽B(m)，田坎高度H(m)，田坎坡度α(°)，田坎占地B_n(m)，田面毛宽B_m(m)，田面斜宽B_1(m)，土方断面V，地面坡度θ(°)。

上述各要素中，θ是客观存在的，在确定最适田面宽度或田坎宽度或田坎高度后，其余要素都可通过三角函数关系式求得。

（1）田面宽度的确定

梯田最优断面的关键是最优的田面宽度，“最优”田面宽度必须在保证适应机耕和灌溉前提下，使田面宽度为最小。在不同的地形条件下，不同地区采用的田面宽度也有区别。

在5°以下的缓坡耕地上，修筑梯田后，能采用较大型机具进行耕作，其掉头转弯直径最小为12～13m。在实行畦灌时，一般畦子长度为30m，如超过30m时，往往需

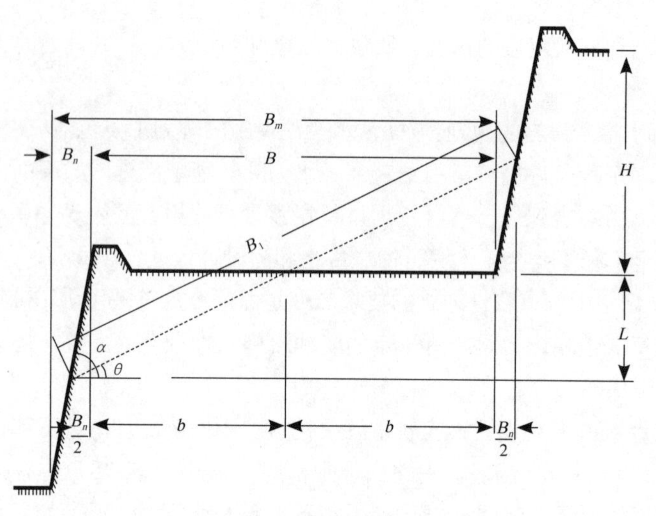

图8-1　梯田断面图

修筑“腰渠”，以使灌溉均匀和节省用水，喷灌时的射程也多为30m。因此，从适于机耕和灌溉要求来看，田面宽度以30m为宜，在某些特殊情况下最大不宜超过60m。田坎高度一般为1～2m左右。

在15°～25°以上的陡坡地段，目前很少实现机耕，当实现梯田化以后，多采用小型农机具进行耕作，其转弯半径一般为8～10m，故田面宽度以15m为宜，田坎高度4～8m。这一田面宽度无论对于畦灌还是喷灌都可以满足，在25°以上陡坡修梯田时，田面宽度也不宜小于8m。

总之，田面宽度的设计，既要有原则性，又要有灵活性。原则性就是要在适应机耕和灌溉的同时，最大限度的省工。灵活性就是在保证这一原则的前提下，根据具体条件，确定适当的宽度，不能根据某一具体宽度，一成不变。

(2) 田坎外坡的设计

梯田埂坎外坡设计的基本要求是在一定土质和坎高条件下，应保证埂坎的安全稳定，并尽量少占农地和少用工。

在一定的土质和坎高条件下，埂坎外坡越缓，则安全稳定性越好，但是它的占地和每亩修筑用工量也就越大。反之，如果坎外坡较陡，则占地和每亩修筑用工量也越小，但是安全稳定性就较差。协调这个矛盾，既要安全稳定，又要少占地、少用工，就是“最优断面”设计对埂坎外坡的要求。故田坎坡度的设计，必须根据土力学原理，针对不同田坎高度和田坎上不同土壤情况，进行田坎稳定坡度的分析计算。

根据土力学原理，梯田埂坎的稳定性主要受五个方面的影响：

① 梯田埂坎坡度（α）；

② 埂坎高度（H）；

③ 土壤的内聚力（C）；

④ 土壤的内摩擦角（ϕ）和土壤的湿密度（r）；

⑤ 田面的外部荷载。

土壤的抗剪强度指标（C 和 ϕ），是随土壤性质和状态变化的，这一强度指标的变化与梯田埂坎坡度的关系如下：

第一，土壤颗粒组成。即土壤物理性质是沙性的还是黏性的。一般土壤黏粒多、黏性大的田坎坡度可以陡一些，沙性大的田坎坡度则需缓一些。

第二，土壤的压实程度。土壤的压实程度越高，埂坎的稳定性也就越高，因此在修梯田时，提高埂坎的密实程度是保证田坎稳定的关键，土壤压实程度好的田坎坡度可以陡一些，压实程度差的则需缓一些。一般要求压实后土壤干密度要大于 1.35t/m³。

第三，土壤的含水量。一般而言，土壤含水量越大，埂坎的稳定性越低，故土壤含水量低的田坎坡度可陡一些，含水量高的可缓一些。

因此修梯田时，应尽可能提高田坎的压实程度；修成后让田边比田面稍高，形成一定的倒坎，经常保持田坎干燥，确保田坎的稳定。

这几个因素中，如已知埂坎坡度（α），则其他因素对它的稳定性影响的规律是：土壤的内聚力（C）和土壤的内摩擦角（ϕ）越大，稳定性越好；埂坎高度（H）和土壤的湿密度（r）越大，则稳定性越差；田面的外部荷载重量越大，重量的作用力越集中、作用点越靠近埂坎外测边沿，则稳定性越差。

为应用方便，现给出不同地面坡度、地面宽度和田坎外坡比降等指标参考选择（表 8-2）。

表8-2　梯田断面有关要素标准表

地面倾斜角 θ（坡度）	田坎高 H(m)	斜坡长 B_1 (m)	土坎梯田			石坎梯田		
			田坎侧坡 α	田面宽 B(m)	田坎占地 (%)	田坎侧坡 α	田面宽 B(m)	田坎占地 (%)
5°（9%）	1.0	11.5	1:0.25	11.2	2.2	1:0	11.4	–
	1.5	17.2	1:0.25	16.8	2.2	1:0	17.4	–
	2.0	23.0	1:0.30	22.3	2.6	1:0	22.9	–
	2.5	28.7	1:0.30	27.8	2.6	1:0.1	28.0	0.9
10°（18%）	1.5	8.6	1:0.25	8.1	4.4	1:0	8.5	–
	2.0	11.5	1:0.30	10.7	5.3	1:0	11.3	–
	2.5	14.4	1:0.30	13.4	5.3	1:0.1	13.9	1.8
	3.0	17.3	1:0.35	16.0	6.2	1:0.1	16.7	1.8
15°（27%）	1.5	5.8	1:0.25	5.2	6.7	1:0	5.6	–
	2.0	7.7	1:0.30	6.9	8.0	1:0	7.5	–
	2.5	9.7	1:0.30	8.6	8.0	1:0.1	9.1	2.7
	3.0	11.6	1:0.35	10.1	9.4	1:0.1	10.9	2.7

(3) 其他梯田断面要素的计算

田坎高度 H ：$H=\frac{B}{Ctg\theta-Ctg\alpha}$

田坎占地 Bn ：$Bn=HCtg\alpha$

田面毛宽 Bm ：$Bm=HCtg\theta$

田面斜宽 B_1 ：$B_1=\frac{Bm}{\cos\theta}$

事实上，对于不同地面坡度，梯田断面要素可参考表 8-2 进行选择。

(4) 土方断面 Vc

$$Vc=\frac{1}{2}bh=\frac{1}{2}\times\frac{B}{2}\times\frac{H}{2}=\frac{1}{8}BH(m^2)$$

(5) 每公顷土方量 Va

$$Va=VcL$$

式中：L——每公顷梯田长（$\frac{10000}{B}$）

因而　$Va=\frac{1}{8}BH\times\frac{10000}{B}=1250H(m^3)$

由上式可以看出，修梯田动土方量的大小，随着田坎的高低而变化。不同的田坎高度，每公顷动土方量不同（表 8-3）。

上述土方量的计算，只适用于土坎梯田；对石坎梯田，则需先算出石坎本身的石方量，由上述方法计算的土方量减去石方量，即为石坎梯田的土方量。

(6) 土方运移工作量计算

梯田的土方量计算，只是表明梯田修筑时所需搬运的土方量，没有运送距离的概念，不能反映梯田修筑的用功量。根据力学原理，力作用于物体使其移动一定距离即为做功，所做的功为力和距离的乘积（N•m）。故在坡地梯田修筑过程中的土方运移工作量，或称梯田需功量，可视为土方量和动移距离的乘积（m^3•m），即

$$Wa=Va\times S$$

式中：Wa——每公顷梯田运移土方工作量（m^3•m）；

Va——每公顷梯田运移土方量（m^3）；

S——修梯田时土方的平均运距（m），$S=\frac{3}{2}B$。

故 $Wa=Va\times S=1250H\times\frac{2}{3}B=833.3BH\ \frac{2}{3}$

又因为 $H=\frac{B}{Ctg\theta-Ctg\alpha}$

表8-3　每公顷梯田动土方量表

田坎高度（m）	1.0	1.5	2.0	2.5	3.0	3.5	4.0
每公顷土方量（m^2）	1250	1875	2500	3125	3750	4375	5000

所以$Wa = 833.3B^2 \frac{1}{Ctg\,\theta - Ctg\,\alpha}$

由此可见，每公顷梯田土方运移工作量与田面宽度的平方成正比。

4. 梯田的施工

（1）梯田埂线的测量

梯田埂线的测量任务有二，一是确定各台梯田的埂坎线，二是在每台梯田上定出挖、填分界线。在地形较规整的情况下，埂线确定比较简单，可按照地形选择有代表性的地段，根据梯田设计的比降要求，测出一条水平或基本水平的线，作为第一条田埂基线。以此为基础，向上或向下坡定出第二条、第三条田埂基线，依次类推，可定出各条埂线。

在地形复杂情况下定埂线较为繁琐，必须首先进行测量，绘出该耕作区的地形草图，在图纸上进行“不同布设方案”比较，确定地块方向，并在图纸上绘出埂坎线位置，然后根据图纸上的高程距离，在地面上定出埂坎线。

梯田田面的中心线即为填挖分界线。

（2）梯田修筑

坡地修筑梯田是一项多工序的施工作业，同时，还因各地的土质、地形等自然条件不同，要求修筑梯田的规格也不同，且施工方法也有人工修筑和机械修筑之分。但无论是人工修筑还是机械施工，一般都包括保留表土和整平田面两大工序。整平田面又包括培埂和填膛两个步骤。其中一个极为重要的问题就是保留表土，以保证当年增产。

① 人工修筑梯田。在长期的生产实践中，我国劳动人们因地制宜地创造出了能适应不同地形条件的梯田修筑方法，主要有：

A. 表土逐台下移法（蛇蜕皮法）：主要适用于坡度较陡（15°以上）、田面较窄（10m左右）的情况。在我国南方一些地面坡度不大（5°左右）的地方，在修建田面较窄（10m左右）的水稻田时也采用这种方法。在坡面上划定梯田地埂线后，从下向上修，先把第一台修平（不保留表土），把第二台的表土刮下来铺在第一台上（图8-2）；……这样一台一台继续下去，除最上一台没有表土外，其余各台都有表土，最上一台的处理，一般采用增施肥料，或从附近运客土，或当年种绿肥改良土壤。

B. 表土中间推置法：主要适用于10°左右的中坡，田面宽15～20m左右。在已划好的两条田埂线的中央，划一条中间线，线的上、下各约1m左右，划一条“堆表土带”。把上下两方的表土，都刮起来堆在这条带上；每隔10m左右，留一通道。先在下方取

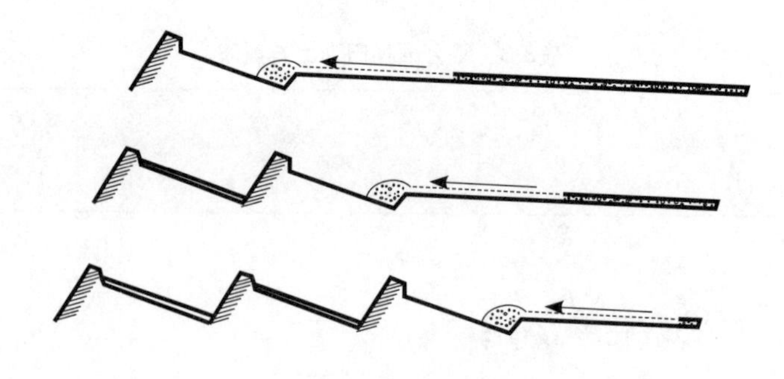

图8-2　表土台下移法示意图

土，修筑上一台的梯田埂，到一定高度（约为埂坎高度的2/3）后，再从上方取土筑埂，最后把田面修平，即把“堆表土带”上的表土，向上、下两方铺平。

C. 分段修平法（又称带状堆集表土法）：分段修平法是在一条田块上，把田面分成若干垂直于埂线的条带（或地段），一般每段宽度3m左右，施工时将1、3段表土堆集在2段上，4、6段表土堆在5段上，……这样形成了1、3、4、6段底土裸露，2、5段为表土堆集带，在裸露底土段采用上切下垫法平整底土，修筑田埂，平整后再把挖土部分深翻一遍，然后把2、5段深的表土还原，均匀铺开。这种方法适于缓坡地修宽田面梯田，在施工劳力较短缺时，采用分段包工效果更好。

② 机械修筑梯田。近年来，机械修筑梯田以其效率高，成本低而备受欢迎。目前，国内使用最多的是履带式推土机修筑梯田。这种机械的爬坡性能好，机身调动灵活，可在地形复杂的坡面上自行创造有利的作业面，适于30°以下的各种陡、缓坡地形条件下修筑梯田，能单机完成梯田施工中的表土处理、生土开挖运送，整平田面碾压地埂等作业。但由于性能所限，不宜远距离送土，且固定式推土铲不能侧向运土。另外，还有机引犁修梯田等方法，现主要介绍推土机修梯田的基本方法。

A. 表土处理：与人力修筑梯田的表土处理基本相同，如蛇退皮法和分段修平法，但表土中间堆置法，不能适用。

B. 生土开荒：是施工中主体作业，由于山区地形、地块情况极为复杂，为了提高工效，必须因地制宜地选择出土路线、开挖方式和推土方法。

出土路线根据地块挖填土方的相对位置而定，可分为辐射形运土、扇形运土、平行运土和交叉运土。

开挖方式一般分为分层开挖、沟槽开挖和切割开挖三种。在陡坡地上修梯田可采用水平分层开挖，在坡度较缓田面宽度较大的情况下，推土机可顺坡分层开挖，并直接向填土部位送土。沟槽开挖是在地块的挖土部位，按要求的运土方向，顺序开槽推土。在推土过程中，沟槽挖深可以按计划挖深标准进行，也可以比计划挖得更深，以便使间隔土方填入沟槽底部。切割开挖，是根据要求的出土方向，由地块中部的开挖线处开始，逐步向挖方部位发展，推土机以侧面土坎为对象，用铲刀由土坎下部向里挖土，土坎上方的土因重力作用自行坍塌。该法开挖的土坎高度一般小于2m，且适于冬季冻土施工作业。

推土方法有沟槽推土法，浅沟推土法、平田整地推土法和双机或多机并推法。

C. 筑埂和填方区压实：目前，尚没有专门的筑埂机械，特别是修筑1m以上的高埂。近年来主要采用机械碾压、人工切削方法筑埂，即在合理放线和清基情况下，由推土机分层铺土（土层厚度以40cm为宜）、碾实，使埂坎土壤干容重达1.4t/m³以上，最后人工进行埂坎外侧坡度切削。

D. 表土回铺和田面耕翻：在地块修筑基本水平后，采用平田整地推土法进行表土回铺，结合施肥进行田面耕翻和耙平。

5. 新修梯田当年增产技术

新修梯田土壤的特点是生、干、硬、冷、薄，很不利于农作物生长，如不注意对此采取合理的改良措施，在2～3年内都不会增产。实施生物、物理、化学、农业等综合配套技术措施，在新修梯田上具有显著快速的培肥熟化、促进作物生长发育、提高产量的功效，对于我国大面积新修梯田、低产土壤的培肥熟化及农业的可持续发展具有极为重要的指导意义和较强的实用推广价值。

长期的生产实践证明，保留表土，及时深翻，增施肥料，能保证当年大幅度增产；如仅保留表土，及时深翻，但未增施肥料，当年仅略有增产或不减产；既不保留表土，又不及时深翻和增施肥料，结果是当年大幅度减产。在生产过程中，除注意保留表土、深翻和增施肥料外，还应注意科学种田，这是新修梯田当年获得高产的又一措施，具体做法有：

（1）施黑矾

黑矾是一种良好的生土改良剂。新修梯田土壤结构性差，通透性不良，施用黑矾（$FeSO_4$）后，产生一种胶体化合物，将土粒胶合起来，形成团粒结构，改良了土壤性状和水、热、气等条件。在黄土地区，如每公顷增施375～600kg黑矾，可使容重较对照区减低0.05～0.04g/cm³，孔隙度提高1.1%～1.5%。另一方面，施用黑矾后，增加了土壤中铁和硫的成分，在碱性至微碱性土壤中可形成硫酸钙，起到中和土壤碱性功能；即使在不具碱性反应，而含有磷酸钙的土壤中施用黑矾，其硫化作用，也可使难溶性磷酸钙对植物的有效性提高。

（2）施石灰

南方丘陵山区的新修梯田，土壤中加入适量石灰粉末，可中和土壤酸性，改良土壤性质，促进作物生长。

（3）施腐殖酸铵

腐殖酸铵是一种黑色粉末状高分子芳香环有机、无机复合肥料，其水溶性大，代换性强，含大量腐殖酸，既是作物的营养成分，又是良好的土壤改良剂，能促进土壤团聚体的形成，改良土壤物理性状；此外，还可使土壤中N、P不易被淋溶而缓慢释放，供作物生长。

（4）套种绿肥改良土壤

在水源充足的新修梯田上，合理套种绿肥，如南方红壤区套种胡枝子、葛藤等，东北漫岗区套种草木犀，西北地区套种草木犀和箭舌豌豆等都收到较好效果。

（5）合理选种作物品种

新修梯田虽已做到表土复原，但因土层打乱，生熟土混杂，土壤的水肥条件差，应因地制宜地选择一些改土能力强，适应生土的作物，如黄河中游地区种山芋、谷子、黑豆，南方丘陵区种植花生、芝麻、黑麦等。

第二节　沟道治理工程

沟壑治理工程（治沟工程）是丘陵山区水土流失治理的重要工程内容，是防止侵蚀沟壑进一步发展，变荒沟为良田的重要措施。我国黄土丘陵沟壑区，把沟壑治理与建设高产稳产基本农田结合起来的做法，是独具风格的。

一、沟壑治理的全面部署

无论发育在何种土壤、地形条件下的侵蚀沟，在治理过程都应遵循从上到下，从坡到沟，从沟头到沟口，全面部署，层层设防的原则，既要解决侵蚀发生的原因，又要解决侵蚀产生的结果。具体做法是从上到下设四道防线（图 8-3）。

第一道防线：加强沟头以上集水坡面治理，山顶部位营造水源涵养林和水土保持林；山坡部位修筑梯田或采取等高种植，做到水不出田，土不离宅，从根本上控制沟壑进一步发展的水源和动力。

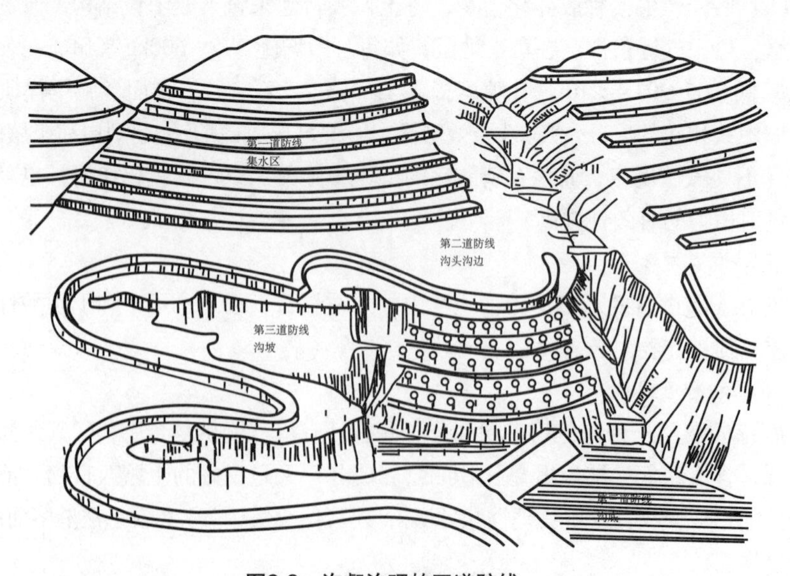

图8-3　沟壑治理的四道防线

第二道防线：在临近沟头的地方，修防护工程，将地表径流分散拦蓄，防止坡面径流从沟头下泄，控制沟头发展。

第三道防线：在侵蚀沟的沟坡上修鱼鳞坑、水平沟、反坡梯田等工程，结合造林种草，防止坡面冲刷，沟岸坍塌，减少下泄到沟底的地表径流。

第四道防线：在沟底根据不同条件，分别采取修谷坊、淤地坝等工程措施，达到巩固和抬高侵蚀基准，拦泥淤地的目的。

集水坡面的治理技术前已详述，现对沟头和沟底等防护工程介绍如下。

二、沟头防护工程

沟头位于侵蚀沟的最上端，是坡面径流容易集中的地方。一般侵蚀沟有一个以上的沟头，其中距沟口最远的沟头为主沟头。

沟头侵蚀对工农业生产危害很大，主要表现为：①造成大量土壤流失；②毁坏农田；③切断交通。

沟头防护工程是防止沟头径流冲刷而发生的沟头前进和扩张的措施，根据沟头防护工程的作用，可将其分为蓄水式和排水式两种类型。无论哪种类型都应与造林种草密切结合起来，使之更有效地保持水土。

1. 蓄水式沟头防护工程

蓄水式沟头防护工程多修在距分水岭较近，集水面积较小，暴雨径流量不大的沟头，或虽坡面集水面积较大，但坡面治理已基本控制了坡面径流的沟头，要求把水土尽可能拦蓄，即沿沟边修筑一道或数道水平半圆环形沟埂，拦蓄上游坡面径流，防止径流排入沟道。沟埂的长度、高度和蓄水容量按设计来水量而定。

蓄水式沟头防护工程又可分为沟埂式与埂墙涝池式两种类型。

（1）*沟埂式*

在沟头以上适当位置挖沟筑埂，把水蓄在沟头以上。沟埂的组成中，沟深与埂高，沟底宽与埂底宽相等，分别为 h，a 和 b（图 8-4）。

沟埂式沟头防护，在沟头坡地地形较完整时，可作成连续式沟埂；若沟埂坡地地形较破碎时，可作成断续式沟埂。沟埂的容量设计，可根据集水面积、最大设计降雨量和径流系数来确定，最理想的设计是使容量等于径流量，由此得出所建沟埂的断面规格。为方便起见，将各种坡度不同埂高单位蓄水量列入表 8-4 供参考，其超高为 0.2m，埂高 0.5m，内外坡比均为 1 ∶ 1。

沟头埂长度＝设计洪水总量（m^3）÷ 每米沟埂蓄水量（m^3/m）。

沟头埂不要离沟头太近，一般为沟头深的 1 ～ 3 倍。沟头埂两端应留有溢流口，以便排出容纳不了的水量，溢流口用草皮或砌片石保护。

（2）*埂塘涝池（埂墙蓄水池）*

在沟头上部 10° ～ 15° 的坡地上，结合截水沟埂把剩余径流水引入涝池，不仅可防护沟头发展，而且可贮备灌溉和牲畜饮水。埂塘涝池可根据来水量和挖池工程量

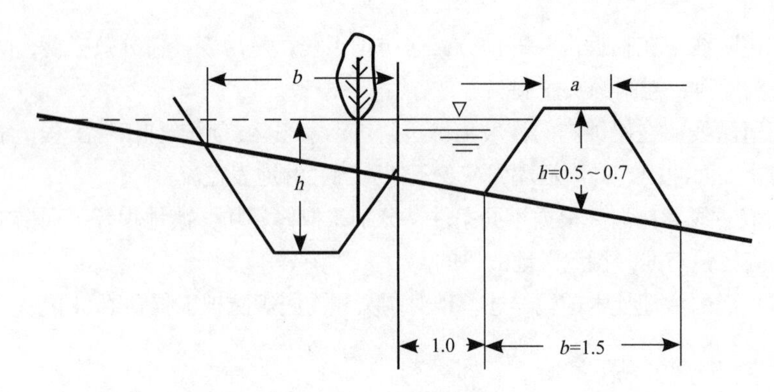

图8-4　沟埂横断面图

表8-4　不同坡度、埂高单位长度蓄水量

地面坡度	2°	4°	6°
埂高（m）	0.6　0.8　0.9　1.2	0.6　0.8　0.9　1.2	0.6　0.8　0.9　1.2
每米埂长蓄水量（m^3）	2.35　5.68　8.65　16.10	1.47　3.08　4.63　8.00	1.01　2.30　3.34　4.75
地面坡度	15°	20°	25°
埂高（m）	0.6　0.8　1.0	0.6　0.8　1.0	0.6　0.8　1.0
每米埂长蓄水量（m^3）	0.64　1.52　2.12	0.58　1.3　1.82	0.52　1.16　1.71

等具体情况，修成单个或数个连环式的涝池，在我国南方诸省水土流失治理中称为“长藤结瓜”。

涝池距沟边的距离应尽量远，一般为侵蚀沟头深度的2倍。在黄土丘陵沟壑区，涝池的位置应避开陷穴处，且池底要做防渗处理，以防发生陷穴。在南方丘陵区，涝池的位置应避开地震断裂带。

涝池的容量设计主要根据沟头上方来水量而定，可按20年一遇暴雨进行设计，保证涝池的设计容量与设计暴雨径流量相平衡。

2. 排水式沟头防护工程

沟头防护工程中大部分以蓄为主，将径流尽量拦蓄、供干旱时灌溉和饮用。如沟头较陡、破碎，坡面来水量较大，没有条件将水拦蓄，或拦蓄后易造成坍塌时，可采用排水式沟头防护工程，即将沟头修成多阶式跌水或陡坡状的防冲排水道，亦可采用悬臂式排水工程。

（1）陡坡式沟头防护

陡坡是用石料、混凝土或钢材等制成的急流槽，因槽的底坡大于水流临界坡度，所以一般发生急流。陡坡式沟头防护一般用于落差较小，地形降落线较长的地点。为

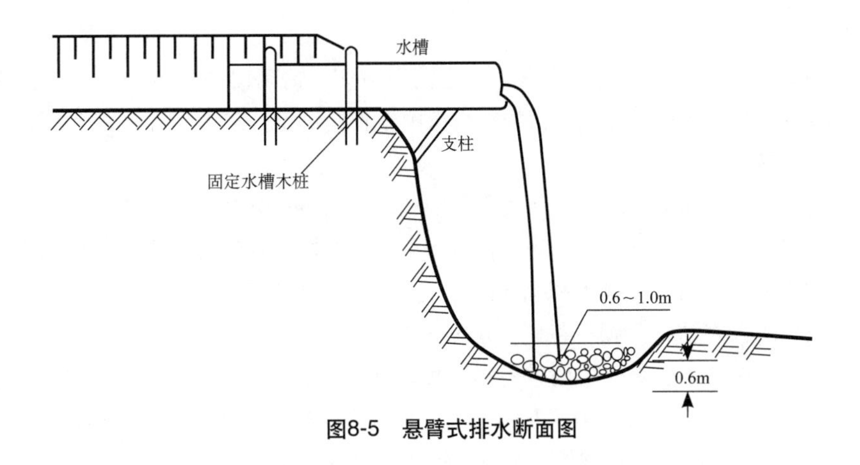

图8-5　悬臂式排水断面图

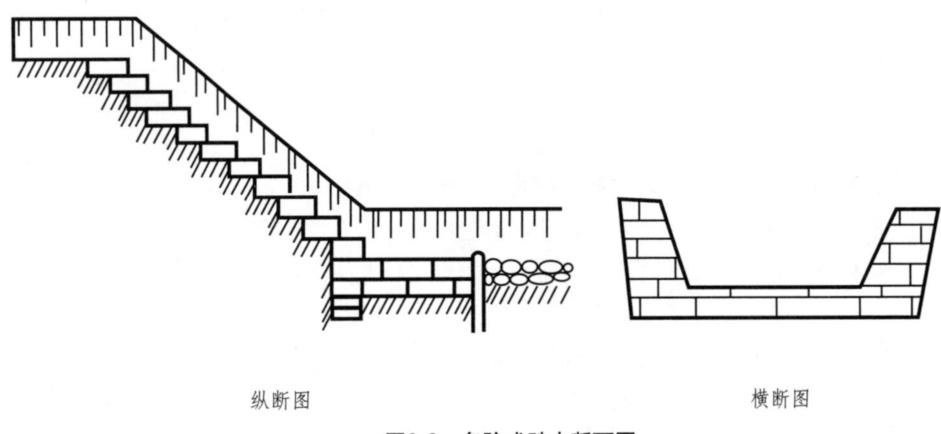

图8-6　多阶式跌水断面图

了减少急流的冲刷作用，有时采用人工方法来增加急流槽的粗糙程度。

（2）悬臂式排水工程

如沟头坚固且陡峭，可在沟头上方水流集中的跌水边缘，用木板、石板或水泥预制作成槽状（图 8-5），使水流跌入沟谷的消力池，防止水流冲刷沟头。沟头最好是基岩或块石、碎石，使水流缓冲后再流入沟道。

（3）多阶式跌水排水工程

多阶式跌水沟头防护工程，多用砖、石浆砌而成，当水流通过时，能逐阶消能（图 8-6）。总跌水差不宜过大，跌差越大，投资也越大，以小于 5m 为宜。

三、沟底工程

沟底工程，从本质上讲，就是修坝——修各种不同形式的坝，主要有谷坊、淤地坝和小水库三类。

1. 谷坊

谷坊是山区沟道内为稳定沟床，防止沟底下切，抬高侵蚀基准的一项工程措施，能拦泥缓流，改变沟底比降，为植物在沟床中生长提供良好条件。

（1）谷坊的种类

谷坊可按所使用的建筑材料、使用年限和透水性进行分类。

按建筑材料不同，谷坊可分为土谷坊、干砌石谷坊、浆砌石谷坊、柳桩编篱谷坊、土柳谷坊、木料谷坊、混凝土和钢筋混凝土谷坊等。根据使用年限不同，可分为永久性谷坊和临时性谷坊。干砌石谷坊、浆砌石谷坊、混凝土谷坊和钢筋混凝土谷坊为永久性谷坊，其余基本上属于临时性谷坊。按透水性，谷坊又可分为透水谷坊和不透水谷坊，如土谷坊、浆砌石谷坊、混凝土谷坊和钢筋混凝土谷坊等皆为不透水谷坊，而只起拦沙挂淤作用的干砌石谷坊、柳谷坊等皆为透水谷坊。

选用谷坊种类时，除了考虑就地取材，防护目标的特点和人力、物力等条件外，还应考虑沟底利用的远景规划。

（2）谷坊的作用

① 固定与抬高侵蚀基准面，防止沟床下切；

② 抬高沟床，稳定山坡坡脚，防止沟岸扩张及滑坡；

③ 减缓沟道纵坡，减小山洪流速，减轻山洪或泥石流灾害；

④ 使沟道逐渐淤平，形成坝阶地，为发展农林业生产创造条件。

（3）谷坊的水力计算与设计

① 谷坊流量计算。谷坊流量计算要素（图 8-7）。

谷坊矩形缺口的流量可用拉迪先柯夫公式求得，即：

$$Q=M\cdot B\cdot H_0^{\frac{3}{2}}$$

式中：Q——谷坊缺口的最大流量（m^3/s）；

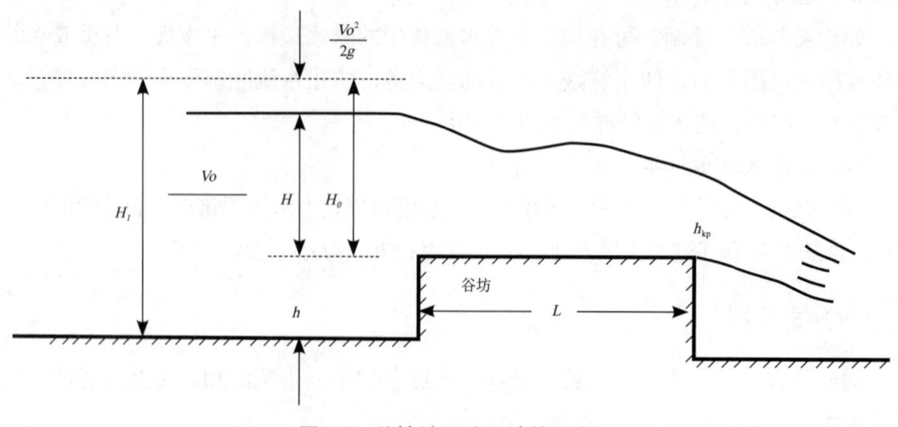

图8-7　谷坊缺口流量计算要素

M——流量系数，等于 $m \times \sqrt{2g}$，m 取值 0.35，

则 $M = 0.35 \times \sqrt{2g} = 0.35 \times 4.42 = 1.55$；

B——缺口的宽度（m）；

H_0——计算水头（m）。

由式$Q=M \cdot B \cdot H_0^{\frac{3}{2}}$可得：

$$H_0=\sqrt[3]{\left(\frac{Q}{MB}\right)^2}$$

水流接近谷坊的流失可用下式求得：

$$V_0=\frac{Q}{bH_1}$$

式中：b——沟道的平均宽度（m）；

H_1——谷坊前水流的平均水深（m），$H_1=H_0+h$；

h——谷坊的高度；

H_0——计算水头。

当考虑接近流速时，谷坊顶上的水头高度 H 可用下式计算：

$$H=H_0-\frac{V_0^2}{2g}$$

根据白列斯金试验，谷坊顶部末端的临界水深 hKP 为 0.46 ～ 0.64H，则临界水深的流速为：

$$V_{KP}=\frac{Q}{h_{KP} \cdot B}$$

通常，土谷坊、土柳谷坊顶部不允许过水，可通过谷坊一侧的溢水口过水。对干砌石谷坊而言，校正以后的水头高度不应超过 2 ～ 3m，如超过则应增加谷坊高度，扩大沟床宽度，使谷坊前的平均水深 $H_1 = H_0 + h$ 减小。因为谷坊顶部水头越大，流速越高，会加大冲刷，片石易被冲毁。如建筑材料为巨石或混凝土，则问题不大。总之，谷坊顶部的流速不要超过其建筑材料所允许的最大流速。

② 谷坊高度确定。谷坊高度，一般应根据所用材料而定，主要是能承受水和泥沙的压力而不致毁坏。在可能情况下，应建造低型谷坊，其技术简单、并且牢固。根据现有资料，给出各类谷坊的断面尺寸（表 8-5）供参考。

表 8-5 中的数据为一般情况下谷坊高度的估计值，如果谷坊顶部水头超过材料的允许高度，则应适当增加谷坊高度，减小坝顶水头高度，直至坝顶临界流速能保证谷坊稳定为止。

③ 谷坊间距。谷坊的修建不是单个修筑，而是在沟内建造一个坝系—谷坊群。谷坊间的距离，通常根据上坝基和下坝顶（溢水口）相平的原则确定，或 1%的允许比降。在沟上端，谷坊间距要求的比降稍大些，下端较小些。上端流速大，较大石块可沉下来，下端流速小，沙砾可沉下来，至最下端所沉下来的是泥沙，而流出的是清水。谷坊间

表8-5　谷坊的规格

类别	断面			
	高（m）	顶宽（m）	迎水坡（m）	背水坡（m）
土谷坊	1.5～3.5	1.0～1.5	1:1.5	1:1
干砌谷坊	1～2.5	1.0～1.2	1.05～1.1:1	1:0.5
浆砌谷坊	2～4	0.8～1.0	1.05～1.1:1	1:0.3
粘土砌石谷坊	1～2	0.8～1.2	1:1	1:1
柳桩谷坊	0.4～1.0	–	–	–

距可由下式计算，即：

$$L=\frac{h}{J}$$

式中：L——两谷坊间距（m）；

h——谷坊高度（m）；

J——沟底比降（%）。

由上式可以看出，谷坊高度与间距是相互制约的两个指标，在相同坡度条件小，间距越大要求的谷坊高度越高，反之则越小。

④ 谷坊座数的确定。谷坊的座数可通过测定沟头、沟口的高程，结合谷坊设计高度由下式确定，即：

$$N=\frac{H_2-H_1}{h}$$

式中：N——谷坊座数；

H_2——沟头处高程（m）；

H_1——沟口处高程（m）；

h——谷坊高度（m）。

亦可以用图解法来确定沟床纵断面上谷坊的分布位置。

谷坊高度的调整，是根据沟头和沟口的高程差（H_2-H_1）与已确定的谷坊座数 N 求 h，即：

$$h=\frac{H_2-H_1}{N}$$

(4) 谷坊位置的选择

修建谷坊的主要目的是固定沟床，防止下切冲刷。因此，在选择谷坊坝址时，应考虑以下几方面的条件：

① 谷口狭窄；

② 沟床基岩外露；

③ 上游有宽阔平坦的贮沙地方；

④ 在有支流汇合的情形下，应在汇合点的下游修建谷坊；

⑤ 谷坊不应设置在天然跌水附近的上下游，但可设在有崩塌危险的山脚下。

(5) 几种常见谷坊的施工技术

① 土谷坊：是用土料筑成的小坝，坝体结构与淤地坝、小水库的土坝相似，主要区别在于山洪挟带泥石多，谷坊容易淤满，坝体内一般不设泄水管。设计时应注意下列几项内容：

A. 谷坊布设要成系列，不要单摆，并防止间距过大，起不到减缓沟底坡度作用。

B. 土谷坊不允许坝顶过水，因此要留溢洪口，溢洪口要左右错落，避免一边靠，且有防冲措施。

C. 修谷坊要由上到下，由小到大，先支后干，先上游后下游。

D. 生物与工程相结合，如在土谷坊上分层压条种树，巩固谷坊。

另外，在谷坊的施工过程中还应注意以下几点：

a. 坝址选择。选择两岸坚固、远离跌水处修建谷坊。

b. 清基。将修谷坊处地面上的虚土、草皮、树根及腐殖质较多的土壤挖掉，露出坚实土层，一般清基深度为 1.0 ~ 1.5m。最后沿谷坊轴线挖一结合沟，以便谷坊与基础紧密结合。

c. 填土。清基后，再将底部坚实土层挖虚 5cm 左右，即可进行分层填土夯实。每层填土 0.3cm，夯至 0.2cm。然后再将夯实面挖虚 1 ~ 2cm，如土壤较干时，可适当加水，如此层层加高，坝身坚固不易冲毁。

d. 开挖溢洪口。在沟岸坚实土层上开挖溢洪口，以排泄过量洪水，保证坝身安全。溢洪口要左右错落。如溢洪口土壤较松软，应在其退水坡用块石或砖砌保护，溢洪口内种草以免冲刷。

② 石谷坊：是用石料筑成的小石坝，多修建在石料充足的土石山区，坝顶能漫水，又称滚水坝，不需在旁边开溢洪口。不仅可提高侵蚀基准，还可抬高水位。石谷坊修筑时应注意的事项：

A. 坝址选择。坝址选在沟口较窄、沟岸坚固、冲刷较重地段。

B. 清基。如沟床为土质，应清至坚实的母质层，如为淤积沙沟成的沟床，应清至硬底基上，如为石质沟床，应清至表面风化层。

C. 砌筑。坝面用粗料石砌筑，内部用块石堆砌，并尽量使石间缝隙小。土质或沙砾质构成的河床，坝下需作保护底，长度为坝高的 2 ~ 3 倍。沟岸如为土质，坝端应插入沟岸 50cm 以上。

D. 溢洪口处理。如沟岸为土质，溢洪口应设在坝身中部；如为石质时，溢洪口应尽量设在岸坡岩石上。

③ 柳谷坊：是用新鲜柳桩，拦沟打上 3 ~ 4 排，并用柳稍编篱，可过滤泥沙而透

过清水，巩固侵蚀基准点。待柳桩成活后，可随淤泥面升高而上升，还可砍下多余柳桩插在淤泥面上，逐步发展为成片的沟底防护林。

④ 编篱谷坊：在柳树多的地区，于较小的支毛沟上部的土质沟床上，可采用编篱谷坊。

在施工时，应先横过沟道定线，清基后，开挖深宽均为0.5m左右的沟，在沟的上下两侧均埋入一行长1.5m，粗5～10cm的活柳桩，桩距20～30cm，并保证柳桩芽眼向上。然后用柳梢编篱，尽量编得细密紧实。编篱时成弧形，弧背向迎水面，曲度为篱长的1/8左右。编篱的中心较两侧略低，最后在迎水面培土，夯实后与编篱高度齐平、次年柳桩发出新枝，长出新根，根系可以巩固谷坊，新梢可用于编篱。编篱谷坊是一种土谷坊和柳谷坊相结合的形式，既可蓄水拦泥，又可抬高侵蚀基准点。有的地方称为“土柳谷坊”。

2. 淤地坝

淤地坝是滞洪拦泥，控制沟床下切、沟壁扩张，变荒沟为良田，合理利用水土资源的一项重要措施。淤地坝和谷坊一样，都是修筑于沟底的坝，但他们的大小、高低和目的不同。谷坊多在毛沟内进行修筑，高度一般5m以下，淤地坝通常在5m以上，具体高度可根据径流量和泥沙冲刷量而定，其功能除稳定沟床外，更重要的是拦泥淤地，扩大耕地面积，达到稳产高产目的。

(1) 淤地坝的分类

按筑坝的材料可分为土坝、石坝、土石混合坝等；按坝的用途可分为缓洪骨干坝、拦泥生产坝等；按建筑材料和施工方法可分为夯碾坝、水力冲填坝、定向爆破坝、堆石坝、干砌石坝、浆砌石坝等。

(2) 淤地坝的作用

淤地坝是小流域综合治理中一项重要的工程措施，也是最后一道防线，它在控制水土流失，发展农业生产等方面具有极大的优越性。淤地坝在小流域综合治理中的具体作用归纳如下：

① 稳定和抬高侵蚀基准点，防止沟底下切和沟岸崩塌，有效地控制沟头前进和沟岸扩张。

② 蓄洪、拦泥、削峰，减少入河、入库泥沙，减轻下游洪沙灾害。

③ 拦泥、落淤、造地，变荒沟为良田，为山区农林牧业发展创造有利条件。

(3) 坝址选择

坝址选择可根据地形，地质和施工方便程度而定。一个好的坝址必须满足拦洪或淤地效益大、工程量小和工程安全三个基本要求。坝址选择一般应考虑以下几点：

① 坝址在地形上以肚大口小、沟道平缓、淤地面积大为宜。

② 坝址附近应有宜于开挖溢洪道的地形和地质条件。

③ 坝址附近应有良好的筑坝材料（土、沙、石料），取用容易，施工方便，节省费用以及今后有条件加高等因素。

④ 坝址地质构造稳定，两岸无疏松的坍土、滑坡体，断面完整，岸坡不大于60°。坝基应有较好的均匀性，其压缩性不宜过大。岩层要避免活断层和较大裂隙，尤其要避免有可能造成坝基活动的软弱层。

⑤ 在坝址两端坡面上不能有截留或集流槽，忌有泉眼、地下水较多和有塌方的地段。

⑥ 库区淹没损失要小，应尽量避免村庄、大片耕地、交通要道等被淹没。

⑦ 坝址还必须结合坝系规划统一考虑。

(4) 淤地坝设计

淤地坝在小沟修筑，可不设涵洞，只开溢洪道。当流域面积较大，如5～10km²以上或沟河内有常流水，必须设泄水洞和溢洪道。一般而言，库容在5万m³以下的淤地坝为小型；5万～10万m³为中型，10万m³以上者为大型淤地坝。大型淤地坝都要考虑坝身、溢洪道和泄水涵洞三部分。

① 水文计算。淤地坝设计的水文计算主要考虑洪水量，泥沙量，安全拦蓄和能淤出较多的地为原则。淤地坝设计洪峰流量可用下式计算，即：

$$Q=WC\sqrt{RJ}$$

式中：Q——洪峰流量（m³/s）；

W——过水断面（m²）；

C——流速系数（表8-6），$C=\frac{1}{n}R^{1/6}$

R——水力学半径；$R=\frac{W}{P}$

P——湿周；

J——比降；

n——沟河糙率，一般取值0.025～0.075。

设计洪水总量由下式求得：

$$\sum Q=1000CH_{24}F$$

式中：C——径流系数；

H_{24}——24h暴雨量（mm）；

F——集水面积（km²）。

② 坝高设计。坝高应首先考虑能获得最有利的淤地面积，同时要求有足够的库容，以保证蓄洪和滞洪的需要。在前述洪峰流量和洪水流量计算基础上，根据每坝的设计蓄洪量和排洪量，通过坝高—库容关系曲线确定坝的设计高度。一般毛沟中的小坝，高度为10～15m，可采用20年设计，50年校核；主沟中的大坝，高度20～30m。可采用50年设计，200年校核。应该指出，当库容淤满后，溢洪道排量不够时，必须加高坝体，或在上游另修拦洪坝。

表8-6　流速系数C值表

R \ n	0.011	0.012	0.013	0.014	0.015	0.017	0.018	0.020	0.0225	0.025	0.0275	0.030	0.035	0.040
0.10	67.36	60.33	54.46	49.43	45.07	38.00	35.06	30.85	26.18	22.48	19.53	17.50	14.00	11.43
0.12	69.00	61.92	56.00	50.86	46.47	39.29	36.34	32.05	27.29	23.56	20.51	18.40	14.80	12.15
0.14	70.36	63.25	57.30	52.14	47.74	40.47	37.50	33.10	28.26	24.48	21.38	19.23	15.54	12.80
0.16	71.64	64.50	58.46	53.29	48.80	41.53	38.50	34.05	29.15	25.28	22.18	19.96	16.20	13.40
0.18	72.73	65.58	59.46	54.29	49.80	42.47	39.45	34.90	29.95	26.04	22.87	20.63	16.86	13.95
0.20	73.73	66.50	60.46	55.21	50.74	43.74	40.28	35.65	30.71	26.76	23.56	21.23	17.34	14.48
0.22	74.64	67.42	61.31	56.07	51.54	44.11	40.89	36.40	31.37	27.40	24.14	21.80	17.86	14.95
0.24	75.55	68.25	62.08	56.86	52.34	44.88	41.78	37.O5	32.00	28.00	24.72	22.36	18.34	15.40
0.26	76.27	69.00	62.85	57.57	53.00	45.53	42.45	37.70	32.62	28.56	25.27	22.86	18.83	15.83
0.28	77.00	69.75	63.54	58.29	53.67	46.17	43.06	38.25	33.15	29.08	25.78	23.33	19.26	16.23
0.30	77.73	70.42	64.23	58.93	54.34	46.82	43.67	38.85	33.69	29.60	26.25	23.80	19.68	16.60
0.36	79.64	72.25	66.00	60.46	56.07	48.47	45.28	40.35	35.15	31.00	27.60	25.03	20.83	17.68
0.40	80.73	73.33	67.08	61.72	57.07	49.41	46.28	41.25	36.00	31.80	23.40	25.80	21.51	18.30
0.45	81.91	74.50	68.23	62.86	58.20	50.53	47.34	42.30	36.97	32.76	29.31	26.66	22.31	19.00
0.50	83.09	75.67	69.31	63.30	59.27	51.59	48.39	43.25	37.91	33.64	30.14	27.46	23.06	19.75
0.55	84.09	76.67	70.31	64.93	60.20	52.53	49.28	44.10	38.75	34.44	30.94	28.20	23.74	20.40
0.60	85.09	77.58	71.23	65.86	61.14	53.41	50.17	44.90	39.51	35.20	31.67	28.90	24.40	21.03
0.65	86.00	78.42	72.08	66.64	61.94	54.17	50.95	45.70	40.26	35.95	32.36	29.53	25.00	21.60
0.70	86.82	79.25	72.93	67.50	62.72	54.94	51.73	46.40	40.93	36.60	33.01	30.16	25.57	22.15
0.75	87.55	80.00	73.69	68.22	63.47	55.70	52.45	47.05	41.60	37.24	33.63	30.76	26.14	22.68
0.80	88.27	80.75	74.46	68.93	64.20	56.35	53.12	47.70	42.22	37.84	34.25	31.30	26.66	23.18
0.90	89.64	82.17	75.69	70.22	65.47	57.64	54.39	48.90	43.37	38.96	35.34	32.36	27.66	24.13
1.00	90.91	83.33	76.92	71.43	66.67	58.82	55.56	50.00	44.44	40.00	36.36	33.33	28.57	25.00
1.10	92.00	84.33	77.92	72.36	67.54	59.64	56.34	50.75	45.15	40.72	37.05	34.00	29.20	25.60
1.20	93.09	85.33	78.92	73.29	68.40	60.47	57.12	51.50	45.82	41.40	37.67	34.63	29.79	26.18
1.30	94.09	86.25	79.77	74.07	69.14	61.17	57.78	52.15	46.48	42.04	38.32	35.23	30.34	26.70
1.50	95.82	87.83	81.38	75.57	70.54	62.53	59.06	53.35	47.60	43.20	39.41	36.30	31.37	27.68
1.70	97.36	89.25	82.85	76.93	71.80	63.70	60.17	54.45	48.62	44.27	40.43	37.26	32.28	28.55
2.00	99.45	91.17	84.77	78.72	73.47	65.76	61.67	55.85	50.00	45.64	41.78	38.56	33.51	29.73
2.50	102.45	93.72	87.46	81.22	75.80	67.47	63.73	57.90	51.91	47.60	43.67	40.40	35.18	31.43
3.00	104.82	96.08	89.69	83.29	77.74	69.35	65.51	59.60	53.55	49.28	45.30	42.00	36.70	32.80
3.60	107.36	98.42	92.00	85.43	79.74	70.29	67.34	61.35	55.21	50.70	46.50	43.15	37.60	33.45
4.00	108.82	99.75	93.38	86.72	80.94	72.41	68.39	62.40	56.26	51.30	47.20	43.75	38.10	33.90
5.00	112.09	102.75	96.38	89.50	83.54	74.88	70.73	64.70	58.44	52.50	48.30	44.90	38.80	34.65

③ 坝坡设计。淤地坝的坝坡设计原理与梯田田坎坡度一样，同样的坝高，坝坡越陡，坝体断面越小，土方工程量也越少，越省工。但坡太陡，容易产生滑塌，不稳定。必须根据修坝土料的质地、含水情况等进一步分析土壤的凝聚力和内摩擦力，按照设计坝高，进行坝坡稳定性分析，确定适宜的坝坡坡度。通常土壤粘粒含量高、压实程度高的坝坡可陡些，含水量高的土壤，坡体稳定性低，坝坡宜缓些。为便于应用，现给出黄土区不同坝高的坝体断面供参考应用（表 8-7）。

(5) *淤地坝冲毁的原因及对策*

① 淤地坝的坝系规划不合理。许多坝地不能保收，甚至垮坝，主要原因之一是没有搞好坝系规划，坝系规划既不能孤立地在沟中打一座坝，也不能盲目地修一串“群坝”，而是应有计划、有目的地在沟中修若干座坝，构成一个有机整体，保证坝地高产稳产和坝体安全。淤地坝坝系合理规划通常有如下几种形式：

A. 上坝拦泥，下坝种地。先在沟的下游较开阔处或沟口处修一座坝，当淤出一定面积的土地后，再在上部适当位置修一座拦洪坝，保护下一坝的安全。当防洪坝淤积一定量泥沙后，它就变成一座淤地坝，这时就应在其上再修一座防洪坝，如此逐渐向上修建直到将沟中应修的都修完为止。值得注意的是每修一座坝，都应在坝的一侧开挖溢洪道，排除过量洪水，防止坝顶过水。

B. 上游拦洪，下游填沟造地。适于面积较小的流域，在上游修筑较大型拦洪工程，将上游来水拦蓄，而在下游可进行填沟造地，但应注意上游拦洪坝的淤积、加高问题。

C. 一次设计，多次施工。沟中各坝的位置，一开始就已设计好，但修坝时并不是一次到位，而是根据淤积情况分多次完成。第一次坝高淤平后，可以先种，并采取上坝拦洪、下坝种地的形式，逐级上移，最终将坝修完。

D. 半蓄半排、淤排结合。通过排洪渠上的控制工程，有计划地引一部分地表径流

表8-7　黄土均质土坝断面表

坝高(m)	夯压坝			水坠坝		
	坝坡比		坝顶宽(m)	坝坡比		坝顶宽(m)
	迎水坡	背水坡		迎水坡	背水坡	
5以下	1:1.25	1:1.00	2	1:1.25	1:1.00	2
6～10	1:1.50	1:1.00	2	1:1.50	1:1.25	3
11～15	1:1.75	1:1.25	3	1:2.00	1:1.50	4
16～20	1:2.00	1:1.50	4	1:2.25	1:1.75	5
21～30	1:2.25	1:1.75	5	1:2.50	1:2.00	6
31～40	1:2.50	1:2.00	6	1:3.00	1:2.25	7

水到坝地放淤，一方面增加坝地肥力，促进高产稳产，另一方面可使坝地逐年抬高。

② 施工质量不高，夯压不实。淤地坝施工过程中铺土太厚，压的太轻，远未达到夯实要求，因此要求每次铺土 0.3m 厚，夯实到 0.2m 厚为宜，严密掌握“两打三盖”，不留孔隙。控制坝体干容重为 1.5t/m³。

冬季施工用大冻土作为上坝原料，冻块叠冻块，中间形成许多大孔隙，夯不实也可导致溃坝，因此，冬季修坝时，严防大冻土块作为上坝土料。

③ 左右坝肩结合不实。岸坡未认真清理，又未挖结合槽，坝身与岸坡接合不紧密，特别当坝址在石沟床处，常有倒岸，施工时为了省工，对倒岸不加处理，库内蓄水后，发生渗水溃坝。因此，施工前的清基工作应特别注意，保证坝身与岸坡紧密结合。

④ 泄水洞和溢洪道处理不当。泄水洞的处理，不注意施工质量，如砌石不够标准，用稀泥灌浆代替水泥灌浆，以致洞身漏水引起溃坝，因此必须严格把好质量关，砌石和灌浆要合乎标准。另外，在石料缺乏地方，绝大多数溢洪道没有衬砌，暴雨时底部被冲刷，或者引起岸坡坍塌，堵塞溢洪道导致溃坝。

⑤ 缺乏管理养护。淤地坝修筑完后应加强平时的管理养护，经常巡视，发现问题及时处理，如库容满了，坝体需加高；坝体穿洞、有裂缝，泄水洞漏水等都应及时补救，否则也会导致溃坝。

3. 小型水库

在溪沟河谷地形条件较好、集水面积较大的地段，修建小型水库对防洪、灌溉、发电、养鱼、保持水土、促进农业增产等方面都有重要作用。

(1) 水库位置的选择

① 地形要“肚大口小”。“肚大”是指库区内地形宽阔，坝不高而库容大，“口小”是指河谷窄，坝短，工程量小，即选择三面环山、一面开口的地形为宜。但也要结合坝形选择枢纽布置形式，统一考虑，达到总造价省，淹地少等目的。

② 坝址以上要有足够的集水面积，使水库能调蓄足够的水量。

③ 坝址地质基础牢固，无下陷和漏水现象。

④ 库址要靠近灌区且比灌区高。这样可以自流灌溉，引水渠短，渠道建筑物少，沿途渗漏蒸发损失小，比较经济。

⑤ 坝址附近建筑材料丰富，如土料、砂料、石料、木材等质量好，产地近。

⑥ 坝址处有天然开挖溢洪道的条件。

⑦ 水库上游林草覆盖条件好。

(2) 水库的类型

根据水库的总库容大小，水库可分为大型、中型、小型和塘坝。通常把总库容 10 万～1000 万 m³ 的水库叫小水库，它与江河上大、中型水库相比是小型的，但与沟壑治理中的谷坊、淤地坝相比，则是相对大型的骨干工程。小水库可拦蓄上游洪水，削减洪峰，错开洪水下泄时间，保护下游沟底工程，是一项不可缺少的水土保持工程。根据原水利电力部《水利水电枢纽工程等级划分及设计标准》（山区、丘陵区部分）

SDJ12 ~ 18 规定，水库分级和防洪标准见表 8-8。

根据调节能力，水库可以分为年调节水库和多年调节水库两种。

① 年调节水库：是将一年内的天然径流量加以重新分配，水库蓄余补缺，其调节周期为一年，水库的兴利库容一般每年蓄满和放空一次。小型水库，一般为年调节水库。

年调节又分为完全年调节和不完全年调节两种，当水库的兴利库容能够把设计保证率的年径流量全部调节利用而没有废弃水量时，这种调节叫完全年调节。不完全年调节则尚有弃水，其原因是用水量较设计年径流量小，或者兴利库容较小所致。

② 多年调节水库：是既可蓄存丰水年的余水以补枯水年之不足，又可对年内径流进行重新分配的水库，这种水库库容大。

(3) 小型水库的库容及其确定

库容，即水库蓄水的体积，是水库的重要指标之一。以灌溉为主的小型水库，库容分死库容、兴利库容和防洪库容（图 8-8），与之相对应就有死水位、兴利水位、设计洪水位。另外，当水库遇到比设计洪水更大的特大洪水时，水库可能达到最高洪水位，称为保坝洪水位，又称安全超高，一般为 1.0m。

① 死库容，是小型水库为了淤积泥沙、养鱼、提高水库自流灌溉水位而预留的库容，又称垫底库容。灌区要求的死库容可根据自流灌溉所要求的水位高程，可从水位库容关系曲线上查出；泥沙淤积要求的死库容可由下估算：

$$V_{死}=\frac{F\cdot V_0\cdot T}{r_s}$$

式中：$V_{死}$——死库容（m^3）；

F——流域集水面积（km^2）；

V_0——输沙模数（t/km^2）；

T——水库使用年限，即死库容淤满年限；

r_s——淤积物干容重（t/m^3），悬移质淤积物为 1.1 ~ 1.3；推移质为 1.6 ~ 1.8。

表8-8　水库分级和防洪标准

工程规划	永久性建筑物级别	总库容(m^3)	防洪标准	
			设计（正常）	校核（非常）
大型	1	>10亿	1000	10000
	2	1亿~10亿	100~1000	1000~10000
中型	3	1000万~1亿	50~100	300~500
小（一）型	4	100万~1000万	20~50	100~300
小（二）型	5	10万~100万	10~20	50~100
塘坝	6	<10万	<10	<50

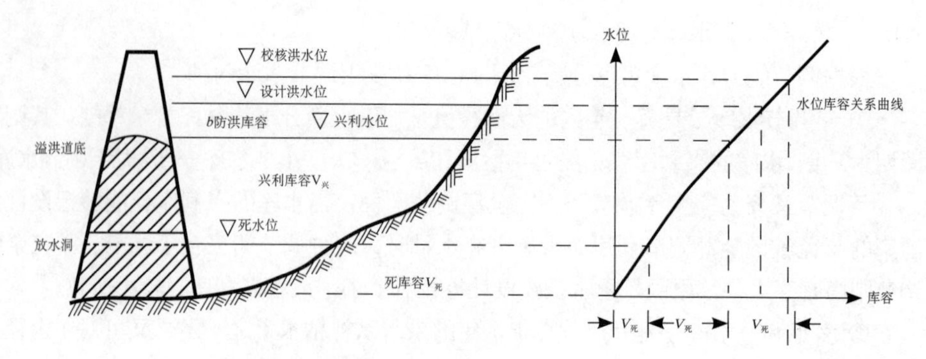

图8-8　小型水库容量示意图

死库容的淤积年限 T 由下式计算：

$$T=\frac{V_{死}}{W_{年}}$$

式中：$W_{年}$——水库平均每年的淤积量，即平均每年的入库泥沙量和排沙量之差值。

② 兴利库容，又称有效库容，是用来灌溉或发电的。小型水库的兴利库容都是根据正常年来水量计算的。年平均径流量计算有径流模数法和径流深等直线法。

径流模数法：$Q=R_{年}\cdot F$

式中：Q——年平均径流量（万 m^3）；

$R_{年}$——年径流模数（万 m^3/km^2）；

F——流域面积（km^2）。

径流深等值线法：$Q=1000y_0F$

式中：F——流域面积（km^2）；

y_0——多年平均径流深（mm）；

Q——多年平均径流量（万 m^3）。

③ 防洪库容：当水库来水达到兴利库容即为防洪库容（或调洪库容）。为保证水库安全，小型水库大都设有防洪库容。

A. 水库调洪计算原理和基本公式

水库调洪量计算是根据水量平衡的原理进行，基本公式为：

$$\frac{Q_1+Q_2}{2}\Delta t-\frac{q_1+q_2}{2}\Delta t=V_1-V_2=\Delta V$$

式中：Q_1，Q_2——时段初和时段末的入库流量（m^3/s）；

q_1，q_2——时段初和时段末的出库流量（m^3/s）；

V_1，V_2——时段初和时段末的库容（万 m^3）；

ΔV——时段库容变量（万 m^3）；

Δt——时段（s）。

上式的原理为在时段Δt内，进库水量$\frac{Q_1+Q_2}{2}\Delta t$，减去出库水量$\frac{q_1+q_2}{2}\Delta t$应等于水库蓄水量变化。当时段入库水量大于出库水量时，ΔV为正值，水库蓄水量增加；当时段入库水量小于出库水量时，ΔV为负值，水库蓄水量减少。

B．水库泄洪量计算

入库水量主要由流域洪水径流产生，出库水量主要指水库溢洪道和泄洪洞的排水量。

中小型水库溢洪道多属于开敞式溢洪道，属堰流中的宽顶堰，计算公式为：

$$Q=m\sqrt{2g}\cdot b\cdot H_0^{2/3}$$

$$H_0=H+\frac{V_0^2}{2g}$$

式中：Q——堰流泻流量；

H——堰上水头；

V_0——堰上趋近流速，当V_0很小，小于1m/s时可以忽略；

B——堰顶宽度；

G——重力加速度；

M——流量系数，视堰顶光滑和进口边缘圆滑程度而定，取值0.31～0.385，一般可取值0.35。

深水泄水洞一般设有闸门，既可泄洪，也可排沙，当闸门全开，且下游水位不淹没泄水洞出口时，泄洪量计算公式为：

$$Q=\mu A\sqrt{2gh}$$

式中：Q——泄水洞泄流量（m^3/s）；

A——泄水洞过水断面（m^2）；

h——泄水洞中心至库水位的水深（m）；

μ——流量系数，一般为0.6～0.7。

当下游水位淹没泄水洞出口时，上式中h应为水库水位与下游水位的差值。

C．水库调洪量计算方法

小型水库的调洪计算方法主要有试算法和图解法两种。

试算法：

在$\frac{Q_1+Q_2}{2}\Delta t-\frac{q_1+q_2}{2}\Delta t=V_1-V_2=\Delta V$式中，$Q_1$，$Q_2$，$\Delta t$，$q_1$及$V_1$为已知，只有$q_2$和$V_2$未知，先假定$q_2$后，由泄流曲线可查得时段末水位$Z$，由上式算出$V_2$，通过计算的$V_2$，从库容水位曲线上查得时段末水位$Z'$。如$Z=Z'$，则假定的$q_2$为正确，否则需重新假定$q_2$，直到两者相当或接近为止。

图解法：

将式$\frac{Q_1+Q_2}{2}\Delta t-\frac{q_1+q_2}{2}\Delta t=V_1-V_2=\Delta V$换后可得

$$\left(\frac{V_2}{\Delta t}+\frac{q_2}{2}\right)=\overline{Q}+\left(\frac{V_1}{\Delta t}-\frac{q_1}{2}\right)$$

式中：$\overline{Q}$——Δt 时段内入库平均流量，等于$\frac{Q_1+Q_2}{2}$；

$\frac{V_2}{\Delta t}+\frac{q_2}{2}$ 及$\frac{V_1}{\Delta t}-\frac{q_1}{2}$——坝前水位的函数，可事前绘制两函数的曲线，如图 8-9 所示。

图解步骤：已知时段初起调水位为Z_1，在图上绘水平线AC，交$\frac{V}{\Delta t}-\frac{q}{2}$曲线于B点；AB 即为$\frac{V_1}{\Delta t}-\frac{q_1}{2}$。令 BC 等于$\overline{Q}$，延长 AB 至 C 点，自 C 点做垂线交$\frac{V}{\Delta t}+\frac{q}{2}$曲线于 D 点。自 D 点做水平线交纵坐标于 E。E 点的 Z_2 值为所求时段末水位。同理可进行下一时段的图解计算。

为便于理解，现给出由图解法确定设计洪水位，调洪库容的求解实例。

例：某水库设置开敞式无闸门溢洪道，堰顶高程为 120m，宽度 20m，流量系数 m=0.36，水库水位与库容关系，和设计洪水过程线，如图 8-10 和表 8-9、表 8-10，计算时段取 Δt=1h，求设计洪水位、调洪库容及下泄流量过程。

采用图解法进行调洪计算：

a. 求泄量 Q 与库容 V 关系线：水库下泄流量包括溢洪道及其他取水口引用流量，本例为水电站引用流量 Q_t = 10m³/s。因 V_0 很小，H_0 可用 H 代替则：$Q_3=m\sqrt{2g}bH^{3/2}$

总泄量 $Q=Q_3+Q_1$

计算如表 8-11 并绘出图 8-11。

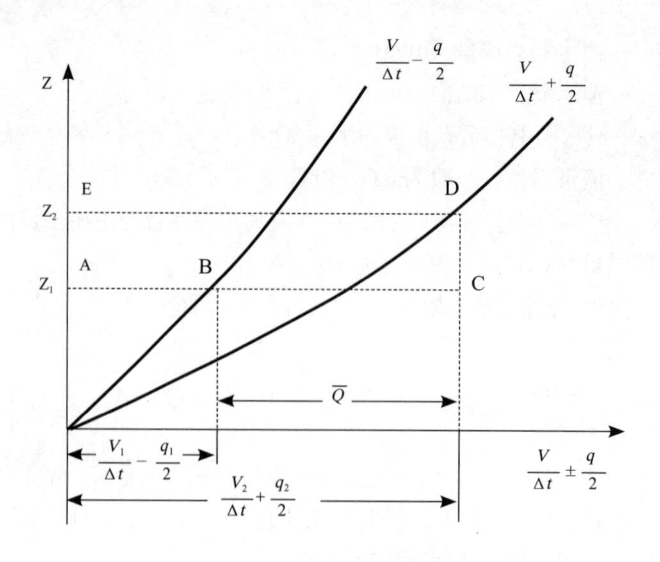

图8-9　坝前水位函数曲线

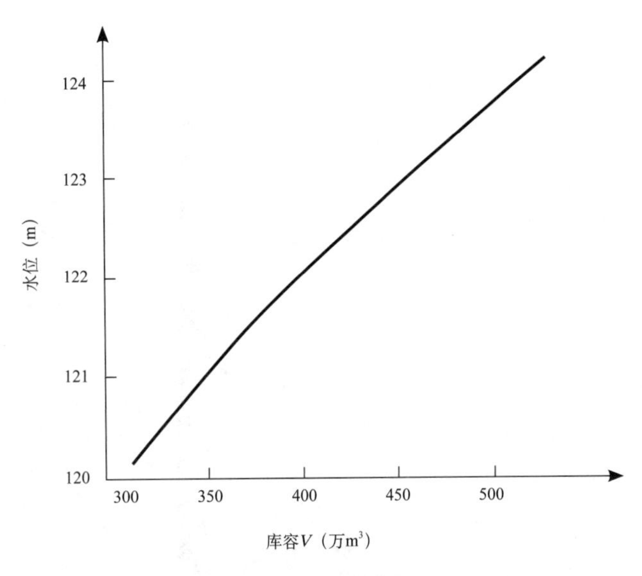

图8-10　库容曲线

表8-9　水库水位——库容关系

水位（m）	113	120	121	122	123	124	125
库容（m^3）	220	305	350	400	455	515	580

表8-10　设计洪水过程线

时间（h）	0	1	2	3	4	5	6	7	8
流量（m^3/s）	10	50	101	185	125	84	50	32	10

b. 辅助曲线计算表：表 8-12。辅助曲线见图 8-12。

c. 调洪计算：见表 8-13。

设计洪水水位为 121.97m；最大泄量为 98m^3/s；防洪库容为 93 万 m^3。

（4）设计洪水计算

设计洪水计算包括设计洪峰、设计洪量及设计洪水过程线三部分。

① 设计洪峰流量计算：设计洪峰流量可由下列两种方法求得。

A. 地区经验公式 F

$$Q_p=C\cdot H\cdot P\cdot F^{2/3}$$

式中：Q_p——设计洪峰流量（m^3/s）；

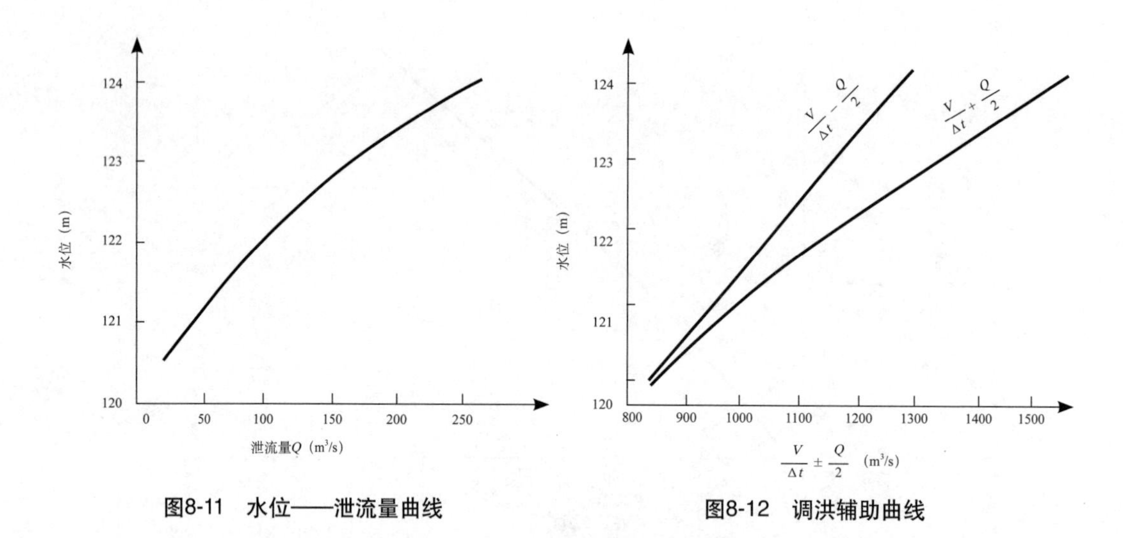

图8-11　水位——泄流量曲线

图8-12　调洪辅助曲线

表8-11　泄洪流量与库容关系

水位Z(m)	120	121	122	123	124	125
库容V(m³)	305	350	400	455	515	580
堰上水头H (m)	0	1	2	3	4	5
溢洪道泄量Q_s(m³/s)	0	32	91	167	256	358
电站引用流量Q_s(m³/s)	10	10	10	10	10	10
总泄量(m³/s)	10	42	101	177	266	368

表8-12　辅助曲线设计表

水位 Z(m)	库容 V(m³)	$V/\Delta t$ (m³/s)	Q (m³/s)	$Q/2$ (m³/s)	$V/\Delta t+Q/2$	$V/\Delta t-Q/2$
120	305	848	10	5	853	843
121	350	973	42	21	994	952
122	400	1110	101	50.5	1161	1059
123	455	1265	177	88.5	1354	1176
124	515	1430	266	133	1563	1297
125	580	1610	368	184	1769	1401

表8-13　调洪计算

时间t（h）	设计洪水流量(m^3/s)	时段平均流量(m^3/s)	时段末水位Z(m)	时段末出流量q(m^3/s)
0	10			
1	50	30	120.15	13
2	101	76	120.60	26
3	185	143	121.35	60
4	125	155	121.90	94
5	84	105	121.97	98
6	50	67	121.80	87
7	32	41	121.5	69
8	10	21	121.2	52

H——24h 暴雨量（mm）；

F——流域面积（km^2）；

C——洪峰地理参数，由表 8-14 查出；

P——设计频率（%），由表 8-15 查出。

B. 推理公式

用水利水电科学院提出的推理公式计算：

$$Q_p = 0.278\frac{4S_p}{\tau n}F$$

式中：Q_p——设计洪峰流量（m^3/s）；

F——集水面积（km^2）；

τ——集流时间（h）；

S_p——雨力，最大 1h 雨量（mm/h）；

n——暴雨递减指数。

详细计算步骤可参考《水利水电工程设计洪水计算规范》（SDJ22—79）及有关水文计算书籍。

② 设计洪量计算：指某一设计标准（频率为P%）时，一次暴雨产生的总水量，对于中小流域，洪水一般陡涨陡落，产生一次洪水的降雨为 1 天左右，因此小流域可

表8-14　洪峰地理参数

流域地类	石质山区（粘土类）	土石山区（丘陵沟壑区）	土山区（丘陵阶地）	石山森林区
C	0.24～0.26	0.16～0.18	0.12～0.14	0.05～0 .07

表8-15　频率与重现期关系

频率P(%)	0.1	0.2	0.3	1.0	2.0	3.0	5.0	10.0
重现期T*(年)	1000	500	300	100	50	30	20	10

* 重现期T：平均T年一遇的洪水。

采用24h设计暴雨所形成的洪量作为设计洪量，即：

$$W_p=\frac{1}{10}\ \alpha H_{24p}F$$

式中：W_p——设计频率为P的一次暴雨洪水总量（万m³）

α——暴雨径流系数，

H_{24p}——频率为P的24h暴雨量（mm）；

F——水库集水面积（km²）

α、H_{24p}可从各省区水文手册查得。

③ 设计洪水过程线：一些水库承担下游防洪任务，为确定所需防洪库容及溢洪道或泄水洞的规模，除计算洪峰和洪量外，尚需推求设计洪水过程线。洪水过程线分单峰型、双峰型及多峰型，其取决于暴雨过程和平面分布。典型过程线应从历年实测洪水过程线中选择峰高量大的过程线。

设计洪峰过程线的放大有的按洪峰倍比放大，并控制洪量与同频洪量接近，以及按洪峰倍比放大，一般规划设计常采用前者，总的原则是峰、量兼顾。为解决此矛盾，整个过程线要分不同时段采用不同倍比值。另外，在设计中把多峰过程线概化为单峰过程线是偏于安全的。为便于理解，举例说明设计洪水过程曲线的推求过程。

例：已知某坝址典型实测洪水过程曲线如图8-13和表8-16，洪峰流量为190m³/s，24h洪量763.4万m³。该坝址100年一遇设计洪峰流量为300m³/s，24h洪量为1150万m³，求100年一遇洪水过程线。

解：因为洪峰流量比值$K_{峰}=\frac{Q_{P设}}{Q_{P典}}=\frac{300}{190}=1.58$，与24h洪量比值$K_{量}=\frac{W_{P设}}{W_{P典}}=\frac{1150}{763.4}=1.51$不等。则整个洪水过程曲线不宜用同一比值放大。

本例采用4h至10h（6h）部分比值1.58放大，为使洪量协调，洪水过程其余部分采用下述比值放大：

$$即K=\frac{百年一遇24h洪量-百年一遇6h洪量}{典型年24h洪量-典型年6h洪量}=\frac{1150-584}{763.4-368}=1.43$$

在此值交界处4时，10时采用两比值的平均值$\frac{1.58+1.43}{2}=1.5$放大，计算结果见表8-16。

(5) 小型水库建筑物设计

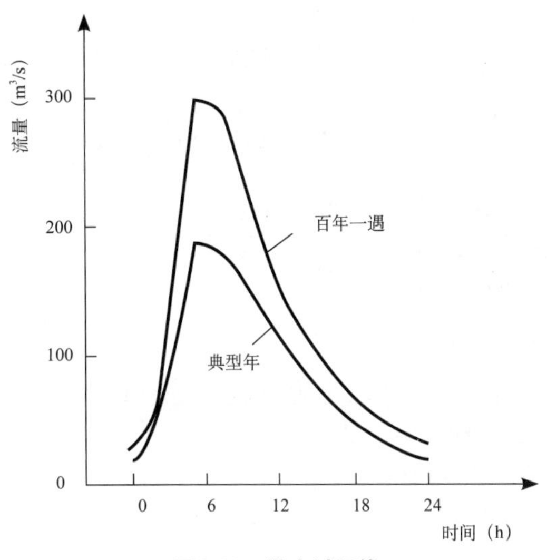

图8-13　洪水过程线

表8-16　洪水过程线

时间（h）	0	1	2	3	4	5	6	7	8	9	10	11	12
典型年流量(m³/s)	20	27	41	72	138	190	188	183	172	156	138	124	107
百年一遇洪水流量(m³/s)	28.6	38.7	58.8	103	208	300	297	289	272	246	208	178	153
时间（h）	13	14	15	16	17	18	19	20	21	22	23	24	
典型年流量(m³/s)	94	82	72	63	56	48	48	35	31	27	23	20	
百年一遇洪水流量(m³/s)	134.5	117.5	103	90.3	80	68.8	57.2	50.1	44.3	38.6	32.9	28.6	

小型水库一般由大坝、溢洪道和泄水洞三部分组成，称为小型水库的“三大件”。

① 大坝设计。大坝是水库拦洪蓄水的挡水建筑物，由于多用土料筑成，又称土坝。土坝迎水坡由于经常受风浪淘刷的影响，坝体极易被破坏，其迎水面需采用护坡措施，常见的有块石护坡、混凝土护坡和草皮护坡等。究竟采用那种形式，应遵循因地制宜、因害设防、就地取材的原则。

A. 坝高计算：坝的全高（H），包括坝基至溢洪道底的高度（H_1）、最大溢洪水深（H_2）和安全超高（H_3）三部分，即 $H = H_1 + H_2 + H_3$。

B. 坝顶宽度：根据具体情况而定，一般不能小于 3 ～ 4m。

C. 坝坡：包括迎水坡和背水坡，坝坡大小由坝高、土质和水位决定。小型水库的坝坡可参考表 8-17。

② 溢洪道尺寸计算。溢洪道多修在水库一侧的河岸上，通常为开敞式溢洪道，其断面尺寸可用两式联解：

$$q_{溢}=Q_p\left(1-\frac{V_{调}}{W_p}\right)$$

$$q_{溢}=MBh^{2/3}=m\sqrt{2g}\cdot Bh^{2/3}$$

式中：$q_{溢}$——溢洪道最大泄量（m^3/s）；

Q_p——设计洪峰流量（m^3/s）；

$V_{调}$——调洪库容（万 m^3）；

W_p——设计洪量（万 m^3）；

M——溢洪道流量系数，宽顶堰式系数 $M=m\sqrt{2g}=0.35\sqrt{2g}=1.5$；

B——溢洪道宽度（m）；

H——溢洪道水深（m）。

③ 涵洞口径确定。涵洞是灌溉和排沙的建筑物，对泥沙较少的流域，建造一个涵洞即可，口径大小主要根据灌溉最大放水量 Q 决定，即

$$Q=\frac{AF}{86400\,\eta\,T}$$

式中：Q——灌溉最大放水流量（m^3/s）；

A——灌溉面积（hm^2）；

F——每公顷灌溉定额（m^3/hm^2）；

η——渠道有效利用系数，一般取值 0.7；

T——灌水天数，即轮期日期；

86400——昼夜秒数。

圆形放水涵洞的计算水头和洞前水深可近似采用下式计算：

$$Z=H_0-D$$

式中：Z——计算水头（m）；

H_0——洞前水深（m），$H_0=\frac{1}{2}$（兴利水位—涵洞槛顶高程）；

D——涵洞直径（m）。

表8-17　土坝的边坡

坝高（m）	边坡坡度（垂直：水平）	
	迎水坡	背水坡
5	1：2.0	1：1.5
5～10	1：2.5～3.0	1：2.0～2.5
10～20	1：3.0～3.5	1：2.5～3.0

表8-18 单孔圆管有压流量表(m^3/s)

Z(m) \ D(m)	0.4	0.5	0.6	0.7	0.8	0.9	1.0	1.1	1.2	备注
1.0	0.22	0.38	0.60	0.87	1.20	1.58	2.03	2.54	3.10	
1.5	0.27	0.47	0.74	1.07	1.47	1.94	2.48	3.10	3.76	
2.0	0.31	0.54	0.85	1.23	1.68	2.23	2.82	3.50	4.34	
2.5	0.36	0.61	0.95	1.38	1.90	2.50	3.20	4.00	4.90	
3.0	0.38	0.66	1.04	1.50	2.06	2.74	3.50	4.40	5.30	
3.5	0.41	0.72	1.12	1.62	2.25	2.94	3.80	4.74	5.70	
4.0	0.44	0.77	1.27	1.74	2.40	3.17	4.05	5.10	6.20	
4.5	0.46	0.81	1.29	1.85	2.55	3.36	4.30	5.40	6.50	
5.0	0.49	0.86	1.35	1.90	2.67	3.56	4.50	5.70	6.90	
6.0	0.53	0.93	1.48	2.12	2.90	3.85	5.00	6.20	7.50	L=60m

为计算方便，现将圆管有压流的流量 Q、管径 D 和计算水头 Z 的关系列入表 8-18。

(6) 小型水库的施工

水库的施工主要包括：

① 施工准备工作，如制定施工计划和程序，材料和工具的准备，做好施工现场的布置等；

② 施工导流和排水，如施工导流，施工场地的排水，泉水处理；

③ 坝基清理；

④ 土坝的填筑夯实等工序。

第三节 小型水利工程

在水土流失地区，除沟中小水库属小型水利工程外，在坡面有许多“以蓄为主，排蓄结合”的小型水利工程。在暴雨中能拦蓄地表径流，减缓流速，同时有助于用洪用沙，变害为利，与水土保持工作紧密结合，故也属于水土保持范畴。

一、塘坝（又称塘堰）

塘坝为丘陵山区较为常见的小型水利工程，既可蓄水拦泥，又方便灌溉，蓄水浅、水温高，在低温季节用塘水灌溉有利于作物生长。

塘坝的蓄水容积均在 10 万 m^3 以下，其蓄水量可按下列两种方法进行估算。

1. 按集水面积估算

此法适于受来水量控制的工程。

$$W = 1000PaF\eta$$

式中：W——塘坝可提供的水量（m^3）；

P——年降雨量（mm）；

a——年径流系数；

η——径流利用系数（计入蒸发渗漏损失），一般取值 0.6 ~ 0.7；

F——塘坝集水面积（km^2）；

1000——单位换算系数。

2. 按复蓄次数估算

此法适于受塘坝容量控制的情况。

$$W = nV$$

式中：W——塘坝可提供水量（m^3）；

V——塘坝容积，根据实际测量确定（m^3）；

n——塘坝的复蓄次数，可根据实地观测和调查确定，在南方地区一般可采用 1.5 ~ 2.0。

在塘坝布局上，一般应在灌区下游和边缘地区增建新塘坝，在位置较高的山谷修建山塘，在冲顶部修建冲顶塘，位置较低的塘坝调整到高处，改提水为自流。为了扩大塘坝的来水量和容量，可以将小塘合并为大塘，浅塘挖成深塘，开挖集流沟，将孤塘、孤堰连结起来，形成“长藤结瓜”式水利系统，不仅扩大塘坝集水面积，又可提高塘坝的蓄水拦泥能力。

二、蓄水池

山丘区由于雨量小，蒸发和渗透量大，除利用有利地形发展小型水库和塘坝工程外，多在分散的丘陵岗地建立各式各样的蓄水池，以充分拦蓄地表径流。我国南方称为“陡塘”和“山弯塘”，西北地区称为“涝池”。

蓄水池主要有如下三种类型：

1. 专为拦蓄暴雨径流的蓄水池

在路旁、坡凹或其他水流集中的地方，通过挖坑、筑埂或半填半挖方式修筑而成，一般不采取防渗措施。在沟头修筑蓄水池可有效拦蓄地表径流，防止沟头侵蚀。

2. 专为蓄水灌溉或饮用的蓄水池

一般与渠道、水井、抽水站等结合，用来贮存渠、井、抽水站抽引的水量，以便灌溉或饮用。通常采用防渗措施，且多修在不致遭受暴雨冲刷，又便于自流灌溉的较高处。

3. 既可拦蓄暴雨径流，又与渠道、井和抽水站结合的蓄水池

这类蓄水池不仅要求地形条件较好，而且工程质量要求也较高。蓄水池的大小应与其控制面的来水量相适应，可通过下式估算：

$$Q=F\cdot h\cdot c/1000$$

式中：Q——径流量（m^3）；

F——集水面积（m^2）；

H——最大1日暴雨量（mm）；

c——径流系数。

三、转山渠

又称盘山渠、撇洪沟，在我国南方较多。坡面上部土层较薄，多为林、牧基地；下部土层较厚，为基本农田。在两部分交界处修转山渠，结合蓄水池、塘坝等工程，可将暴雨径流通过转山渠拦截引入池中，既保证下部农田不受冲刷，又可利用池中蓄水浇灌下部农田。

四、水窖、水窑

在黄河中游的干旱和枯水区，为解决人畜饮水问题，通常在坡地适当位置，于地下开挖一个瓶状的土窖，底部和四壁用粘土或胶泥捶实防渗，雨季将地表径流澄清后，引人窖内存储，供长年饮用，体积约 $10m^3$ 左右。

有的地方将水窖的作法发展为水窑，体积扩大到 100 ~ $200m^3$，底部、四周捶实后用粘泥或水泥抹面防渗。水窑不仅可满足饮水需要，还可以抗旱点浇，发展生产。

五、引洪漫地

引洪漫地就是把河流、山沟、坡面村庄和道路流下来的洪水漫淤在耕地或低洼河滩。

1. 引洪漫地的特点

（1）增加川平地，扩大稳产高产农田。将河流山洪、沟坡洪水分引或全部引用，淤漫河滩、低洼涝地，建设可灌、可排的稳产高产田。

（2）增水增肥，改良土壤。洪水中含有大量氮、磷、钾、腐殖质等肥料，每淤漫一次，不仅是灌了一次水，而且等于上了一次肥，在沙性土地上漫淤，还可增加土壤粘粒含量，改良土壤结构，提高土壤抗旱能力。

(3)拦蓄引洪，削减洪峰。沿河道两岸，分多级引洪；在河沟支流处分段拦蓄和引洪，起到削减洪峰流量，减轻河床泥沙压力，防止洪水泛滥作用。

（4）投资少，效益高。投资少，淤地快，增产多，效益高。

2. 引洪漫地的种类

(1) 引河流洪水漫地。在土壤侵蚀严重地区，河水含沙量极高，如黄河一般在30%以上，可采用此法增地肥田。

(2) 引沟壑洪水漫地。即从泥沙含量高的沟壑中将洪水引到沟口以外的耕地。

(3) 引坡洪漫地。通过山坡修筑的截山沟、转山渠等拦截坡面洪水，漫淤台地、阶地和山谷川地。

(4) 引路洪、村洪漫地。山丘区道路、村庄是人类活动的主要场所，一般坡度大、来水猛，泥沙量大，含肥料丰富。通过截水沟或排水沟引路、村洪漫淤，效果好。

3. 引水工程的形式

(1) 河岸开口引水。当引水量较少，引水口较多时使用，不需要永久性建筑物，只需在开口处用草袋、沙袋或木板临时挡水就可引水入渠。

(2) 拦河修筑滚水坝引水。适于长期固定引水处采用，通过滚水坝抬高水位，在坝的一端设控制闸门引水。

(3) 导流堤引水。只需引河中小部分洪水时采用，导流堤应伸入河中 10 ~ 20m，与河岸成 10° ~ 20° 夹角。

(4) 虹吸管吸水。

4. 引洪漫地应注意的问题

(1) 引用含沙量大的洪水时，引洪渠口要稍高于沟道底，以防沙、石流入渠道。

(2) 引山洪或河洪漫地时，引水口一定要牢固，应能闸、能放、能控制洪水流量。

(3) 引洪后，胶结物质多，土壤易板结，通气性不良，应及时中耕改良土地，提高土壤团粒结构。

(4) 引洪口与水流方向最低成 60° 夹角，达到快引多淤，高引低泄的目的。

(5) 多口引洪时，渠道宜短，便于及时直接灌田。

(6) 加强管理，经常检查，出现问题及时修补。

第九章
水土保持规划

水土保持规划（Soil and Water conservation planning）是为了防治水土流失，做好国土整治，合理开发利用并保护水土及生物资源，改善生态环境，促进农、林、牧生产和经济发展，根据土壤侵蚀状况、自然和社会经济条件，应用水土保持原理、生态学原理及经济规律，制定的水土保持综合治理开发的总体部署和实施安排。它是开展水土保持工作的主要依据，也是农业生产规划的重要组成部分。通过规划，用科学方法指导水土流失治理，使各业协调发展；通过规划，根据水土流失规律，合理安排各项治理措施，明确具体要求和实施步骤，使水土流失治理工作有计划地进行，避免盲目性，达到事半功倍的效果。

水土保持规划，既可以按流域进行，又可以按行政区划进行。由于小流域是江河水系的基本集水单位，从水土流失规律来看，以小流域为单元进行综合治理，可取得良好的效果，因此本章着重介绍小流域水土保持规划问题。

第一节　水土保持规划的种类和作用

一、水土保持规划的种类

（一）根据水土保持规划范围划分

1．大面积规划

以一个省、一个地区、一个县或一个大中型流域（面积几百、几千甚至几万平方公里）为单位进行的规划。其主要任务是：通过水土流失调查，在土壤侵蚀类型分区的基础上，根据当地自然条件和社会经济发展状况，确定水土保持的主攻方向、措施，制定宏观规划方案（土地利用、面积、农业、林业、牧业等），提出水土保持综合配套技术和指标，大体规定水土保持建设的发展计划和费用，科学预测水土保持建设的经济、生态和社会效益。

2．小面积规划

以一个乡、一个村或一个小流域（面积几个到几十个平方公里）为单位进行的规划。其主要任务是：根据大面积总体规划提出的方向和要求，以及当地农村经济发展实际，合理调整土地利用结构和农村产业结构，具体地确定农林牧生产用地的比例和位置，针对水土流失特点，因地制宜地配置各项水土保持防治措施，提出各项措施的技术要求，分析各项措施所需的劳工、物资和经费，在规划期内安排好治理进度，预测规划实施后的经济、生态和社会效益，提出保证规划实施的措施。

（二）根据水土保持在规划中的地位划分

1. 以水土保持为主体的规划

在严重水土流失地区，例如黄河中游的黄土丘陵沟壑区，水土流失面积占土地总面积的 80% ~ 90%。因此，农林牧业生产和农田基本建设，都必须建立在水土保持的基础上，而各项水土保持措施又必须紧密结合农林牧业生产和农田基本建设才能实施。总之，水土保持工作在规划中居主导和起决定作用的地位，规划的任务除水土保持外，实际上包括了农林牧业生产和农田基本建设的主要内容，甚至包括整个农业生产发展（农、林、牧业用地的比例和位置）的内容。在这种情况下，水土保持规划往往成为当地“农业生产规划”或“生态环境建设规划”的主体。

2. 以水土保持为一个重要组成部分的规划

在一般的水土流失地区，例如我国南方有些山区或丘陵区，水土流失面积只占土地总面积的较小部分。虽然局部地方水土流失及其后果十分严重，在当地的“农业生产规划”或“生态环境建设规划”中，水土保持必须是其中一个重要组成部分；但是，从农业生产和生态环境建设整体来看，水土保持还不是居于主导地位或起决定作用的。这样的水土保持规划，其任务一般只解决局部地区的水土流失问题，不可能包括当地的全部农业生产和生态环境建设问题，因而也不能代替当地的“农业生产规划”或“生态环境建设规划”。

二、水土保持规划的作用

无论是哪一类型的规划，其作用都是为了指导水土保持实践、使水土保持工作能按照自然规律和社会经济规律进行，避免盲目性，达到多快好省的目的。制定水土保持规划，至少有以下几个方面的作用：

1. 调整农业生产结构，合理利用土地资源

有了规划，就可以明确生产发展方向，恰当地安排农林牧业生产用地的比例，使水土资源得到合理利用，水土流失从根本上得到控制。我国一些山地丘陵区，广种薄收、单一农业经营十分普遍，是造成水土流失和人民生活贫困的根本原因，必须通过规划调整农业产业结构，变广种薄收的单一农业经营为少种高产多收的农林牧渔副各业综合发展，这在生产结构和耕作制度上都是带有根本性的重大变革，没有建立在科学基础上的规划是不可能完成的。

2. 确定合理的治理措施，有效地开展水土保持工作

规划确定了水土保持的治理措施，它包括工程措施、林草措施、耕作措施，如梯田、坝库、林草、沟垄种植等的平面部署、建设规模、发展速度等，做到心中有数、有条不紊。特别是治坡与治沟的关系、工程措施与林草措施的关系，多年来许多地方由于处理不当，使水土保持工作受到不应有的影响，投入了大量人力、物力、财力，而水土流失的治

理速度缓慢，效果不显著。因此，必须通过规划，正确处理这些关系，使水土保持工作有效地开展起来。

3. 制定调整农业产业结构的具体办法，解决群众生活问题

早在建国初期，许多地方的水土保持规划中就已明确指出，必须改广种薄收、单一农业经营为合理利用土地、农林牧综合发展。但是，大多未能同时提出实施规划的有效途径，由于群众吃饭问题没有解决，再加上其他一些具体矛盾，以致50多年过去了，大部分地区广种薄收的状况基本没有改变，有的甚至扩大了。实践证明，改变广种薄收不是靠一道命令就能解决的，必须通过规划，采取建设高产、稳产基本农田等有效措施，解决群众吃饭问题，这是一项既有自然科学又有社会科学的系统工程，没有切实可行的规划，单靠良好的愿望是不能解决问题的。

4. 合理安排各项治理措施，保证水土保持工作的顺利进行

规划中提出了实施各项治理措施所需的人力、物资、经费和时间，并做出了合理安排，使各项治理措施的发展既积极、又可靠。一方面，要充分挖掘劳动资源，把一切能用上的力量全部使出来，同时还要注意协调各项措施间的关系，包括施工季节和年进度安排，使它们互相促进。例如，梯田、坝库、林草这三方面的措施。一般情况下，每年必须交替进行，不可能在几年之内只搞梯田、坝库，不搞林草，也不可能在几年内只搞林草，不搞梯田、坝库。不同条件下应有不同的做法，具体如何安排，必须有一个好的规划。

5. 预估水土保持效益，调动群众积极性

治理水土流失、开展水土保持工作，其根本目的就是要改变山丘区贫穷落后面貌，增加群众收入；同时改善生态环境，提高生境质量。效益估算，首先是经济效益的估算，包括实施各项水土保持措施后，在提高粮食产量、增加现金收入、改变贫困面貌方面能达到什么程度，用这些能达到的美好前景教育群众，调动群众治理水土流失的积极性；其次是水土保持对减少河流洪水、泥沙的效益，可为大、中型河流的开发治理和各项水利工程建设的规划设计，提供科学依据。

第二节　小流域水土保持规划的目的、意义

所谓流域，就是江河水系中一个完整的自然集水区，大至江河的汇水区域，小到毛沟。至于小流域，意即一个小的完整的基本集水单元，面积一般为 2 ～ 30km²，最多不超过 50km²。

一、小流域水土保持规划的目的

小流域水土保持规划的目的是，根据大区域水土保持战略规划的总体要求，结合当地自然条件、社会经济状况和水土流失特点，具体布设治理措施，合理确定农林牧

各业生产用地的位置、面积和比例，提出治理进度和所需要的物资、劳力和经费，制定管理措施，以及经济、生态和社会效益指标。

小流域水土保持规划，可为调整农业产业结构、提高粮食产量和加快脱贫致富步伐指明正确方向，使水土保持各项措施建立在科学的、切实可行的基础上。小流域水土保持规划是当地“农业基本建设规划”和“生态环境建设规划”的主要组成部分，规划的实施对于改善生态环境、促进当地社会经济的可持续发展都有积极的作用。通过规划，使群众进一步认识到水土流失的危害性和防治后的效果，从而为治理水土流失打下良好的基础，因而制定小流域水土保持规划是很有必要的。

二、小流域水土保持规划的意义

在一个大的流域范围内，水土流失的发生都是从若干小流域发展而来的。要控制大流域范围内的水土流失，就必须先控制小流域内的水土流失，从根本上治理水土流失，这是符合水土流失治理规律的。由于历史原因，过去一些地方片面强调“以粮为纲”，忽视了“全面发展”，使农、林、牧用地比例失调；加之在治理措施上缺乏统一规划，即使在一个小流域内治理水土流失，也是东修一块梯田，西治一条沟，有的只治沟不治坡，只治上不治下，违背了水土流失规律，结果只能是事倍功半、劳民伤财。只有按小流域进行综合规划，正确地确定农、林、牧业生产用地，科学地制定水土保持措施，才能充分利用水土资源，为山区人民尽快脱贫致富开创一条新的道路。按小流域综合治理水土流失有很多好处，主要有：

1. 符合水土流失治理规律

众所周知，暴雨形成的洪水、泥沙，是按流域系统汇集的，其汇集过程是从坡面到沟底，从支、毛沟到干沟，从沟头到沟口，因此一个流域就是一个洪水、泥沙汇集系统，也就是一个水土流失单位。整个水土流失区，实际上是由许多大大小小的流域汇集在一起组成的。因此，只有按照流域进行综合治理，才能针对水土流失规律，因害设防地安排各项治理措施，统筹照顾上下游、左右岸的利益，合理解决可能出现的各种矛盾，达到充分利用水土资源目的。因此，在以小流域为单位进行规划和治理时，必须从组成这个小流域的各条小支沟入手，逐条进行具体规划和集中治理。

2. 有利于全面规划，综合治理

以流域为单位进行规划和治理，可以将治沟和治坡结合起来，将工程措施和生物措施结合起来，进行综合治理，这样才能有效地控制水土流失。在治理措施上，工程措施是改变小地形，生物措施主要是改变生态环境。治水在于治山、治坡，治山在于造林种草，增加植被覆盖；治坡在于坡耕地改垄、修筑梯田。在治山治坡初期，植物措施对于固土拦泥、减少水土流失虽然是有效的，但沟、坡的工程措施起了主要作用。待植物长大后，其拦泥、减缓地表径流的作用增大了，这时工程措施就处于正常利用阶段，它不仅可起到护田固坡作用，而且可为农作物提供水源。治沟与治坡，生物措施与工程措施的高度统一和有机结合，只有在小流域内才能得到充分体现。

3. 有利于规划实施，加快群众脱贫致富

水土流失严重地区大多是我国经济欠发达地区，群众生活尚不富裕，国家对治理水土流失投资有限，搞大流域、大工程难度很大，而进行小流域治理，建设一些小型水利工程、造林种草，不但工程成本低，群众有这个能力，而且见效快、收益大。20世纪80年代，随着改革开放和农业生产责任制的落实，我国有些地方进行了户包小流域的尝试。十几年来的实践表明，靠开发治理小流域完全可以脱贫致富，而且风险小。据调查，在山西省38.6万户小流域承包中，有90%的户每人年平均收入增加350元，人平均占有粮食300kg以上，达到了山西省稳定脱贫标准；有25%的户年人均收入增加100元，人平均占有粮食500kg以上，已有相当一批承包户接近或超过小康水平。因而，水土保持既是欠发达地区的温饱工程，又是群众脱贫致富、奔小康的致富工程。

4. 有利于改善生态环境，促进社会繁荣和进步

在小流域内便于统一规划，统一治理，集中力量打歼灭战。小流域得到治理，不但能提高群众收入，而且还能减少土壤侵蚀量、洪峰流量，延缓洪峰的到来时间，降低洪枯比，使流失区的生态环境大大改善。环境条件和经济条件改善后，可进一步发展工、副业，发展第三产业，促进社会的繁荣和进步。

目前，我国小流域综合治理取得了辉煌成就，列入重点治理的小流域有1万多条，在治理形式、措施、方式、面积等方面都发生了很大变化。在治理形式上，由一窝蜂而上，转向户包、联户承包，或集中连片治理、专业队施工；在治理措施上，由过去单一、分散治理，转向以小流域为单元，生物、工程、农业措施相结合的综合、集中治理；在治理方式上，由过去防护性治理，不够重视经济效益，转向经营开发性治理，经济效益、生态效益和社会效益并重；在治理面积上，由过去点上治理，逐步向面上推开，形成“点向面扩散，面向点靠拢”的新局面。

第三节　小流域水土保持规划的指导思想、原则和基本内容

一、小流域水土保持规划的指导思想

（1）水土保持规划应符合我国经济和生态环境建设总的战略部署，与当地的农业发展战略和社会经济发展状况相适应，为促进社会经济的繁荣和进步服务。具体说来，小流域水土保持规划应符合《中华人民共和国水土保持法》、《全国生态环境建设规划》、当地社会经济发展规划等国家和地方法规。

（2）规划应与当地的自然条件和社会经济条件相结合，既要有效地控制水土流失，改变当地的生产条件，又要大力发展多种经营，为解决群众生产、生活中的主要问题

服务，把群众脱贫致富的要求作为规划的重点。

(3) 规划应当与生态、经济建设结合起来，在追求最大经济效益的同时，还要取得良好的生态效益，以改善生态环境，促进人们的身心健康。

(4) 规划既要有实事求是的科学态度，又要有前瞻性和超前性，要从当地的实际出发，充分利用自然优势，讲求实效。因此，所作的规划必须便于实施和推广应用，使小流域综合治理具有鲜明的科学性和实用性。

二、小流域水土保持规划的原则

近年来，全国各地在水土流失治理工作中，坚持以小流域为单元进行全面规划、综合治理，逐渐摸索、总结出了一些基本原则：

1. 综合治理，因地制宜的原则

我国幅员广大，各地的自然条件和社会经济状况不同，因此在小流域规划时，必须认真研究各地区、各流域的具体情况，从当地实际出发采取相应的治理措施，正确处理农业措施、生物措施和工程措施之间的相互关系。在治理工作中，要做到先上后下，先支后干，先坡后沟，先易后难。生物措施和工程措施相结合，以生物措施为主；工程措施与农业耕作措施相结合，以农业耕作措施为主；骨干工程与一般工程相结合，以一般小型工程为主，各项措施互相配合。

2. 水土保持与农林牧副渔各业协调一致的原则

水土保持工作与农林牧副渔各业是一个对立统一的整体，他们既相互矛盾又相互促进。首先要解决好水土保持与农林牧副渔各业的矛盾。众所周知，开展水土保持工作的根本目的是改变生态环境，为农林牧副渔各业创造一个良好的条件；而农林牧副渔的健康发展，又可防治水土流失，促进水土保持工作。其次，要妥善处理农业与林牧业及林业与牧业的矛盾，宜农则农，宜林则林，宜牧则牧，保证农林牧副渔各业的协调发展。

3. 立足当前，着眼长远，长短结合的原则

水土保持工作只顾当前，不顾长远，就不能从根本上改变面貌；只顾长远，不顾当前，近期不见效益，就会挫伤群众的积极性，特别是水土流失严重的地区，经济条件一般比较差，多年不见效的事他们负担不起，必须长短结合，以短养长。要抓住当地群众生产和生活的主要矛盾，明确奋斗目标和主攻方向，近期目标要具体、实际，远期目标要科学、合理，有实现的可能性。

4. 防治并重，治管结合，治理与开发同步运行的原则

要依靠群众，以自力更生为主，以国家扶持为辅，治理措施和投资要从少花钱多收益出发，规划方案要进行经济核算和效益分析，做到技术上合理、经济上合算。

三、小流域水土保持规划的基本内容

根据中华人民共和国国家标准《水土保持综合治理——规划通则》(GB/15772—

1995)，小流域水土保持规划的基本内容和程序是：

1. 进行水土保持综合调查

（1）调查分析规划范围内的基本情况，包括自然条件、自然资源、社会经济情况、水土流失特点四个主要方面。

（2）调查总结水土保持工作成就与经验。包括开展水土保持的过程,治理状况（各项治理措施的数量、质量、效益)，水土保持的技术措施经验和组织领导经验，存在的问题和改进的意见等。

2. 进行水土保持区划

在大面积总体规划中，必须有此项内容和程序。根据规划范围内不同地区的自然条件、社会经济情况和水土流失特点，划分若干不同的类型区，各区分别提出不同的土地利用规划和防治措施布局。

3. 编制土地利用规划

根据规划范围内土地利用现状与土地资源评价，考虑人口发展情况与农业生产水平、发展商品经济与提高人民生活的需要，研究确定农村各业（农、林、牧、副、渔）用地和其他用地的数量和位置，作为部署各项水土保持措施的基础。

4. 进行防治措施规划

根据不同利用土地上不同的水土流失特点，分别采取不同的防治措施。

（1）对林地、草地等流失轻微但有流失潜在危险（坡度在15°以上）的,采取“预防为主”的保护措施；在大面积规划中对大片林区、草原和在大规模开矿、修路等开发建设项目地区，应分别列为重点防治区与重点监督区，加强预防保护工作，防止产生新的水土流失。

（2）对有轻度以上土壤侵蚀的坡耕地、荒地、沟壑和风沙区，分别采取相应的治理措施，控制水土流失，并利用水土资源发展农村经济。

（3）小面积规划中各项防治措施，以小流域为单元进行部署，各类土地利用和相应的防治措施，都应落实到地块上，以利实施。

（4）大面积的规划应有以下要求：

①提出各个不同类型地区相应的防治措施配置。

②在每一个类型区内至少有一条典型的小流域规划或实施效果，以认证此类型区措施配置的合理性。

③典型小流域的条件是：地形、降雨、土壤（地面组成物质）、植被、水土流失、人口密度、土地利用结构、农村产业结构等，在本类型区有代表性，同时水土保持实施效果较好。

④根据工作需要，还应提出重点治理地区与重点治理项目。

（5）分析技术经济指标，包括投入指标、进度指标、效益指标三方面。三项指标互相关联，根据投入确定进度，根据进度确定效益。

（6）整理规划成果。按照上述内容，写出规划报告，同时完成必要的附图和附表。

第四节　小流域水土保持规划的方法和步骤

一、小流域水土保持规划的方法

我国水土保持规划的方法可以分为常规经验规划法、计算机辅助规划法、线性规划法和多目标规划法。其发展趋势是：从常规经验定性决策向与新技术应用相结合的定量、科学决策的方向发展，即应用系统工程、计算机及“3S”等新技术，促使水土保持规划由定性、静态型向定量、动态型发展；规划目标由单纯的治理型向治理与开发相结合型，进一步向生态经济型发展；规划所涉及到的学科由单一学科向综合性多学科型发展，使水土保持规划的科学性、综合性、预见性和可行性不断增强。现将水土保持规划的四种方法概述如下：

1. 常规经验规划法

是根据专家经验进行水土保持规划的方法，它比较直观，以定性为主，方法简单，所以这种方法在我国小流域治理规划中应用比较广泛。

长江水土保持局余剑如提出用类型区典型小流域参数平衡法进行水土保持规划，可应用在较大区域或流域的水土保持规划中，它是常规经验法的发展。所谓类型区典型小流域参数平衡法，是应用生态学和经济学理论及系统工程方法，以生态、经济和社会三大效益的统一为目标，在充分调查、全面收集资料的基础上，确定区域内类型区的个数及范围，并选择一个或多个典型小区作为类型区的代表进行规划，摸索出本类型区治理开发模式，得出一套较完整的符合实际的规划指标、定额及参数，再计算其他类型区的各项规划指标，进而推求全流域的规划指标，最后通过可行性论证分析和检验，制定出一个切实可行的水土保持规划，当小流域面积较大时可用此法。其规划方法见图 9-1。

2. 计算机辅助规划法

这种方法亦称为人机对话法或计算机专家系统，是北京林业大学根据小流域综合治理规划的实际需要，研究总结出的一套规划方法。实践表明，将此法运用于小流域治理规划，可取得比较理想的效果。

计算机辅助规划法的核心是建立数据库，把计算机和数据库技术引入规划中，进行精确地计算，使规划定量化。这种方法是在调查研究的基础上，根据土地资源状况、水土流失情况和社会需求，确定水土保持措施和农业生产发展方向、目标，通过建立数据库和计算机运算，进行土地适应性评价和土地利用规划，最后由多种方案中选择“理想方案”。计算机辅助规划法的工作过程如图 9-2 所示。

计算机辅助规划法得出的规划方案只是一个可行解，不是最优解，而且带有很大的主观性，所以仍存在一定的局限性。

3. 线性规划法

这种方法是依据系统工程原理，在选择目标函数和约束条件的前提下，建立数学

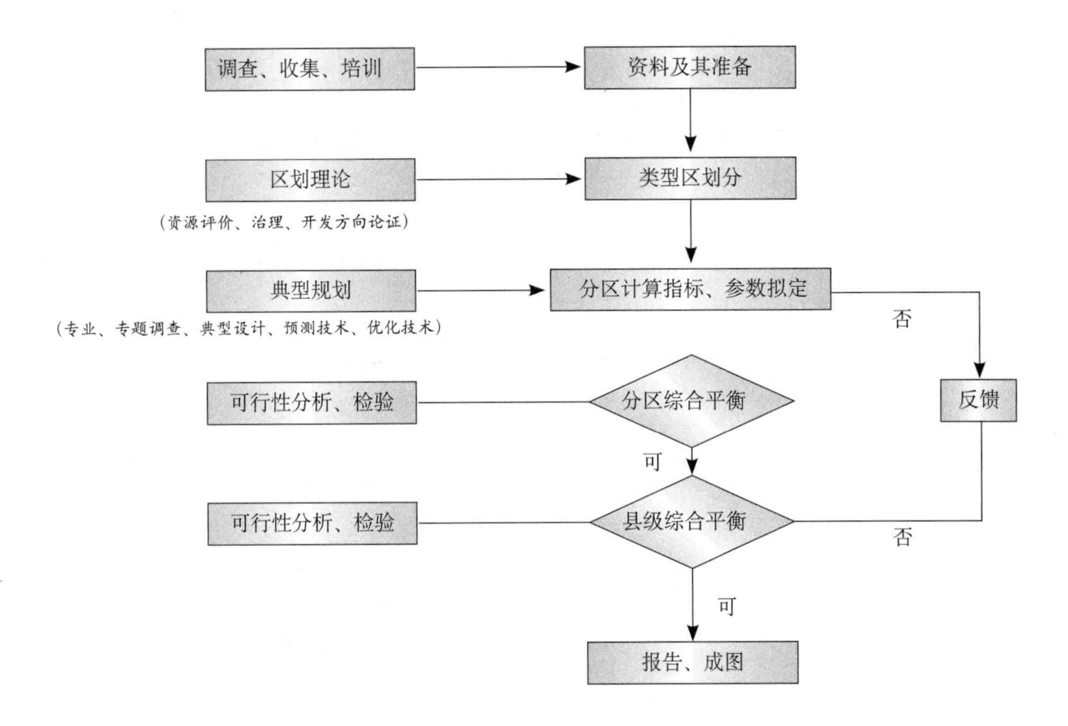

图9-1 典型小流域参数平衡法框图

模型，应用计算机求解。由于模型是真实系统的量化模拟，所以模型越详细越准确，与真实系统越接近。目前，在小流域综合治理规划中，线性规划理论比较成熟，应用比较广泛，一般以经济效益作为目标函数，而将各种资源作为约束条件，同时根据小流域综合治理的需要确定其他约束条件，如土壤流失量，各业用地比例，农林牧各业发展目标等。这种方法的应用将在下一节详细叙述。

4. 多目标规划法

多目标规划法与其他规划法比较，具有精度高、速度快等优点，它克服了线性规划法目标单一的缺点，解决了小流域综合治理规划中需要满足多个目标的要求。多目标规划法也是一种数学规划法，与线性规划法基本一致，所不同的只是解上的差异。由于多目标规划法要求规划人员具有较高的科技文化水平，求解又要在大中型计算机上完成，所以这种方法目前还很难推广应用。

二、小流域水土保持规划的步骤

1. 规划前的准备工作

首先要做到组织落实，成立小流域规划小组，由有关领导、群众和技术人员组成；其次，要做到技术落实。为摸索经验、统一认识，在规划队伍建立后，要进行试点工作，其目的是训练规划人员，统一标准，积累经验。当然，试点前要收集有关资料，试点单位也要有代表性。

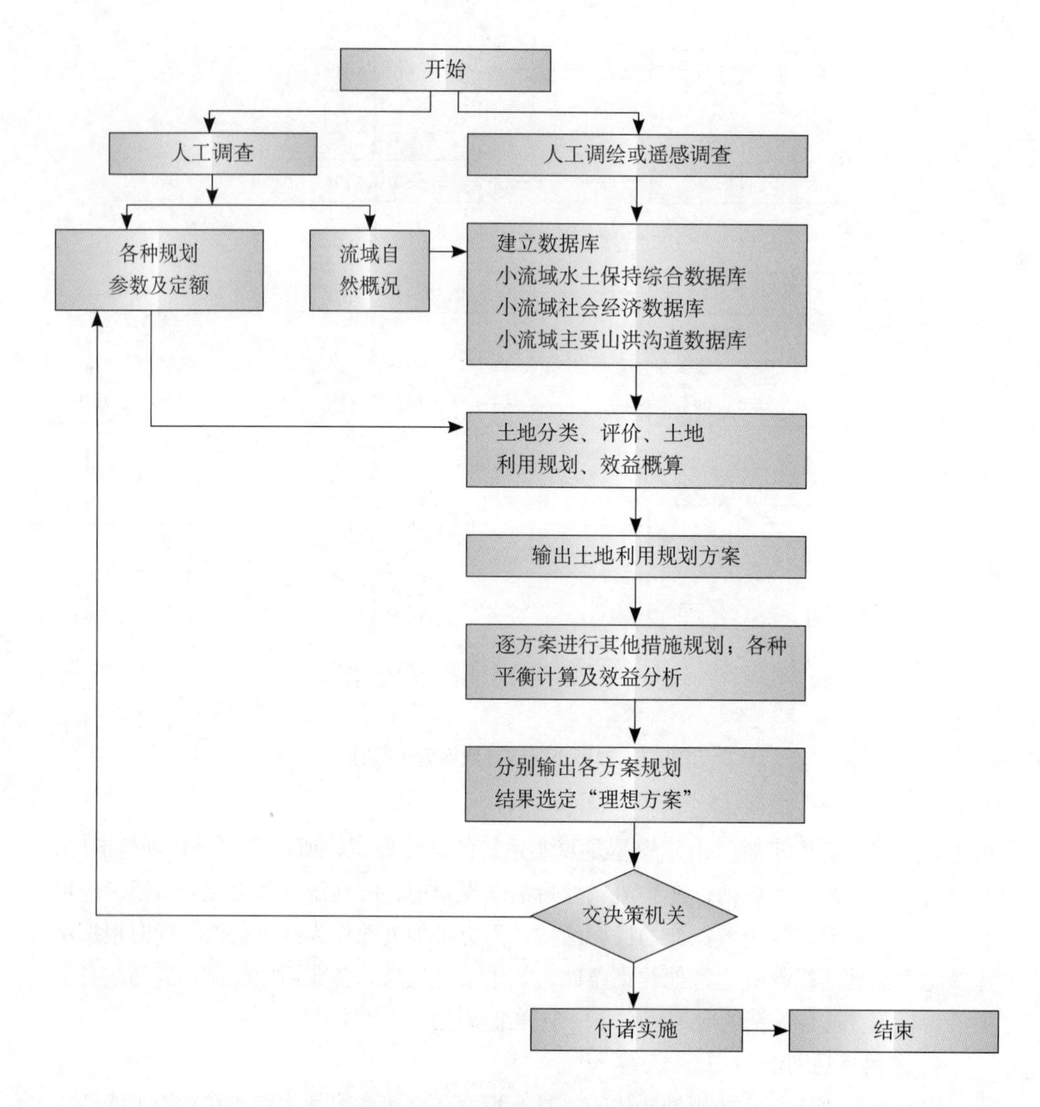

图9-2　计算机辅助规划法工作过程图

2. 收集资料，实地调查

经过试点取得经验后，就应对小流域的基本情况进行调查，其内容可参见《水土流失调查》一章。

3. 内业整理，分析资料

在研究调查的基础上，分析小流域综合治理与发展的限制性因子、需要解决的关键问题，绘制水土流失现状分布图。

4. 提出小流域综合治理规划方案

确定各种规划参数及其定额，制定小流域农业生产发展方向、水土保持各种措施、农业生产结构和土地利用方式等规划方案。

若用常规经验规划法，规划方案的确定是根据小流域的自然条件、社会经济发展状况、水土流失情况，以及各种规划参数和定额，由规划人员凭经验确定的。若用线性规划法和多目标规划法，规划方案的确定，是依据调查资料建立的目标函数和约束条件，建立数学模型，运用计算机求解得到的。若用计算机辅助规划法，规划方案的确定，是依据调查资料建立微机数据库，运用小流域水土保持综合治理规划专家系统，由计算机运行求得的。

5. 落实水土保持技术经济指标

确定规划进度、资金投入以及小流域综合治理规划的效益，包括经济效益、生态效益和社会效益。

6. 可行性分析

规划的可行性分析是对规划本身真实性和可行性程度的研究过程，具有重要现实意义。一个好的水土保持规划，既要反映综合治理效益，以鼓舞当地的干部、群众；又要建立在实事求是、切实可行的基础上。因此，可行性分析也是制定小流域综合治理规划的重要步骤。

7. 编制规划说明书，提交成果

小流域水土保持规划成果，最终要以报告和图纸的形式提交有关部门审批或供决策和研究。报告一般内容包括：①自然、经济概况；②水土流失现状；③水土保持概况；④水土保持规划的原则和要求；⑤土地综合利用规划；⑥投资概算；⑦预期效益；⑧可行性分析。应该可以提供的图纸有：①基本情况表；②水土流失现状表；③农业用地规划表；④林业用地规划表；⑤牧业用地规划表；⑥工矿、村镇、交通等用地规划表；⑦水土保持土石方工程量表；⑧水土保持规划预期效益表；⑨水土保持流失现状图；⑩土地利用现状图；⑪水土保持综合规划图。

第五节　小流域水土保持措施规划

在小流域内进行水土保持各项措施的规划，必需在土地利用规划的基础上进行，其主要目的是按照自然规律和经济规律，合理确定农、林、牧、副、渔各业用地的比例，既发展生产，又改善环境，促进生态平衡。

一、小流域水土保持规划的主要措施

小流域范围内各种水土保持措施的确定，是按照当地水土流失的原因和土壤侵蚀类型来确定。无论是自然因素还是人为因素造成的土壤侵蚀，都可以通过人为的合理活动，实施水土保持措施来加以防治。防治土壤侵蚀的各种措施，都应当从控制地表径流和降低风速着手。水土保持措施的规划，应考虑以下几方面：

（1）增加地表植被覆盖率，使降雨和地表径流、风力不能直接冲刷、吹蚀地面表土。

(2) 提高土壤透水和蓄水能力。通过浅耕深松，打破多年翻耕形成的犁底层；增施有机肥，改良土壤结构，提高土壤透水和蓄水性能。

(3) 在坡上修筑保水、保土、保肥的田间工程，截断地表径流，减缓径流的冲刷力，如顺坡改横坡种植、开挖截流沟、挖鱼鳞坑、培修地埂、修筑梯田等。

总之，拦截径流，减轻水流冲刷，降低风速，大体上可用三道防线来实施。

第一道防线：植物措施，即造林种草、封山育林，增加地表覆盖，调节地表径流，减低风速，保护农田，防止水土流失。

第二道防线：农业技术措施，如等高垄作，增肥改土，草田轮作，浅翻深松，少耕免耕法等措施，都能切断径流，防止径流集中冲刷。同时，也能使降水供给植物生长，增加产量。

第三道防线：工程措施，在坡地上开挖截流沟、兴修梯田和蓄水池。在侵蚀沟治理上，修筑沟头防护、谷坊、塘坝以及小水库等。

二、农业技术措施规划

水土保持农业技术措施，即水土保持耕作措施，是坡耕地治理的重要组成部分，就其具体作用来看，可分为两类：一是改变小地形，如改顺坡耕作为横坡耕作、等高垄作、区田、休闲地上加水平犁沟等，都是结合农业耕作，在坡面上顺等高线进行作业的拦蓄径流的农业耕作措施；另一类是增加地面植被覆盖、改良土壤，如合理密植、间作套种、等高带状间作、合理轮作、增施有机肥、在休闲地上种绿肥等，它们有的增加地面覆盖度，有的延长地面覆盖时间，有的增加土壤有机质，改良土壤结构，提高土壤渗透率，这些都能够起到水土保持和提高产量的作用。因此，耕作措施的规划主要包括：①坡耕地改成横坡耕作、垄作等小地形规划；②坡耕地增肥改土规划。

三、林草措施规划

水土保持林草措施规划的任务，首先是把除农耕地以外的荒山、荒坡、荒沟和“四旁”（宅旁、村旁、路旁、水旁）的宜林地全部造林种草，防止水土流失；同时，要通过造林、种草，解决水土流失地区“四料”俱缺，经济困难，牧副业落后等问题。因此，在水土保持林草措施的规划中，既要有保持水土的观点，又要有解决“四料”、增加经济收入的观点，将生态效益与经济效益紧密结合起来。

在大部分水土流失区，有两个突出问题，一是“四料”俱缺，直接影响群众生活和农、牧、副业生产；二是资金短缺，直接影响扩大再生产和农业现代化。这两个问题与水土流失的发生和发展紧密联系，互为因果，问题的解决也必需依靠水土保持的开展和收效。水土保持林草措施的规划，就是要把这两个问题紧密结合起来加以解决。

（一）林业措施规划

林业措施规划，主要是根据不同地区的气候、土壤、侵蚀类型和当地的需要确定林种、树种和林分结构。在林种搭配上，既要根据山丘区的不同部位，自上而下地配置各种水土保持林种，形成完整的防护体系，达到防治水土流失的目的；又要选择经济效益高的树种发展经济林。林业措施的规划主要包括以下几个方面：

1. 分水岭防护林

在丘陵和山岭的脊部，要根据分水岭的具体地形布设防护林，一般可采用带状或块状。林带的宽度，应根据灾害性质和土地利用状况而定。一般说来，以防水蚀为主的林带应宽些，以防风蚀的为主的林带应窄些。

2. 护坡林

一般应布设在岗脊以下水土流失严重的地方，横着山坡方向成带（片）营造。

3. 固沟林

固沟林的规划应根据侵蚀沟的不同部位，分别营造汇水线防护林、沟头防护林、沟边防护林、沟坡防蚀林和沟底防冲林。

4. 农田防护林

山丘区的基本农田，除分布于河流两岸的阶地、滩地外，还有一部分分布在坡地上，因而它包括两个方面：

（1）平原农田防护林：从防止土壤侵蚀角度出发，它可降低风速，减轻风蚀。农田防护林的布设，要本着因地制宜、因害设防，并且少占耕地的原则。主林带与主害风方向垂直，主、副林带形成网格形式。

（2）山地防护林：在缓坡耕地，我国东北地区有沿等高线营建由灌木组成的耕地防护林的经验，主要树种有紫穗槐、沙（黄）柳等；南方有些省份，在原有草灌植被条件下，沿等高线隔带造田。坡度较大的山丘区，坡地水平梯田是基本农田的重要组成部分，梯田的地坎、田埂不仅浪费土地，而且易遭暴雨冲刷，影响安全。因此，应在地坎、田埂上栽植一些保土作用好、经济价值高的树种。

5. 防风固沙林

主要是防风固沙，保护农田不受风蚀，防止沙埋毁苗。固沙主要是固定沙丘移动，防止吞食良田。

6. 经济林

在向阳窝风的荒山荒坡，采用窄田面的梯田或水平阶、大鱼鳞坑，因地制宜地栽植果树及其他经济树种，既可保持水土，又可取得良好的经济效益。

7. 护岸林

其主要目的是防止波浪对库塘和河岸的冲蚀，阻拦岸边泥沙下泄，淤积水库、塘坝。护岸林的营造通常在迎水面的正常水位线以上。

（二）牧业措施的规划

牧业措施是保持水土的生物措施之一，它是水土流失综合治理的重要组成部分。其规划可从草原本身的利用和种植牧草保持水土这两个方面进行考虑。

1. 合理利用草原

合理利用草原，防止土壤侵蚀，应注意以下几个方面：① 对现有草原加以保护，确定出放牧区、采草区、放牧道和草原防护林的位置；② 对草原进行轮牧，在确定合理载畜量的基础上，划分轮牧区，适时放牧；③ 改良牧场，对于质量差的牧场，要引进优良牧草，以增加牧草覆盖，防止土壤侵蚀。

2. 牧草种植规划

(1) 农耕地牧草种植规：一是在休闲地或撂荒地上种植牧草，压绿肥，改良土壤，增加土壤抗冲、抗蚀性能；二是在坡耕地上结合耕作沿等高线每隔一定距离种植牧草带，拦截径流和泥沙；三是牧草和农作物套种或混种，既增加地面覆盖又改良土壤。

(2) 沟道牧草种植规划：通常与造林相结合，有两种形式，一是在沟头种植牧草带，二是在沟坡、沟底种牧草。

(3) 在造林中应用牧草提高造林成活率：在水土流失严重或干旱、贫瘠的荒山、荒坡或撂荒地上直接造林，往往不易成活，要先种牧草控制水土流失、改良土壤，然后再造林。

四、水土保持工程措施规划

水土保持工程措施，包括以梯田为主的治坡工程，以坝库为主的治沟工程和小型水利工程。这些工程加在一起，都是为了建成旱涝保收、高产稳产的基本农田。它的具体作用可分为造田、保田、浇田三个方面。因此，在水土流失地区，农田基本建设与水土保持工程措施，可以说是一回事。

在水土流失地区，农业生产能不能搞上去，关键在于能不能建成旱涝保收、高产稳产的基本农田，而水土保持工程措施规划是个核心问题，把这个问题解决好了，不仅可控制坡面水土流失，而且可以显著提高粮食产量。这样，就有利于退耕还林还草，合理利用土地资源。

1. 梯田

坡耕地修梯田是防止水土流失、保持水土的一项重要措施，把坡耕地一次修成水平梯田后可基本保持水土，再实施科学种田，就可以显著地提高粮食产量。

2. 截流沟

主要是在坡耕地上方或坡度变化明显的地方，以及坡水威胁到坡下平地的坡脚处，开挖截流沟。

3. 蓄水池

为人工修造的蓄水池塘，一般多修筑在侵蚀沟头和沟头埂的两端。在坡耕地或梯田上下和两头有蓄水条件的地方，小沟、渠、路两侧，村屯附近的洼地、土坑都可修筑蓄水池。通常将截流沟、蓄水池连接起来，采取"长藤结瓜"的形式布设。

4. 沟头防护工程

其主要作用是防止沟头继续坍塌向前延伸，有两种措施：一种是把水拦蓄在沟头以上，不让径流入沟，如在沟头上筑沟头埂，结合林草措施拦截径流；或利用排水沟把径流排到沟中。二是在沟头采用工程措施加固，把沟头变成跌水或陡坡状的排水道。

5. 谷坊

谷坊是稳定沟床、拦泥缓流、减缓沟底坡降的一项工程措施。经过多年淤积，可以淤出土地进行耕作。

6. 塘坝

塘坝主要修在谷底侵蚀沟中，拦蓄洪水，削减洪峰，控制谷底侵蚀沟的发展，为开发利用谷地创造条件。

第六节　小流域水土保持规划的经济效益分析

众所周知，人类的任何活动都是有目的的，都是为了取得某种预期效果，水土保持工作也不例外。我国有些地区，由于水土流失严重，土层变薄，土壤贫瘠化，人们赖以生存的土地正不断受到侵蚀。“皮之不存，毛将焉附？”，没有土壤，人类就不能进行绿色植物（包括粮食）生产；此外，严重的水土流失导致环境恶化，洪水、旱灾频繁，使人们正常的生产、生活受到很大影响。开展水土保持工作，控制水土流失，不但使粮食、经济作物和林果产量有所增长，增加收入，而且可以改善生态环境。在我国水土保持方针中，明确提出要“注重效益”，这就要求我们既要控制水土流失，又要将治理和开发结合起来，提高经济效益。

一、水土保持综合治理效益的含义

水土保持综合治理效益是一种综合性的、多功能的效益，一般可分为基础效益、经济效益、生态效益和社会效益四个方面。基础效益即保水和保土效益，是水土保持综合治理最基本的效益；经济效益是指开展水土保持工作后，从治理水土流失中获得可用货币衡量的效益，如粮食作物产量的提高、经济林果的收益、畜牧业的收入等；生态效益是指由于开展了小流域综合治理工作，给生态环境带来的有益变化，如减轻减轻了洪水流量、改良了土壤、提高土壤肥力及改善气候条件等；社会效益是指由于经济效益和生态效益的改善，为减轻自然灾害、繁荣当地经济、促进社会进步所起的作用。

在水土保持工作中，这几种效益既对立又统一，应该用同等重要的角度去看待，而不能片面地追求单个效益目标。在市场经济条件下，尤其要注意不能片面追求经济效益，忽视基础效益、生态效益和社会效益。这不仅因为后三者本身就是人们治理水土流失、开展水土保持工作的根本目的，而且它们的提高有助于促进经济效益的提高。水土保持效益有近期效益和长期效益之分，由于我国水土流失严重地区大多是贫困地区，水土保持工作是为发展农业生产，为农民脱贫致富服务的，因此必须处理好近期效益和长期效益的关系，既要获得一定的近期效益，调动广大群众治理水土流失的积极性和创造性，又要兼顾长期利益，以反映水土保持的全部作用和重大意义。

二、水土保持综合治理效益的种类

根据中华人民共和国《水保持综合治理——效益计算方法》(GB/T15774—1995)，水土保持综合治理效益有四大类（表9-1），它们的关系是：在基础效益的基础上，产生经济效益、社会效益和生态效益，基础效益是前提，是最根本的效益。各种效益还要继续划分，如基础效益可分为保水和保土效益，其中保水效益又分为增加土壤入渗和拦蓄地表径流，保土效益分为减轻土壤面蚀、沟蚀和拦蓄坡沟泥沙，在每个项目中还要再细分进行具体的计算。四类效益的计算内容列入表9-1，供参考应用。

表9-1　水土保持综合治理效益分类与计算内容表

效益分类	计算内容	计算具体项目
基础效益	保水（一） 增加土壤入渗	1．改变微地形增加土壤入渗
		2．增加地面植被增加土壤入渗
		3．改良土壤性质增加土壤入渗
	保水（二） 拦蓄地表径流	1．坡面小型蓄水工程拦蓄地表径流
		2．“四旁”小型蓄水工程拦蓄地表径流
		3．沟底谷坊坝库工程拦蓄地表径流
	保土（一） 减轻土壤侵蚀（面蚀）	1．改变微地形减轻面蚀
		2．增加地面植被减轻面蚀
		3．改良土壤性质减轻面蚀
	保土（二） 减轻土壤侵蚀（沟蚀）	1．制止沟头前进减轻沟蚀
		2．制止沟底下切减轻沟蚀
		3．制止沟岸扩张减轻沟蚀
	保土（三） 拦蓄坡沟泥沙	1．坡面小型蓄水工程拦蓄泥沙
		2．“四旁”小型蓄水工程拦蓄泥沙
		3．沟底谷坊坝库工程拦蓄泥沙
经济效益	直接经济效益	1．增产粮食、果品、饲料、枝条、木材
		2．上述增产各类产品相应增加经济收入
		3．增加的收入超过投入的资金（产投比）
		4．投入的资金可以定期收回（回收年限）
	间接经济效益	1．各类产品就地加工转化增值
		2．种基本农田比种坡耕地节约土地和劳工
		3．人工种草养畜比天然牧场节约土地

（续）

效益分类	计算内容	计算具体项目
社会效益	减轻自然灾害	1．保护土地不遭沟蚀破坏与石化、沙化
		2．减轻下游洪涝灾害
		3．减轻下游泥沙危害
		4．减轻风蚀与风沙危害
		5．减轻干旱对农业生产的危害
		6．减轻滑坡、泥石流的危害
	促进社会进步	1．改善农业基础设施，提高土地生产率
		2．剩余劳力有用武之地，提高劳动生产率
		3．调整土地利用结构，合理利用土地
		4．调整农村生产结构，适应市场经济
		5．提高环境容量，缓解人地矛盾
		6．促进良性循环，制止恶性循环
		7．促进脱贫致富奔小康
生态效益	水圈生态环境	1．减少洪水流量
		2．增加常水流量
	土圈生态环境	1．改善土壤物理化学性质
		2．提高土壤肥力
	气圈生态环境	1．改善贴地层的温度、湿度
		2．改善贴地层的风力
	生物圈生态环境	1．提高地面林草覆被率
		2．促进野生动物繁殖

三、水土保持综合治理经济效益分析

水土保持综合治理经济效益分为直接经济效益和间接经济效益，直接经济效益可以货币为单位直接进行定量计算，间接经济效益经过转换后，也可以货币为单位进行效益分析。本教材只介绍经济效益的计算，其他效益的计算分析参见国标 GB/T15774—1995。

1. 直接经济效益

直接经济效益包括实施水土保持措施后土地上生长的植物产品（未经任何加工转化）与未实施水土保持措施的土地上的产品对比，其增产量和增产值。直接经济效益的内容按以下几个方面进行计算：

(1) 梯田、坝地、小片水地、引洪漫地、保土耕作法等增产的粮食与经济作物；

(2) 果园、经济林等增产的果品；

(3) 种草、育草和水土保持林增产的饲草（树叶与灌木林间放牧）和其他草产品；

(4) 水土保持林增产的枝条和木材蓄积量。其中，木材蓄积量只增加固定资产，不增加现金收入。

2. 间接经济效益

在直接经济效益基础上，经过加工转化，进一步产生的经济效益即间接经济效益。主要内容包括以下两个方面：

(1) 基本农田增产后，促进陡坡退耕，改广种薄收为少种高产多收，节约出的土地和劳工，计算其数量和价值，但不计算其用于林、牧、副业后增加的产品和产值。

(2) 直接经济效益的各类产品，经过就地一次性加工转化后提高的产值（如饲草养畜、枝条编筐、果品加工、粮食再加工等），计算其间接经济效益。此外的任何二次加工，其产值不应计入。

过去，在计算水土保持经济效益时存在两个问题：一是简单地把各项水土保持措施的产品和产值当做单项的经济效益，在计算投入产出的基础上，没有进行动态分析，因而不能确切反映各项措施真正的经济效益；二是简单地把整个小流域经济面貌的改善和群众生活的提高当做水土保持措施的综合经济效益，而未将其中一些不属于水土保持措施作用的成分扣掉，这也不能准确反映水保措施的综合经济效益。因此，在计算水土保持措施经济效益时，要进行投资和年运行费用计算。

水土保持措施的投资可以通过已治理典型地区的调查，求出历年投资和投资数额，作为将要进行治理的小流域规划时投资的参考。规划计算投入包括国家投资、多渠道自筹、群众投工以及投入的苗木、种子、工具等的折价。

水土保持措施的年运行费用包括管理、养护、补植、维修等费用，它可以通过对已治理好的小流域的调查求出。工程管理费主要包括管理机构的人员工资和行政管理费。

在计算小流域水土保持综合治理效益时，还应考虑投资和收入的时间效应，如注意利息、通货膨胀等问题。

第十章 水土保持法及监督执法

我国是一个多山国家，水土流失十分严重，主要分布在山区、丘陵区和风沙区，特别是大江大河中上游地区。据《2005年中国环境状况公报》显示，中国因水土流失每年流失土壤达50亿吨，水土流失面积356万km²，占国土总面积的37.1%，其中水蚀面积165万km²，风蚀面积191万km²，还有相当面积的重力侵蚀和冻融侵蚀。这一方面是由于复杂的自然环境和历史上长期滥用自然资源，另一方面主要来自目前的人为活动，如盲目开垦、陡坡毁林开荒、破坏草原植被等，尤其是对各项生物资源和矿产资源的不合理开发利用等，都给水土保持工作带来了不利影响，有的已引起纠纷。有些地方单纯治理，忽视预防保护及监督执法工作；有些地方只有业务部门在做工作，未列入政府的议事日程，出现了水土保持年年提，水土流失年年治，但水土流失面积年年扩大，水土流失程度年年加重的现象。问题的关键是没有充分利用法律、法规的力量，从法制的角度加强水土流失的防治工作。因此，通过对水土保持法的基本理论、水土保持监督执法有关内容的学习，开展以法预防、以法监督和以法管理，有利于提高全民的水土保持意识和素质，从根本上防治水土流失的发生，将其控制在最低限度。

第一节　水土保持法

一、水土保持法的概念

从广义上讲，水土保持法是调整人们在开发、利用水土资源，预防和治理水土流失活动中所发生的各种社会关系的法律规范的总称。一方面包括我国的宪法、刑法、民法、经济法和其他行政法律、法规中有关调整水土保持活动关系的条文，如环境保护法关于“因地制宜的合理使用土地，防止土壤侵蚀，沙漠化和流失的规定”；草原法关于“严格保护草原植被，禁止开垦和破坏，已开垦并造成严重水土流失的县级以上地方人民政府应当限期封闭，责令恢复植被，退耕还牧”等规定。另一方面包括国务院及其行政主管部门颁布的一系列有关水土保持法规、规章和省级人民代表大会及政府颁布的地方性法规、规章，如国务院颁布的《水土保持实施条例》，各省（区、市）人民代表大会常务委员会颁布的水土保持法实施办法细则等。狭义的水土保持法仅指由全国人民代表大会常务委员会制定的《中华人民共和国水土保持法》。

二、我国水土保持法规的历史沿革

我国水土保持事业历史悠久，历代王朝零星地制定过一些与水土保持有关的政策、规定，但都不系统完整。新中国成立后，党和政府十分重视水土保持工作，制定了一系列水土保持法规和政策，对水土保持工作起到了积极的指导和推动作用。

1952年，由政务院发布实行的《关于发动群众继续开展防旱、抗旱运动，并大力推行水土保持工作的指示》(简称《指示》)，是我国第一部行政性的水土保持政令。《指示》明确指出，水土保持是一项群众性、长期性和综合性改造自然的工作，必须结合生产需要组织发动群众长期进行，才能收到预期的效果。在总结经验，研究方针政策和农村互助合作运动的带动下，全国的水土保持工作普遍开展起来，并在永定河、黄河等流域中上游地区按流域进行水土流失重点治理。

《中华人民共和国水土保持暂行纲要》(简称《纲要》)，是国务院于1957年颁布的第一部水土保持法规。《纲要》规定把已经开始和即将开始治理的河流作为全国的重点，同时对水土保持组织领导、机构设置、部门分工、水土流失治理措施、奖惩制度等方面都作了明确规定。要求在山区有计划地进行封山育林、育草，保持林木和野生树草种等护山护坡植物；对25°以上陡坡禁止开垦；工矿企业、铁路、交通等部门在生产建设中应采取水土保持措施，并接受水土保持机构的指导和监督。首次提出了承赁国有荒山进行治理、经营，承赁的土地长期使用，收益归承赁者所有的政策。这部法规对我国的水土保持工作起到了重要的推动作用。

在60年代初，国务院又先后颁布了《关于黄河中游地区水土保持工作的决定》、《关于开荒挖矿，修筑水利和交通工程应注意水土保持的通知》、《关于迅速采取有效措施，禁止毁林开荒、陡坡开荒的通知》和《关于奖励人民公社兴修水土保持工程的规定》等一系列加强水土保持、防治水土流失方面的文件和法规，为我国的水土保持法制建设奠定了基础。

1980年4月，水利部在山西吉县召开了13省(区)水土保持小流域治理座谈会，在会上拟定颁发了《水土保持小流域治理办法(草案)》，第一次明确了我国现阶段小流域的概念。从此，全国水土保持工作进入了以小流域为单元综合治理的新阶段。

党的十一届三中全会以后，国家对法制建设尤为重视，要求对已有的法规进行全面修订，在进一步修订《纲要》基础上，由水利部制定、国务院于1982年6月30日颁布了《水土保持工作条例》。明确指出“防治并重、治管结合，因地制宜、全面规划、综合治理、除害兴利”的水土保持方针，标志着我国水土保持工作进入了法制轨道。1983年3月，全国水土保持工作协调小组在北京召开了第一次全国水土保持重点治理工作座谈会，会后颁发了《关于加强水土流失重点地区治理工作的暂行规定》，从此拉开了开展8片重点治理的序幕。经过10年的贯彻实施，这些条例、规定起到了积极作用。但从我国水土流失现状和实施情况看，有些内容已不能适应新的情况，有些条文需要进行较大的修改，主要表现在如下几个方面：第一，《条例》中有些规定对水土流失预防管理不够具体有力；第二，近年来农村经济体制发生了很大变化，由过去的人民公社变为家庭联产承包；第三，开发建设事业发展迅速，极易导致新的水土流失，因而迫切的需要加强预防监督工作；第四，从国外看，世界上水土流失比较严重的国家都有水土保持法，如美国，澳大利亚，新西兰等国家有《水土保持法》，日本有《防沙法》。加之社会各界人士的多次呼吁，应该从法制的角度加强水土流失的防治工作。1987年，全国人民代表大会法制工作委员会将制定水土保持法列入我国的立法计划。经过反复的调查、审议，最后于1991年6月19日由第七届全国人民代表大会在第20次常务委员会上通过了《中华人民共和国水土保持法》。

三、《水土保持法》的基本内容

《水土保持法》共六章四十二条，由总则，预防、治理、监督、法律责任和附则各部分组成，其主要内容包括如下几个方面：

(1)确定了“预防为主”的水土保持工作指导方针，改变了原来《水土保持工作条例》中“预治并重”的规定。实践证明，治理现有的水土流失固然重要，但是防止新的水土流失发生更为重要。只有预防保护工作做好了，水土流失面积才不会扩大，治理的成果才能得到保护，真正收到实效。

(2) 明确了各级人民政府对水土保持工作的责任。《水土保持法》第五条规定，国务院和地方人民政府应将水土保持工作列为重要职责，采取措施做好水土流失防治工作。因为水土保持工作是一项具有长期性、综合性、群众性特点的建设事业，是一种政府行为。并且水土流失防治任务艰巨，除需投入大量资金和劳力外，还要经过长期艰苦努力才能完成，没有各级政府的重视和支持是难以实现的。

(3) 明确了各级人民政府将水土保持规划确定的任务纳入国民经济和社会发展的计划。水土保持规划不纳入国民经济和社会发展计划，规划内容难以付诸实施。

(4) 明确了水土流失的防治责任。《水土保持法》(第八条) 明确指出，从事可能引起水土流失的生产建设活动的单位和个人，必须采取措施保护水土资源，并负责治理因生产建设活动造成的水土流失，其实质就是谁开发，谁保护，谁造成水土流失，谁负责治理。这有利于促使有关单位和个人在开发建设、生产活动中，自觉做好水土流失的防治工作，扭转了长期存在的多方破坏，一方治理，且治理责任不明确的局面。

(5) 明确了水土保持工作要依靠科学技术和人才培养。科学技术是搞好水土保持工作的先导，只有结合水土流失的特点开展科学研究加强人才培养，才能不断提高科技水平和人员素质，卓有成效地开展水土保持工作。

(6) 明确了水利行政部门或水土保持监督管理机构负责审批水土保持方案报告。一方面，水利行政主管部门及水土保持监督管理机构能够把好技术关；另一方面，水利行政主管部门及水土保持监督管理机构有行政执法职能，必须履行其法律职责。

(7) 规定了国家对农业集体经济组织和农民治理水土流失实行扶持政策。水土流失多发生在老、少、边、穷地区，土地生产力水平低，群众生活困难，要治理长期以来造成的水土流失，仅依靠地方政府或群众难度很大，国家应当在治理资金、能源、粮食和税收等方面实行扶持和优惠政策。

(8) 规定了对水土流失的治理实行谁承包，谁治理，谁受益的原则。将水土流失与农民的切身利益有机地结合起来，极大地调动了群众的积极性，加快了治理水土流失的进度。

(9) 明确了水土保持监督管理机构的监督职能。

(10) 明确了水土保持工作的奖罚制度。对防治水土流失过程中成绩显著的个人、集体，由人民政府给予奖励；对不合理进行土地利用，造成严重水土流失者，应依法追究责任。

四、《水土保持法》与其他自然资源法的关系

《水土保持法》是我国继《森林法》、《草原法》、《渔业法》、《矿产资源法》、《土地管理法》、《水法》、《野生动物保护法》之后的又一部有关的自然资源保护方面的法律。这些法律都是根据宪法制定的。宪法第九条第二款规定："国家保护自然资源的合理利用，保护珍贵动物和植物，禁止任何组织或者个人用任何手段侵占或者破坏自然资源"，第二十条规定："国家保护和改善生活环境和生态环境，防止污染或者其他公害。国家组织和鼓励植树造林，保护林木"。这是制定《水土保持法》的根本依据。水、土作为自然资源，其开发和利用与保护都必须遵循这个基本原则。《水土保持法》与其他资源法既有联系又有区别，它是一个相对独立的部门资源法。

从其他的几个法可以看出，它们是按照不同的自然资源特点分开的，然后依据其不同的特点，采取不同的开发、利用、保护方法，以及各自调整的社会关系不同作出法律规定的。《水土保持法》涉及水和土两种自然资源，仅就其资源而言，已经有了《水法》和《土地管理法》，似乎没有必要再搞《水土保持法》，但是从它们各自调整的关系上来看，都有各自的特点，既有联系又有区别。《水法》的侧重点是水资源的开发利用和水害防治，《土地管理法》则强调土地的合理利用，而《水土保持法》则侧重于水土流失的防治，其立法的根本意义就是调整人们在开发利用水土资源过程中，恢复已经造成的或潜在造成下降的水土资源的水土保持功能的管理关系，强调人与自然资源开发利用的协调、统一，加强水土保持措施（植物措施、工程措施、保土耕作措施）是恢复提高水土保持功能的根本措施。水土保持不是单纯的水和土的保护，水土流失也并非是单纯的水的流失和土的流失，而是各种营力相互侵蚀造成水土资源和土地生产力的破坏。因此，它们是不可缺少和相互替代的。但从其联系讲，《水土保持法》与其他几部资源法都有密切联系。现有几部自然资源法中，几乎都有关于保护水土资源的规定。应该讲，这些规定是《水土保持法》的有益补充，如《草原法》第十条、《矿产资源法》第三十条、《环境保护法》第二十条、《森林法》第十九条、《水法》第五条、十五条等都有保护水土资源方面的内容。所以可以得出结论，《水土保持法》是自然资源法律体系的一个重要组成部分，既不从属于任何其他的资源法，本身具有独立性，但相互间又有联系，

是一部相对独立的部门资源法。同其他的资源法一样，有自己的法律、法规体系和执法体系。

五、水土保持法规体系

水土保持法律体系是开发利用和保护以水土资源为主的自然资源，保护、改善和建设生态环境的各种法律规范所组成的相互联系、互相补充、内部协调一致的统一整体。《水土保持法》的颁布，为水土保持法规体系的形成奠定了坚实基础，但《水土保持法》的规定比较原则，执行起来有难度，只有进一步具体化，才便于操作。建设水土保持法规体系就是要达到规范化、程度化、标准化和便于操作等目的。我国水土保持法规体系包括宪法关于环境保护的有关规定，最高权力机关制定的水土保持基本法——《水土保持法》，国务院制定的水土保持行政法规，地方制定的地方性水土保持法规和国家水利行政主管部门制定的水土保持规章及地方性章程，水土保持国家标准和行业标准，其他部门法中的水土保持规定等。从整体框架看，已有了一个相对完善的水土保持法律体系，在层次上可划分为如下六个层次：

(1)《中华人民共和国宪法》

宪法是国家的根本大法，也是制定水土保持法规的基本依据。

(2) 水土保持法律

由全国人民代表大会常务委员会颁布的《水土保持法》是我国防治水土流失，保护和合理利用水土资源的主要法律，也是水土保持法制建设的基础。

(3) 水土保持行政法规

由国务院根据《水土保持法》制定的《水土保持法实施条例》，水土保持优惠政策及有关的具体办法等行政法规等。

(4) 地方性水土保持法规

由各省（区、市）人民代表大会及常务委员会根据《水土保持法》和《水土保持法实施条例》，结合当地的具体情况制定的《水土保持法实施办法》和其他相应的配套法规等。

(5) 水土保持规章

由国务院水利行政主管部门制定的更为具体的水土保持规章，以及各省（区、市）及国务院批准的较大城市的人民政府和国务院主管部门，依据水土保持法律法规和地方性法规制定的水土保持规章等。

(6) 规范性文件

省级水利行政主管部门，县级人民代表大会、政府依据水土保持法、条例和规章制定的有关水土保持规范性文件等。

综上所述，水土保持法规体系的建设，一是要做到下级法规与上级法规协调一致，不相抵触；二是要求通过法规、规章和规范性文件逐级将水土保持法律加以具体化，提高可操作性。

第二节　水土保持监督执法

一、水土保持监督的概念及特征

1. 水土保持监督的概念

监督是一个综合的动态过程，是一种特殊的管理活动，是在社会分工和共同劳动条件下产生的一种特殊的管理职能，是人们为了达到某种目标，而对社会运行的过程——体现为各种具体活动——实行的检查、审核、监察督促和防患促进活动。水土保持监督属于行政监督范畴，是国家有关主管部门及其所属监督机构——主要指水利行政部门及其所属的水土保持监督管理机构，按照水土保持法律、法规规定的权限、程序和方式，对有关公民、法人和其他组织的水土保持行为活动的合法性、有效性进行的监察监督。

开展水土保持监督执法是贯彻执行有关水土保持法规的需要，是保护自然资源和生态环境的重要措施。我国水土保持监督的发展大致经历了三个阶段：

(1) 萌芽阶段

国务院1952年发布的《关于发动群众继续开展防旱、抗旱运动，并大力推行水土保持工作的指导》，确定了"预防为主"的方针，规定在山丘区和高原地带要有计划地开展封山育林、种草，禁止陡坡开荒，涵养水源和巩固表土，充分体现了预防监督和加强管理的内容。

(2) 起步阶段

1982年国务院颁布的《水土保持法工作条例》，对水土保持工作预防监督作了明确的规定，许多的省、市开展了预防监督工作，如建立预防监督体系、监督检查制度，以及"水土保持方案"的审批制度等。

(3) 发展阶段

1991年颁布的《水土保持法》确定了"预防为主"的水土保持方针，使水土保持预防监督工作得到进一步的加强，依法防治、依法监督工作在全国各地普遍展开，建立、健全了各地的法规制度、监督执法，基本形成了国家、省、市、地、县、乡完整的水土保持监督执法体系，标志着水土保持执法工作进入迅速发展阶段。

2. 水土保持监督的特征

(1) 既具有法律性又具有行政性

一方面水土保持监督是根据水土保持法律、法规进行检查、监督，对导致严重水土流失行为制裁、处罚的权力是水土保持法律所赋予的，故其具有法律性。另一方面，水土保持监督管理机构都是国家法规所规定的，属于行政管理机构。在监督过程中，除运用法律手段外，还要使用行政手段，因此其又具有明显的行政性。

(2) 既具有综合性又具有单一性

水土保持工作本身是一项综合性工作。水土保持监督的范围也很广，业务上涉及的面也很大，因此是一项综合性的工作。但水土保持监督的对象是造成水土流失的单位或个人，又具有一定的单一性，这是由水土保持监督的职能所决定的。

(3) 既具有长期性又具有阶段性

水土保持工作是一项周期长、见效相对较慢的工作，水土流失发生、发展的结果可能要在一段较长的时间后才得到反映，因此对水土保持方案的监督实施和预防的时间也应相对较长。另一方面，导致水土流失的时间可能很短，造成水土流失的证据极易消失，如不及时调查取证，一段时间以后将会全部消失，给监督执法工作带来困难，因此应在相对短暂的时间里查找原因，以法监督防治。可见水土保持监督不仅具有长期性，而且也具有快速和时效性。

二、水土保持监督执法的依据

水土保持监督执法的依据是水土保持监督管理机构和监督人员在具体监督过程中所遵守和依照的准则和标准，主要体现在如下几个方面：

(1) 法律、法规依据

水土保持监督执法是一项涉及面广、政策性强的特殊管理活动，必须以水土保持法律、规范为依据，做到有法可依，有法必依，执法必严，违法必究。

(2) 政策依据

政策在我国起着十分重要的调控和规范作用，具有一定的约束力。各级党委、政府以及工作部门制定的水土保持方面的政策性文件，都是水土保持监督执法的政策依据，应充分用足、用好。

(3) 事实依据

在水土保持监督执法过程中，应严格遵从"以法律为准绳，以事实为依据"的原则，只有掌握了充分的事实依据，才能判断准确，依法做出公正的处理。

(4) 技术依据

水土保持工作涉及到自然科学、社会科学等多学科领域，因此水土保持监督执法更是面广、量大，遇到的技术问题也更多。如水土流失治理标准的制定，水土保持方案审查和水土保持设施的施工、竣工验收等都涉及到技术标准问题。另外，在某些情况下，单靠法律和政策很难处理时，必须从技术角度出发，组织专家进行技术鉴定和仲裁。因此，技术依据是水土保持监督执法中不可缺少的。

三、水土保持监督执法的对象和内容

1. 水土保持监督执法的对象

《水土保持法》、《水土保持实施条例》中明确规定了监督对象，凡从事可能引起水土流失和削弱或降低原有水土保持功能的生产建设活动的单位和个人，都是水土保持监督执法的对象，如在山区、丘陵区和风沙区从事挖药材、养柞蚕、烧砖瓦等副业生产和取土、挖砂、采矿等生产活动的单位和个人，从事森林采伐和坡耕地开垦的单位和个人，修铁路、公路、水利工程，开办矿山企业、电力企业和其他大中型工业企业等的单位和个人等，都必须接受水土流失的预防监督工作。

2. 水土保持监督执法的内容

根据水土保持法律、法规和实施条例，水土保持监督执法的内容主要有以下几个方面：

(1) 对采伐林木的监督

根据水土保持法，在林区采伐林木，一是监督检查采伐方式，严格控制皆伐。二是监督检查采伐方案中是否制定了水土保持方案。采伐区和集材道是否有相应的水土流失防治措施、采伐方案是否经林业主管部门批准和抄送水利行政主管部门备案。三是监督检查采伐迹地是否按水土保持方案及时完成更新造林任务。四是要监督检查对水土保持林、水源涵养林、防风固沙林等防护林是否采用抚育和更新性质的采伐。对在林区采伐，不采取水土保持措施，造成严重水土流失的，由水利行政主管部门报送县级以上人民政府，决定责令限期改正，采取补救措施，并处以罚款。

(2) 对交通、水利工程和工矿企业的监督

根据《水法》、《土地管理法》、《水土保持法》等规定，主要通过审批方案、现场检查、验收设施等方法进行。在山区、丘陵区、风沙区修建铁路、公路、水利工程，开办矿山企业、电力企业和其他大中型企业的活动，是水土保持监督管理的重要内容，对上述活动的监督管理，一是通过审批，即审查、核准水土保持方案的合理性和科学性。二是通过验收，即对建设项目中水土保持设施的验收，通过验收可促进水土保持方案的实施，保证设施的质量和数量。三是通过检查，检查本身就是一种监督，主要检查在建设项目设计中是否已编制了《水土保持方案》，是否先经水利行政主管部门批准；检查建设项目主体工程与水土保持设施是否同时施工，经费是否落实到位；检查建设项目主体工程与水土保持设施是否同时建成、竣工和投产使用；检查建设项目中废弃物的处理和存放情况，如废弃的砂、石、土、尾矿、废渣必须堆放在规定的专门存放地，以及检查因项目建设导致植物破坏后的恢复情况。

(3) 对坡地开垦利用监督

主要对禁垦坡度以上的坡地，以及禁垦坡度以下、5° 以上坡地的开垦利用方面进行监督管理。对在禁垦坡度以上的坡地开垦种植农作物的，要坚决禁止；对在水土保持法实施前，已在禁止开垦的陡坡地上开垦种植农作物的，应当在基本农田的建设基础上，根据实际情况，逐步退耕，植树种草，或者修建梯田后方可耕种；对未经水土保持监督部门审批，擅自开垦禁止开垦坡度以下、5° 以上荒坡地的，要责令停止开垦或补办开垦手续后方可开垦，其活动行为和方式由水土保持监督部门进行监督管理。

(4) 对在5° 以上坡度上整地造林，幼林抚育，垦复油茶、油桐等经济林木活动的监督管理

在坡地上进行不合理的造林整地、幼林抚育等活动，也可引起水土流失，因此也需对整地、抚育等方式进行监督，通过采取相应的水土保持措施，控制新的水土流失

发生。

(5) 对采矿、取土、挖沙、采石等生产活动的监督管理

露天采矿、取土挖沙和采石等活动，可能引起水土流失，应采取相应的水土保持措施。另外，在崩塌、滑坡危险区和泥石流易发生区必须禁止取土、挖沙、采石等活动。

(6) 对从事挖药材、养柞蚕、烧木炭、烧砖瓦等副业生产的监督管理

在山区、丘陵区和风沙区，水土流失本来就较为严重，如不合理地开展上述活动，极易加剧水土流失的发生和发展，因此必须加强监督管理，采取水土保持措施，防治水土流失和生态环境恶化。

(7) 对水土保持设施的监督管护

监督管护是防止水土保持设施免遭破坏，巩固治理成果，充分发挥水土保持设施功能与作用的重要保证。

水土保持监督执法的内容十分广泛，本章仅作上述简要介绍，在工作实践中，还应该照水土保持法律法规、政策所规定的内容和各省、区、市补充规定的内容，实行全面监督。

第十一章
水土保持实践——水土流失调查

近年来，随着我国水土流失的严重，土壤生态环境发生剧烈变化，毁坏了国土资源，轻则使气候失调，水旱灾害频繁发生，影响人民生活，重则导致国家经济衰退，甚至民族灭亡。因此，保护土壤资源免遭侵蚀破坏，是保证国土可持续利用和造福人民、富国强民的根本大计。近年来，我国政府对水土流失十分重视，开展了一系列的水土保持工作。而开展水土保持工作，治理水土流失，保护生态环境，一项很重要的工作就是要摸清水土流失状况，做好水土流失的调查工作。

第一节　水土流失调查的目的和意义

开展水土保持工作，治理水土流失，保护生态环境，一项很重要的工作就是要摸清水土流失状况，包括水土流失形式、成因、侵蚀强度、危害等基本情况。水土流失调查是为水土保持和生态环境建设服务的，其目的和意义是：

1. 水土流失调查为国家制定方针政策提供科学依据

保护土壤资源免遭侵蚀破坏，是保证国土可持续利用和造福人民、富国强民的根本大计。毁坏国土资源，轻则使气候失调，水旱灾害频繁发生，影响人民生活，重则导致国家经济衰退，甚至民族灭亡。近年来，我国政府对水土流失十分重视，1991 年 6 月颁布了《中华人民共和国水土保持法》，随后各省、市、自治区相应颁布了该法的实施办法；在《全国生态环境建设规划》和“六大”林业生态工程中，也都把水土流失治理放在突出的位置上。因此，务必要开展水土流失调查，摸清家底，为国家在制定方针政策时提供科学依据。

2. 水土流失调查是国土整治的重要内容

我国的水土保持工作虽然取得了很大成就，但面临的形势仍然十分严峻，突出的问题是水土流失面积继续扩大，耕地面积不断减少，地力下降，植被受到严重破坏，生态环境恶化。然而水土流失面积究竟扩大了多少，耕地究竟减少了多少，地力状况如何等问题，只有通过水土流失调查才能获得准确、可靠的数据。

3. 水土流失调查与社会经济发展十分密切

在水利、交通和工矿建设中，都必须注重水土流失问题，采取必要的水土保持措施，控制水土流失，保护生态环境。水土流失带来大量泥沙，淤塞江、河、湖泊、水库等，严重影响水利电力事业的发展。来自黄土高原的泥沙，在黄河下游淤积，使黄河成为地上“悬河”，对华北平原构成了严重威胁；长江上游由于植被受到严重破坏，大量泥沙下泻，日益增加了三峡库区、葛洲坝、荆江大堤及沿江堤防工程的潜在危险性。公路尤其是高速公路边坡，也常发生水土流失甚至滑坡、崩塌等地质灾害，给人民生命财产带来严重威胁，只有经过水土流失调查，才能弄清水土流失状况，确定合理的治理措施。

4. 水土流失调查是环境监测的重要内容

土壤是生态系统的重要组成成分之一，随着水土流失的严重，土壤生态环境发生剧烈变化，如土层变薄、理化性质变劣、生物活性降低等，从而使土壤含水量减少、热量状况恶化，逐渐失去涵养水源和保持水土等生态功能，对社会经济的可持续发展产生不利影响。因而，从环境监测、保护生态环境这个角度出发，应搞好水土流失调查。

5. 水土流失调查是开展水土保持工作的基础

水土流失工作要求人们贯彻“预防为主，因地制宜，加强管理，注重效益”的方针，这里的“因地制宜”即要求根据当地水土流失和社会经济发展状况，有的放矢，对症下药，采取合理的治理措施，制定出切实可行的水土保持规划，因此必须搞好水土流失调查。

第二节　水土流失现状及危害调查

水土流失现状及危害的调查，旨在查明土壤侵蚀的原因、形式、发生过程及其危害，为制定水土保持规划和开展水土保持工作提供科学依据。

一、影响水土流失因素的调查

1. 气候因子

（1）降水

降雨、风、冰雪等是水土流失的主要外营力。在水蚀地区，降雨量和降雨强度直接影响水土流失的分布和程度。了解降雨量的年分配及其强度，可查明水土流失的季节动态和产沙量与降雨状况（雨量与雨强）的关系。通常随降雨量的增加，水土流失加重，河流输沙量也相应增大。因此，在对降水进行调查时要注意降水量、降雨强度、降雨历时等因子。雨强特别是30min最大雨强，对土壤侵蚀影响最为明显，也要引起重视。

（2）风

在风蚀地带，大风是引起风蚀和风沙流的必要条件，土壤风蚀的强弱取决于风速和风的持续时间等因素，只有历时较长的大风才能形成大规模的风沙流。因此，在风蚀地带要注意调查风速、风向及其年变化规律。

（3）冻融作用

频繁的冻融交替，将使岩石强烈风化，促进斜坡岩体泻溜与崩塌等重力侵蚀的发育，在一定条件下也可能发育成冻融泥石流等，因而要注意冻融对山体岩层的影响。在融雪侵蚀区，必须调查积雪量、厚度及分布、融雪期的降雨量、太阳辐射与侵蚀强度的关系，以及土壤冻融情况和不同坡向的辐射效应等。

2. 地质因子

水土流失的类型、强度以及空间分布受地质因素影响很大。在我国许多山丘区，花岗岩、沙岩和页岩分布很广，经过长期风化，形成结构松散的风化层，如果没有植被保护，极易发生水土流失；再如长江中上游的紫色沙页岩，在亚热带高温、多雨的条件下，也极易引起土壤侵蚀。另外，基岩的构造（褶曲、断层及其走向、倾角等）也是决定侵蚀形态的主要因素。因此，地质调查的主要内容是基岩的岩性、构造及风化程度等。

3. 地形因子

从地貌学上说，水土流失是一种外力侵蚀地貌的过程，因此土壤侵蚀与地貌形态有着密切关系，起伏的地形为土壤侵蚀的发展提供了可能。如前所述，坡度与土壤水蚀及重力侵蚀关系最为密切，地表径流量和冲刷量都是坡度的函数。当坡度相同时，水土流失强度取决于坡长，坡面越长，径流量越大，侵蚀力也越强。坡形对水土流失的影响主要表现在它能改变径流在坡面上的分布和变化情况，从而对水土流失及其形式产生影响。坡向不同,光照条件也不同,阳坡（半阳坡）的光照条件明显好于阴坡（半阴坡），而水分条件却相反。一般阴坡常有较好的植被，而阳坡植被却较差，再加上阳坡温度、湿度变化大，岩石风化也剧烈，所以阳坡的水土流失往往重于阴坡。

此外，区域地貌的相对高差，沟谷切割深度及切割密度等对水土流失发育也有很大影响。例如，相对高差是控制区域内沟谷下切深度的指标；沟谷切割密度既是影响区域平均坡度的指标，又是衡量沟谷侵蚀产生危害程度的指标等。因此，地形因子调查中，主要包括坡度、坡长、坡形、坡向、相对高差、沟谷切割深度和切割密度等。

4. 土壤因子

水土流失的对象是陆地表面的土壤、母质以及风化岩体，它们的性质对水土流失的发育有很大影响，主要表现在对侵蚀外力的抵抗能力和渗透性两个方面。目前，一般多用抗蚀性和抗冲性来表示土壤对地表径流的抵抗力，因此土壤抗蚀性、抗冲性和渗透性这三个指标都应该进行重点调查。影响土壤渗透性的因子主要是孔隙率，特别是大于 0.5mm 的非毛管孔隙率，而土壤孔隙率又与机械组成、质地、结构、有机质含量、含水量以及土壤剖面构型有关，必要时也应测定这些指标。

在应用通用土壤流失方程时，上述土壤理化性质指标都应该测定。

5. 植被因子

植被在水土保持中占有极为重要的地位，植被的好差直接影响水土流失的程度。良好的植被覆盖地面，能有效地截留降水并削弱雨滴和径流对土壤的打击、冲刷力量，减少土壤侵蚀量。在水土流失调查中，应收集植被类型图、植被覆盖度等资料；在坡耕地上，应调查各生长季的作物类型及其各生长阶段的地面覆盖情况。

6. 人为因素

在诸多因素中，人为干扰是引起水土流失的主要因素。一般来说，水土流失的分布及其强度，与人类生产、生活中心点的距离呈反相关，距离愈远水土流失愈轻。加剧水土流失的人为活动主要包括乱砍滥伐森林，陡坡开荒，过度放牧，不合理的耕作制度（顺坡）以及工矿、交通和水利建设所产生的残渣、弃土等。

二、水土流失类型及分布

根据外营力的不同，水土流失主要分为水蚀、风蚀、重力侵蚀、冻融侵蚀和泥石流侵蚀。在较大范围内，它们可以同时出现，而在较小范围内，可能仅有一种或两种。我国幅员辽阔，自然条件复杂多样，侵蚀类型多，但就全国来说可分成三个区，即水蚀区、风蚀区和冻融区。我国东部、南部、东北大部及西北部分地区为水蚀区，西北大部、华北北部、东北西部为风蚀区，青藏高原高寒地区则为冻融区。在我国，水蚀区面积最大、危害也最大，本节将重点叙述。

1. 水蚀

主要侵蚀形态有面蚀、沟蚀等，它们代表了水蚀过程的不同阶段。

（1）面蚀

面蚀主要发生在坡耕地和植被稀疏的地段，包括击溅侵蚀、片状侵蚀、鳞片状侵蚀和细沟侵蚀。植被是影响面蚀的主要因素，故可根据植被覆盖度大小确定面蚀程度。在坡耕地上，则可根据坡度大小划分面蚀程度。面蚀程度通常分为无明显面蚀、轻度面蚀、中度面蚀、强烈面蚀和剧烈面蚀。

（2）沟蚀

沟蚀是地表径流以比较集中的股流形式对土壤或土体进行冲刷的过程，它是面蚀进一步发展的结果，可分为浅沟、切沟和冲沟阶段，分别是侵蚀沟发育的初期、盛期和末期，也是常见的侵蚀类型，调查时应特别注意。沟蚀程度可用单位侵蚀面积内沟蚀面积所占的百分比表示，即：

$$\text{沟面比}(\%)=\frac{\text{侵蚀沟面积}}{\text{侵蚀区总面积}}$$

沟蚀程度还可以用单位面积内的侵蚀沟长度来表示。

2. 重力侵蚀

包括崩塌、滑坡、崩岗和泻溜等，前三者是在重力和水的综合作用下土体下坠和位移的侵蚀现象。以南方地区崩岗侵蚀为例，重力和径流冲刷是崩岗侵蚀的动力，疏松深厚的风化物是崩岗侵蚀的物质基础，人为的破坏活动则是加速崩岗侵蚀的主要因素。在黄土地区，崩塌、滑坡常是沟头前进和沟壁扩张的主要方式。崩岗侵蚀程度用单位面积内崩岗面积占侵蚀区总面积的百分比表示。在调查中应注意识别崩岗的初期、中期和末期三个发展阶段，以便采取因地制宜的措施。

泻溜多发生于缺乏植被的陡坡或沟壁，在重力作用下，风化碎屑物沿着斜面陆续滚落下来并堆积在坡脚下，由红土、多种页岩及其他粘重土状物体组成的陡坡常有泻溜发生。

3. 风蚀

由风力作用引起的土壤侵蚀即为风蚀，在我国风蚀主要发生在气候干燥、植被稀少、风速又较大的地方，包括西北、华北、东北西部地区。在我国沿海沙地，也有风蚀发生，但规模较小。在调查风蚀时，要特别注意收集植被、气候（风速、降雨）和土壤性质方面的资料，以便查明风蚀的原因，确定合理的治理措施。

水土流失分布规律，通常可以通过编制水土流失类型图、水土流失程度图来表示。此外，亦可选择典型地形，作水土流失断面图，表示水土流失类型及其程度与地形、植被、地质、土壤和土地利用等的相互关系。

三、水土流失发展规律

水土流失发展规律是水土流失调查中的重要组成部分，调查内容包括水土流失发生的原因、过程、特点及机制等。

1. 原因

在调查时，除查明自然因素对水土流失的影响和侵蚀机制外，主要调查人为活动对水土流失的影响。如滥伐森林、陡坡开垦、过度放牧等破坏活动引起的水土流失面积、比例及侵蚀量等。如我国北方土地沙漠化的成因中，85%是滥垦、滥伐和滥牧的结果，9.4%是水利资源利用不当和工矿建设中破坏植被造成的，属于沙丘前移入侵农田和草场的仅占5.5%。近年来，我国经济建设飞速发展，而环境意识淡薄，开矿、修路、采石等造成大量裸露坡面和泥沙没有得到妥善处理，是当前水土流失的主要原因之一。在南方丘陵山区，森林破坏、油茶垦复、水利建设、交通建设、旅游开发、开矿挖沙等均可引起水土流失，也属调查内容之列。

平原地区，甚至是以堆积为主的平原地区，在一定的自然条件和人为活动作用下，也会产生土壤侵蚀。如江苏沿海平原沙土区，自第三纪晚期以来就一直处于沉降堆积过程，虽然从地学的长期观点来看以堆积淤泥为主，然而海岸经常遇到台风、暴雨、风暴潮汐等强大侵蚀力量的袭击，在短期内也会使海岸产生侵蚀后退现象。为充分利用海涂资源，修筑海堤，在堤内挖河、修路、修建田间配套工程等，发展工农业生产和交通运输事业，这些人为活动必定改变小地形，形成很多汇水集水的坡面和引水排水的沟河系统，出现了有利于流水侵蚀和风蚀的地形，再加上土壤松散、质地较粗，极易引起水土流失，全区剧烈侵蚀面积占48.63%。在调查中，要弄清引起侵蚀的根本原因。

在对这些自然因素和人为因素调查的基础上，对泥沙来源可进行较正确地估算，以便为水土流失的宏观控制和制定水土保持规划提供可靠依据。

2. 过程

包括调查水土流失类型及其相互关系、土壤肥力水平及生态系统的演变过程等。一般的侵蚀过程是由面蚀发展成沟蚀，或由面蚀发育成崩岗侵蚀。侵蚀类型之间可以交错发生，也可以同时进行。在西北黄土区和南方花岗岩区，沟谷或崩岗的扩展方式以崩塌、滑坡为主；在紫色土区则以坡面剥蚀（面蚀和泻溜侵蚀）为主，即在沟谷下切的同时，沟坡以面蚀进行扩展并变陡。

水土流失过程调查，应注意土体构型和土壤肥力的变化，同时应注意水土流失程度与生态系统演变的关系，通常随着植被破坏面积的扩大和水土流失加剧发展，山地生态系统也愈来愈恶化。为了鉴别生态系统恶化的程度，对不同阶段的生态系统，可建立相应的诊断指标，如植被覆盖度的大小，侵蚀土壤的面积比例和基岩裸露情况等，均可作为指标来考虑。以陕西省南部山区为例，植被覆盖度在70%以上和保留A层土壤在75%以上，生态系统基本保持平衡；当植被覆盖度和保留A层土壤的面积均小于25%时，则生态系统进入严重失调阶段。

3. 特点

影响水土流失的因素很多，不同地区水土流失的特点及其发生机制各不相同。黄土区形成千沟万壑，河流输沙量多，究其原因，除降雨、地形、植被等不利条件以外，黄土结持力弱、土层深厚、粉沙含量高是重要因素。南方地区由于土壤和地面组成物质复杂，水土流失具有片状分布、产沙量大、流失物质粗、输移比小、上中游泥沙堆积量大的特点。花岗岩区崩岗侵蚀严重发展，与风化物中的沙土和碎屑层缺乏有机质及粘粒作胶结物质，抗蚀性和抗冲性很差，遇水易分散等特点有关。同时，由于上述两个土层在各地形部位的厚度与性质不同，因而往往形成肚大口小的瓢形崩岗。紫色土区风化与流失过程交替进行，面蚀与沟蚀交错发生，与紫色页岩的颗粒细小、组织松软、风化速度快等有关。通过分析研究土壤特性与侵蚀特点的关系，对阐明土壤侵蚀规律及其机制有重要作用。

四、水土流失危害

1. 破坏土壤和土地资源

这里主要是指水土流失使土壤流失，毁坏土地资源；同时还带走大量土壤养分，使地力衰退，从而动摇农业生产的基础。

从某区域土壤总流失量，可以计算该区域内毁坏的土壤资源的面积，换算公式为：

$$M=\frac{W}{H\times D\times 10^4}$$

式中：M——被毁坏土壤的面积（km^2）；

W——侵蚀总量（t）；

H——土壤侵蚀临界深度（m）；

D——土壤容重（t/m^3）。

土壤侵蚀临界深度指土壤可能被破坏的最大深度，超过此深度，土壤会被全部侵蚀光，使土地失去生产力。例如：长江上游水土流失总量每年达15.6亿t，土壤容量以1.4t/m^3计算，相当于每年毁坏40cm厚的土壤2785.7km²。如果缺乏侵蚀总量资料，亦可以用河流输沙量作代换计算，但输沙量远比坡面侵蚀总量小，因而计算结果比实际的产沙量小。

将土壤总侵蚀量分别乘以有机质、N、P、K等营养元素的重量百分比，即可得到土壤养分的流失量。根据土壤养分的流失情况以及土壤养分与农作物产量的关系，还可对产量损失进行估算。

2. 泥沙淤积危害

水土流失带来的大量泥沙，抬高河床，淤塞水库和湖泊。在调查中，要注意统计泥沙年淤计量或淤积速度，淤积对河流通航里程和货运量的影响，以及比较历年泥沙淤积对水库寿命及其蓄洪调洪能力的影响，从而说明侵蚀泥沙对水利、电力建设的危害性。

3. 对人民生命财产的危害

对洪水和干旱造成的受灾面积和减产情况要进行统计比较。流失区通常“4料”（木料、燃料、肥料、饲料）俱缺，应分别统计其需要量和欠缺程度。山区人民的贫富同水土流失有着密切关系，对不同程度流失区的粮食产量，人均口粮和人均收入，均要进行统计和比较，以说明水土流失对群众生产和生活的影响。

暴雨、洪水造成的水土流失危害很大。如1981年7月的四川特大洪灾，冲毁农田2.27万hm²，使全省80多条省级公路和483个县级公路全部中断，成渝、宝成和成昆铁路由于路基塌方中断交通20天，造成直接经济损失20多亿元。因此，洪水泛滥后要注意调查人员伤员情况，房屋等财产的破坏情况，农作物受灾情况，铁路、公路、桥涵的破坏情况，河流、水库的淤塞情况和破坏情况，以及自然景观（特别是在旅游区）的变化情况等。

4. 对生态环境的危害

如前所述，水土流失对生态环境影响的调查，主要通过植被破坏程度，水土流失程度和土地资源及其生产力丧失程度的调查进行。此外，还可通过对气候、土壤性质的调查来说明水土流失对生态环境的影响。

第三节　水土流失潜在危险调查

对未来土壤侵蚀的预测预报，是水土流失调查中一项重要内容，因此必须对水土流失潜在危险做出评定和估测。根据侵蚀量调查和有关试验资料，应用侵蚀因子记分的半定量方法，可综合评价一个地区土壤侵蚀的潜在危险，另外应用侵蚀速度也可评价土壤侵蚀的潜在危险程度。

根据有关规定，只有在侵蚀强度属无明显侵蚀（微度侵蚀）的地区，才可以不进行侵蚀后果的危险分级。

一、潜在危险分级

土壤侵蚀因子强度等级是划分潜在危险等级的基础，但各地区侵蚀因子各不相同。因此，在野外调查时首先必须确定当地主要侵蚀因子，根据它们对土壤侵蚀影响的大小进行程度分级，对不同级别给与相应的记分，参见表 11-1（中华人民共和国水利部《土壤侵蚀分类分级标准》：SL190-96）。将各侵蚀因子的得分相加求出总分，在比较总分的基础上，确定水土流失潜在危险的大小。

根据某地区各侵蚀因子 f_1，……，f_2，f_8 的评分值，分别乘其全重值 ω_1，ω_2，……，ω_8 之和为总分值，由总分值的多少按表 11-2 确定土壤侵蚀潜在危险度的等级。总分值的计算公式如下：

$$p=\sum f_i\omega_i$$

表11-1　土壤侵蚀潜在危险度评级标准表

级别	评分值	侵蚀因子							
		(f_1)	(f_2)	(f_3)	(f_4)	(f_5)	(f_6)	(f_7)	(f_8)
		人口环境容量失衡度（%）	年降水量（mm）	植被覆盖度（%）	地表松散物质厚度（m）	坡度（°）	土壤可蚀性	岩性	坡耕地占坡地面积比例（%）
1	0～20	<20	<300	>85	<1	0～8	黑土、黑钙土类、高山及亚草甸土类高山	硬性变质岩、石灰岩	<10
2	20～40	20～40	300～600	85～60	1～5	8～15	褐土、棕壤、黄棕壤土类	红沙岩	10～30
3	40～60	40～60	600～1000	60～40	5～15	15～25	黄壤、红壤、砾红壤土类	第四纪红土	30～50
4	60～80	60～100	1000～1500	40～20	15～30	25～35	黄土母质类土壤	泥质岩类	50～80
5	80～100	>100	<1500	<20	>30	>35	砂质土、砂性母质土类、漠境土类、松散风化物	黄土、松散风化物	>80
全重（ω_i）		(ω_1)	(ω_2)	(ω_3)	(ω_4)	(ω_5)	(ω_6)	(ω_7)	(ω_8)

注：人口环境容量失衡度指实有人口密度超过允许的人口环境容量的百分数。

表11-2　土壤侵蚀潜在危险度的分级表

潜在危险分级	总　分
无险型	<10
轻险型	10～30
危险型	30～50
强险型	50～80
极险型	>80

根据土壤侵蚀速度和土壤厚度资料，也可估算水土流失的潜在危险。由现在土层厚度和每年土壤侵蚀深度之比，计算出土壤可供侵蚀的年限，再按照年限长短进行潜在危险程度分级（按《土壤侵蚀分类分级标准》中"水蚀区危险度分级表"进行），年限多的潜在危险程度低，年限少的潜在危险程度高。长江流域土层厚度一般在 100cm 以内，根据预测，在长江流域侵蚀区，土壤侵蚀潜在危险要比黄土高原大得多。

对于滑坡、泥石流潜在危险程度分级，可用百年一遇的泥石流冲出量或滑坡发生时可能造成的损失作为分级指标，参见表 11-3（中华人民共和国水利部 2008 年颁布的《土壤侵蚀分类分级标准》）。

表11-3　滑坡、泥石流危险度分级表

类别	等级	指　　标
I较轻	1	危害孤立房屋、水磨等安全，危及人数在10人以下
II中等	2	危及小村庄及非重要公路、水渠等安全，并可能危及50～100人安全
	3	威胁镇、乡所在地及大村庄，危及铁路、公路、小航道安全，并可能危及100～1000人安全
III严重	4	威胁县城及重要镇所在地，及一般工厂、矿山、铁路、国道及高速公路，并可能危及1000～10000人安全或威胁IV级航道
	5	威胁地级行政所在地，重要县城、工厂、矿山、省际干道铁路，并可能危及10000人口安全或威胁III级航道

二、潜在危险分布

调查侵蚀潜在危险分布，对土地合理利用有重要意义。在编制水土流失潜在危险图的基础上，可以查明水土流失潜在危险分布情况。潜在危险的分布规律与主要侵蚀因子有关。在南方地区，风化物厚度是决定崩岗侵蚀最主要的因子，花岗岩区风化物厚度大，发生崩岗侵蚀的潜在危险也大，而变质岩风化层浅薄，发生崩岗侵蚀的可能性就小。因此，在其他条件相同情况下，花岗岩区为水土流失可能发生的潜在危险区。

三、潜在危险分析

着重调查分析土壤退化、产沙量变化及其危害等。在土壤退化方面，除上述的土体构型发生剧烈变化外，还包括在土层减薄过程中，土壤养分含量和质地的变化。在调查中，收集这方面的资料，可以为土壤资源评价和估算土壤承载力提供重要依据。此外，侵蚀劣地和裸岩面积及其趋势等，均应列为调查内容。水土流失产沙危害的调查，包括未来的产沙量、沉积量及其对河流、湖泊、水利、电力、航运等的潜在危害等。

第四节　水土流失调查实验方法

在水土流失调查时，需要进行必要的野外试验研究，以便阐明土壤（或地面组成物质）对侵蚀发生发展的影响。通常需要调查的因子有土壤透水性、径流系数、抗蚀性、抗冲性、抗剪强度、土壤机械组成、质地、孔隙率、容重、有机质含量、土壤侵蚀量等。在可能条件下，还可进行人工模拟降雨、膨胀收缩、塑限、流限等试验。土壤常规理化性质的调查和测定可参见有关土壤方面的资料，下面仅对水土流失调查中的主要方法进行阐述。

一、透水性试验

透水性测定方法较多，有田间试验法、渗透套筒法、渗透管法、环刀法等。原水利电力部在《水土保持试验规范》中推荐的方法是渗透套筒法，它简便易行，在野外调查时应用起来比较方便，而且测定数据比较准确、可靠。取直径分别为 30cm 和 60cm 的渗透套筒（无盖）两个，以同一圆心插入土层中 3 ～ 5cm，内筒中设一个高 5cm 的标记。在内、外筒中同时加水至 5cm 深，开始计时。不断加水，始终保持内、外筒中水深 5cm，同时纪录不同时间内筒中下渗的水量。这个过程直到进入稳渗状态才能停止，所谓稳渗即指单位时间内下渗到土壤的水量相近。根据下式可计算渗透速度：

$$V=\frac{Ø\times 10}{t\times s}$$

式中：V——渗透速度（mm/min）；

$Ø$——某段时间内的渗透量（cm²）；

t——渗透时间（min）；

s——内筒面积，为 706.86（cm²）。

由于土壤是一个复杂的生态系统，异质性很大，即使只有一步之遥，渗透速度也可能有很大差异，因此用此法测定渗透速度时至少要做 2 次重复，或至少用 3 对渗透套筒同时进行。

土壤渗透速度是估测地表径流量和径流系数的重要参数，对土壤侵蚀有很大影响。本试验是在土层上面有 5cm 水层的情况下进行的，所测得的渗透速度比实际值要大些，但它基本上能够反映不同土壤类型或同一类型土壤不同土层水分的下渗规律。

二、抗蚀性试验

表示土壤抗蚀性大小的指标很多，如分散率、侵蚀率等。根据《水土保持试验规范》，土壤抗蚀性可用土壤团聚体的水稳性指数（K）表示，即：将风干土进行筛分，选取 0.7 ~ 1.0cm 直径的土粒 50 颗，均匀放在 0.5cm 的金属网格上，然后置静水中进行观测．以 1min 为间隔分别记下分散土粒的数量，连续 10min，其总和即为在 10min 内完全分散的（含半分散）的土粒总数。由于土粒分散的时间不同，鉴定其水稳性程度需要采用校正系数，每分钟的校正系数如下：

1min—5%　6min—55%

2min—15%　7min—65%

3min—25%　8min—75%

4min—35%　9min—85%

5min—45%　10min—95%

在 10min 内没有分散的土粒的水稳性指数为 100%。水稳性指数按下列公式计算：

$$K=\frac{\sum P_iK_i+P_j}{A}\ (i=1,2,3\cdots10)$$

式中：P_i——第 i 分钟分散的土粒数量；

P_j——10 分钟内未分散的土粒数；

K_i——校正系数；

A——分散时所取的土粒总数。

实验资料表明，有机质含量高的土壤，其水稳性指数高，抗蚀性强，反之则小。

三、抗冲性实验

土壤抗冲性测定还没有一个统一的方法，原中科院院西北水土保持研究所用单位体积的水量冲击土壤的重量（g/kg）表示土壤抗冲性；南京林业大学用 C.C. 索波列夫抗冲仪进行测定，即在一个大气压力下，以 0.7mm 直径的水柱冲击土体，使其产生水蚀穴，每 10 个水蚀穴深与宽乘积的平均值的倒数，即为该土层的抗冲指数。在红黄壤区，土壤的心土层和粘性母质层，粘粒和铁铝氧化物含量较高，土壤空隙较少，致使土壤粘重、板结和紧实，具有较大的抵抗雨滴打击和径流机械破坏的能力，故抗冲指数较高。江苏沿海平原沙土区由于土壤质地较粗、粉沙含量大、土壤颗粒间粘结力小，土壤很容易受到水流冲击的影响，抗冲指数小，但有植被保护的表土抗冲性强，抗冲指数大。

四、水土流失量的测定方法

1. 量细沟法

降雨时，由于地表径流的汇集、冲刷，坡耕地上被冲刷出许许多多纵横交错的细沟，细沟侵蚀是坡耕地上的主要侵蚀类型。选择有代表性的地块，划定测量范围，用卷尺或测绳在坡的上、中、下分别横向（水平方向）拉线，逐一测量尺（绳）经过的细沟的深度和宽度。上、中、下坡各细沟深、宽乘积的平均值，代表测区内所有细沟的平均横截面，用它乘细沟的平均长度，可得到测区内细沟的平均体积。数出坡面上细沟总数，结合土壤容重，可计算出细沟侵蚀总量。

2. 测根法

由于土壤侵蚀，树根逐渐裸露地表，测定树根的裸露高度，再按树龄可计算出每年的侵蚀速度，经过多点测定，其平均值即为该地段的土壤侵蚀速度。选择不同地形、覆盖度、土壤条件分别进行测定，可计算出某地区的年平均侵蚀量。

在坡耕地上，由于片蚀的反复进行，农作物根茎就会逐渐裸露出地表。通过测量农作物根茎离地表的高度，并计算出片蚀的面积（总面积—细沟侵蚀面积），结合土壤容重测定就可求出土壤片状侵蚀量。它与细沟侵蚀量之和即为坡耕地上的侵蚀总量。用它除以地块面积，即为单位面积坡面的流失量。

3. 标记法

在调查区内，均匀选择若干永久性地物，在基部做好标记（如涂上颜色醒目的油漆），定期测量各测点标记露出地表的高度。由许多大小不同的高度值，计算出调查区土壤侵蚀的平均厚度，结合土壤容重，可求出水土流失量。在有林地，可在树干基部做标记；在岩石裸露区，可在永久性的基岩上做标记。

用涂色和编号的石块，可观测坡面、切沟以及河道中砾石迁移的速度和距离。使用涂漆侵蚀线的方法，可以测定粗砾石的总迁移量和移动距离。总物质迁移量等于砾石覆盖距离和横断面面积的乘积。

4. 侵蚀针法

用侵蚀针法可以测定坡面上平均侵蚀量和沉积量。将带有刻度的侵蚀针打入土内，观测侵蚀速度和淤积速度。或将钉子打入土层内，使顶帽与地面相平，并在钉帽上涂上颜色显著的油漆，编号登记入册，隔一定时间（年、月）观测钉子出露高度，并进行侵蚀速度计算。在紫色页岩区应用钉子法，可比较不同坡长、坡度、坡形、坡面和沟谷的侵蚀速度；在比较松软的土壤上，可用木桩作侵蚀针进行测定。在黄土区，可用侵蚀针或其他标桩测定沟谷扩展和溯源侵蚀的速率。在江、河、湖泊水库的岸坡上，均可用侵蚀针法测定侵蚀速率。

5. 土壤剖面对比法

在已知开垦年限的坡耕地上挖土壤剖面，同时，在相同地形条件下未开垦地上挖土壤剖面，对两土壤剖面进行比较，测量被蚀土壤厚度，亦可以计算出每年的水土流失量。必须注意，应用此法时要进行多点测定，以便取得比较可靠的结果。

6. 水文站法

在流域出口处建立水文观测站，利用水文站多年测得的固体径流物质总量（悬移质和推移质），求得多年平均值，即为该流域多年平均土壤流失量。用此法推算水土流失量的关键是泥沙测定。

(1) 悬移质测定：测定时首先要取样，取样次数随洪峰水位的变化情况而定。每个水样不少于 1000cm³，取样位置一般在主流半深处，如因洪水过大不能在主流处取样时，也应在远离岸边的垂线上半深处取样。取样方法有比重瓶法，即用比重瓶在预定位置取样。取样时，瓶口应稍向下游倾斜，待瓶满后立即取出，直接称重换算。此法较粗放，但可在设备不健全时采用。另外，还有取样器法等。

(2) 推移质测定：目前，测定推移质应用较广的方法是沉沙池法，当推移质输沙率较小时，此法尤为适用。在流域出口有适宜的小水库和淤地坝时，亦可采用此法。通过设在沉沙池前的量水建筑物，分别测出进入沉沙池前的悬沙量 D_1，流出沉沙池的悬沙量 D_2 和在沉沙池中的淤积量 D_3。设总输沙量为 D（悬移质和推移质），则推移质输沙量 $D_4=D-D_1$，而 $D=D_2+D_3$，则 $D_4=D_2+D_3-D_1$。

此外，测定推移质还有器测法，即通过推移质取样器取样，计算出输沙率。此法因取样器的性能和精度达不到要求，目前应用较少。

7. 径流小区测定法（小区资料推算法）

此法可靠性较高，观测项目丰富，除对土壤侵蚀量定位观测外，还可对水土流失规律和地表径流情况进行观测。

在试验小区内选择有代表性坡地，要求保留原有的自然状态，且土壤剖面结构相同，土壤厚度均匀，坡度变化不大，土壤性质一致。标准径流场规格一般为长 × 宽 =20m × 5m，即水平投影面积 100m²。径流场上部及两侧设有围埂，下部有集水槽，引水槽末端有量水设备。在径流场外围设 2m 宽的保护带；集水槽和引水槽上面应加盖子防止雨水进入；量水设备有径流池、分水箱、量水堰、翻斗器等多种形式，通常用径流池作为量水设备。

降雨时，地表径流带着泥沙汇入径流池，当径流终止后将集水槽中的淤泥扫入径流池，将水搅匀，在池中采集柱状水样 2 ～ 3 个（1000 ～ 3000cm³），混合，再从中取出 500 ～ 1000cm³ 水样测定含沙量，以推算径流小区侵蚀量。根据流域面积进一步求出流域总侵蚀量。

应该指出，前面五种方法都是野外简易调查方法，具有花费少、见效快的特点；而后两种方法则是定位观测，一次性投资大，观测时间长，但其结果可靠、准确。

第五节　水土流失调查过程

一、准备工作

1. 收集资料

资料收集是水土流失调查的基本工作，一般在基础工作做得比较好的地方，可收集到农业区划和土壤普查这两份最重要的资料。此外，还要尽可能收集如下资料。

(1) 影响水土流失的因素

A. 侵蚀的动力性因素：①气候因子，包括降水、风、冻融等；②地质因子，包括岩性、地质构造和风化程度；③地形因子，包括坡度、坡长、坡形、坡向及其相对高差、沟谷切割深度等。

B. 侵蚀的抗蚀性因素：①土壤性质，包括土壤对侵蚀的抵抗力（抗蚀、抗冲、抗剪）、渗透性及其他理化性质；②植被因子，包括植被类型、覆盖度和季节动态等。

C. 人为因素：①人口密度、生活习惯、耕作方式等；②水利、交通和工矿建设情况。

(2) 自然资源的因素

A. 土地资源：土壤类型及面积、土地类型及面积、土地利用状况、土地肥力状况。

B. 生物资源：各种植物种类，尤其是水土保持的优良植物，主要经济作物品种及利用状况。

C. 矿产资源：矿产种类、品位、储量及开发前景。

D. 水利资源：水利资源蕴藏量、可供开发量、已经开发量。

E. 其他资源：包括风力资源、太阳能资源、潮汐资源、特种资源等。

(3) 社会经济的因素

社会经济方面的资料一定要用法定统计资料，并且要用最新资料。

A. 社会方面：人口（总数、农业人口、非农业人口、男女人口等）、人口素质、劳动力资源、生产关系及其组织形式等。

B. 经济方面：工农业总产值、纯收入、人均纯收入、人均粮食占有量、家庭工、副业收入；乡镇企业发展水平；农业总产值中各业（包括农、林、牧、副、渔）所占比重；农业产业状况、粮食及其他主要农作物总产量及单产、主要经济作物总产及单产、特种经济作物总产及单产；农业机械总动力、畜力、农村电气化水平，商业、服务业、交通运输业情况。

(4) 影响生产发展的因素

A. 灾害性天气：旱涝灾害发生频率及危害程度，冰雹或台风的危害程度，寒露风出现日期，干热风出现日期。

B. 限制性因素：限制农作物生长的因素，被称为限制性因素，例如地下水位和土壤含盐量过高等。

2. 制定野外调查标准

水土流失野外调查标准是调查工作最重要的依据，因此，应事先制定一个科学、实用的野外调查标准。通常从植被覆盖度、地形地貌、土壤性质、土地利用方式、土壤侵蚀量等方面着手，制定野外调查因子，并确定野外调查标准。调查因子选择及其标准的制定必须根据当地水土流失的具体情况而定，力求反映水土流失的现状和特征。在水土流失潜在危险大的地区，应注意选择与之有关的调查因子，使调查成果能反映未来水土流失的情况。

若要在野外进行定点定位观测，更应该制订严格的调查标准，以便不同的观测人员进行操作，保持资料记录的科学性和完整性。

3. 培训技术骨干，组织调查队伍

调查工作面广量大，必须先培训一批具有野外工作能力的技术骨干。然后，以这些技术骨干为主体，组成水土保持调查专业队伍。

培训内容包括水土流失和水土保持基本原理，地形图的判读和应用，野外勾图的基本技术，各种表格的填写及有关制图技术。

4. 准备仪器、图表

包括工作底图，调查工具、仪器、设备和卡片、表格的准备。

二、外业调查

1. 外业调查任务

外业调查的任务是目测勾绘水土流失斑和水土流失危害斑；填写水土流失调查表；校核工作底图上的地形、地物；必要时做水土流失试验。

2. 外业调查方法

按预先拟定的水土流失野外调查标准，在工作底图上，目测勾绘不同类型的水土流失斑。同时，将每个流失斑的具体情况按调查标准记入预先准备好的表格，并编上号。在地形图上，当水土流失斑面积较小时，不容易勾画出来，这时应将这些零星的小块流失斑在图上做好标记，并登记到表格中。

由于调查的目的、要求不同，有些可以粗放些，而有的则不但项目多而且要求高。在野外调查时，如有必要需要做一些水土流失试验，如抗冲性、抗蚀性、透水性、土壤理化性质及侵蚀量测定等。

三、内业整理分析

1. 检查外业质量

外业工作必须做到天天清，即每天在野外勾绘的水土流失斑、水土流失危害斑及登记表格，都要进行认真检查，因特殊情况在野外没有完全填好或填得不太清楚的内容，必须当天补上。如有条件，当天就要量算水土流失斑面积，汇入总表。

抽查外业质量时，随机抽查若干水土流失斑，到实地核对界线、面积、水土流失类型及程度等情况。核对水土流失面积时，图上量算的面积与实际面积的误差应控制在一定范围内。通过抽样调查，可以定性定量地评价外业工作质量。如抽查结果不理想，应设法采取补救措施。

2. 土壤侵蚀分类

土壤侵蚀分类是进行侵蚀调查制图的基础。在确定某一地区的侵蚀类型后，根据具体情况拟订各类型分级的原则和指标，然后进行制图工作。如南方红黄壤区属水蚀地带，主要侵蚀类型为片蚀、沟蚀和崩岗侵蚀。片蚀与植被覆盖、坡度、土壤的抗蚀性、抗冲性有密切关系，在调查中一般采用容易掌握的直观指标，在疏林地和荒草地上的片蚀程度，多以植被覆盖度作为划分指标；坡耕地上以坡度作为划分指标；沟蚀和崩岗侵蚀则根据单位面积内沟谷和崩岗占坡面面积的百分数作为划分指标。

各地自然条件和侵蚀情况不同，侵蚀等级的划分可能有所不同。即使对同一侵蚀程度，植被覆盖度和坡度也可能有差异。因此，进行大区域或全国性水土流失调查时，必须制订一个统一的侵蚀分级标准。具体作法是，在测定实际侵蚀量的基础上，按侵蚀量大小分级，并在同一级别内根据各地具体条件，进行相应的坡度和植被覆盖度的划分。有了统一的侵蚀分级标准，可在更大范围内比较各地区侵蚀程度的大小，并便于统一计算侵蚀面积。

在全国范围内，土壤水力侵蚀、风力侵蚀、重力侵蚀和混合（泥石流）侵蚀强度分级标准参见2008年水利部《土壤侵蚀分类分级标准》；在区域水土流失调查中，也可制定区域土壤侵蚀分类分级标准，如在1980～1981年长江流域的水土流失调查中，采用统一侵蚀分级标准如表11-4。

目前，我国的水土流失程度分级，多采用侵蚀模数作为主要指标与参考指标相结合的方法进行。侵蚀模数是根据野外测定的侵蚀量、水库泥沙淤积、河流输沙模数、径流场泥沙流失量等综合资料确定的；参考指标是地面景观和生境条件，如植被覆盖度、坡度、侵蚀类型、侵蚀土壤、基岩裸露等直观形态指标。在一些地区，一时难以取得侵蚀模数资料时，可使用参考指标划分侵蚀程度并制图。

3. 侵蚀土壤分级

在水土流失发展过程中，侵蚀土壤既反映过去的流失程度，也反映目前土壤肥力水平。其等级的划分是以土壤发生层流失的厚度或其残留厚度作为依据的。通常采用剖面比较法，即以标准剖面（无明显侵蚀土壤）为基础，依照土壤残留剖面厚度，分别确定不同侵蚀土壤等级。以花岗岩区侵蚀为例，划分指标见表11-5。

根据上述分级标准，利用我们推导的土壤侵蚀模型，可以建立花岗岩区自然坡面（不包括切沟、崩岗沟）土壤侵蚀强度分级参考因子指标（表11-5）。由上述方法得到的土壤侵蚀量是土壤侵蚀强度分级的基础。根据侵蚀量来定级是一个由定量到分级的过程，其能定量地估算出某一区域坡地土壤侵蚀量（不包括切沟和崩岗侵蚀）。这对河流和水库的泥沙进行预测有十分重要意义。

4. 水土流失制图

在土壤侵蚀分类的基础上，根据不同的目的和要求，可绘制水土流失类型图、水土流失程度图、水土流失分区图、侵蚀土壤图及水土流失潜在危险分级图等，这些图件可为水土保持综合区划、土地利用规划及流域综合治理等提供最基本的资料。

（1）水土流失类型图

根据水土流失类型分级指标，应用地形图可直接在野外进行填图。应用航、卫片制图时，须先建立判读指标，然后按程序进行判读和制图。在水蚀地区，绘制的水土流失类型图，反映某一地区各侵蚀类型的分布现状和规律，是编制其他图件的基础图。制图时，每个图斑中填入相应代号，分别表示侵蚀类型、侵蚀程度和母岩等。每个图斑中的代号为 3 种符号的组合，顺序是侵蚀类型—侵蚀程度—岩性，如“214”表示发生在花岗岩区的轻度沟蚀，“135”表示发生在变质岩区的强烈片蚀，依次类推见表 11-6。

（2）水土流失强度图

可直接应用地形图在野外填图，亦可在水土流失类型图的基础上编制，参考实际侵蚀量将不同程度的侵蚀类型归并到相应的侵蚀等级中。通常用罗马字 I、II…V 分别代表从无明显侵蚀量至剧烈侵蚀的各级侵蚀强度。该图也可应用航、卫片或卫星磁带

表11-4　水土流失统一分级标准

<table>
<tr><th colspan="2" rowspan="2">侵蚀类型</th><th colspan="3">侵蚀程度</th><th rowspan="2">侵蚀模数(t/(km²·a))</th></tr>
<tr><th colspan="2">指标</th><th>统一分级</th></tr>
<tr><td rowspan="5">片蚀</td><td>无明显侵蚀</td><td rowspan="5">植被覆盖度(%)</td><td>>95</td><td>无明显侵蚀</td><td><500</td></tr>
<tr><td>轻度</td><td>75～95</td><td rowspan="2">轻度</td><td rowspan="2">500～3000</td></tr>
<tr><td>中度</td><td>50～75</td></tr>
<tr><td>强烈</td><td>30～50</td><td rowspan="3">中度</td><td rowspan="3">3000～8000</td></tr>
<tr><td>剧烈</td><td><30</td></tr>
<tr><td rowspan="4">沟蚀</td><td>轻度</td><td rowspan="4">沟面积占总坡面(%)</td><td><10</td></tr>
<tr><td>中度</td><td>10～25</td><td rowspan="3">强烈</td><td rowspan="3">8000～13500</td></tr>
<tr><td>强烈</td><td>25～50</td></tr>
<tr><td>剧烈</td><td>>50</td></tr>
<tr><td rowspan="4">崩岗</td><td>轻度</td><td rowspan="4">崩岗占总坡面(%)</td><td><10</td><td rowspan="4">剧烈</td><td rowspan="4">>13500</td></tr>
<tr><td>中度</td><td>10～25</td></tr>
<tr><td>强烈</td><td>25～50</td></tr>
<tr><td>剧烈</td><td>>50</td></tr>
</table>

表11-5　花岗岩自然坡地土壤侵蚀强度分级参考指标（不包括切沟、崩岗沟）

覆盖率	<5°		5~10°		10~15°		15~20°		20~25°		25~30°		30~35°		Ki
<15	1	1	1	2	2	3	2	3	3	3	3	4	3	4	A
	1	1	2	3	2	3	2	3	3	3	3	4	3	4	B
	1	1	2	3	2	3	3	4	3	4	3	5	3	5	C
15~25	0	1	1	1	1	2	1	2	2	2	2	3	2	3	A
	0	1	1	1	1	2	2	2	2	2	2	3	2	3	B
	0	1	1	2	1	2	2	3	3	3	3	3	3	3	C
25~35	0	1	1	1	1	2	1	2	1	2	2	2	2	2	A
	0	1	1	1	1	2	1	2	2	2	2	2	2	2	B
	1	1	1	2	1	2	2	2	2	3	2	3	2	3	C
35~45	0	1	1	1	1	1	1	2	1	2	2	2	1	2	A
	0	1	1	1	1	1	1	2	1	2	2	2	2	2	B
	0	1	1	1	1	2	1	2	1	2	2	2	2	2	C
45~55	0	0	1	1	1	1	1	1	1	2	1	2	1	2	A
	0	0	0	1	1	1	1	1	1	2	2	2	1	2	B
	0	1	1	1	1	1	1	2	1	2	2	2	1	2	C
55~65	0	0	0	0	0	1	1	1	1	1	1	1	1	1	A
	0	0	0	0	1	1	1	1	1	1	1	1	1	1	B
	0	0	1	1	1	1	1	1	1	2	1	2	1	2	C
65~75	0	0	0	0	0	1	1	1	1	1	1	1	1	1	A
	0	0	0	0	0	1	1	1	1	1	1	1	1	1	B
	0	0	0	0	1	1	1	1	1	1	1	1	1	1	C
75~85	0	0	0	0	0	0	0	0	0	1	0	1	0	1	A
	0	0	0	0	0	0	0	1	0	1	0	1	0	1	B
	0	0	0	0	0	1	1	1	1	1	1	1	1	1	C
>85	0	0	0	0	0	0	0	0	0	0	0	0	0	0	A
	0	0	0	0	0	0	0	0	0	0	0	0	0	0	B
	0	0	0	0	0	0	0	0	0	0	0	0	0	0	C
Fi	1.0	2.0	1.0	2.0	1.0	2.0	1.0	2.0	1.0	2.0	1.0	2.0	1.0	2.0	

注：A——腐殖质层；B——红土层；C——砂土层；Fi——浅沟发育状况。

表11-6　水土流失类型图代号举例

<table>
<tr><th rowspan="2">代号</th><th rowspan="2">名称</th><th colspan="2">侵蚀强度</th><th colspan="2">母岩</th></tr>
<tr><th>代号</th><th>名称</th><th>代号</th><th>名称</th></tr>
<tr><td rowspan="5">1</td><td rowspan="5">片蚀</td><td rowspan="5">0
1
2
3
4</td><td>无明显片蚀</td><td rowspan="2">1</td><td rowspan="2">第四纪红土</td></tr>
<tr><td>轻度片蚀</td></tr>
<tr><td>中度片蚀</td><td rowspan="2">2</td><td rowspan="2">紫色沙页岩</td></tr>
<tr><td>强烈片蚀</td></tr>
<tr><td>剧烈片蚀</td><td rowspan="2">3</td><td rowspan="2">沙砾岩、红砂岩</td></tr>
<tr><td rowspan="4">2</td><td rowspan="4">沟蚀</td><td rowspan="4">1
2
3
4</td><td>轻度沟蚀</td></tr>
<tr><td>中度沟蚀</td><td rowspan="2">4</td><td rowspan="2">花岗岩</td></tr>
<tr><td>强烈沟蚀</td></tr>
<tr><td>剧烈沟蚀</td><td rowspan="2">5</td><td rowspan="2">变质岩</td></tr>
<tr><td rowspan="4">3</td><td rowspan="4">崩岗</td><td rowspan="4">1
2
3
4</td><td>轻度崩岗</td></tr>
<tr><td>中度崩岗</td><td rowspan="3">6</td><td rowspan="3">石灰岩</td></tr>
<tr><td>强烈崩岗</td></tr>
<tr><td>剧烈崩岗</td></tr>
<tr><td>代号顺序</td><td>(1)</td><td colspan="2">(2)</td><td colspan="2">(3)</td></tr>
</table>

数据进行编制。水土流失强度图直接反映目前某地区流失量的大小和分布现状，是制定水土保持措施最重要的依据，也是水土流失调查时的重要图件。

(3) 水土流失分区图

反映各区侵蚀类型发生发展的基本原因、类型组合特点及分布规律等，为水土保持区划和土地合理利用提供科学依据。分区的原则是：①影响水土流失的原因基本相同；②水土流失类型及其危害基本相同；③水土保持措施基本一致。

水土流失分区图是综合水土流失类型图和水土流失强度的内容编制的，既考虑侵蚀类型的差异，也考虑侵蚀量的大小以及土地的利用改良方向。图中通常用罗马字代表不同的侵蚀区,以阿拉伯字表示同一类型区内不同侵蚀强度,附在罗马字的右下方(表11-7)

(4) 侵蚀土壤图

根据侵蚀土壤分级指标，在野外观察对比土壤剖面，即可进行填图。图斑中符号

表11-7　水土流失分区图代号举例

代　　号	名　　称
I	变质岩山地片蚀区
I_1	无明显—轻度片蚀区
I_2	轻度—中度片蚀区
I_3	中度—强烈片蚀区
II	红沙岩片蚀—沟蚀区
III	紫色页岩沟蚀区
IV	花岗岩崩岗—沟蚀区
IV_1	轻度崩岗—沟蚀区
IV_2	中度崩岗—沟蚀区
IV_3	强烈崩岗—沟蚀区
IV_4	剧烈崩岗—沟蚀区
V	冲积平原堆积区

表11-8　工侵蚀土壤图代号举例

侵蚀土壤		土壤类型		母岩	
代号	名称	代号	名称	代号	名称
0	无明显侵蚀土壤	1	红壤	1	第四纪红土
1	轻度侵蚀土壤	2	黄壤	2	紫色页岩
2	中度侵蚀土壤	3	紫色土	3	沙、砾岩、红沙岩
3	强烈侵蚀土壤	4	石灰岩母质发育的土壤	4	花岗岩
4	剧烈侵蚀土壤			5	变质岩
				6	石灰岩
代号顺序	(1)	(2)		(3)	

除表示不同侵蚀土壤外，并用代号表示土壤和母质类型等，构成组合式代号，其顺序为侵蚀土壤—土壤类型—母质类型。如代号“314”为发育于花岗岩的强度侵蚀红壤，“125”为发生于变质岩的轻度侵蚀黄壤等（表 11-8）。侵蚀土壤图反映土体构型变化和

土壤肥力水平，可为土壤资源评估、土地承受能力估测和土地合理利用提供重要依据。

(5) 水土流失潜在危险分级图

该图是对在土壤侵蚀潜在危险作出评定的基础上进行的。以侵蚀潜在危险分级为依据，可绘制县级或更大地区的水土流失潜在危险分级图。如长江三峡库区水土流失潜在危险共分五级；即1——微危险型，2——轻危险型，3——中危险型，4——强危险型，5——极强危险型。同时，根据地面组成物质的松软程度和破碎岩层或崩塌坡积厚度，进一步划分不同侵蚀类型的潜在危险，如IVc表示有重力侵蚀发生的潜在危险，IIIab表示有片蚀和沟蚀的中度潜在危险。计算不同潜在危险区的面积，可以查明其占有的比例和组合情况。如三峡库区强危险型以上的面积占34.3%，而且强危险型和极强危险型的重力侵蚀类型占有相当大的比重，当植被进一步破坏和建库移民后，将加剧库区内崩塌、滑坡和泥石流的发生。

五、编写调查报告

在大量外业调查，内业整理，分析运算的基础上，编写调查报告，以便为开展水土保持工作，国土整治，制定当地的社会经济发展规划提供依据。土壤侵蚀调查报告的编写过程，实际上就是土壤侵蚀的综合分析过程，主要包括以下几个方面的内容：

(1) 分析归纳调查区土壤侵蚀形式及其面积、分布、发生程度和强度。

(2) 分析引起水土流失的各种自然因素及其相互关系，阐明土壤侵蚀的潜在危险程度。

(3) 分析人类生产活动与土壤侵蚀的关系，包括人类生产活动与自然因素的关系。

(4) 分析水土流失对当地生态环境、农林牧各业生产、水利、交通、工矿事业、人居环境和社会经济可持续发展的危害。

(5) 提出水土流失防治的技术体系及其必要性和可行性。

报告的主体包括：基本情况，即调查区地理位置、自然条件、社会经济条件、资源优势及存在的问题；水土流失现状，包括水土流失类型、成因及危害分析；水土流失潜在危险分析；水土流失治理措施及防治意见。

报告的附件包括：水土流失调查统计标准；水土流失调查各种表格和图件。

六、　图面资料整理

1. 大面积的水土流失调查

应完成水土流失分区图和重点治理流域分布图，制图比例尺根据调查区域面积而定，一般为1：50000 ~ 1：100000或1：500000 ~ 1：100000。

2. 小面积的水土流失调查

应完成水土流失分区图（包括土壤侵蚀类型，及其程度和强度）、土地利用现状图（与防治措施相结合）和土壤侵蚀潜在危险分级图，根据具体要求还需完成各种专业图（如土壤图、植被图、沟系图等），制图比例尺一般为1：5000 ~ 1：10000。

第六节　3S技术在水土流失调查中的应用

随着社会生产力的不断发展，新技术层出不穷，为了提高水土流失调查的精度和工作效率，应尽可能将高新技术应用于调查工作。目前，在水土流失调查中常用的是“3S”（RS、GPS、GIS）技术。

一、3S技术应用简介

现场调查一般采用地形图或航空照片进行实地勾绘，借助于 GPS（全球定位系统）技术，可以将误差降低到最低水平，并显著提高工作效率。但由于这种方法需要大量的人力、物力和财力且速度较慢，一般适用于小面积调查或作为检验调查精度的方法，或作为建立解译标志的方法。

在室内，利用 RS（遥感技术），进行遥感图像人工判读，可以减少人力、物力等消耗，提高工作效率。这种方法适用范围广，从小流域到大流域均可采用。但人工解译需要大量有较丰富经验的技术人员，同时需要对当地情况比较了解，能保证判读的准确性。

运用 GIS（地理信息系统）技术，可进行土壤侵蚀制图。根据调查手段不同，有两种方法：一种方法是人工调绘得到土壤侵蚀图，然后利用 GIS 制图功能将侵蚀图进一步精绘；另一种是利用已有的专题图，用计算机根据侵蚀模型自动叠加分类生成土壤侵蚀图，然后给不同类型的土壤侵蚀程度和强度赋予不同颜色，再把行政界线、主要道路、河流等叠置其上，经文字注记后即可打印输出。

二、遥感技术在水土流失调查中的应用

遥感技术在水土流失制图中的应用，日益受到国内外的重视。美国农业部环境保护局和联合国粮农组织环境规划署，在应用遥感技术监测活动和潜在的水土流失、土地资源退化、鉴别土壤侵蚀程度等方面，均做了大量的工作。德国应用遥感技术监测水土流失动态、风沙迁移动向和防风固沙措施效益等，也取得了较好的成果。

我国许多地方和单位在这方面也进行了大量的研究，其中应用卫星磁带图像自动识别水土流失图，取得较好的效果。在野外踏勘和进行水土流失分级的基础上，应用航卫片资料在计算机系统上，用 SIAT 文件（记有卫星姿态参数）作磁带图像的几何校正，然后在已配置区界的卫星磁带图像上，选定供监督分类用的各类用的各类分类样区，进行无监督和监督分类，取得分类图像和各类面积的数据，将分类图像按类上色并扫描成 1/40 万的彩色胶片，经暗室处理可洗印成 1/10 万～ 1/20 万的彩色照片，即获得自动识别制图的最后成果—水土流失图。利用该方法可同时获得较为精确的水土流失、森林、农田和沙滩等面积数据。

利用航空照片进行土侵蚀调查是一个多快好省的现代化方法。水土流失在航片上是直接的影像，不需要借助其他方法来推断，因此用航片调查水土流失类型，摸清水土流失规律及其面积，迅速有效的开展水土保持工作，具有十分重要的意义。

运用航片调查，其过程可分为准备工作—路线调查—室内解译—野外校核—转绘成图等五个阶段。

1. 准备工作

主要是收集有关图件，如航片、地形图、土壤图、植被图等，另外还要搜集有关资料，供分析参考用。

2. 路线调查

路线调查，又称为概查，主要是了解地形地貌概况；初步确定水土流失类型及其分布规律；拟订土壤侵蚀类型分类因子；建立土壤侵蚀类型解译标志。

3. 室内解译

在路线调查基础上，先对航片做总体浏览，然后采取从整体到局部，从明显到模糊，从粗到细，从具体到抽象的原则，根据航片色调、图形、阴影等判读其内容，再按上面建立的航片侵蚀类型解译标志，逐块确定落实，把面蚀、沟蚀和其他侵蚀类型勾绘出来。对室内难以判读勾绘的标志，可携带航片到野外现场解译。

4. 野外校核

就是实地验证、检查判读结果，解决判读中难以确定的问题，提高判读的准确性。

5. 转绘成图

在野外校核无误的基础上，将航片水土流失图转绘到地形图上。

最后，根据水土流失类型图，用求积仪器求出各水土流失类型区的面积和其他有关数据。

第十二章
开发建设项目水土保持方案的编制

开发建设项目类型多种多样，因而造成水土流失的形式与危害亦不相同。编制开发建设项目水土保持方案是贯彻落实水土保持法及其相关法律、法规的重要内容，是建设项目可行性研究阶段必备的技术条件。它通过准确地预测建设、运营过程中的水土流失防治措施，从而达到防止新的人为水土流失产生的目的，也为水土流失防治提供科学依据，便于水土保持执法部门检查监督。

第一节　开发建设项目水土流失的特点及形式

开发建设项目造成的水流失，是指项目水文地质单元中的水均衡转换关系被建设项目人为干扰活动（疏排水）所破坏，造成储存量减少、流出量增加，增加的流出量即为流失量，包括水的质和量两个方面。

一、开发建设项目水土流失的特点

1. 扰动区域集中

开发建设项目水土流失的根本原因是施工过程中对原地貌的扰动，包括地表植被的破坏、土石方的开挖填筑、建筑材料和垃圾的堆置等。根据资源分布和生产建设需要，开发建设项目所占用区域一般不属于完整的小流域或完整的斜坡，如矿山开采影响区域一般集中连片；公路、铁路、输水、管道等线状工程，其影响区域为狭带状；地下开采工程主要通过地下活动影响地表形态与植被。因此，开发建设项目水土流失防治，不同于以往以小流域或坡面为单位的水土流失治理，扰动原地貌范围多在开发建设项目施工区及周边影响区，相对比较集中，需根据项目区内不同单位的水土流失特点，因地制宜，采取适宜的水土流失防治措施。

2. 水土流失强度因时而变

开发建设项目造成的水土流失具有突发性，因此不同时期水土流失强度不均衡。一般在项目建设期内，因对地面扰动剧烈，水土流失十分严重；到生产或运营期时，随着时间的推移和对地面扰动程度的减弱，水土流失强度逐渐降低，直至达到一个相对稳定的侵蚀量级。因此，在水土流失防治措施布局与实施时序上，需因时制宜。

3. 危害形式多样

开发建设项目类型多种多样，因而造成水土流失的形式与危害亦不相同。地面建设项目主要通过对地形地貌、地表植被的扰动与破坏加剧水土流失的进程；地下生产性项目如采煤、淘金等，除部分地面扰动外，主要是通过对地层、地下水长期影响间接地使地下水位下降地表植被退化，地面塌陷，从而加剧水土流失的发生，增大其潜在危险性。因此，水土流失防治措施的布设应以对其潜在危害进行的预测为基础，因害设防。

二、开发建设项目水土流失的形式

按照建设项目人为活动干扰的特点，可将建设项目造成水流失的形式分为地上干扰流失型（包括暂时流失型和长期流失型）和地下干扰流失型（包括暂时流失型和长期流失型）。

1. 地上干扰暂时流失型

地表建筑物基础施工，将基础地下水位降到施工要求以下的疏排水造成的水流失，为地上干扰暂时流失型。

2. 地上干扰长期流失型

路面建筑、工业与民用房屋建筑等对降水下渗的影响造成的水流失；露天采矿、建筑物为防水修建的地下挡水墙（坝）及河道隔水性护堤工程，拦挡地下水或河水的侧向补给，造成的水流失，均属地上干扰长期流失型。

3. 地下干扰暂时流失型

采取顶板支护，不破坏上部含水体结构的公路、铁路隧道及地下人防洞室建设，施工建设期疏排水造成的水流失，为地下干扰暂时流失型。

4. 地下干扰长期流失型

地下矿床开采，建设和生产期一般都在30年以上，这种由地下开采所进行的疏排水造成的水流失，为地下干扰长期流失型。因此，针对地下矿床类长期流失型建设项目，在编制水土保持方案时，做好对水流失的影响评价及防治是工作的重点。

第二节　开发建设项目水土保持方案的性质、特点及作用

一、开发建设项目水土保持方案的性质

根据水土保持法及相关法律、法规的规定，开发建设项目水土保持方案是建设项目可行性研究阶段必备的技术文件。通过水行政主管部门对水土保持方案进行审查，明确开发建设项目水土流失的制约因素，确定项目是否立项，明确水土流失防治方案、投资、预期效果，并给以批复。因此，水土保持方案是一种具有法律约束力的立项必备的技术文件，其任务是对开发建设项目进行水土流失评价，预测可能造成的水土流失，

提出水土流失防治方案，并估算投资。

二、开发建设项目水土保持方案的特点

1. 防治目标专一

一般的水土流失综合治理以追求经济效益、生态效益、社会效益为目标，水土保持措施除要求达到减少和控制水土流失的作用以外，还要求带来一定的经济效益。开发建设项目的水土保持方案则主要以控制水土流失、保障工程与生产安全为主要目的，治理措施除发挥水土保持作用外，还要兼顾美化环境、净化空气、维护生态平衡效能。

2. 防治工程针对性强、标准高

制定防治方案时要遵循“因地制宜，因害设防”的原则，每一项治理措施都要针对某一具体的可能的水土流失方式而设，因此不同于小流域治理的综合性，其措施往往具有相对的独立性。此外，由于水土保持方案设置的合理与否，与生产建设能否安全运行息息相关，因此，其防治标准远远高于一般的小流域治理标准。一般的治理防治水土流失，以拦蓄 10 年或 20 年一遇暴雨为标准。开发建设项目水土保持方案要防治因项目建设产生的水土流失和洪水泥沙对项目区及其周边地区的危害，其防治标准根据所保护的对象来确定，相应地其投资额也较高。

3. 治理投资按规范计算确定

常规治理以当地农民受益，投资属补助性，无硬性标准，开发建设项目水土保持方案为法定治理义务，需按国家基本建设标准计算投资。

4. 方案实施的即时性

编制的水土保持规划实施的早晚，一般不会产生很大的危害和影响，而开发建设项目的防治方案其实施期具有即时性、甚至超前性，具有严格的期限，不能逾期。因为开发建设项目在动工初期就必须涉及到水土流失的防治，所以水土保持方案的编制只能超前于主体工程的建设，绝不能落后于主体工程，如铁路、公路、通讯等一次性建设项目，必须在工程开工前完成水土保持方案编制，才能预防和治理施工过程中的水土流失。这也恰恰反映了水土保持工作“三同时”制度的必要性。

5. 与主体工程相协调

水土保持规划可以独立编制规划和组织实施，而开发建设项目水土保持方案中防治工程布设、实施等要与主体工程相协调，结合项目施工过程和工艺特点，确定防治措施和实施时序。

6. 法律强制性

常规治理多为政府行为，而编制的开发建设项目水土保持方案是一种法律强制行为。一经有关部门审定和批准，在法律上就要求项目业主严格执行，具有强制实施性，未报经批准不得擅自停止实施或更改方案。这就要求编制单位要有强烈的责任心，质量要高标准，同时职能部门要依法履行监督职责。

三、开发建设项目水土保持方案的作用

编制开发建设项目水土保持方案，能够有效地防止发生新的水土流失、保护和增加林草植被，也为水土流失防治提供科学依据，便于水土保持执法部门检查监督，将水土保持落到实处。

1. 落实法律规定的水土流失防治义务

依据“谁开发，谁保护，谁造成水土流失，谁负责治理”的原则，对在生产建设过程中造成的水土流失，必须采取措施进行治理。编制水土保持方案就是落实有关法律法规，使法定义务落到实处。水土保持方案较准确的确定了建设方应承担的水土流失防治范围与责任，也为水土保持监督管理部门实施监督、收费等提供了科学依据。

2. 将水土保持纳入开发建设项目总体规划中

有关法律规定在建设项目审批立项之前，应先编报水土保持方案，这样从立项开始即对项目建设的水土保持情况进行把关，并将水土流失防治方案纳入主体工程中，与主体工程同时设计、同时施工、同时验收，使水土流失得以及时有效控制。水土保持方案批准后具有强制实施的法律效应，需列入建设项目总体安排和年度计划中，按方案有计划、有组织地实施水土流失防治措施，防治经费有法定来源。

3. 开发建设项目水土保持规划设计得以落实，技术得到保证

根据水土保持法和环境影响评价法的规定，水土保持方案对主体工程选址、选线、总体布置等在法律上有否决作用，因此编制水土保持方案对开发建设项目工程的规划设计具有一定的约束力。按建设项目大小确定的甲、乙、丙级资格证书编制制度，保证了不同开发建设项目方案的质量。同时，方案的实施措施中对组织机构、技术人员等均有具体要求，各项措施的实施有了技术保证。

4. 有利于水土保持执法部门实施监督

有了相应设计深度的方案，使水土保持工程有设计、有图纸，便于实施，便于检查、监督。

第三节　开发建设项目水土保持方案的编制

一、方案编制工作范畴

1. 地域

凡在生产建设过程中可能引起水土流失的开发建设项目都应编制水土保持方案，不仅仅指山区、丘陵区和风沙区。

2. 开发建设项目类型

主要有以下七类建设项目须编报水土保持方案：

（1）矿业开采：涉及有色及黑色金属、稀土、煤炭、石油、天然气等。

（2）工业企业：涉及冶金、电力、建材、化工、森林采伐、电讯等。

（3）交通运输：涉及铁路、公路、机场、港口、码头等。

（4）水利工程：包括水利水电的枢纽工程，输（引、供）水及灌溉、排水、治涝工程，河道整治及堤防工程等。

（5）城镇建设：包括新建农村小城镇（含移民区）、大中城市扩建改建、经济开发区与旅游开发区建设等。

（6）开垦荒坡地：开垦禁垦坡度25°以下、5°以上荒坡地的，必须经过水行政主管部门批准。

（7）坡地造林和经营经济林木：在5°上坡地上整地造林，抚育幼林，经营经济林木的。

3. 时限

根据水土保持法律法规的规定，建设项目在编制环境影响评价的同时，应编制水土保持方案。水利部第5号令中进一步明确为在项目可行性研究阶段编报水土保持方案，对水土保持法实施前已建、在建和技术改造项目，必须在县级以上人民政府水行政主管部门规定的期限内编报水土保持方案。

二、方案编制资格与管理制度

1. 资格

实行专门资格证书制度。凡从事水土保持方案编制的单位，必须持有水行政主管部门颁发的《编制开发建设项目水土保持方案资格证书》（以下简称《资格证书》），《资格证书》由国务院水行政主管部门统一印制。

2. 分级编制和管理制度

《资格证书》设甲、乙、丙三级。甲级《资格证书》由国务院水行政主管部门颁发；乙、丙级《资格证书》由省级人民政府水行政主管部门颁发，并报国务院水行政主管部门备案。

（1）甲级证书：申请甲级《资格证书》的单位限于国务院各部门和省级人民政府以法定程序批准成立的具有法人资格的规划、设计、科研、咨询单位，并具有从事水土保持技术工作的两名以上高级技术职称和五名以上中级技术职称的人员。可承接大中型开发建设项目水土保持方案的编制任务。

（2）乙级证书：申请乙级《资格证书》的单位限于国务院各部门、省级人民政府、计划单列市人民政府及市级人民政府（地区行署）以法定程序批准成立的具有法人资格的规划、设计、科研、咨询单位，并具有从事水土保持技术工作的一名以上高级技术职称和三名以上中级技术职称的人员。可承接中小型开发建设项目水土保持方案的编制任务。

（3）丙级证书：申请丙级《资格证书》的单位限于市级人民政府（地区行署）、县级人民政府以法定程序批准成立的具有法人资格的规划、设计、科研、咨询单位，并具有从事水土保持技术工作的三名以上中级技术职称的人员。可承接小型以下开发建设项目水土保持方案的编制任务。

3. 考核

水利部1997年《水土保持方案编制资格证单位考核办法》，主要有考核组织、方式、内容、程序、处罚等。定期考核每两年进行一次。第三条规定：“凡参加水土保持方案编制的人员，须经发放资格证书单位的专业技术培训，培训合格者方可持证上岗。”

三、方案编制技术规定

1. 阶段划分

(1) 水土保持方案编制分为可行性研究、初步设计、技术设计和施工图设计三个阶段。

(2) 新建、扩建项目的水土保持方案，其内容和深度应与主体工程所处的阶段相适应。

(3) 已建、在建项目可直接编制达到初步设计或技术设计和施工图设计阶段深度的方案。

(4) 方案审批，主要审定可行性研究和初步设计阶段的水土保持方案和设计。

与主体工程设计阶段和环境影响评价时段的对应关系：

(1) 主体工程：项目建议书—可行性研究—初步设计。

(2) 环境评价：工作大纲—环评报告书、表—环保设计篇章。

(3) 水保方案：方案大纲—方案报告书—水保设计。

(4) 相互调整关系：水保方案要根据主体工程的设计编制，同时对工程设计提出符合水土保持要求的修改补充意见，对原设计中不合理的地方进行修正。

2. 各设计阶段要求

(1) 可行性研究阶段：① 建设项目及其周边环境概况（必要的现场考察和调查）；②项目区水土流失及水土保持现状；③ 生产建设中排放废弃固体物的数量和可能造成的水土流失及其危害（预测）；④初步估算建设项目的责任范围，并制定水土流失防治初选方案（含中点分析和论证）；⑤水土保持投资估算（纳入主体工程总投资）。

可行性研究阶段应对采挖面、排弃场、施工区、临时道路，以及生产建设区的选位、布局，生产和施工技术等提出符合水土保持的要求，供建设项目初步设计时考虑。

(2) 初步设计阶段。根据批准的方案进行初步设计，主要包括以下内容：①水土保持方案初步设计依据（复核、勘察和试验）；②建设项目水土流失防治范围及面积（准确界定）；③ 开发建设造成的水土流失面积、数量预测；④ 水土流失防治工程的初步设计（不同工程的典型设计、工程量、实施进度安排）；⑤ 水土保持投资概算及年度安排；⑥方案实施的保证措施（机构、人员、经费和技术保证等）。

(3)技术设计和施工图设计阶段。在初步设计基础上，进行技术设计和施工图设计，确保方案的实施。

四、水土保持方案报告书编制要点

1. 前言

(1) 工程概况、项目建设的必要性和前期工作进展情况。

(2) 项目区的地形地貌及特征（如山区、丘陵区、风沙区、平原区等）所属重点区域、水土流失类型和侵蚀等级，水土流失防治标准执行等级（分为Ⅰ、Ⅱ、Ⅲ级）。

(3) 水土保持方案大纲和报告书编制过程。

工程概况包括地理位置、规模、占地、土石方量、工期、投资等主要指标。

重点区域是指省、市、县人民政府公告的水土流失重点预防保护区、重点监督区和重点治理区，崩塌、滑坡、泥石流易发区、严重沙化区，水源保护区等。

2. 方案设计的深度、水平年和服务期

(1) 方案设计深度

新建（含改建、扩建）项目为可行性研究深度。已经开工的补报项目方案应达到初步设计深度。

(2) 设计水平年

设计水平年指方案拟定的各项水土保持措施全面到位，并开始发挥防护作用的时间。一般为主体工程完工后的第1年。

(3) 方案服务期（年限）

建设类项目，为施工准备阶段至设计水平年。

生产类项目，从施工准备阶段开始计算一般不超过10年。

3. 项目概况

工程概况应简明扼要，重点介绍能直接反映工程特性和与水土流失直接相关的内容。用文字结合图、表说明。

(1) 工程概况包括：项目位置、建设规模、工程布局（线）、总投资、建设期限、工程占地、土石方量、渣料场的数量及规模等。列出项目组成表和工程特性表。附工程平面位置图和工程总体布局图。

①工程占地情况：按永久和临时占地，分行政区、分项目、分工段、分土地利用类型列表说明。

②工程总体布局（线）：应说明各单项工程所处（或所经过）的小地形情况（山脊、山坡、沟道、阶地、滩地、平地）、工程（场地）与周边河流（行洪沟道）的距离、高程与洪水位的影响关系、主体设计的防洪等级和主要措施。

(2) 应重点分析工程的以下内容，说明可能会造成水土流失的施工活动和工序，列出水土流失影响因素表：

①施工组织和施工工艺。施工场地布置、施工时序；主要施工工艺和施工方式；土、沙、石料场的位置，开采、运输、堆存方式，主体设计的防护措施。

②土石方平衡。根据土石方开挖量、回填量、弃土石（灰渣、尾矿）的可利用数量，考虑挖填方的施工时段、标段划分、运距等因素，综合分析、提出土石方平衡方案，绘制土石方平衡流向框图。不能只进行简单的挖填方加减。

③固体废弃物排放。介绍固体废弃物的数量、堆放地点、容量、堆存方式和主体设计采取的防护措施。

4. 项目区概况

项目区的自然地理和社会经济情况应简明扼要，可用表格说明，简化文字。在介绍项目区宏观区域情况基础上，还应重点介绍工程周边小范围内（一般可取500 ~ 2000m区域）的基本情况。

（1）自然地理情况

① 项目区地形、地貌、地质情况。项目占地中各地貌类型面积（如山区、丘陵区、风沙区、平原区等）、地形坡度。线路工程应分里程表述。工程地质应介绍与水土保持工程有关的覆盖层组成及厚度、山坡岩层风化情况、不良地质地段情况。

② 气象、水文情况。可列表说明。

气象应重点介绍与植物生长相关的内容，如降雨、气温、短历时暴雨、积温、无霜期、冻土深度、大风、灾害性天气情况。突出年均降水量、最大日降水量、反映降雨强度的一定频率的6小时或12小时最大降雨；年均风速、大风日数；年均气温、极端气温、最高和最低月均气温、无霜期、≥10℃的积温等。

水文应重点介绍项目区河流、行洪沟道的基本情况（长度、宽度、比降、汇流面积、流量、泥沙输移情况）和洪水情况（洪水位、洪峰流量、洪灾）。

③ 土壤植被。重点介绍土壤种类、地表物质组成、土层厚度，植被类型、主要群落结构、植被覆盖率。

④ 项目区所处的地震烈度带。

（2）社会经济情况

包括行政区划、人口、耕地、主要作物、人均收入、主要经济指标、土地利用方向、开发建设项目情况等。重点介绍与水土流失和水土保持规划有关的内容。点式工程以乡为单位、线型工程以乡或县为单位介绍。

（3）水土流失现状及防治情况

简要介绍项目区自然和人为水土流失现状、与当地水保区划（三区）的关系或者所处的重点区域（小流域）、水保工作经验与问题。

① 通过现场调查，参考最新的水土流失监测试验成果，用表格说明项目区各级侵蚀强度的面积和所占比例。

② 重点调查介绍工程周边500 ~ 2000m范围之内的自然和人为水土流失情况。说明本项目区所属的土壤侵蚀类型区、侵蚀等级、水土流失容许值。

③ 总结项目区和周边水土流失防治经验及教训。改扩建项目，还需简要介绍以往水保工程实施情况、取得的经验及教训。

相关水土保持经验与教训应具体化，如种植成功的植物种类、工程选型及其防治水土流失效果、管理方面的经验教训等，为本项目防治水土流失提供借鉴。

5. 水土流失预测

(1) 预测分区

根据地形地貌、水土流失、项目功能分区和施工组织，划分水土流失预测区段。一般可按主体施工区、土石料场区、施工道路区、弃土弃渣场区、施工生产生活区等进行预测。线状工程应先按地形地貌和水土流失特点划分水土流失类型区，再按照施工标段、功能分区或施工区分区预测。

(2) 预测时段

建设类项目为建设期和运行初期，运行初期可按照项目运行特点取 1 ～ 3 年；生产类项目为建设期和方案服务期内的生产运行期。不同预测区段的水土流失预测时段，应根据各单项工程的具体施工时间（施工组织）分别确定。

(3) 预测方法

① 推荐采用类比法和调查法。采用经验公式法、数学模型法等，应注意边界条件。

风力侵蚀的定量预测，可参照经验公式或实际观测资料进行。

② 拟定各预测区段扰动前后的土壤侵蚀数，应说明预测参数取值的来源依据（试验研究、调查观测值等)。采用其他地区的参数时应分析其在本区域的适用性。

③ 采用类比法的，应列表分析类比工程的适用条件。类比内容应包括：气候特点、地形地貌、土壤植被、土地利用以及工程布局、施工扰动情况和水土流失特点等。实测类比工程产生的流失量（用断面法、体积法测算)，确定水土流失模数。

(4) 水土流失量预测

① 扰动地表面积。项目建设施工和生产运行中占压的土地类型、数量，损坏的水土保持设施类型、面积等。列表说明。

② 排放固体废弃物。施工建设期，按照划分的预测区段预测可能产生的固体废弃物；生产运行期，按照主体工程设计，预测可能产生的固体废弃物。列表说明。

③ 列表说明风力侵蚀区域和面积（如需要进行风蚀预测）。

④ 水土流失量计算。列表计算各预测区段的原地貌水土流失量、预测时段内的水土流失总量、工程建设施工造成的新增水土流失量。

(5) 水土流失危害预测

① 对下游河道、水库淤积和行洪的影响。

② 集中排水对下游（河沟道、耕地、道路等）的冲刷影响。

③ 对水环境的影响。如施工生产、生活用水排放对区域水环境的影响。

④ 对项目区及周边生态环境和土地的影响。

⑤ 可能诱发的崩塌、滑坡、泥石流灾害。

可参考项目防洪评价、水资源论证以及环评、地质灾害评价的结论性意见。

(6) 预测结论及指导性意见

① 明确项目是否在《水法》、《水土保持法》等法律、法规限制或禁止建设的区域。如省级水土保持重点预防保护区、水利工程管理和保护区、河道行（滞）洪区、重要水源保护区、崩塌、滑坡、泥石流危险区，等等。

② 明确产生水土流失或危害的重点区段，亦即重点防治的区段。

③ 在水土流失强度预测的基础上，提出应采取的防治工程类型（如工程措施类型、植物措施类型等）。

④ 根据水土流失量的变化过程，提出防治工程（特别是临时防护措施）的实施进度要求。

⑤ 根据水土流失强度和总量，明确水土保持监测的重点时段、重点区段。

6. 防治方案

（1）编制原则

针对项目特点确定方案的防治原则。贯彻"以人为本、人与自然和谐共处、可持续发展"的理念，突出"预防为主、重点治理、生物防护优先"、与主体工程设计相衔接和"三同时"的原则。使方案拟定的各项防治措施更具有可操作性。

（2）防治标准和目标

根据项目区的位置，参照《开发建设项目水土流失防治标准》（送审稿）确定防治标准（分为Ⅰ、Ⅱ、Ⅲ级）。针对工程特点和当地实际情况确定六项量化目标：扰动土地整治率、水土流失总治理度、土壤流失控制比、拦渣率、植被恢复系数、林草覆盖率。对难以达到防治等级标准的防治目标需说明理由。

（3）防治责任范围

① 用文字、表格、图件说明防治责任区的范围和面积。

② 项目建设区：永久及临时占地，列表说明各防治分区的占地面积、占地类型。

③ 直接影响区范围。主要包括：

A. 未征用的施工临时道路等占地区。

B. 移民安置区（另行编制方案的需加以说明）。

C. 交通道路等专项设施迁建区（另行编制方案的需加以说明）。

D. 渣场、道路修建对下游和周边的影响区域。

E. 地下开采项目对地面的影响区：如煤矿、金属矿、隧道、地下管线等。

F. 项目建设可能引起崩塌、滑坡、泥石流区域。

G. 风力侵蚀影响的区域。

注：经过调查和论证，如项目无直接影响区的应加以说明。

（4）防治分区

防治分区应重点考虑施工布局，便于防治措施的组织实施。

① 点状工程可按项目的功能分区划分一级分区，以不同的施工区划分二级分区。

② 线状工程（大型）先按不同地形地貌和水土流失类型划分一级防治区，再以行政区或工程标段划分二级分区，以项目功能分区或施工区划分三级分区。

(5) 主体工程中具有水土保持功能工程的分析与评价

① 主体工程中具有水土保持功能的工程一般包括：

A. 绿化工程（含防护林）。

B. 边坡防护工程。

C. 防洪排水工程。

D. 施工道路防护工程。

E. 料场、渣场、灰场防护工程。

F. 施工场地恢复、临时挡护、排水和遮盖措施。

② 对上述具有水土保持功能的工程进行水土保持评价，找出与水土保持要求不符部分，提出补充完善措施和设计意见，说明水土保持方案编制的重点内容。主要内容包括：

A. 取土、砂、石料场、弃土（渣）场的选位、容量、数量、占地类型及面积等是否符合或满足水土保持要求。

B. 防护措施（范围、长度、高度等）是否全面到位、有效控制水土流失。重点分析说明由于工程改变汇流条件、集中水流可能导致冲刷或淤积（如河沟道、涵洞、耕地、道路）的情况；有无可能减少地下水或污染水质情况。

C. 施工时序安排和临时措施是否符合水土保持要求。

D. 列表说明主体工程中具有水土保持功能措施的工程量及投资。

(6) 防治措施布局

① 分区防治措施：

A. 工程措施应明确工程类型和布置原则。

B. 植物措施应在对立地条件的分析基础上，推荐多树种、多草种，供设计时进一步优化。防治水蚀、风蚀的植物措施应有针对性，水蚀风蚀交错区措施应兼顾两种侵蚀类型的防治。

C. 施工过程中的临时防护及管理措施为，a. 开挖：表层剥离物的及时清运、集中堆放、周边排水，施工作业面上边坡的排水、施工场地排水及沉沙。b. 堆弃：临时堆渣覆盖、拦挡，倒渣过程的坡脚拦挡、弃渣及时平整、碾压、排水、削坡。c. 施工期：尽可能避开大风日和主汛期进行土方施工。d. 施工便道：要提出水土保持要求，并进行临时拦挡、排水等设计。

② 防治措施体系：提出防治措施体系框图和布局表。防治措施体系框图和布局表应包括主体工程中具有水土保持功能的工程和水土保持方案新增工程。

③ 水土保持措施布置应注意的问题：

A. 涉及河滩、河岸或河道弃渣的，应说明弃渣与河道行洪及洪水位关系，要求堆放在防洪设计水位以上，并先取得河道主管部门的同意。

B. 隧道、桥涵施工土石方易直接入河（沟）道的，应提前做好出渣口的防冲处理以及弃土渣的清运、堆放、拦挡措施。注意桥涵围堰施工、拆除、清理工作。

C. 建设中的水库，施工弃土弃渣不得堆置于河道中。不得向已建成的水库内弃土弃渣。主体工程经充分论证确需在水库容弃渣时，施工期要采取临时拦挡措施，不得冲入河道下游。

D. 高陡边坡开挖，应在其下边坡设临时拦挡工程，防止土石方流入河道。

E. 料场、渣场位置选择要考虑对周围景观的影响。客运公路、铁路工程的土、石料和弃土（渣）场应尽可能选择在可视范围之外。

F. 开挖、堆弃的裸露面复垦或恢复植被，应明确覆土来源，必要时应论证新取土场地的水土流失影响并明确防治责任。在土层薄、土源少的地方，应注意保存表土。

(7) 水土保持工程典型设计

① 明确工程等级、防洪标准、稳定要求，并经计算核实。

② 工程措施、植物措施和临时防护措施均应有典型设计。典型设计应有文字说明和设计图。

(8) 工程量

根据工程布置和典型设计，按照防治分区列表说明各类工程措施、植物措施、临时防护措施的数量。

(9) 实施进度安排

① 落实预防保护优先、先挡后弃的施工进度原则。

② 水保工程实施进度用双线横道图表示（即主体工程进度与水保工程进度对照标示，落实“三同时”的要求）。

③ 水保工程施工要考虑季节性要求。如植物措施一般安排在春季和秋季。

7. 水土保持监测

按照《水土保持监测技术规程》(SL277-2002)，结合工程施工特点和实际工作需要，开展水土保持监测。

(1) 监测目的

掌握工程施工期间各区域水土流失情况、水土保持工程实施效果，及时发现问题，完善措施，促进开发建设与保护生态协调发展。

(2) 监测时段

①建设类项目监测时段分为施工期和林草恢复期。林草恢复期通常为 1 ～ 3 年，最长不超过 5 年。

②生产类项目监测时段可分为施工期和生产运行期。一般监测时段与方案实施时段相同。

(3) 监测范围和分区

确定水土保持监测范围时，一般情况下，以方案确定的防治责任范围作为监测范围。

监测分区可依据防治分区进行划分，为便于监测数据的统计和分析，视工程具体情况，再依据行政区或施工标段划分二级分区，提出监测重点区段。

(4) 监测内容

按照《水土保持监测技术规程》的要求，监测内容包括以下几点：

①水土流失因子监测。主要包括地形、地貌和水系的变化情况；建设项目占用地面积、扰动地表面积；项目挖方、填方数量及面积，弃土、弃石、弃渣量及堆放面积；项目区林草覆盖度。

②水土流失状况监测。主要包括水土流失面积变化情况、水土流失量变化情况、水土流失程度变化情况以及对下游和周边地区造成的危害及其趋势。

③水土流失防治效果监测。主要包括防治措施的数量和质量，林草措施成活率、保存率、生长情况及覆盖度，防护工程的稳定性、完好程度和运行情况，各项防治措施的拦渣保土效果等。

根据不同建设项目的具体情况和水土流失预测，有针对性确定该项目的监测内容，不能依上述内容照搬。要将监测内容进一步细化，可根据不同监测分区列表详细说明。

(5) 监测方法

监测方法主要包括：调查监测、地面监测、遥感监测三种。一般以调查监测为主，结合地面定位观测。

确定监测方法要根据工程特点和不同的监测内容，每种监测内容都要确定相应的监测方法，并说明监测时间和监测频次。

(6) 监测点的布设

监测点主要以地面观测为主。监测水土流失量、水土流失形式、降雨、植被覆盖度、土壤等内容；监测点的选择要具有典型性，能够代表项目区内具有相同监测内容的类型区；监测点一般按临时点设置，有条件的可设置长期监测点，或依托已有的监测点。

(7) 监测设计

① 监测设施。各类监测设施均应有典型设计。典型设计应有文字说明和设计图。

② 计算监测设施的工程量。

③ 确定所需的仪器、设备型号和数量，所需的各类资料。

④ 列表说明监测设施形式和监测设备。

(8) 明确监测工作的进度安排、监测制度和监测成果要求

水土保持监测应在主体工程施工准备阶段予以安排，与各项工程施工同步实施。

8. 投资概（估）算

(1) 价格水平年、主要材料单价、工程单价应与主体工程相一致。

(2) 编制依据和定额。一般采用《水土保持投资概（估）算编制规定》、《水土保持工程概算定额》。也可按照建设单位要求采用该行业编制规定和定额，但方案报告书中概（估）算表格应采用《水土保持投资概（估）算编制规定》规定的格式。

(3) 水土保持监测费。

①监测人工费。根据监测业务的范围、难易程度及工作条件等，按下列方法之一计算：a. 采用“人·年”的计算方法，根据监测工作量确定所需水保监测人员，目前

可按暂按每人每年 3.5 万～ 5.5 万元取费；b. 方案新增水土保持工程监测费，按该工程的 1.5% 计列；主体工程中具有水土保持功能项目的水土保持监测费用按该部分工程投资的 0.2% 计算。监测费用应满足实际监测工作需要。

②监测设施土建费和设备及安装费另计。

③运行初期和运行期监测费用参照施工期单独计列。

(4) 水土保持监理费：

①推荐采用“人·年”的计算方法。根据工程特点确定所需水保监理工程师数量，目前可暂按每人每年 5 万元取费（以后可按照国家发改委下发的新标准执行）。

②按照水土保持工程的 2.5%计列。监理费应满足实际监理需要。

(5) 水土保持设施补偿费：根据省、市、县有关规定确定补偿标准，按占压损坏水土保持设施类型分类计算水土保持设施补偿费。水土保持设施补偿费不参与其他取费，单独计列。

(6) 投资概（估）算应有专题报告书。

9. 效益分析

(1) 水土流失防治效果

计算方案特性表中规定的八项面积和预期达到的防治目标值，说明是否达到了预定的防治目标及取得的效果。

(2) 生态效益

定性说明保水、保土、改善生态环境效益，有条件的单位可开展保土效益定量分析。

(3) 经济效益

简要分析植物措施和土地整治措施等水土保持工程取得的直接经济效益。

10. 实施的保证措施

(1) 工作管理

建设单位应明确水土保持管理机构或人员，专项负责水土保持方案的组织实施和管理、协调工作。

(2) 水土保持投资

建设单位应将方案确定的水土保持投资列入主体工程概（预）算，明确防治资金来源。

(3) 后续设计

方案批复后应由具有工程设计资质的单位完成水土保持工程初步设计及施工图设计。

(4) 防治责任

发包标书中应明确水土保持要求，列入招标合同，明确承包商防治水土流失的责任，外购土石料应明确水土流失防治责任。

(5) 水土保持工程监理

监理机构应具有水土保持工程监理资质或聘请注册水土保持生态建设监理工程师

从事水保监理工作。

(6) 水土保持监测

监测单位应具有水土保持监测资质，监测单位按批复的水土保持方案要求编制监测实施方案。监测成果定期向水行政主管部门报告。水土保持设施竣工验收时提交监测专项报告。

(7) 监督管理

接受地方水行政主管部门的监督检查和业务指导。

(8) 竣工验收

主体工程投入运行前应当验收水土保持设施。验收内容、程序等应按《开发建设项目水土保持设施验收规定》执行。

11. 结论与建议

(1) 结论

① 本工程的水土保持特点，水土流失预测结论。

② 主要的水土保持措施和工程量。

③ 方案编制的结论性意见。包括六项指标达标情况，对生态的影响、结论等。

④ 对主体工程的总体评价及修正性意见。

⑤ 在可行性研究阶段，从水土保持角度论证项目可行性。

(2) 建议

对下阶段工作的指导性意见。

对与本项目有关联的其他工程提出编制水土保持方案要求。

12. 附件

(1) 开发建设项目水土保持方案特性表。

(2) 水土保持方案概（估）算报告书。

(3) 水保方案大纲技术评估意见。

(4) 水保方案编制委托书。

(5) 当地水行政主管部门和建设单位关于水土保持方案责任范围及水土保持设施补偿确认函。

(6) 水土保持监测、监理承诺书。

13. 附图

规范规定的四类图件齐全。可编制水土保持方案图册。

(1) 项目地理位置图。

(2) 工程总体布置图。

(3) 水土保持责任范围及水土保持措施总体布局图。

(4) 水土保持工程设计图（包括工程位置图和典型设计图）。

另外，还应有项目区土壤侵蚀图、水土保持监测点布局图等。线状工程还应附平、纵断面缩图。

各类图件均应为CAD图件（矢量图）。图面清晰、图签齐备。

五、水土保持方案大纲编制技术要点

1. 前言

简述工程简况、项目建设的必要性和前期工作进展情况；项目区地形地貌特征、所处重点区域、水土流失类型和等级、水土流失防治标准执行等级（分为I、II、III级），方案大纲编制过程。

2. 项目及项目区简况

工程及项目区概况应简明扼要，结合图、表说明。

工程概况重点介绍能直接反映工程特性和与水土流失直接相关的内容，列出工程特性表、水土流失影响因素表等。

项目区概况重点介绍与水土流失防治工程布置、设计和植被生长密切相关的内容。具体参照方案报告书编制技术要点。

3. 编制总则

(1) 编制原则

针对工程的特点，有针对性和可操作性。一般要突出"预防为主、生态优先、人与自然和谐共处"、"三同时"、"可持续发展"、"与主体工程相衔接"的原则。

(2) 设计深度、水平年及方案服务期

方案编制深度，原则上应为工程可研阶段深度。对已经开工的补报项目应为初步设计深度。

设计水平年，指水土保持工程按方案设计全面到位，并开始发挥防护作用的时间。一般为工程完工后的第一年。

方案的服务期。建设类项目为施工准备阶段至设计水平年。生产类项目从施工准备阶段开始一般不超过10年。

(3) 方案目标

明确防治的等级标准，根据工程实际情况提出六项量化的水土流失防治目标值。对难以达到防治等级的指标说明原因。

(4) 责任范围

确定责任范围界定的原则，对项目建设区征占地情况叙述清楚。明确下阶段需做深入调查的区域(主要是直接影响区)和内容。直接影响区的界定要实事求是,不宜过大,避免引起防治和管理纠纷。

4. 主体工程设计中具有水土保持功能工程的分析和评价

分析主体的防护工程设计，评价其水土保持作用和效果，列表说明其工程量及投资。重点是防洪工程、拦（灰、泥）渣工程、边坡防护工程、排水工程（沟、涵）、防护林、临时遮盖、拦挡措施等。

找出主体设计中与水土保持要求不符部分，纳入水土保持措施防治体系，说明水土保持方案编制的重点内容。

5. 调查、勘测范围、内容和方法的确定

根据设计深度和编制内容，确定调查、勘察及勘测的范围、内容和方法步骤。用表格说明下阶段需调查、勘测的范围、内容及相应的方法，特别是要明确需实测的内容。对于在建工程，应对已经造成的水土流失情况和所采取的水土保持措施及效果进行现场调查。

调查重点一般为：

(1) 项目区自然地理、水土流失（含洪水情况）和水土保持情况的补充调查。

(2) 工程占地面积及其类型。

(3) 直接影响区范围和占地类型。

(4) 已建、在建工程水土流失和水土保持情况。

(5) 类比工程扰动前后土壤侵蚀模数和保持水土效果。

(6) 损坏水土保持设施类型与数量、面积。

6. 水土流失预测

可行性研究阶段的重点是进行水土流失影响分析。

(1) 明确预测时段、预测区段划分（建设类项目指建设期，生产类项目还应包括运行期）。

(2) 提出预测方法、有关参数取值、类比工程可比性分析。

拟定扰动前后土壤侵蚀模数应明确取值依据（试验研究或调查观测值等）。

拟采用类比工程方法的，应列表分析对比适用条件（工程特性、自然地理情况），明确下一阶段需要对类比工程做进一步调查、观测的内容与方法。

(3) 有条件的项目，在审查时可提出实验、观测的要求，以积累资料。

(4) 明确重点防治区或防治重点。

7. 防治工程布设原则

(1) 确定防治分区原则和方法，提出防治分区方案。

防治分区应重点考虑地形地貌、水土流失类型、项目功能分区和施工布局，便于防治措施的组织实施。

点状工程可按项目的功能分区划分一级分区，以不同的施工区划分二级分区。

线状工程（大型）先按不同地形地貌和水土流失类型划分一级防治区，再以行政区或工程标段划分二级分区，以项目功能分区或施工区划分三级分区。

(2) 初步拟定各分区防治措施，提出防治措施体系。

防治措施体系应包括主体工程中具有水土保持功能的防护工程，列出水土流失防治体系表或框图。

(3) 针对防治工程特点，拟定防治措施实施进度安排原则。

(4) 重要防护工程要明确工程等级、防洪标准、稳定要求。

(5) 植物措施要推荐适合当地立地条件的树（草）种。

8. 水土保持监测

(1) 拟定监测时段。一般为建设期和运行初期，矿山、电厂等生产类项目开展运行期监测。

(2) 拟定监测内容和方法。按照水利部《水土保持监测技术规程》并结合工程项目的特点确定。

(3) 拟定定点观测项目和调查监测项目。

(4) 拟定监测点位，明确重点监测区段。

9. 水土保持投资估算

明确投资编制的依据、方法、价格水平年、主要工程材料单价、有关费率标准。

(1) 价格水平年、主要材料单价、工程单价应与主体工程相一致。

(2) 编制依据和定额。一般采用《水土保持投资概（估）算编制规定》、《水土保持工程概算定额》。也可按照建设单位要求采用其行业的编制规定和定额。

(3) 水土保持监测费。一般采用“人•年”的计算方法，根据工程特点确定水保监测工程师数量，目前可暂按 3.5 万～ 5.5 万元 / 人•年计算；也可按照方案水土保持工程的 1.5% 计列，主体工程具有水土保持功能项目的水土保持监测费按该部分投资的 0.2% 计算，但应满足实际监理需要。运行期监测费参照施工期单独计列。监测的土建费用和设备费另计。

(4) 水土保持监理费。一般采用“人•年”的计算方法。根据工程特点确定水保监理工程师数量，目前可暂按 5 万元 / 人•年计算。也可按照方案水土保持工程的 2.5% 计列，但应满足实际监理需要。

(5) 水土保持设施补偿费。根据省、市、县有关规定确定补偿标准。

10. 工作进度

拟定方案编制工作量（明细表）和进度安排。

11. 组织分工

(1) 技术负责人、参加人的专业、职称、分工、上岗证书号。

(2) 方案编制质量保证措施及管理体系。

12. 结论和建议

(1) 主要结论，明确方案措施布局的重点。

(2) 对下阶段方案编制的建议，还需试验、调查确定的参数等内容。

(3) 对主体工程设计的建议（对主体工程比选方案的建议，还应补充设计的内容等）。

13. 附图

(1) 图面清晰、图签齐备。方案插图、附图均应为 CAD 图件（矢量图）。

(2) 图件齐全：工程地理位置图、工程总体布置图、水土保持防治分区和防治措施总体布局图、水土保持工程典型设计图。

14. 附件

编制方案委托书或合同。

第四节　开发建设项目水土保持方案的审批及实施管理办法

为了加强水土保持方案编制、申报、审批的管理，根据《中华人民共和国水土保持法》、《中华人民共和国水土保持法实施条例》和国家计委、水利部、国家环保局发布的《开发建设项目水土保持方案管理办法》，制定了《开发建设项目水土保持方案编报审批管理规定》，对开发建设项目水土保持方案的审批及实施进行了规范。

一、水土保持方案审批规定

1. 行业归口管理

各级水行政主管部门及地方政府设立的水土保持机构负责审批建设项目的水土保持方案。

2. 分级审批制度

国家审批立项的项目其方案由水利部审批（含各部委的项目）；地方审批立项的项目其方案由相应级别的水行政主管部门审批；乡镇、集体、个体项目的方案由所在地县级水行政主管部门审批；跨地区项目的方案由上一级水行政主管部门审批。

3. 限期审批制度

（1）方案报告书：60 天内办理审批手续（指方案报批稿的审批）。

（2）方案报告表：30 天内办理审批手续。

（3）特大型项目：6 个月内办理审批手续。

4. 修改申报制度

经审批的方案，如项目性质、规模、地点等发生变化，应及时修改方案，并报原批准单位审批。

二、水土保持方案实施规定

1. 投资责任

企事业单位在建设和生产过程中造成水土流失的，须负责治理。建设项目的水土流失防治费从基本建设投资中列支，生产运行中的项目其水土流失防治费从生产费用中列支。

2. 组织治理方式

项目建设单位有能力（主要是技术、人员、管理等能力）进行治理的，自行治理；因技术等原因无力自行治理的，可以缴纳防治费，由水行政主管部门代为组织治理。

3. 监督实施

工程所在地的水行政主管部门有权监督开发建设单位按批准的水土保持方案进行实施，具有法律强制性。

4. 竣工验收

根据水土保持“三同时”制度的要求，建设项目主体工程验收时，应同时验收水土保持设施。水土保持设施验收须提交水土保持工作总结、水土保持技术总结、水土保持监测报告、水土保持监理报告。水土保持设施未经验收或验收不合格的，主体工程不得投产使用。工程验收应有水行政主管部门水土保持监督管理机构参加，并签署意见。

第二篇　农田防护林

第十三章
林带结构及其参数和我国农田防护林类型区

我国气候条件复杂，而农业生产广泛遍布于各种气候，为了更好地保护农业生产，在规划农田防护林时，必须要做到因地制宜、因害设防，当地的自然条件、经济条件，需要保护的对象，主要应对何种灾害等等都需要综合考虑。在营造农田防护林时，也需要考虑各方面因素，选择合适的林带结构和各项参数，例如熟透度、透风系数等等，在能够充分完成防护目的的基础上，减少各项投入和占地面积。

第一节　林带结构及其参数

每一种林分，无论是天然林还是人工林，都有一定的结构特征，因而其功能也不一样。对于用材林，研究其结构的目的在于探求并建立合理的林分组成和配置方式，以取得最大的木材生产量；对于农田防护林，结构研究则主要是以发挥最大的防护效益、保护农作物稳产高产为目的。

在遭受风沙、干旱、霜冻、雪灾等自然灾害的农田上，有计划地营造各种类型的防护林，并实现农田林网化，能有效地改善小气候环境，为农作物生长、发育创造条件。国内外大量的研究资料与生产实践已充分证明了这一点。

所谓小气候是一种小范围内的气候条件，它与大气候不同之处主要在于小气候随地面条件的改变而变化。因此，局部地区下垫面的不同是造成各种小气候因素（温度、湿度、风速、蒸发等）差异的根本原因，而天气、太阳辐射则是施加在这些局部地段上的外来因素。这样，小气候就是在局部地段内，因下垫面影响而与大气候不同的贴地表层或土壤表面上层的气候条件。小气候的范围较小，一般认为其垂直范围大致在100m以内，但主要还是局限在20m以下的范围内；水平范围可以从几米到几十公里或许更大些。

在平原地区，营造大面积的农田防护林，使贴地表层的粗糙度发生变化，可造成对农作物有利的特殊小气候环境，抵御自然灾害，保障农业生产。由于农田防护林的树种组成、结构等不同，在农田上形成的气候条件是有差异的，因而其防护作用也有很大差别。

农田防护林带的内部结构和外部形态不同，它发挥的防护效能以及采取的经营管理措施也不相同，为了更好地识别和研究防护林带，必须弄清其树种、组成、密度、高度、年龄、胸径、林带结构、宽度、横断面形态、疏透度、透风系数等因素，这些构成了林带的结构特征。

一、林带的结构和类型

目前，关于林带的结构尚无确切定义，有些林学家把林带的宽度、断面类型、外部形态、树种组成等都看作是林带结构的内容。实际上,它们与林带结构虽有密切关系，但并非都属于林带结构的内容范畴。

所谓林带结构，是指林带内部树木枝叶的密集程度和分布状况，亦即林带侧面透光孔隙的多少及分布状况。不同结构的林带，由于树种组成以及树木各部分在带内空间分布、搭配状况的差别，形成了特定的外部形态。如果从林带纵断面上看林带外形，可通过透光孔隙的大小和分布，发现林带的均一性和成层性；如果从林带的横断面上看林带的外形，可以看出林带呈现出各种几何形状。这些结构上的特点，决定了林带的透风状况和防风特性。

林带结构决定于树种组成、造林密度、林带宽度、林层、断面形状、修枝高度等因素，结构不同其防护作用及抚育措施有很大差别。林带结构可用疏透度和透风系数来表示。

1．紧密结构林带

这种结构的林带由主要树种、伴生树种和灌木树种组成 3 层林冠，林带枝叶从上到下都很稠密，纵断面几乎没有透光孔隙，透光面积小于 10%，林带比较宽，透风系数小于 30%。害风遇到这种林带时，主要从林带上方越过，在背风林缘处形成一个静风区或弱风区，但风速恢复较快，有效防护距离较短，一般为 10 ～ 15H。

这种林带的静风区，能为牲畜、果园、居民点、道路以及沙区边缘农田提供较好的防护，由于防护距离短，不宜用作农田防护林带。

2．通风（透风）结构林带

这种结构林带由宽度不大且不具灌木或灌木较低，而且有明显枝下高的单一乔木树种组成。林带上部紧密不通风不透光，下部 1 ～ 2m 高度范围内通风透光，疏透度为 40% ～ 60% 以上，透风系数大于 50%。当害风遇到这种林带时，一部分气流从林冠上方越过，一部分从林带下方穿过，林带背风林缘风速降低较少，弱风区出现在较远的地方，随着远离林带，风速逐渐增大，林带的防护距离较大，有效防风距离为 20 ～ 25H。

这种结构林带能使积雪均匀分布于农田，在一般风害地区或降雪多的地区可以采用，但其背风林缘风速大，容易引起土壤风蚀，风沙危害严重的地区不宜采用。

3．疏透（稀疏）结构林带

这种结构林带由主要乔木和灌木树种组成，或由不具灌木而由侧枝发达的乔木组成，林带的整个纵断面均匀透风避光，疏透度为 30% ～ 40%，透风系数 30% ～ 50%。害风遇到这种林带时，一部分气流从林墙中均匀穿过，基本上不改变前进方向，另一部分从林带上绕过，因此在背风林缘形成一个弱风区，随着远离林带，风速逐渐增加。

防护距离较大，有效防风距离为 25 ~ 30H。

一般认为，疏透结构是农田防护林带的理想结构，在风沙危害较严重的地区营造农田防护林也宜采用此结构。

除上述三种基本类型外，在实践中还会常遇到过渡类型。如中国科学院冰川冻土沙漠研究所（1977 年）曾把中上部疏透下部通风的林带和上疏下紧的林带划为过渡型结构。此外，还有人对林带结构进行了细分，如前苏联的阿得良尼夫将通风结构按树干通风部分的高度又分为低透风（0.7 ~ 1.0m）、中透风（1.0 ~ 1.5m）和高透风（1.5 ~ 2.5m）三种结构林带。

目前，在根据哪些条件来确定林带结构方面还存在不同看法。一些林学家主张依据林带纵断面（或横断面）的外部特征和透光面积的大小来确定林带结构。另外一些林学家则主张依据林带的透风程度来确定林带结构，但大多数学者主张根据林带纵断面的外部特征和林带的疏透度来判断林带结构；同时，透风程度也是确定林带结构的重要依据，这种意见已被广大林业工作者所采纳。

二、疏透度

1. 疏透度的概念

疏透度，又称透光度，是表示林带疏密状况和透风程度的指标，其大小取决于林带每行树木的密度和林带宽度。疏透度可以用林带纵断面透光孔隙总面积 $S1$ 与林带纵断面面积 S 之比 β 来表示。

$$\beta = \frac{S_1}{S} \times 100\%$$

为了更精确起见，也可采用按林层加权计算疏透度，如以 β_1、β_2、β_3 分别表示林带上、中、下层的疏透度（亦可分为 4 层、5 层等），A、B、C 分别表示林带各层厚度，H 为林带平均高，则疏透度为：

$$\beta = \frac{\beta_1 A + \beta_2 B + \beta_3 C}{H}$$

2. 疏透度的测定方法

疏透度的测定，通常采用方格景框法、目测法和照像法等。

（1）方格景框法：是在林带背风面 5 ~ 10H 处设置三角架，将方格景框安装在三角架上。调整视线，使方格框架的下缘与林带下部地面保持重合，整个林墙置入方格景框内。然后，目测每个小方格内透光孔隙面积和林带纵断面总面积，按上述公式计算林带疏透度。

（2）目测法：是最为常用而又简便的一种方法。站在被测林带侧面一定距离（5 ~ 10H）处，按照林带透光度大小和分布状况，将整个林墙划分为若干林层，分别估计每个林层透光孔隙面积所占的比值，然后根据各层高度，加权估算出林带疏透度。

(3) 照像法：拍摄林带纵断面像片，然后在图片上用求积仪计算透光孔隙面积和林带纵断面面积，再计算疏透度。这是比较精密的测量方法，但在实践中应用起来比较麻烦。

3. 疏透度和林带结构

有些学者根据总疏透度来区别林带结构类型，但这种方法仅适用于紧密结构林带，对于另外两种类型仅用总疏透度加以区别是不够的，因为同一疏透度有可能同时出现在两个基本林带结构类型中。因此，要准确区别林带结构类型，还必须看林带纵断面的外部特征，即林带分层疏透度的情况。表 13-1 表示了分层疏透度与林带结构类型的关系。

用这种方法划分林带结构类型有很大优点，指标明确，容易区别，但对那些过渡的、非典型林带就困难了。其实，较好的办法是用目测法判断基本类型后，再以疏透度加以区别，如疏透度为 30% 的疏透结构林带；疏透度为 40% 的疏透结构林带；疏透度为 40% 的通风结构林带；疏透度为 70% 的通风结构林带等。

4. 影响疏透度的因子

疏透度既是区别林带结构类型的重要指标，同时又是反映林带防护效应的重要参数。影响疏透度大小的因子有密度（株行距）、宽度（行数）、树种组成及配置方式等。

林带疏透度随造林密度和林带宽度的增加而减小，随造林密度和林带宽度的减小而增加。在一定宽度范围内，要维持适宜的疏透度，林带密度与行数是互补关系。密度大行数可减少；反之，密度小的行数就要增加。

宽度是林带的重要参数之一，适宜的宽度既可节约大量耕地，又能最大限度地发挥其防护效能，因此林带宽度无论在理论上还是在实际生产中，都有很大意义。林带

表13-1　林带结构与疏透度、透风系数的关系

结构类型	林带特点	树木盛叶期的林带纵断面				
		透光程度	疏透度（%）			透风系数（%）
			树杆间	树冠间	总疏透度	
紧密	多行宽林带或具有3层林冠的林带	整个纵断面几乎没有光线透过	<10	<10	<10	<25~30
疏透	不具灌木侧枝发达的窄林带或2层林冠的林带	整个纵断面有散碎光线通过	15~35	15~35	30~40	均匀透风 （25~30）~50
通风	宽度不大不具有灌木而具明显枝下高的单层林带	树杆间有大量光线透过，树冠层不透光	>60	<10	>40	林冠<25~30 下部>70~75 平均>50

的最适宽度应该多大，各国的结论还不一致，但目前从宽林带向窄林带方向发展的趋势明显。前苏联曾提倡20行以上的宽林带，并配有灌木，这种林带往往形成紧密结构，占农田多且防护距离小。1972年前苏联防护林会议认为，在乌克兰地区3～5行的窄林带较有前途。美国农业部研究表明，3～5行的窄行带的防风效果等同于8～12行的宽林带。丹麦也普遍采用3～5行的窄林带。内蒙古自治区乌兰察布市林业局的观测结果表明，防护林带带间距离控制在100～200m，带宽10m，4～5行，防护效益为最好。因此，在国内外农田的防护林研究中，普遍认为宽林带、紧密型有许多缺点，而趋于营造疏透型或通风型的窄林带。

5. 最适疏透度

最适疏透度是多少防护效益才最好呢？前苏联Ja.A.Smalko认为，林带的最适疏透度为25%～40%；王礼先、朱廷曜（1989年）通过对农田林网气象效应分析，指出辽宁省宝力地区林带的最适疏透度为25%时，防风效果最好；杨康民（1964年）根据苏北农田防护林地区的野外观测资料，得到最适疏透度为25%；康立新（1992年）在徐淮地区的研究表明，主林带配置3～5行乔木，1～2行灌木，最适疏透度26%～35%，最适透风系数50%～60%，主林带间距为20±5H，形成窄林带小网格的农田防护林。封斌等（2002年）采用选点调查与常规测定相结合的方法，对榆林风沙区农田防护林的林带结构配置特征、防护效益等进行了研究。结果表明，林带结构应以疏透型为主，总平均疏透度控制在30%～50%，主林带间距以150～200 m为宜，副林带间距200～300m为宜。

三、透风系数

1. 透风系数的定义

透风系数又称透风度、通风系数等，是当风向垂直林带时，林带背风林缘（通常取距林缘1m处）在林带高度以下的平均风速与空旷地区相同高度范围内的平均风速之比。透风系数不仅是衡量林带结构优劣的重要参数，也是确定林带结构的依据之一。

透风系数的测定方法是在林背风林缘1m处竖立安装有几台风速仪的测杆，在规定时间内测量林冠上、中、下部的平均风速和对照区3个相应高度范围内的平均风速，其比值即为透风系数，用下式表示：

$$K=\frac{K_1A+K_2B+K_3C}{H}$$

式中：K——透风系数（%）；

V——背风林缘1m处整个林带高度范围内的平均风速（m/s）；

V_0——空旷地相同高度范围内的平均风速（m/s）。

如以K_1、K_2、K_3分别代表林带上、中、下层的透风系数（也可分为4层、5层等），以A、B、C分别表示各林层的厚度，H为林带平均高，则透风系数为：

$$K=\frac{V}{V_0}\times 100\%$$

透风系数是鉴定林带结构优劣的重要参数，具有不同透风系数的林带防护效果差别很大。它可以反映林带防风作用的动力特征，在研究林带动力效应时该参数比较稳定，但它本身不是林带结构的指标，且测定比较困难，在生产上直接应用受到一定限制。因此，在我国防护林研究中，常将它与疏透度结合起来使用。

2. 透风系数和林带结构

有些学者根据林带透风系数区别林带结构类型，透风系数小于 30% 的为紧密结构，30% ～ 50% 的为疏透结构，大于 50% 的为通风结构。但相同的透风系数值可能是疏透结构，又可能是通风结构，因此在用透风系数确定林带结构类型时，必须考虑林带纵断面结构特征（表 13-1）。

上述划分林带结构的方法反应了林带三种结构的特征，有一定的优越性，但所给指标以外数值的林带就不能判断应属于哪一类结构，而且指标的数值是否适宜，还有待进一步研究。

3. 透风系数和疏透度的关系

根据风洞实验资料（朱廷曜，1964 年），窄林带（2 ～ 7 行模型）的疏透度和透风系数有较密切的关系，疏透度大的林带，透风系数也大。但是，当疏透度为零时，透风系数也有一定的变动范围，这是因为不透光的林带也有孔隙，也可以透风。透风系数和疏透度的经验公式为：

$$K=1.1\beta^{0.468}$$

式中：K、β——分别为林带的透风系数和疏透度；

1.1，0.468——经验常数。

需要说明的是，此经验公式是风洞实验结果，且适宜窄林带；在林带过宽、过窄时，其结果可能就不一样了。

四、林带横断面类型

林带的横断面类型是林带横断面的外部形状，与林带的防风效果有密切关系。根据林带横断面外部形状的不同，可将林带的断面划分为以下几种（图 13-1）。

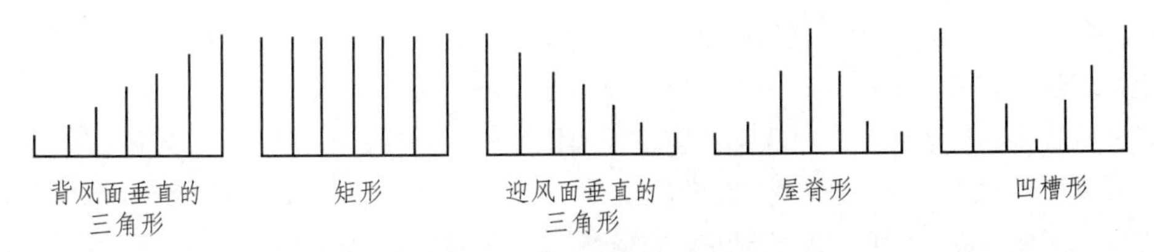

图13-1　林带横断面类型图

（1）矩形（正方形）横断面

这种断面类型的林带对空气气流的阻滞作用最大，防风效果也最明显。如果林带是稀疏结构或透风结构林带，再配置成矩形断面，则林带的防护效果更为显著。

（2）屋脊形横断面

该种断面非常接近流线型，对气流的拦截作用较小。因此，屋脊形横断面必须和紧密结构的林带结合起来才能起到较好的防护效果。

（3）凹槽形横断面

这种横断面是在一定条件下形成的特殊断面类型，例如主要树种由于立地条件不适宜或在林带边缘林木的生长超过林带中间主要树种的生长等，则容易形成凹槽形断面。这种断面的林带虽然对气流的拦截作用比较大，但它不是最理想的横断面类型。

（4）背风面垂直的三角形横断面

这种断面在风沙区边缘和沿海前沿比较常见，防护效果较好，由主要树种、辅助树种和灌木树种搭配而成。

（5）迎风面垂直的三角形横断面

这种断面由迎风面向背风面林冠层逐渐降低，气流在迎风面受到很大阻力，然后阻力减小，因而这种断面防护效果较差，由主要树种、辅助树种和灌木树种组成。

因此，由乔、灌木树种不同配置方式形成的横断面形状，对防风效应影响很大。当然，这里所讲的横断面对防风效应的影响是指在其他条件都一样的情况下，断面的形状不同其防风效应的差异。

据研究（曹新孙等，1981 年），无论是从防护距离，相对或绝对的有效防护距离，还是从防护总效应来看，都是以矩形的为最好，屋脊形及迎风面垂直的三角形最差，凹槽形和背风面垂直的三角形居中。

五、林带防风距离

林带防风作用可达到的距离，亦即林带背风面风速恢复到旷野风速的距离，称林带防风距离，它决定于林带高度、林带结构、横断面形状、疏透度、透风系数等因子。林带的防护距离一般用林带高度（H）的倍数表示，在迎风面为 5 ～ 10 倍树高（H）左右，在背风面为 30 ～ 50 倍树高（H）左右。

在林带防风距离内，能够有效地起到防护作用的距离即为有效防护距离。它可分为相对和绝对有效防护距离。相对有效防护距离，在一般风害区以降低旷野风速 20% 作为标准；在风沙区和严重风害区，以降低旷野风速 30% 作为标准。

绝对有效防护距离不是以降低旷野风速多少作为其标准的，而是指把害风最大风速减弱到有害值（即设计时的最大参考风速）以下的地方离林带的距离，这是因为不同地区灾害的性质和程度不同，在应用削弱风速 20%（或 30%）这一相对指标确定的有效防护距离内并不一定产生全面的防护作用，因此就不能作为设计林带间距的可靠依据。例如，在风沙危害严重地区，防止土壤风蚀是营造防护林带的主要目的，但当旷野风速超过一定限度时，即使削弱 30% 仍能引起风蚀，因此其有效防护距离就应该以降低风速到不致引起土壤风蚀的临界值为标准来确定。同样，在其他地区随防护目的的不同，有效防护距离也都应该以降低风速或改变其他自然因素而不致造成灾害为标准来确定。此外，由于各种灾害出现的高度不同，因此有效防护距离的确定还应以相应的高度为准。

第二节　我国农田防护林类型区

一、农田防护林类型区划分的依据

农田防护林类型区的划分，是合理规划设计的前提，是实现因地制宜、因害设防的基础。因为造林之前，如果没有根据自然、社会条件和灾害性气象因子的性质和程度，对防护林造林地进行合理的分区，就不可能形成明确的规划设计指导思想，也不可能提出正确的设计标准和参数，当然也就谈不上因地制宜、因害设防了。

我国农田防护林区分布很广，自然条件和社会经济条件差别很大，规划设计不应千篇一律，强求一致，那么我们根据什么来划分农田防护林类型区呢？到目前为止，农田防护林类型区的划分还没有统一的标准和方法，因此各地在农田防护林规划设计时，应根据当地的具体情况和灾害性质、程度，确定类型区划分的原则依据。一般来说，在划分类型区时应考虑以下因素：

1. 地理位置、地形地貌

在我国，地理位置不同，自然灾害的性质和程度往往不一样，北方风沙、干旱、冻害比较突出，而东南沿海则以台风、低温冷害、盐碱等较为严重；西藏拉萨各地区则是春旱、风害和寒害等，因此在较大范围内分清地理位置十分重要。在风沙、干旱危害较为严重的地区，由于风蚀和沙积，往往使平坦的地面变得起伏不平，所以地形地貌通常可作为风沙灾害严重程度的重要指标。

2. 气候特征

一个地区之所以要营造农田防护林，主要是防治恶劣气候条件，改善生态环境，为农作物生长创造有利条件。为了使规划设计能起到最大效果，必须查明主要灾害性气象因子的性质、程度和规律，同时也要对一般气候条件进行必要的了解，在类型区划分中应着重考虑灾害性气象因子有：

(1) 风向、风速及其季节变化规律。

(2) 沙暴和吹沙。应统计沙暴和吹沙日数及其变化规律。

(3) 干热风强度、频率及出现规律。干热风主要分布在黄淮海平原，以及河西走廊、新疆部分地区，辽宁西部、内蒙古部分地区也有出现，但危害较小。它是我国北方春末夏初在小麦扬花、灌浆期间较为常出现的一种高温、低湿并伴有一定风力的天气。一次干热风天气过程前后，空气温、湿度有明显突变，在短期内给农作物带来伤害，轻者减产 5% ～ 10%，重者达 10% ～ 20%，是北方地区小麦后期的一种灾害性天气。干热风的标准各地不一致，有些地方以气温≥ 30℃、相对湿度≤ 30%、风速≥ 3m/s 作为标准，它大致反映了造成农作物受害的临界气象状况。

（4）霜冻、寒害。霜冻和寒害是我国北方主要灾害性气候因子，营造农田防护林可消除或减轻其危害。

（5）无霜期、初终霜日期等。

（6）台风。台风是一种范围大、中心气压很低、急速旋转的空气涡旋，通常于 7 ～ 9 月在我国东南沿海登陆，它常带来狂风暴雨，对农林业生产破坏极大。实践证明，营造农田防护林可以减轻台风危害。

（7）干旱、洪涝。调查暴雨、年降雨量及季节分配，暴雨频率及危害，年蒸发量，最小相对湿度等。

此外，还应对当地热量和水分条件有一定了解，如平均气温、地温、日照率、积温、生长期、积雪等因素。

3．土壤条件

易受风蚀的土壤是造成风沙灾害的物质条件，也是划分农田防护林类型区的主要指标之一。这方面的调查也应包括下列因子：

（1）土壤种类。

（2）风蚀程度及其分布规律。

（3）土壤机械组成及结构。

（4）土壤肥力状况。土壤肥力高，土壤抗风蚀能力强；反之，肥力低，抗风蚀能力弱。

4．水文状况

主要包括潜水埋深及其季节变化对农作物的影响；在我国沿海平原地区，还应注意地下水含盐量、矿化度以及土壤盐渍化程度等问题。

为做好农田防护林规划设计，还应该对当地树种资源和社会经济条件进行调查，以便为规划设计提供可靠依据。在树种方面，应注意调查：①林木生物学和生态学特性及种间竞争规律，为树种选择和配置提供依据；②主要树种林带的形态特征，如成林高度、冠形、冠幅、分枝、枝叶茂密程度及季节变化，现有不同树种组成、行数、株行距、林带疏透度（或透风系数）及其防护效果等，以便为确定林带间距、最适宽度、最适疏透度提供依据；③主要树种的经济利用价值，为充分发挥林带多种效益提供资料；④林木抗病虫害、抗盐碱能力等。

另外，还要开展社会经济条件调查。主要调查内容包括：①土地利用情况；②农、林、牧等各业用地面积、产值比例；③农业耕作制度；④农业现代化程度；⑤农作物单位面积产量等。

根据以上调查，可以了解主要灾害因子的性质和强度，以及该区抗御自然灾害的能力。这些资料可作为划分农田防护林类型区的依据，以及确定林带设计的基本参数。

二、我国农田防护林类型区划分

目前，农田防护林类型区的划分尚无统一标准，划分的原则和依据也各不相同。美国乌德拉夫（Woodraff.N.P.）以月气候因素值为指标；前苏联卡拉升民科夫（1974 年）以土壤类型为依据；莫尔恰诺娃（1975 年）以风的强度为指标，分为：①强风害区；②一般风害区；③轻风害区等。

中国科学院沈阳应用生态研究所曹新孙根据地理位置和气候条件、地形地貌、土壤及其分布，自然灾害的性质和农业生产情况，将我国农田防护林分成七个类型区（图 13-2）。

1. 东北西部内蒙古东部农田防护林区

（1）基本概况

本区范围南起渤海、黄海北岸，北至内江，中部位于哈尔滨至沈阳铁路线的两侧，包括沿海农田防护林区、东北大平原西部、三江平原以及内蒙东部的昭盟和哲盟地区。本区可分三个亚区，即：松嫩平原农田防护林亚区、松辽平原农田防护林亚区和辽海平原农田防护林亚区。

该区冬季严寒而漫长，夏季炎热多雨，春、秋两季较短。全年日照时数多在 2800h 以上，年平均气温 2 ~ 8℃，无霜期 130 ~ 160d，＞10℃的积温为

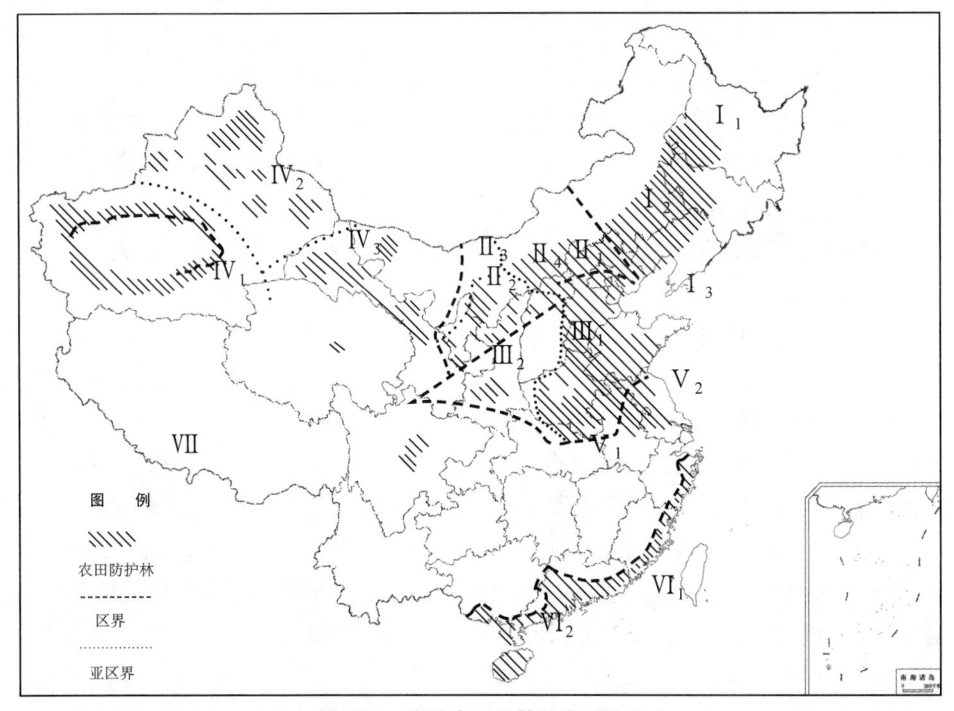

图13-2　我国农田防护林类型分区

2500 ～ 3500℃，年平均降水量为 350 ～ 600mm，由东南向西北递减，主要集中在夏季 6、7、8 月份，占全年降水量的 60% ～ 70%，年蒸发量较高，一般为 1300 ～ 1800mm。地带性土壤主要为黑土、黄钙土、栗钙土等，非地带性土壤有沙土、草甸土、盐碱土。主要农业灾害为大风和风沙，春季常出现 7 ～ 8 级西南大风，局部地区最大风力甚至可达 10 级以上，多年平均最大风速一般为 20m/s 左右。此外，干旱、盐碱霜冻也经常给农业生产造成一定损失。主要农作物为大豆、高粱、玉米、谷子等，基本上一年一熟，为我国重要的农业区之一。

（2）农田防护林营造情况

本区各种自然灾害极大地影响着农业生产和人民生活，为抵御自然灾害、改善环境条件、提高农业生产力，广大群众很早以前就开始营造农田防护林。根据林业部 1978 年统计资料，该区农田防护林就达 27 万 hm²，是我国最大的农田防护林区，庇护农田 150 万 hm²，几乎占耕地面积的 1/2。改革开放后，随着“三北”防护林建设的不断发展，该区农田防护林事业又得到进一步发展。这些防护林在广大农业地区发挥着重要的防护作用，一般可使粮食增产 15% ～ 30%，个别风沙严重的地区甚至成倍增长。

林带距离及网格大小，主要根据风沙灾害程度、立地条件、主要树种生长高度等因子确定。内蒙古东部一般规定，主带距为 500 ～ 600m，主带宽 10 ～ 15m，副带 7 ～ 12m，网格 23.8 hm² 或更大些，株行距一般为 1m × 1.5 m。一般以一个县或一个乡为单位进行规划设计。

进入 70 年代以来，随着农业方田化、机械化和水利化的发展，农田防护林的建设已由单条林带发展到以改造旧有的农田生态系统为目的，实现山、水、田、林、路综合治理，建立综合农田防护林体系的阶段。该区有些农田防护林缺株断带现象较为普遍，树种也比较单纯，多半以杨树为主，风沙、干旱、盐碱仍严重威胁着农业生产。因此，应在总结农田防护林规划和建设经验的基础上，从农业现代化的高度出发，建成具有多样性和稳定性的农田防护林体系。

2. 华北北部农田防护林区

（1）基本概况

华北北部农田防护林区，位于蒙古高原的南部，海拔高度 1200 ～ 1500m，分为坝上农田防护林亚区、毛乌素沙地边缘农田防护林亚区、河套农田防护林亚区和内蒙古高原农田防护林亚区。该区属干旱草原地带，气候寒冷，无霜期短，大约为 150 ～ 160d，水分条件较差，年平均降水量在 200 ～ 400mm，日照时数约 3000h，干燥度为 1.25 ～ 3。地带性土壤分布面积最广的为栗钙土，与栗钙土毗邻地区有少量棕钙土、黑钙土和褐土，南部有古老耕种土壤黑垆土，非地带性土壤有沙土、盐渍土和灌溉耕种土。作物主要有小麦、糜子、谷子、大麦、玉米等。主要自然灾害有风沙、低温冷害、霜冻，此外，干旱和盐碱也常给农、牧业带来危害。

（2）农田防护林营造情况

本区处在我国“三北”风沙线中段，大部分地区属于森林草原向荒芜过渡地带。

为改善生产条件，当地群众采用多种措施同风沙、干旱作斗争。早在1942年，就开始营造自由林网；建国初期，开始发动群众营造规模较大的林带；到70年代末，全区营造大型防沙林带总长740km，保存面积9万多hm^2，营造农田防护林11万hm^2，牧场防护林2000 hm^2。在“三北”防护林体系建设中，又营造了大规模的农田防护林。这些防护林在控制风沙、干旱等自然灾害，保证农牧业稳定、高产方面发挥了重要作用。

由于本区自然条件比较严酷，造林成活率低，即使成活也有不少形成“小老树”，林带分布不均，林相不整齐，缺株断带严重，尚为形成完整的防护体系。此外，树种过于单纯，主要为杨、柳、榆等。在今后农田防护林建设中，一定要实行山、水、田、林、路综合治理，进一步加快农田林网化建设进程。

3. 华北中部农田防护林区

（1）基本概况

华北中部农田防护林区包括淮河以北、黄河中下游、以及永定河、海河等流域。本区分为黄、淮、海平原农田防护林亚区和渭河、汾河平原农田防护林亚区，气候温和，无霜期较长，一般在190～220d，年平均气温在大范围内比较均匀，约为14℃。年降水量一般为600～1000mm，夏季3个月占全年的60%～70%，干燥度在1～1.5，淮河流域在0.75～1.0。地带性土壤主要有褐土和黑垆土；非地带性土壤有潮土、盐渍土和沙土。本区为我国主要粮棉产区之一，农作物有小麦、棉花、玉米、稻谷、油料等，一年二熟。主要自然灾害为大风、风沙、干旱、干热风、霜冻等。

（2）农田防护林营造情况

华北中部农田防护林区就其规模和范围而论，也是我国较大的防护林地区之一。农田防护林的主要形式是70年代发展起来的方田林网，其次是建国初期营造的大型防护林带，总营造面积20多万hm^2（不包括农田），使400多万hm^2耕地实现了林网化，林网与路网、水网相结合。具体配置因地区自然条件的差异有所不同：以防风固沙为主的，带距150m，网格10～6.7 hm^2；一般地区，地少人多，土壤适中，带距300m，网格13.3 hm^2左右；一水一麦区，低洼易涝，机械化程度高，网格较大，面积16.7～20 hm^2。林带多设在路渠两旁，一般2～6行，由单一树种构成通风结构林带。

在本区的广大平原地区，还分布着独具特点的桐（泡桐）粮间作形式。华北平原地区桐粮间作达100万hm^2，仅河南省就有60万hm^2。泡桐栽入农田，实行农桐间作是本区劳动人民在同风沙、干旱等自然灾害斗争中的一项创举。泡桐根系深、发叶晚、落叶迟，进田后基本不影响当地主要作物对光、水的需要，胁地不大，既能发挥防护作用，又能提高农作物产量，获得桐粮双丰收。

实践表明，桐粮间作对改善农田生态环境、提高产量的作用是显著的。据民权县调查资料，10年生农桐间作地与无林地对比，风速降低26%～38%，相对湿度提高11%～22%，蒸发量减少17%～30%，有效地减轻了干热风的危害，在土、肥、管相同的情况下，间作小麦比单作小麦亩产提高28%，在一些风沙严重的地区，防护效益更为显著。泡桐生长块，成材早，价值高，又有促进农牧业增产的作用，因此实行农桐粮间作已成为本区提高群众收入的一个重要途径。

农田防护林建设中存在的问题，主要是树种单一和林带过密（如株行距 1m × 1 m 或 1m × 1.5 m），因此，适当加大株行距，引进更多树种，合理间伐和更新是十分必要的。

4. 西北农田防护林区

(1) 基本概况

西北农田防护林区包括新疆、甘肃、青海等省（区）以及内蒙古自治区贺兰山以西的地区。根据地理位置、地形和气候等特征，大致可分为南疆盆地农田防护林亚区、北疆盆地农田防护林亚区和河西走廊农田防护林亚区。该区气候特征比较复杂，总的特点是干旱少雨，南疆降水量约 10 ～ 50mm；北疆水分条件略好，有的地方可达 200 mm 以上；相比之下，河西走廊是该区水分条件较好的地区。年平均气温，北疆由于地势复杂，温度差异也较大，从北部的 1.7℃到东部的 9.9℃；南疆年平均气温较高，一般在 11 ～ 22℃；河西走廊 7℃左右，无霜期在 150 ～ 200d。

本区地带性土壤主要有棕钙土、灰钙土、灰漠土、灰棕漠土和棕漠土，非地带性土壤有沙土、盐土、绿洲土（灌溉耕种土）。大部分地区为灌溉农业区，一年 2 熟或两年 3 熟，农作物以小麦、玉米、水稻、高粱、糜子和谷子为主，其次是棉花和油料作物。主要自然灾害有大风、风沙、干热风、干旱和盐碱等。

(2) 农田防护林的营造情况

本区在农田防护林建设上也是我国较大的农田防护林地区之一，早在解放初期的大规模农垦时期，就开始了正规的防护林带营造工作，当时林带的配置和宽度没有统一的规定。1956 年以后，沿袭前苏联"宽林带，大网格"的做法，主带宽 20 ～ 22m，副带宽 14 ～ 16m，栽树 10 行以上，主林带间距 400 ～ 600m，副林带间距 800 ～ 1200m，一般网格面积为 50hm²。树种以杨、柳、榆比重最大，白蜡次之，灌木只有少量的紫穗槐、锦鸡儿。到 1963 年，根据当地自然条件的特点和多年来的营造经验，对"宽林带，大网格"进行改造，按照"因地制宜，因害设防"的原则，在造林规划上，密切结合农田基本建设，渠、路、林、田巧安排，做到了占地少，用水省，投资少，见效快。林带配置采用了"窄林带，小网格"的形式，一般带宽 6 ～ 12m，栽树 4 ～ 8 行，主林带间距 200 ～ 400m，副林带间距 300 ～ 500m，网格面积为 6.7 ～ 20hm²

本区特别是新疆地区农田防护林建设成就显著，但由于自然条件严酷和社会因素的干扰，防护林建设尚远未完成。全区有 73 个县（市，旗）仍处在风沙灾害的威胁之中，其中重点风沙县 35 个，受风沙危害面积 353.3 万 hm²。到 1998 年底，累计造林 3 亿多亩。这些树木成林后，"三北"地区的森林覆盖率将从 5.05% 提高到 9% 以上。在广大农区，共营造农田防护林 3600 多万亩，有 3.23 亿亩农田实现的林网化，占"三北"地区农田总面积的 65%，成效十分显著。"三北"防护林建设的经验主要有以下几点：

① 因地制宜地建设点、片、带、网相结合的防护林体系。

② 在防护林体系建设中，注重乔、灌、草相结合，提倡宜乔则乔，宜灌则灌，宜草则草。特别对灌木的作用要给予高度重视，在干旱和荒漠地带乔木生长很困难，而

灌木则具有极强的耐旱性，是防风固沙的优良树种。

③ 改变农田防护林树种单一的现状，适当增加树种。各地风沙灾害以春夏之交最为严重，此时正是小麦分蘖，棉花间苗的时候，需要有效地防护，而由落叶阔叶树构成的林带还处在无叶期，防护效能较差，因此选择适生的常绿针叶树种是必要的。

5. 长江中下游农田防护区

(1) 基本情况

本区位于长江中下游沿江两岸的冲积平原，包括洞庭湖区、江汉平原、鄱阳湖区、安庆至芜湖的沿江平原、苏南及苏北平原和苏北沿海地区，总面积约 15 万 km^2，是我国人口最密集地区之一。本区分为两个亚区，沿江和湖积平原亚区、苏北沿海农田防护林亚区。此外，位于长江上游的成都平原具有一定规模的防护林，将发展成为一个独具特色的农田防护林地区。该区气候温和，雨量适中，四季分明，热量条件较好，年平均气温 16 ~ 17℃，极端最高温度往往在 35℃以上，个别地区可达 40℃。本区年降水量 800 ~ 1000mm，主要集中在夏季，占全年降水量的 70% 以上。地带性土壤为黄棕壤和黄褐土，分布在低山、丘陵和阶地上，非地带性土壤主要有水稻土和盐土。主要农作物为水稻、小麦、大麦、棉花、油菜、蚕豆等。本区是我国古老的农业区之一，已有 2000 ~ 3000 年的耕作历史，农业生产水平很高，为我国重要的粮棉产区。自然灾害主要有干热风、台风、低温冷害、洪水内涝、盐碱等。

(2) 农田防护林的营造情况

长期以来，人们形成一种偏见，认为这些地区的人口密度大，耕地面积平均每人只有 0.07hm^2 左右，只能生产粮食，林业无立足之地。由于林木稀少，生态失调，尽管该区自然条件比较优越，每年仍不可避免地遭受干热风、台风、低温冷害和洪水、内涝等自然灾害的袭击。解放后，人们逐渐认识到营造防护林是防治各种自然灾害最经济而有效的措施，并在实践中认识到，平原湖区发展林业潜力很大。

至上世纪 70 年代，农田防护林建设被正式纳入农田基本建设的轨道，在统一规划的前提下，随着农田水利工程设施的完善，开始在大、中、小型渠及农渠两旁植树造林，形成以防风固沙林带、护堤防浪林带、方田林带、围村林以及小片人工林为主体的综合性防护林体系，在改善生产条件、美化环境和提供林副产品方面发挥了巨大作用。

洞庭湖区农田防护林规划设计的原则是按水系走向，营造不同规格的防护林。主干渠道贯穿全县，渠道宽度 40 ~ 50m 或 20 ~ 30m，每边栽树 8 ~ 10 行；大型渠道贯穿一个或几个乡，渠道宽度 10 ~ 20m，每边栽树 4 ~ 5 行；中型渠道贯穿村或乡，渠宽 8 ~ 10m，间距 1000m（也有 700 ~ 800m），每边栽树 3 ~ 4 行；小型渠道贯穿村，渠道宽 5 ~ 6m，间距 400 ~ 500m（也有 300 ~ 400m），每边栽树 1 ~ 2 行；农田渠道在中小型渠道构成的网格内增设，宽 2 ~ 3m，间距 150 ~ 250m，方田面积为 4 ~ 6hm^2，渠旁植树一行。

沿江和湖积平原亚区的其他地区，如江汉平原、太湖流域等地区的农田防护林规划设计和营造林树种与洞庭湖大体相同。苏北沿海亚区的规划设计也是林随水走，即沿农田灌溉渠道营造农田防护林带，每隔 600 ～ 1000m 设一中型渠道，每隔 200m 设一农田渠道，构成 200m 宽、300m ～ 500m 长的网格。林带均呈东西或南北走向，与台风、干热风风向呈 45° 交角，林带一般由 3 ～ 5 行乔木、1 ～ 2 行灌木组成。

6. 东南沿海防护林区

(1) 基本情况

本区位于我国东南沿海一带，可分为闽粤桂沿海及台湾中北部农田防护林亚区，包括福建、广东、广西沿海，珠江三角洲以及台湾中北部平原地区；粤南、海南、台南--高雄平原农田防护林亚区，包括雷州半岛、海南垦区、台湾省的台南至高雄平原地带以及沿海各岛屿。

本区纬度低，濒临海洋，闽粤桂沿海及台湾中北部亚区为华南亚热带湿润气候区，粤南、海南、台南—高雄平原亚区为华南热带湿润气候区，在海洋暖气流影响下，东南沿海农田防护林区高温多雨，具有典型的亚热带季风及热带湿热季风的气候特征。

该区是我国热量最丰富的地区，构成了常年气温较高、冬暖夏长的气候特色，年日照时数均在 2000h 以上，年平均气温为 22 ～ 25℃，各地区平均极端气温均在 0℃以上，常年不见霜雪，大于 10℃的积温在 6000 ～ 9000℃之间；就水分条件而言，本地区也是我国最充沛的地区之一，各地年降水量为 1500 ～ 2000mm，但季节分配不均，干湿季较明显。地带性土壤有砖红壤和砖红壤性红壤，主要分布在低山丘陵和山前台地，非地带性土壤有水稻土、滨海沙土和滨海盐土。主要自然灾害有台风、低温冷害、焚风、干旱和盐碱等。

东南沿海农田防护林区是我国重要的水稻产区和热带、亚热带经济作物种植区，耕地历史悠久，技术水平和集约经营程度均较高。

(2) 农田防护林的营造情况

本区的农田防护林建设是建国后，随着热带生物资源、沿海荒地资源的开发利用而发展起来的。目前，本区农田防护林的建设已有一定规模，随着沿海防护林工程的全面展开，农田防护林建设必将得到长足发展。事实表明，防护林在抗御灾害，改善环境条件，保障农作物稳产高产，促进经济作物发展等方面，发挥着显著作用。例如，地处广东省潮汕平原的潮阳县，实现了海岸、河渠林网化，林网内风速平均降低 54% ～ 64%，相对湿度增加 9.5% ～ 12.5%，有了林带保护，再加上精耕细作，每公顷产量由 4500kg 增加到 6000kg，还扩大耕地 2666.7m²。电白县博贺镇从 1958 年开始沿海岸线营造了一条 30km 长、50 ～ 100m 宽的基干海防护林带，200 多条防护林带，使 400hm² 沙荒变良田，800hm² 农田由一熟变两熟或三熟，并在河滩上种了柑橘、荔枝、龙眼和橡胶。防护林带还为热带经济作物的发展创造了良好的条件，“无林便无胶”，这是胶园地区防护林作用的简单概括。雷州半岛和海南岛大面积防护林保障着数十万公顷胶林的正常生长和产胶，使该区成为我国重要的橡胶生产基地。

该区农田防护林的规格随地形条件的不同而异，一般在丘陵进行块状造林，其规格没有严格的规定，视坡向、坡度及土层厚度而定。平坦的草原上，在栽植橡胶幼树的同时，营造防护林带。主林带与主害风向相垂直，带宽 15m，株行距 1m × 1.5m，植树 7 ～ 8 行，带间距 200m；副带与主带垂直，带宽 10m，带距 333m，网格面积 6.7hm²。在大面积农耕台地上，把村庄与耕地连接起来，利用原有道路设置林带。在公路两旁各种主乔木一行，其外侧栽植辅佐树种两行，构成疏透结构的窄林带。从本区各类防护林营造情况看，农田防护林的营造尚较薄弱，这方面的工作有待加强，并注意增加混交树种的比例和不断改造不合理的林带结构和配置方式。

7. 西藏拉萨河谷农田防护林区

（1）基本情况

本区位于我国西南边陲，西藏自治区南部，包括雅鲁藏布江、狼楚河和印度河上中游的山间宽谷湖盆地带。年平均气温 5 ～ 9℃，最冷月平均气温 0 ～ 5℃，最热月平均气温 10 ～ 15℃，无霜期 150d，>10℃的稳定持续积温 2000℃左右，日照时数可达 3000h，因此拉萨有“太阳城”之称。年降水量 300 ～ 500mm，干湿季异常分明，降水集中于 6 ～ 9 月，占全年降水量的 95% 以上。本区土壤在谷坡、较高的阶地及洪积扇上为山地灌丛草原土，土层较薄，较低的阶地及河漫滩上发育着草甸土，低洼处常为沼泽土，河流两岸时有风积或冲积沙土。自然灾害有春旱、风害、寒害等。农作物以青稞、小麦为主，大部分地区一年一熟。

（2）农田防护林营造情况

本区解放前仅在寺庙及庭院附近栽有零星树木或小片林，直至 1961 年才把植树造林纳入议题，并作出了谁造谁有的政策规定。雅鲁藏布江畔的贡葛县杰秀区的广大群众，从 1963 年开始，营造了一条长约 6000m、宽 150m、面积 87hm² 的防风固沙林带，林带建成后获得了调节气候和根除 200hm² 农田沙化之害的显著效益。

第十四章 农田防护林的作用及经济效益

农田防护林是防护林体系的主要林种之一，是将一定宽度、结构、走向、间距的林带栽植在农田田块四周，通过林带对气流、温度、水分、土壤等环境因子的影响，来改善农田小气候，减轻和防御各种农业自然灾害，创造有利于农作物生长发育的环境，以保证农业生产稳产、高产，并能对人民生活提供多种效益的一种人工林。合理的规划营造防护林体系，不仅仅可以保护农田，更可以改良自然环境，带来林业和农业的共同繁荣。

第一节 农田防护林对小气候的影响

一、林带对气流结构的影响

在自然界中，空气的流动即产生风或称气流，通常是以湍流（或乱流）的形式进行的。其主要结果是造成大气层中各种物理量从高值向低值扩散，使之在空间的变化趋于缓和。在贴近地表层中，空气的动量、热量、水汽量以及二氧化碳等的输送主要是依靠湍流扩散作用完成的。空气湍流主要是由于地表层的粗糙度所造成的。因此，大气中贴地表层空气质点的运动，不仅具有水平方向的运动，同时也有垂直方向的运动。由于这些大小不等和强度不一的水平气流和垂直气流间的相互作用，时而合流，时而碰撞，造成风速时而大小不一，时而强弱不等，呈现出害风的阵性。所以我们平时所得到的气象要素观测不是一个瞬时数值，而是某时段的平均值。

1. 林带对气流结构的作用规律

农田防护林带作为一个庞大的生物群体，是害风前进中的障碍物。从力学观点来看，农田防护林带的防风作用是由于害风通过林带之后，气流动能受到极大的削弱来表现出来的。实际上，害风遇到林带后一部分气流通过林带，如同通过空气动力栅一样，由于树干、枝叶的摩擦作用，将较大的涡旋分割成无数大小不等、方向相反的小涡旋。这些小的涡旋又互相碰撞和摩擦，进一步消耗了气流的大量动能。除穿过林带的一部分气流受到削弱外，另一部分气流则从林冠上方越过，与穿过林带的气流相互碰撞、混合和摩擦，气流的动能再一次受到削弱。

所谓防护林带对气流结构（或称流场结构）的影响，是指对林带附近流线的分布产生复杂的影响。通常气流通过林带时，流线与迹线变成曲线形状；在林带附近的迎风面和背风面，尤其在林带的背风面风速有显著减弱，个别部位也有增加。同时，由于林带的存在，林带附近的乱流（或湍流）运动加强或减弱。

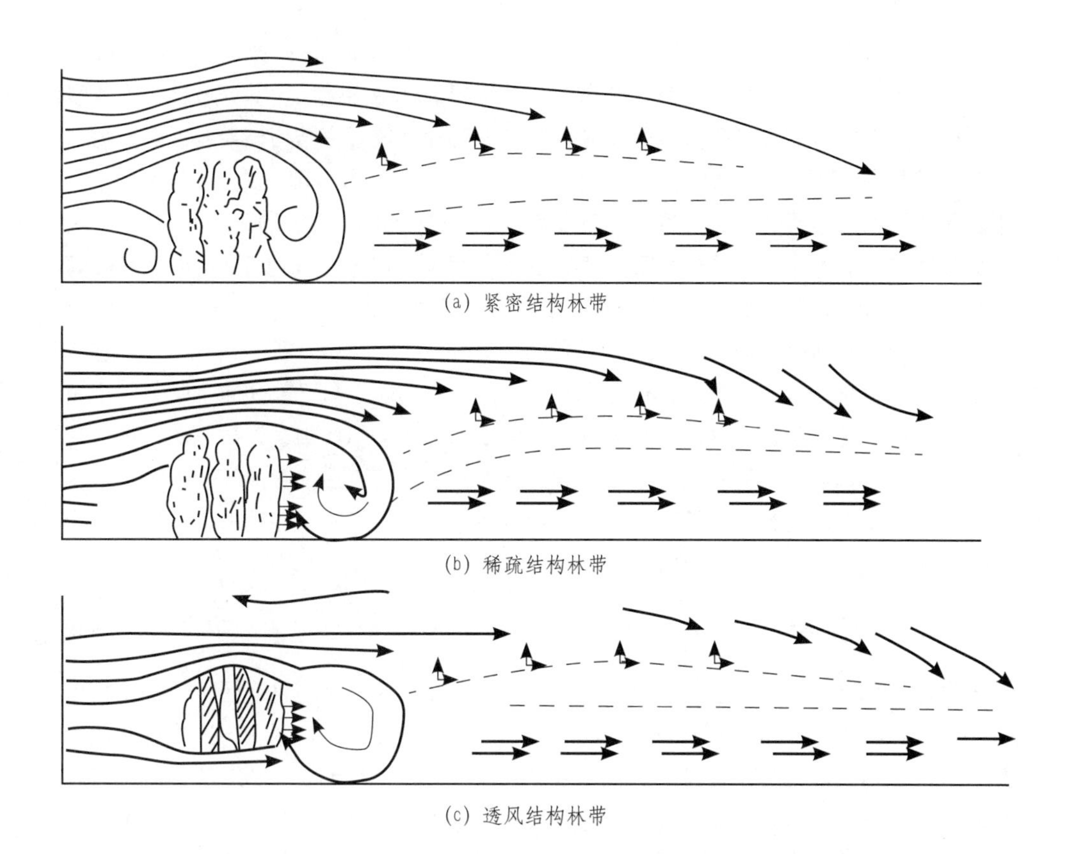

(a) 紧密结构林带

(b) 稀疏结构林带

(c) 透风结构林带

图14-1　在等温层条件下的背风面气流旋涡示意图

林带附近流场结构特征，目前尚无严格的数学分析，采用的试验方法主要是借助于烟流法，在风洞中观察林带附近的流场结构特征。即利用发烟器在野外发出烟雾，观察烟雾随气流通过林带的情况，来研究林带附近气流运动特征。早在本世纪30～40年代初，玛卡金（1937年）、库恰里来维赫（1940年）以及布迪科、里亚平（1946年）等，曾经在不同结构林带两侧利用放烟带的方法来观察气流结构的变化情况。北京林业大学（1955、1962年）和沈阳应用生态研究所等单位，也先后利用烟流法进行林带附近气流结构特征的研究。研究结果表明，不同结构类型的林带对气流结构的影响是不同的。

2. 不同结构林带对气流结构的影响

当害风遇到紧密结构林带时，如同遇到不透风的障碍物一样，在林带迎风面首先形成涡旋（风速小，压力大），气流全部被抬升，从林带上方越过，流线在林带迎风面上倾斜很厉害，在林冠上方形成流线密集区，表明气流速度增大。而越过林带的气流在背风面迅速下降，形成一个剧烈的紊流区，分不出任何一条流线，表现出强大的涡旋（图14-1a）。在林带的迎风面，尤其是背风面较短距离内，能较大程度地降低风速，但其防护距离较小。这主要是林带背风而上下方的风速差、压力差和温度差的共同作用所致。

当气流遇到疏透结构林带时，迎风面来的气流受林带阻挡，一部分被抬升，流线向上倾斜，在林冠上方形成流线密集区，但其密集程度较紧密结构林带弱得多。另一部分气流均匀穿过林带，受树干、枝叶的拦阻和磨擦，大股气流变成无数大小不等、强度不一和方向相反的小股气流，此时气流的能量被大量消耗，风速也随之减弱。由于穿过林带气流的作用，越过林带的气流不能在背风面林缘处形成涡旋，而是在距离林带 5 ~ 10H 处产生涡旋（图 14-1b），在林带背风面的较大距离内形成一个弱风速区。

当气流遇到通风结构林带时，迎风面气流受林带阻拦，分成 3 部分：一部分被抬升，向上倾斜，由林带上方越过，在林带上方形成流线密集区；另一部分向下倾斜，由树干部分的通风孔道穿过林带，并在背风面扩散；第三部分则均匀透过林冠，在林冠背后形成紊流区，形成小的涡旋。由于从林带下方穿过的气流受狭管效应的影响，气流的流速稍有增大，具有较大的冲力，故在背风面形成的大涡旋不在林缘，而是在林缘 5 ~ 7 H处（图 14-1c），并在林带背风面的较大距离内形成一个弱风速区。

二、林带对风速的影响

林带可以削弱大气下层气流的风速，在林带附近形成一个弱风速区，使农作物免受侵害。新西兰（C．T．W stürock，1969、1972 年）确定了地面最低风速出现的位置（林带后 3 ~ 6H）和最大削弱风速值（35.3% ~ 75.2%）。朱廷曜（1981 年）通过风洞试验研究了林带的防风作用，当以削弱风速 20% 的距离为有效防护距离时，最适疏透度为 25% ~ 30%，最适透风系数为 60%，有效防护距离为 34H，林带垂直方向上的防风范围可达 1H。康立新等（1982 年）在江苏省昆山野外观测结果表明，林带结构类型、风向交角不同时，林带的防风效果间存在很大差异。由此看来，农田防护林带的防护作用和防护距离与林带的结构、高度、横断面形状和交角等因素有直接的关系，应该具体问题具体分析，不能一概而论。

1．林带结构类型对风速的影响

不同结构的林带对空气湍流性质和气流结构的影响不同，因而对降低害风风速和防护效果也是不同的。在紧密结构林带迎风面和背风面均可以观测到负压，证明有涡旋存在，因而在林带前、后形成两个弱风速区，风速削弱比较强烈，恢复也较快。大量试验表明，在林带背风面 15H 处相对风速已恢复到 80%，20H 处相对风速超过 100%，在 20 ~ 30H 范围低层出现高风速区；林带上方 0.2H 处风速明显增加，并在 2.0 ~ 2.5H 高度偏向背风面出现另一高风速区（图 14-2），有效防护范围（按风速降低值 20% 计）在垂直方向上最高达 1.5H，越近地表有效防护距离越小，一般水平方向达 15H。

通风结构的林带就不同了。由于通风结构的林带下部有一个透风孔道，这种林带实际上是以扩散器的形式而起作用的，因此它对风速的影响不同于紧密结构林带。

从图 14-3 可以看到，林带的下部及其附近的风速几乎没有什么降低，有时甚至比

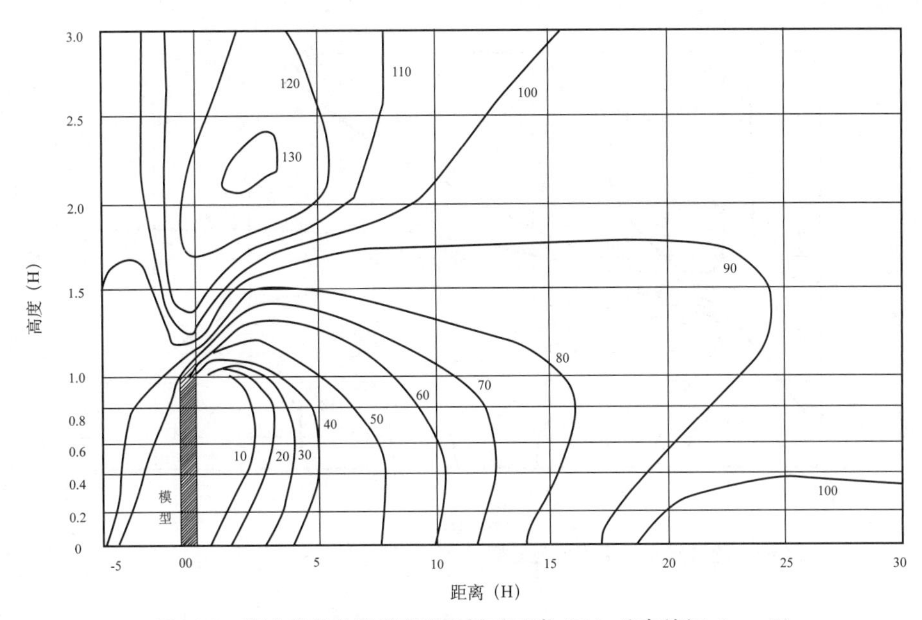

图14-2　紧密结构林带模型附近相对风速（%）分布特征（α_0=0）

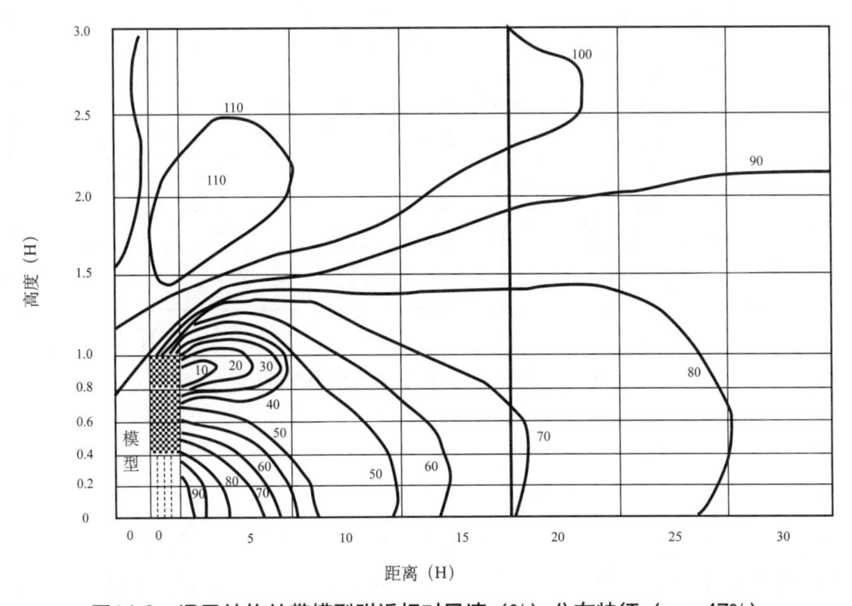

图14-3　通风结构林带模型附近相对风速（%）分布特征（α_0=47%）

空旷地的风速还要大些，背风面最低风速出现在 5 ～ 7H 处，尤其当林带下部的通风孔道比较大时，在林带下部及其附近极易产生风蚀现象，因此在林带设计时应特别注意。在林带上 2H 附近出现第二大风速区，当透风系数为 47% 时，相对风速可达 105%。但是，通风结构林带的防护距离比紧密结构林带要大得多，林带后 25H 处害风的风速才恢复

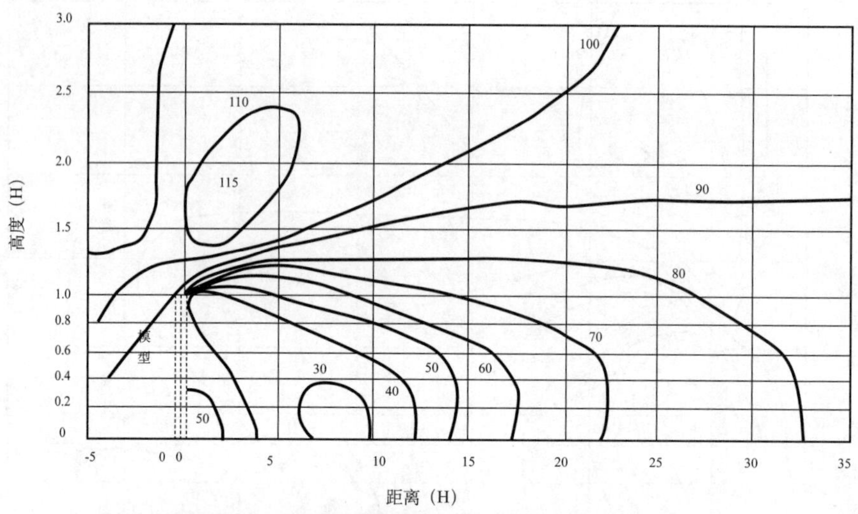

图14-4　疏透结构林带模型附近相对风速（%）分布特征（α_0=61%）

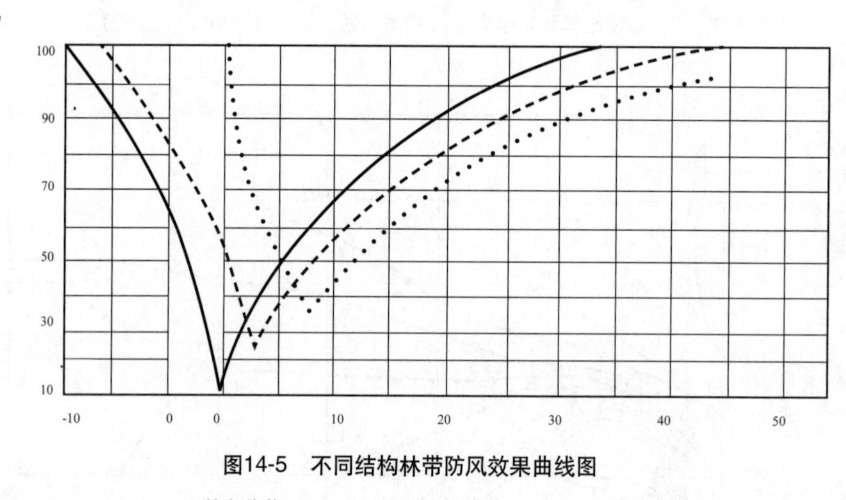

图14-5　不同结构林带防风效果曲线图

—— 紧密结构　------ 疏透结构林带　······ 通风结构

到 80%。

疏透结构的林带是三种结构林带中较理想的类型。从图 14-4 中可知，疏透结构的林带不仅能较大地降低害风的风速，而且防护距离也较大，在背风面 30H 处，害风的风速才恢复到 80%，在林带上方 1.2H 附近风速明显降低，甚至在 1.7H 附近仍有一定程度的降低。所以,疏透结构林带应该在实际生产中推广应用。当然,营造这种林带时，在树种选择与配置上要特别注意，当林带郁闭后要经常抚育，否则很容易形成紧密结构林带。

从图 14-5 可以看出，在距离林带 15H 处，紧密结构的林带降低的风速为 20%，疏透结构的林带则降低30%；而通风结构的林带降低40%。但在林带背风面25H处，紧密结构林带几乎已经恢复到空旷区的风速，疏透结构林带可降低风速的10%，而通风结构林带则降低20%。因而，在风沙危害比较严重的地方，不宜采用紧密的林带，它容易在林内和林缘处引起堆沙现象，使林网内的农田形成所谓的"驴槽地"。如果为了固定流沙和保护道路免于沙埋和堆雪，则可采用紧密结构的林带。

2. 林带横断面形状对风速的影响

树种配置方式不同，不仅导致林带结构类型的不同，而且在林带横断面形状方面往往也不同，林带的横断面形状对防风效果的影响是比较明显的。这在野外观测和风洞实验方面都得到了证实。

矩形断面类型的林带是由主要树种和灌木树种组成的林带，其对气流的阻滞作用最大，如果疏透或通风结构的林带，再配成矩形断面，则林带的防风效果更为显著。三角形断面的林带是由主要树种和辅佐树种组成的，其横断面非常接近于流线型，对气流的拦阻作用最小，因此三角形断面必须和紧密结构林带结合起来，才能起到最大的防护效果。凹槽形断面是在一定条件下形成的特殊断面类型，如立地条件不适宜，或由于林缘效应使边缘林木生长超过林带中间主要树种的生长而引起的，对气流的拦阻作用也较大，但并非理想的断面类型。

为比较林带横断面形状对防风效应的影响，曹新孙（1964年）曾在野外用模型林带（竹秆和高粱秆）进行试验（用直径1.5～2 cm的竹秆和高粱秆做成7行的模型林带，高1.85m，每米长24根）。试验结果见表14-1。

由表14-1看出，矩形和凹槽形断面类型防护距离最大，三角形的最差。比较0～25H范围内风速平均降低值，则矩形横断面类型最大，凹槽形次之，三角形最差。但北京林业大学研究结果表明（表14-2），疏透结构的林带搭配矩形断面的防风效果最优，而屋脊形（三角形）略优于凹槽形。

3. 林带高度对风速的影响

在林带透风系数和其他结构特征相同条件下，林带高度不同其防风效果也有差异。一般而言，林带的防护距离与林带高度成正比。新疆林业科学研究所（1975年），曾对林带高度分别为6m、8.5m和10m的三条通风结构林带进行观测，在透风系数和风速相同条件下，0～20H范围内风速平均降低值分别为24.5%、37.9%和48%，表现出林带越高防风效果越好。

表14-1　不同横断面形状林带防风效应

横断面类型	单行疏透度	行数	防护距离(H)	0～25H风速平均降低（%）
三角形	0.6	7	21	18.8
凹槽形	0.6	7	29	21.2
矩形	0.6	7	29	43.0

表14-2　不同横断面类型的疏透结构林带的防护距离

距离(H) 相对风速(%) 横断面类型	60	70	80	90	100
矩型	16	19	26	37	50
屋脊型	14	18	24	32	45
凹型	13	17	22	30	42

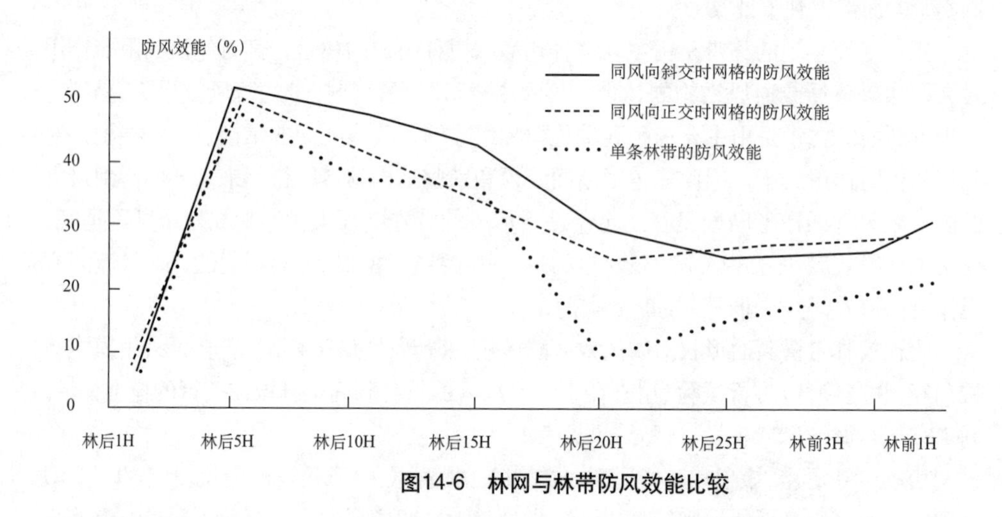

图14-6　林网与林带防风效能比较

4. 风向交角对林带防风效果的影响

国内外大量观测研究表明，单条林带的防风效果，以与风向垂直时最好，所以要求主林带应与当地主害风方向垂直，最大偏角不应超过45°。据江苏省林业科学研究所康立新（1982年）等在苏北和苏南等地的野外观测结果，对于透风系数30%以下的紧密结构林带来说，以林带走向和主害风方向垂直时，防风效果最好，其林带背风面15H处的防风效能，比67.5°和45°交角时提高1倍以上；但对于透风系数60%左右的通风结构林带而言，却以与风向成67.5°交角时防风效果最好，在林带背风面21H处的防风效能比90°和45°交角时分别提高36%和12%；对于透风系数80%左右的通风结构林带，最好的防风效果又出现在和风向成45°交角的情况下，在林带背风面10H处的防风效能比90°和67.5°交角时分别提高12%和36%。

5. 农田林网对风速的影响

农田林网对风速的影响，是由构成网络的主、副林带共同作用的结果，可以有效地削弱来自各个方向的风力，其防护效果明显高于单条林带。据前苏联资料，在1961年1月上旬的一次“黑风暴”中，开阔的农田（无林带、林网保护）每公顷被吹失的细粘土达650t；只有单条林带保护的农田每公顷被吹失100t；而有林网保护的农田每公顷仅被吹失35t。另据康立新（1987年）研究，农田林网不仅有效防护范围较单条林带大，而且当网格与害风风向斜交时，其防护效能比正交时还要高（图14-6）。

由此看来，在灌溉地区和水网化地区营造农田防护林时，可以不考虑林网主林带同风向之间的交角，而把"林随水走，林随路走"作为依据，沿着河流、渠道、堤坝和道路因地制宜营造农田林网。

三、林带对太阳辐射的影响

太阳辐射通常是由直接辐射和散射辐射两部分组成，其大小受季节、纬度、天气状况的影响很大。在下垫面基本相同的情况下，林带的庇荫作用能减少林带两侧林缘地面的日照时数，而林带附近的总辐射日总量在很大程度上取决于日照时数。因此，林缘附近的总辐射日总量，无论是向阳或背阴面均比旷野要小（图14-7），且愈靠近林缘减少的愈多，背阴面日总量在林缘附近远小于向阳面。

宋兆民等（1980年）在河北省深县对林网内太阳辐射状况的分布进行过研究，指出林网内直接辐射的差异，主要取决于林带的庇荫作用，林网内散射辐射的变化与林带距离平方成反比。林网内总辐射的分布，既具有直接辐射的特性，又具有散射辐射的特性，林网内总辐射的日总量与直接辐射变化规律一致。

在林带附近总辐射的日变程是相当复杂的。从图14-8可以看出，在9时以前向阳面（SW）总辐射量小于旷野，而背阴面（NE）则大于旷野；9时以后相反。其原因是在9时以前太阳辐射能量到达林带背阴面，林带侧面有一部分短波辐射能量反射到林缘地面，这一部分能量大于因林带的遮荫而减少的散射能量。所以，在9时以前背阴面的总辐射稍大于旷野，而在向阳面因受林带的阻拦，总辐射量远小于旷野。9时以后则相反，由于林带的反射作用，林带向阳面10～15时收到太阳辐射比旷野要大5%～9%，因此促使地表温度升高。可是，在9时以前特别是在凌晨由于林带的庇荫，

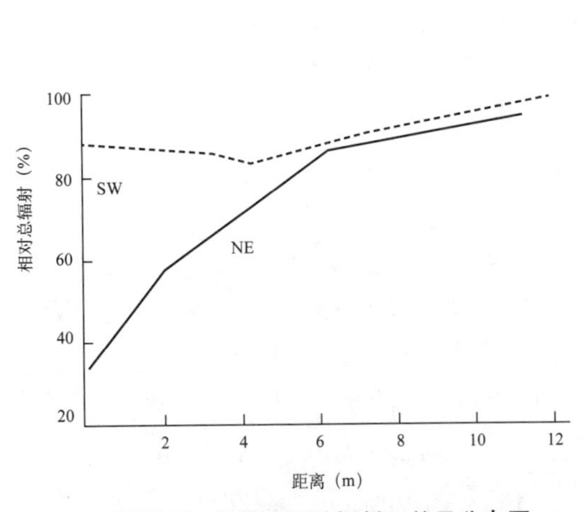

图14-7　林带两侧总辐射日总量分布图

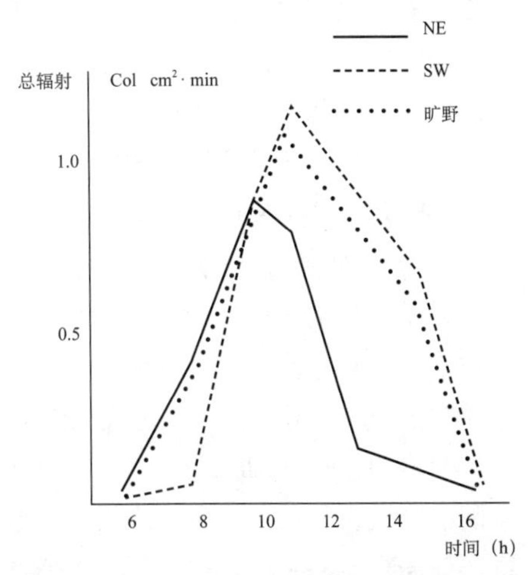

图14-8　林带两侧2m处及旷野总辐射日变程

总辐射收入很少，向阳面林缘处地表温度上升缓慢，在春秋季节可减轻对作物或幼苗的霜冻危害。

南京林业大学吴力立等（1994 年）以 34° N 平原地区泡桐林带为例，对林带遮阳宽度日变化规律进行研究，结果表明南北向林带上午的遮阳带偏在林带西侧，林带遮阳宽度减小的速度在 6 ～ 8 时为每小时（1.5 ～ 11.0）$\cdot\overline{D_g}$；(其中$\overline{D_g}$为平均冠幅，下同)；8 ～ 10 时每小时（0.5 ～ 1.4）$\cdot\overline{D_g}$；10 ～ 12 时每小时最多只有 0.1$\cdot\overline{D_g}$，也就是说，这段时间内减速最慢，尤其是夏到立秋间，中午前后 2h 内，南北向林带的遮阳宽度一直保持在最小值——冠幅值；午后，遮阳带偏到林带的东侧，且以上述速度向东侧增宽。而东西走向林带的遮阳宽度，离正午 6h 时都为 2.1$\cdot\overline{D_g}$；在 8 ～ 16h 一直为林带冠幅值，且遮阳带的位置主要偏于林带的北侧。由此认为，南北向林带的遮阳宽度在距正中午 4h 前（后）较宽，但移动速度较快，因此农田内某固定点的遮阳时间较短；东西向林带的遮阳宽度，即使在近日出（没）时也较窄，且绝大部分时间内在林带北侧一倍冠幅的范围内，农田内某固定点的遮阳时间可长达 6h 以上。

四、林带对空气温湿度的影响

在林带保护下的农田上，由于林木的强大蒸腾作用和降低风速作用，使附近农田内的温度和湿度状况得到显著改善。

1. 林带对空气温度的影响

林带防风效应的直接后果是削弱了林带背风面的能量交换、改变林带附近热量收支各分量，从而引起空气温度的变化。瑞士 Nägeli（1941 年）指出林带间夏季平均温度比空旷草原低，而冬季平均温度高。M．瓦西里耶夫的研究资料表明，在炎热的夏季，有林带保护下的农田，其空气温度比无林带保护的农田低 2 ～ 6℃。B．B 列捷夫的材料表明，林带一般能降低温度 0.6 ～ 1.8℃。曹新孙等的观测表明，在春季由于林带的影响，可使气温提高 0.2℃，这不仅能使作物提前萌动出苗，而且能有效防止倒春寒。在夏季有降温作用，林网内 1m 高度处降温 0.4℃，20cm 高度处降温 1.8℃左右。而秋季的影响较为复杂，8 月份情况和夏季相似，有降温作用，9 月份以后和春季相似，有增温作用。宋兆民等（1982 年）在江苏省昆山的研究表明秋季林带有增加空气温度的作用，且林带的增温作用近林带处大于远离林带处，在林带背风面 1H 处气温提高 0.7℃；5 ～ 10H 处气温提高 0.3℃；15H 处气温提高 0.2℃。

2. 林带对空气湿度的影响

由于林带的作用，使风速和乱流交换作用减弱，一方面在林带网格内作物蒸腾和土壤蒸发的水分，逗留在近地层大气中的时间较长。另一方面，由于风速减弱，降低了防护区内的水分蒸发，使地面的绝对湿度和相对湿度通常较旷野高。

丹麦 H．C．Asling 等（1965 年）总结 14 个试验站的观测结果，指出，林带对蒸发，蒸腾的降低百分数约为风速降低百分数的一半（以对照区为 100%），而冬季尚不如夏季。前苏联 Levin（1953 年）的观测结果是有林带保护的休闲地蒸发量比空旷草原减少 1/3，有林带保护的冬小麦地土壤蒸发量比空旷草原低两倍。通常可用保德洛夫经验公式计算林带防护范围内外的蒸发量：

$$E=d\ (0.35+0.13V)$$

式中：E——蒸发量；

d——饱和差；

V——风速。

林带对空气湿度的影响还与大气湿润程度和下垫面的性质有关。在较湿润的情况下，林带对空气湿度的影响不很显著，但在较干旱的天气条件下，尤其当出现干热风时，林带的作用却非常明显。新疆农业科学院林业研究所（1975 年）曾对一场典型干热风进行了观测，结果表明，在干热风发生 3h 以后，旷野的空气相对湿度大幅下降，在距地面 0.8m 和 1.5m 高度处，分别降低 53% 和 49%；而在林带背风面 1 ～ 10H 范围内，0.8m 高度处只降低 3% ～ 14%，1.5m 高度处降低 26% ～ 40%。

应该指出，在比较干旱的天气条件下，林带对提高空气湿度的效果明显，但在长期严重干旱的季节里，林带增加湿度的效果就不明显了。

五、林带对积雪的影响

在多雪地区，强风常常将积雪吹到低洼地区，致使农田上失去积雪的覆盖，据前苏联许多学者研究，在无林带保护的农田里，30% ～ 50% 甚至 70% 的积雪被强风吹走；而在有林带保护的农田上就不会产生这种现象。

由于林带能够降低风速，就能保护农田上的积雪不会被强风吹走，并能够使积雪均匀地分布在农田上。林带结构不同，对积雪分配的状况也是不同的。在紧密结构林带的内部及其前后林缘处，由于风速降低得最多，积雪堆积得也最厚，而广大农田上反而得不到较多的积雪覆盖。因此，在春季融雪时，势必造成林内和林缘处水分过多，甚至形成积水；而农田上的融雪则很少。

据 M. 瓦西里耶夫的研究，在 10 ～ 15 行紧密结构林带的周围，堆雪高度达 3 ～ 4m，融雪后有 600 ～ 800mm 的水，其中只有 120 ～ 180mm 的水贮存在 1.5m 深的土壤中，其余的水都蒸发了，结果在 $1hm^2$ 农田上就损失了 500t 的水，这些水可使 $1hm^2$ 的小麦增产 500 ～ 700kg。透风和稀疏结构的林带则不然，在这两种结构林带的林缘处不会造成过度的堆雪。在没有下木的通风结构林带边缘，堆雪厚度一般不超过 1.5m。堆雪的最高点发生在距离林带 20m 的地方，堆雪高度为 1.3m。在林带背风面的田野上直到 50m 的范围内，堆雪量是相当大的。而后一直延伸到 200m 远，形成一条 40 ～ 180m 的积雪带，对农作物的越冬、抵御春旱、保障农作物生长和发育有重大意义。

综合国内外大量的研究资料，认为在有林带保护的农田上，林网内的积雪一般比无林带的农田增加 10% ～ 20%，土壤含水率提高 5% ～ 6%，有时可提高 10% ～ 30%。

第二节　农田防护林对土壤的改良作用

一、对土壤微生物和酶活性的影响

农田防护林不仅改善了小气候环境，保障农作物的茂盛生长，而且其死亡根系和枯枝落叶分解腐烂后，一方面改良土壤结构、增加土壤有机质含量；另一方面则增加了 土壤微生物种群数量和提高了土壤酶活性，能有效地提高土壤肥力水平。据B．A．彼西姆斯卡的研究（表14-3），在有林带保护的农田中，土壤微生物数量和腐殖质含量明显提高，并表现出距林带愈近，其数量愈大、含量愈高的现象。

南京林业大学（1995年）在江苏省徐州农田防护林区，对土壤酶活性进行了研究（表14-4，表14-5），结果是林带根系活动能明显提高土壤酶活性，在林带附近土壤酶活性较高，随着与林带距离的增加土壤酶活性变小，根际土土壤酶活性明显高于非根际土。

二、对土壤次生盐渍化的影响

防护林带通过本身的生物排水作用，能在较大程度上降低排、灌渠附近的土壤潜

表14-3　林带对土壤微生物数量和腐殖质含量与氮含量的影响

名称	林带内	距林带的距离（m）		
		50	100	150
硝化细菌（千个/1g土）	0.51	0.78	0.61	0.54
好气纤维分解细菌（%）	33.1	2.6	1.7	0.1
磷化细菌（千个/1g土）	137	63	36	14
腐殖质含量（%）	1.36	1.04	0.87	0.96
总氮量（%）	0.092	0.082	0.066	0.069

注：表中数据为1m土层内的平均值。

表14-4　杨树林带附近土壤酶活性

土壤酶	距林带的垂直距离（m）				
	1	3	5	10	20
蔗糖酶（葡萄糖mg/1g土）	21.28	19.25	20.59	13.34	13.87
碱性磷酸酶（酚mg/1g土）	1.242	1.212	1.287	1.066	1.026
脲酶（氨态氮mg/1g土）	0.178	0.171	0.175	0.128	0.114
蛋白酶（氨基氮mg/1g土）	0.125	0.137	0.120	0.099	0.097

表14-5　根际土与非根际土土壤酶活性

取样深度(cm)	土样来源	土壤酶活性			
		蔗糖酶	碱性磷酸酶	脲酶	蛋白酶
0～20	非根际土	19.21	1.286	0.193	0.138
	根际土	40.18	1.442	0.252	0.182
20～40	非根际土	0.00	0.575	0.105	0.150
	根际土	35.23	0.748	0.132	0.194
40～80	非根际土	0.00	0.417	0.048	0.097
	根际土	28.47	0.566	0.062	0.178

注：酶活性表示同表 14-4.

表14-6　不同林龄树种的蒸腾量（单位：m^3）

蒸腾量(m^3) 林龄 / 树种	7	10	13	15
杨树	6.5	11.0	15.0	18.0
白树	1.9	2.8	3.7	4.3
榆树	1.4	2.8	4.0	5.0

水位。据国外研究资料，林带能将 5 ～ 6m 深的地下水吸收上来蒸发到空气中去，其作用相当于 2 ～ 3m 深的排水渠，这一作用因树种和林龄不同而异。B．B 列捷夫对不同林龄树种的蒸腾量测定（表 14-6），结果是年龄越大林分的蒸腾量越大，如 7 年、10 年、13 年和 15 年的杨树林蒸腾量分别为 6.5 m^3、11.0 m^3、15.0 m^3 和 18.0 m^3。

另据 B 伊里切夫的测定，15 年生的柳树在生长季节可蒸腾 91.4m^3 的水；同年生的杨树可蒸腾 82.9m^3 的水；桑树可蒸腾 85.8m^3 的水；杏树可蒸发 32.9m^3 的水；胡颓子可蒸发 24.0m^3 的水。

不同季节树木蒸腾量不同，对潜水埋深也有很大影响。在林木旺盛生长季节，地下水位下降较多。南京林业大学胡海波在苏北沿海盐渍土上，对不同林分类型的土壤潜水位进行了为期一年的定位观测（表 14-7）。结果表明，在初春时节林分蒸发量很小，林内外土壤潜水位几乎相同，4 月份刺槐林分内、外潜水埋深分别为 2.50m 和 2.52m；而到 7 月份，由于林分蒸腾强烈，刺槐林分内土壤潜水埋深达 1.48m，而林外只有 0.95m，林内比林外低 0.53m；8 月份降水小、蒸腾强烈，林内潜水埋深达 2.56m，林外只有 2.00m，林内比林外低 0.56m。以后，随着气候变化，蒸腾量减少，

表14-7　林分内外土壤潜水埋深的季节变化（单位：m）

蒸腾量（m³）/林龄/降水及林分类型		2	3	4	5	6	7	8	9	10	11	平均
降雨量（mm）		45.8	68.4	68.2	217.2	303.2	198.6	34.1	66.7	18.7		
刺槐	林内			2.50	1.09	0.81	1.48	2.56	2.51	3.03	3.36	2.16
	林外			2.52	0.88	0.49	0.95	2.00	2.24	2.82	3.23	1.86
水杉	林内			2.21	0.93	0.65	1.23	2.08	2.11	2.61	2.96	1.85
	林外			2.19	0.71	0.37	0.79	1.80	1.96	2.41	2.87	1.64

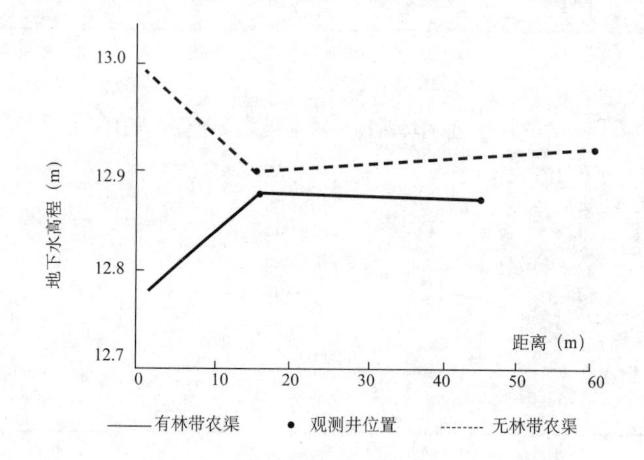

图14-9　有林带和无林带农渠旁地下水位对比

林内外潜水埋深又趋于相同，在11月份刺槐林内潜水埋深达3.36m，林外为3.23m，两者只相差0.13m。同样，水杉林也表现出相似的规律性，说明森林的确起到了增加蒸发、降低潜水位的作用，有利于土壤脱盐。

内蒙古农牧学院（1977年）在内蒙河套灌溉地区对斗渠和农渠上林带的地下水位变动规律进行了大量研究（图14-9）。结果表明，在一般情况下，灌溉地区农田地下水位在渠道附近高，农田中央低，地下水位由渠道向农田倾斜，地下水位曲线呈凹形（图14-9虚线所示）。渠上有了林带，地下水位的状况就相反，渠道附近低，农田中央高，地下水位呈凸形（图14-9实线所示）。在整个生长季节，渠道一侧林带下的地下水位比农田要低，比农田内最高地下水位低10～45cm。而各月降低地下水位量不等。

由于林带能有效地降低土壤潜水位，从而可防止土壤次生盐渍化，前苏联V.M.Kretinin（1967年）研究证实了林带有使土壤脱盐的作用。A．M．Egrouy等（1974年）的研究结果也表明林带对土壤有明显的脱盐作用，特别是在1.2m的表层土壤内。南京林业大学李德毅（1958～1961年）在江苏省大丰县上海农场的研究结果是，林带保护区和空旷区相比有延缓返盐作用。近年来，胡海波、梁珍海等在苏北沿海地区的研究结果也证明了这一点。

森林对地下水位有影响，反过来地下水位对林木分布和生长有重要影响。如果树木根系所及范围有一潜水面存在，既有有利一面，也有不利一面。

第三节　农田防护林对作物产量的影响

农田防护林可以降低风速，消除害风对土壤的侵蚀和对农作物的机械损伤，缩小保护区内年、日温差，延长作物生长期，还可以减低蒸发量，增加空气和土壤的湿度，形成一个有利于农作物生长发育的环境，其效益集中地表现在对农作物产量的增加和土壤风蚀的减少上。美国资料表明，在15～20H处小麦增产10%～20%；另南京林业大学（1977～1979年）在昆山的研究，林带保护使晚稻平均增产14%，苞谷增产14%，瘪谷率降低17%。

一、林带增产效果的调查

林带增产效益的调查方法通常可分为两大类：田间直接调查法和理论估算法。田间直接调查法又分为取样调查法和产量对比法两种，这是生产上最为常用的方法，现仅对此作一简单介绍。

1. 取样调查法

在田间垂直于待测的一条直线上，距林带不同远处选择一系列调查点进行抽样测产的方法。一般做4个重复(取4条样线)，在林带保护下的0.5H(H为林带平均高)、1.0H、3.0H、5.0H、10.0H、15.0H、20.0H和25.0H高处设取样点进行取样。对撒播作物（如小麦、大豆、水稻等）可采用样方调查，样方面积1m×1m；而条播高杆作物（如玉米、高粱等）以选用样带调查为宜。并在没有林带保护下的地方，选取典型样点作为对照。

调查点和对照点的确定，应尽量选取代表性很强的地段，农田情况应较为均一，远离片林、较大的堤坝、村庄和其他建筑物。调查林带应有一定的长度（一般30H或200m长以上），整个林带情况应基本一致，无断带。

2. 产量对比法

选取具有同样土壤、地形及农业生产条件，且距离不太远的两块地，其中一块有林带保护，另一块无林带保护的空旷地，使两块地按同样的种植、管理和收获方式，然后对两块地的产量进行比较。

二、 增加效益的计算

林带对农作物产量的影响一般用增产量和增产率表示，即

$$r=\frac{y-y_c}{y_c}\times 100$$

式中：r——增产率（%）

y——有林带保护下农田上的产量（kg/hm²）；

y_c——无林带保护下的农田相同范围内的产量（kg/hm²）。

1. 增产区单位面积的增产量和增产率

实际上，在林带网内农作物的产量并不是完全一样的，距林带越近增产效果越小，甚至减产。特别是在紧靠林带两侧的边缘地带，由于林木的蔽荫与串根使农作物的生长受到很大影响，造成林带“胁地”。胁地的大小因作物种类而异，也与位置有关。胁地范围一般为 0.8 ~ 1.5H 之内；胁地范围以外到 20H 范围内为增产区，防护林对农作物的增产作用就来自这个区。在增产区范围内，随着离林带距离不同，各不同点农作物产量也不一样，有的增产多些，有的增产少些。据胡海波（1995 年）在江苏省徐州的研究，当林带间距为 20H 时，有断根沟保护下的小麦在 1.5 ~ 19H 范围内为增产区，无断根沟保护的 2 ~ 18.5H 范围内为增产区，其中 5 ~ 15H 范围内为高增产区，增产率为 6.6% ~ 18.9%，且有无断根沟对高增产区作物产量影响不大。因此，需按面积加权法求得增产区单位面积产量，进一步计算增产区单位面积增产量和增产率。

2. 防护区内农田增产量和增产率

增产区和减产区的农田增产量和增产率，是计算防护效益价值的基础，计算时首先按面积加权法计算防护区农作物的单产，再计算单位面积平均增产量和防护区的总增产量、增产率。总增产量被农田防护林面积除即为单位面积农田农作物增产的数值。

要计算防护林整个生长周期的增产量，则需根据林带树高生长过程进行推算，即

$$\Delta Q=20\times H\times L\div 10000\times \Delta q$$

式中：ΔQ——防护区年农田增产总量（kg）；

H——林带平均高度（m），$20\times H$ 即为林带间距，当主带距超过 $20H$ 时，按主林带间距计算；

L——主林带长度（m）；

Δq——防护区单位面积年增产量（kg/hm²）。

将防护区逐年农田增产效益累计，即为防护林整个生产周期的总效益。

3. 整个网格土地农产品增产量和增产率

由于营造农田防护林占用了一部分土地面积，减少了农耕地的比重，是否会因为营造农田防护林而影响粮食总产量，这是一个人们十分关心的问题。

防护林在幼龄阶段植株小，防护作用也小，总增产量表现为负值。随着林木的生长，总增产量由负值变为正值，并逐年增加。所以，研究农田防护林占用农田是否会影响农产品的总产量，应以整个防护周期为对象，既不能单看幼龄林，也不能单考虑中龄

林或成熟龄时期。可用下式表示：

$$P=\frac{\sum_{i=1}^{n} Q_i}{\sum_{i=1}^{n} (A_1+A_2)q_i}-1$$

式中：P——防护周期内整个网格土地上的农产物增产率；

Q_i——防护区农田第 i 年的总产量（kg）；

A_1——防护区农田面积（hm^2）；

A_2——林带占地面积（hm^2）；

q_i——对照区农田第 i 年的单产（kg/hm^2）（i=1，2，……n，表示防护林年龄）。

当 P 为正值时，表示在整个防护周期内，整个网格土地上的农产物是增产的。在水网地区，农田防护林带通常是本着“林随水走，林随路走”的原则，将林带树木配置在沟、渠、路边，基本不占或很少占用耕地（式中 A_2 可视为零）。因此，林带占地面积可按当地的具体情况确定。

三、林带胁地及其克服

农田防护林带对农田的保护作用和农作物的增产效果是不容置疑的，但栽植在农田四周的林带对农作物也会产生不利的影响。其主要表现是林带树木会使林缘两侧附近的作物生长不良，而引起减产，即人们常说的“林带胁地”。曹新孙（1962 年）对林带胁地原因进行过探讨，指出在东北西部地区杨、柳树林带的胁地范围为 1.5 ～ 2H，林带根系吸水和树冠遮阴是引起胁地的主要原因。通常林带侧根延伸到农田中的距离越远，根系密度越大，胁地段内作物减产越多。另外，在林带东、南、西、北各侧的胁地范围大小和减产程度是不同的。根据南京林业大学（1995 年）在徐州的测定，北、西两侧减产较东、南两侧为重。总之，林带的胁地现象是客观存在的，但只要采用合理的措施是能够将胁地影响控制在最低限度的。减轻胁地的主要措施有：

1. 根据林带“胁北不胁南，胁西不胁东”的规律进行配置

在遮阴胁地较重一侧尽量避免配置高大乔林树种，而以灌木或窄冠型树种（如水杉，NL-213 等）为宜，如尽量使林冠阴影覆盖在沟、渠、路面上，从而减轻遮阴胁地影响。因林带北侧、西侧胁地较重，在设计林带走向时，可考虑南林北路、东林西路或配置田间作业路。

2. 采用合理的林带宽度和间距

在风沙干旱较重的地区，尽量采用“窄林带，小网格”；在一般风害的粮、棉生产地区，则可采用窄林带，但网格应适当加大，一般以 $20hm^2$ 左右为宜，这样既可少占地、减轻胁地，而又不影响林带的防护作用。据研究，林带的防风距离和防风效率与林带宽度并不呈正相关，不适当的加宽林带，不仅降低防护效能，而且也增加占地面积。从防护效果看，缩小带间距所增加的防护作用远比增加林带宽度为大。此外，

当农田防护林呈纵横交错的网格分布时，风被多条林带层层削弱，防护效果更为显著。

所以，从最大限度地发挥林带的防护效能和少占耕地的角度出发，营造“窄林带，小网格”比“宽林带，大网格”效果好。防护林网格的设置分水地和旱地进行，旱地占地相对多一些，约占总面积的10% ~ 12%；水地适当少一些，约占总面积的6% ~ 8%。根据各地实际情况，要真正做到“胁地一条线，增产一大片”，把林带胁地降到最小程度。

3. 挖断根沟防止根系进入农田

根系进入农田与农作物争肥、争水是引起林带胁地的主要原因之一，因此可通过挖断根沟减轻林带胁地现象。具体做法是，对已郁闭的林带，可在距林缘1.0 ~ 1.5m处，挖0.5 ~ 0.8m深的断根沟，沟宽0.3 ~ 0.5m，每隔2 ~ 3a清理一次。对新营造的林带，断根沟规格可小些，尔后随林木生长逐年加宽、加深。在灌溉地区，可将断根沟和灌水渠合为一体，既有效地防止根系胁地的影响，又不占或少占耕地。

据胡海波在徐州的研究，4年生杨树林带，有断根沟防护的林网内小麦增产7.7%，无断根沟保护的农田小麦增产率为4.7%；黑龙江省安达市在防护林两侧挖断根沟3485条，长5677km，有效地减轻了防护林的胁地效应。全市有$1.1 \times 10^4hm^2$受害耕地变成良田，相当于再造两个乡镇的耕地面积。如果耕地收入按7500元/hm^2计算，安达市农民每年人均增收300元。

4. 选择胁地轻的树种

由于有的树侧根庞大、冠幅也大，增加了胁地面积。若采用冠幅小、根孽性弱、侧根不发达的直根性树种，能有效地减轻树冠遮阴，及树根与作物争水、争肥的现象，提高林带附近作物产量，如水杉、池杉、新疆杨、小黑杨、果树等，果树密度可适当小一些，搞林粮间作、立体种植、复合经营；而柳树、榆树胁地范围较大，不宜采用。

据黑龙江省依安县和明水县调查，采用滚带式造林，改以杨树为主的防护林为以落叶松、樟子松为主的防护林，林带附近农作物产量可提高15%~ 20%，收入增加10%~ 12.6%。从黑龙江省的情况来看，选择侧向根系不发达的深根性树种营造农田防护林，如落叶松、樟子松、鱼鳞松、水曲柳等营造农田防护林，可大大减轻林带胁地危害。这些树种寿命长、经济价值高，病虫害少，宜于选用。

5. 选用适宜的造林密度

造林初植密度过大，林冠郁闭后林木间，林木与农作物间对营养空间竞争加剧，不可避免地迫使林木根系，树冠向农田一方延伸，造成偏根，偏冠，使林农对水分，养分吸收矛盾突出，胁地影响增大。对冠型较窄的树木（水杉和池杉等）造林密度可稍小些，株距2.5 ~ 3m，速生杨树4 ~ 6m，楝树3 ~ 4m为宜。

6. 合理选种胁地范围内的农作物

在林带两侧种植抗旱、耐荫、耐瘠薄的矮杆作物或经济灌木，能减轻林带胁地。一般情况下，豆类、油类、薯类、甜菜和谷子等减产轻微。拜泉县在这方面独辟奇径，在林带附近种植胡枝子和扦插灌木柳，既形成了乔灌结合防护林结构，提高了防护效果，又减轻了林带胁地。据调查，在近林带处种胡枝子，单产枝条15000kg/hm^2，收入

1500元，比种植粮豆作物收入提高78.6%，另外，还可在近林带处栽种黄花菜、芦笋等耐旱、耐瘠薄、保土性强的经济作物，效益也十分显著。

7. 深翻深植

深翻、深植可使根系向土壤深层发展，避免与农作物争水、争肥。可通过挖大穴造林方法，穴口径（0.8～1.0）m×（0.8～1.0）m，穴深1.0m，或采用开沟造林方法，沟宽、深为0.8m和1.0m。施足基肥后，选深根性树种造林，使深根性的树种和浅根性的农作物对营养和空间高效利用。

8. 增施水肥

对林带根系争夺水肥而减产的农田，采用偏水、偏肥、偏管理和提早灌水的办法，效果很好，可使农田基本上避免减产威胁，即所谓“三偏一早”的措施。在林带两侧进行偏施肥，冬、春往地里运送有机肥或施用种肥、追肥时，林带两侧耕地均应适当增大施肥量。据测定表明，在胁地范围内增施粪肥、灌水，可提高作物产量13.2%～15.8%。

另外，加强对农田防护林的抚育管理，适时进行间伐和修枝，也可减轻胁地程度。

总之，应采取综合措施，减轻林带胁地，确保农作物增产增收，充分发挥农田防护林的生态、经济和社会效益。

第四节　农田防护林经济效益

平原农区营造防护林带（网）不仅改善环境条件，促进农作物高产稳产，而且还生产大量的木材、薪材和其他林特产品。应该指出的是，平原地区土壤肥沃，水利条件好，树木生长迅速，轮伐期短，加上劳力充足，交通方便，因此平原地区的林业建设越来越受到重视。据河南省森林资源清查资料，平原林网化和“四旁”绿化后，其林木蓄积量占全省森林总蓄积量的36.12%。从培育规格用材的时间来看，若培育中径材（20～30cm），平原地区的泡桐一般须7～8年，沙兰杨8～10年，榆树、苦楝和臭椿则须15～18年；而在山区，其他树木要生长到同样的规格往往需要40～50年的时间。所以，在平原地区营造防护林和进行“四旁”植树造林，对于解决当地的用材和燃料的矛盾是非常重要的。

据北京市农业科学院果林所的调查资料，在农田四周栽植两行杨树和一行紫穗槐，经济效益十分显著。杨树林带行距2m、株距2m，占地0.33hm²，为方田总面积的2%，共栽树1500株，6年后平均树高12.9m、平均胸径12.5cm，一个方田的林木蓄积量为82.65m³；紫穗槐共800丛，每丛年平均产条2.5kg，每年平均共产条2000kg。

据南京林业大学（1990～1995年）在徐州市铜山县大庙镇和新沂市邵店乡对农田防护体系的研究，建设网、带、片相结合，乔、灌、草立体配置的农田防护林能大幅度提高经济效益（表14-8）。农田防护林建设4年后，两镇的直接经济效益达

表14-8　农田防护林经济效益分析

地点	年度	林木		经济植物										
		材积增长量(m³)	产值(万元)	花椒		紫穗槐		杞柳		桃树		金针菜		产值
				产量(kg)	产值(万元)	产量(kg)	产值(万元)	产量(kg)	产值(万元)	产量(kg)	产值(万元)	产量(kg)	产值(万元)	小计(万元)
大庙	1991	359.9438	17.9975			38732.15	2.3239	13228.325	0.7937					3.1178
	1992	1496.5176	67.3433			154928.6	9.2957	52913.0	3.1747					12.4704
	1993	6510.4841	292.9718	2280	3.192	281457.2	16.8874	158739	9.5243			7646	8.0288	37.6325
	1994	7153.003	320.085	5472.0	7.6608	697178.7	41.8307	317478.0	19.0487			22939	24.0864	93.0649
	小计	15519.9476	698.3977	7752.0	10.8528	1172296.65	70.3377	542358.325	32.5414			30585.9	32.1152	146.2856
邵店	1991	328.0422	14.7619			26506.85	1.5904	19005.0	1.1403				2.7307	
	1992	1258.4971	56.6324			106028.0	6.3616	76020.0	4.5612			18104.8	10.9228	
	1993	5820.1921	261.9096	2869.0	4.0163	212056.0	12.7234	228060.0	13.6836	37500	7.50		19.01	56.9333
	1994	6274.4668	282.3510	6885.6	9.6398	477126.0	28.6272	456120.0	27.3672	62500	12.50	54313.3	57.029	135.1632
	小计	13881.1982	615.6539	9754.6	13.6561	821716.85	49.3030	779205.0	46.7523	107500	20.00	72418.3	76.039	205.7508
合计		1314.0516	24.5089	119.6407	79.2937	20.0	108．1542	352.256						

注：部分经济如葡萄、杜仲、枸杞尚未投产。

表14-9 农田防护林体系经济效益评价指标

地点	年度	总投入	总产出			经济植物		间种作物		净效益				产出投入比				投资回收期(年) 年平均投资效果系数			
				投入	产出	投入	产出	投入	产出	总计	林木	经济植物	间种作物	总计	林木	经济植物	间种作物	总计	林木	经济植物	间种作物
大庙	1991	30.87	4.14	3.62	8.00	4.9	3.12	2.35	13.02	3.27	-5.62	-1.78	10.67	1.11	0.76	0.64	5.54	1.23	1.26	1.47	0.84
	1992	8.39	2.83	4.44	67.34	1.35	12.47	2.6	13.02	84.44	62.90	11.12	10.42	11.06	15.17	9.24	5.01				
	1993	7.82	340.36	3.68	292.97	1.29	37.63	2.85	9.76	332.54	289.29	36.34	6.91	43.52	79.61	29.17	3.42				
	1994	8.55	422.48	4.00	320.09	1.42	92.63	3.13	9.76	413.93	316.09	90.58	6.63	49.41	80.02	65.23	3.12	3.75	4.64	3.82	0.79
	小计	55.63	889.81	35.74	698.4	8.96	145.85	10.93	45.55	834.18	662.66	136.89	34.62	16.0	19.54	16.28	4.17				
部店	1991	30.89	39.80	20.76	14.72	6.44	2.73	3.69	22.36	8.91	-6.05	-3.71	18.67	1.29	0.71	0.42	6.06				
	1992	9.54	90.66	3.87	56.63	1.61	11.67	4.06	22.36	81.12	52.76	10.06	18.3	9.5	14.63	7.25	5.51	1.21	1.29	1.73	0.76
	1993	9.20	335.61	3.23	261.91	1.51	56.93	4.46	16.77	326.41	258.68	55.42	12.31	36.48	81.09	37.7	3.76				
	1994	10.12	434.28	3.55	282.35	1.66	235.06	4.96	16.77	424.16	278.8	133.50	11.86	42.91	79.54	81.42	3.41	3.52	4.65	4.36	0.89
	小计	59.73	900.35	31.41	615.65	11.21	206.49	17.12	78.26	840.62	584.24	195.28	61.14	15.07	19.60	18.42	4.50				
	总计	115.36	1790.16	67.15	1314.05	20.17	352.34	28.05	123.81	1674.8	1246.9	332.17	95.76	15.52	19.57	17.47	4.41	1.22 3.63	1.28 4.64	1.60 4.12	0.8 0.85

1666.09 万元，其中林木 1314.05 万元，占 78.5%，林下经济植物占 21.5%。人均净增经济收入 174.46 元，每公顷耕地净增 2443.80 元。

考虑到防护林体系建设投资资金的时间价值，采用动态计算法和投资效果系数分析法进行农田防护林体系建设投资效果评价（表 14-9），两镇农田防护林体系建设投资累计现值为 115.36 万元，4 年总净经济效益为 1674.8 万元。总投资效果系数为 3.63，4 年的总投入产出比为 15.07（邵店）和 16.0（大庙），投资回收期约为 1.2 年。综上所述，建立高标准农田防护林体系不仅经济效益显著，而且防护林建设投资取得了良好的效果。

第十五章
农田防护林规划设计

我国幅员辽阔，自然条件复杂，无论是南疆还是北城，都有不同形式和程度的自然灾害，北方有风沙、盐碱、干旱、低温冻害、干热风等，南方有台风、低温冷害、焚风、干旱、洪涝、盐碱等。这些不利的自然条件，对农业生产和人民生活都造成了很大危害。农田防护林是人工森林生态系统，多年的实践表明，它可以消除或减轻自然灾害特别是风害，改善农田生态环境，使农作物稳产、高产；同时还能改善人们的生存环境。

如前所述，不同的林带结构特征其防护作用差异很大，因此，如何在农业地区建成具有多样性和稳定性的农田防护林生态体系，发挥其最大的防护效益，是规划设计中考虑的重要问题。农田防护林规划设计考虑的问题主要包括规划设计的原则、林带林网规划设计的主要参数、树种选择、造林技术、经济效益预估以及其他应注意的问题。本章着重讨论前两个问题，并根据我国黄海平原防护林建设的实践经验，给出农田防护林规划设计的实例，供参考。

第一节　农田防护林规划设计的原则

一、因地制宜、因害设防

我国平原地区的气候、土壤、水文、地形等自然条件不尽相同，农作物种类、耕作制度、农田水利状况及社会经济条件存在差异，而且各地自然灾害的种类、性质和程度也不一样，有的地区以防止风沙灾害、保护农田为主要目的；有的地区以防止干热风对小麦的危害、改善小气候条件、保障小麦高产稳产为主要目的；也有的地区则以减少农田和水渠蒸发、降低地下水位、防止附近农田的次生盐渍化等为目的。因此，在农田防护林体系建设中，不能生搬硬套外地经验、超越当地的客观条件，要根据当地的自然地理特征、灾害性质和防护对象，抓住主要农业自然灾害和当前发展农业生产的关键问题进行规划设计。

二、全面规划、综合治理

实现平原地区林网化是农田基本建设的主要内容之一，也是平原地区尽快富裕起来，经济翻一番的突破口。因此，在规划设计时要田、水、林、路、电统一规划，合理布局和配置，力求少占耕地；旱、涝、风、沙、盐碱综合治理，农、林、牧全面考虑，做出切实可行的科学规划，建成一个农、林、牧各业相互结合，较为完整的人工农业生态系统。一方面林带本身就是生产者，可以生产一定的产品，另一方面又可改善环境条件，起到保土、保肥、保水的效果，而且还可使各种措施充分发挥作用。林网对农牧业有防护作用，农牧业的发展，农作物产量的提高，经济条件的改善，又可提高群众营造农田防护林的积极性，促进其发展。但是，这项工作不是一个部门的纯业务性工作，而是涉及到农、水、交通等多个部门的一项群众性工作。所以，在规划设计时一定要在地方党委和政府的统一领导下，实行领导干部、技术人员和群众“三结合”，搞好各部门的协调工作，保证规划设计的顺利实施。

三、当前利益与长远利益相结合

营造农田防护林的最终目标，归根到底还是改变农业生态环境，增加群众收入，提高人民生活水平。但如何处理好当前利益和长远利益的矛盾是关系到规划能否实施及实施后能否管护好的关键，只顾当前利益而忽视长远利益，就会影响防护林效益的发挥，起不到应有的防护作用；相反，只注重长远利益而忽视了当前利益，就会挫伤群众营造防护林的积极性，特别是受“胁地”影响的群众就更难接受。

从当前生产力水平和实行生产责任制的情况出发，考虑到农村经营方式和经济结构的变化，照顾到群众当前的切身利益。充分开发利用现有的水、土资源，结合群众生产、生活的需要，在保证防护效益的前提下，选择或引进适宜当地生长的经济树种和配置部分灌木，以短养长，为农村、城镇提供“四料”和工业原料，开展多种经营，活跃农村经济，增加集体和群众的经济效益，并为农、林、牧生产的发展提供资金，做到近期增产增收。同时，要从长远观点出发，打破小生产者思想的束缚，克服小农经济缺点，树立社会主义大农业的思想，提出远期规划，以适应国民经济迅速发展和人民生活不断提高的需要。

四、建立综合性防护林体系

在广大平原地区营造相互联系、相互影响的综合性防护林体系，比单一的农田防护林有更大的生态效能和经济效益。因而在规划设计时，应该以农田林网为主体，结合“四旁”绿化，把各林种结合起来，建立起综合性防护林体系。实践表明，运用生态经济学原理，围绕提高防护效能、提高生产能力、获得经济效益的目标，把功能不同的各个林种，按照恰当的比例，组合成相互依存、相互制约的有机整体，可以充分利用自然资源，发挥地区优势，开创农林业生产的新局面。

在建设综合性防护林体系时，要注意以下几个问题：

(1) 以防护林为主。

①要优先考虑平原农区防护林体系的主体工程，即农田林网和基干林带的配置，使规划区内每一块田都处在有效防护林范围内。

②在保证农田林网，基干林带最佳防护结构的基础上，再考虑兼顾用材、经济、

薪炭等功能的发挥。

③村庄绿化在平原农区防护林体系中占有重要地位，在保证其充分发挥防护作用的前提下，应将它建成多层次、多功能、高效益的绿色综合体。

(2) 在以防护为主的前提下，因地制宜地配置经济林、速生丰产林和薪炭林等，至于各林种的比例和树种选择，既要考虑土地总体规划，又要考虑经济效益；既要考虑优良品种的引进，又要考虑乡土树种的筛选。

(3) 平原农区防护林体系的每一个林种，既要充分发挥其本身的主要功能，又应一林多用，集多种效益于一身。例如，农田林网的主要功能是保持水土、改善农田小气候、提高抗御自然灾害的能力，但是如果规划设计合理，选择优良树种（品种），实现乔、灌、草合理混交，必然可以在充分发挥上述功能的基础上，承担起提供用材、薪材以及提高经济效益等多种功能。

第二节　农田防护林带（网）规划设计主要参数的确定

林带、林网的防护效果，主要取决于它的结构和配置。因此，在规划设计中应根据当地具体条件，确定林带的走向、带距、结构类型、疏透度（透风系数）、带宽等主要参数，同时设计中还应考虑病虫害防治、胁地等问题，下面将对这些问题进行讨论，以便使规划设计建立在科学、可行的基础上。

一、林带走向

林带走向以林带方位角——林带和子午线的交角表示，它是林带（网）设计的主要参数。风向对于确定林带走向是一个非常重要的因素，因此在确定林带走向时，应首先掌握风向特别是害风风向的变化规律。

1. 林带走向

农田防护林带的基本作用是防风，因此在确定林带走向时，最基本的依据便是各地区风害状况。通常情况下，气象站所作的风向频率统计包括各种风速大小的风向频率，然而，弱风与微风并非农田防护林的防护对象，如果将弱风与大风放在一起加以统计并绘制风向频率图，必然找不出灾害性大风这样一个主要矛盾。因而，必须根据气象站观测的风向、风速资料，重新统计 10m/s 以上时期的害风风向频率，并绘制害风风向频率分布图，找出各地区主要害风方向，以便合理地确定林带走向。

所谓害风，是指风速大到可给被保护物造成危害的风，害风风向频率最大者称主害风，频率较大且风向与主要害风风向交角大于 45° 的风称次害风风向。主林带的走向应垂直于主要害风风向，这样才能最大限度地发挥林带妨碍害风的作用。副林带垂直于主林带与主害风风向平行，起辅助作用。林带走向决定于害风风向频率分布状

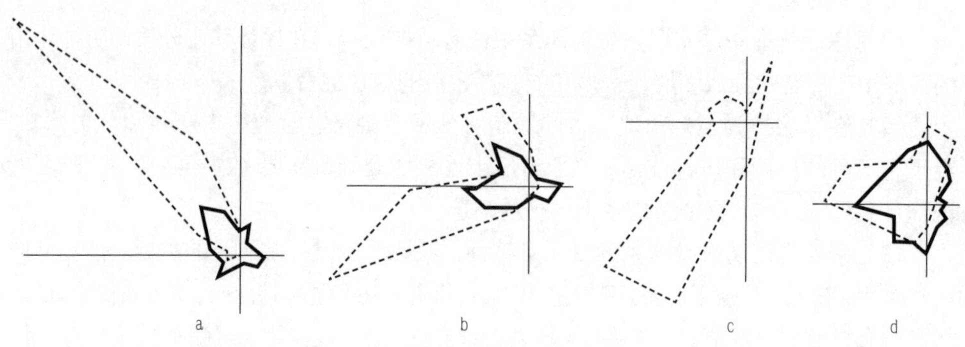

图15-1 农田防护林区风向频率分布图

------------- 风速≥8m/s的风向频率 ———— 各种风速的风向频率

况：①当主要害风风向频率很大（图15-1 a），即害风比较集中时，主林带应与主要害风风向垂直，即主林带走向为45°（或225°）；副林带与主林带垂直设置，但由于次害风频率小，危害不大，因而副林带作用较小，带距可以大一些。②当主害风和次害风风向频率均较大（图15-1 b），主林带与副林带所起的作用同等重要，可设计成正方形林网，主林带走向为157.5°（或337.5°）。③主害风风向频率较大但不太集中（图15-1 c），主林带走向可以取垂直于两个方向的平均方向，为112.5°～135°（或292.5°～315°），副林带可以远一些或不设副林带。④主害风与次害风的风向频率均较小（图15-1 d），害风风向不集中，这时主林带与副林带几乎同等重要，可以设计成正方形林网，林带走向可以在相当大的范围内调整，也可根据当地情况具体设置。

但是，我国农田防护林已发展到了以改造旧的农田生态系统为主要目的，实行田、林、水、电、路综合治理建造防护林体系的新阶段，林带走向的确定不能单纯局限在与主要害风方向垂直这一点上，应当与沟、渠、路有机结合，全面规划，尽可能利用现有的地物地貌，按照林随水走、林随路走的方式，做到田、路、林、渠合理布局，沿着灌排渠系、道路营造防护林网，达到既能保护农作物，又能护渠护路等综合防护目的。应当指出，凡被利用的永久性地物，其走向与林带设计线的交角不应超过30°，与设计线的距离不应超过带距的1/3（图15-2）。利用地形地物配置的林带，乔灌木总行数不能少于相似类型区林带设置的标准。

2. 主林带与主害风风向的交角与偏角

林带与主要害风风向的夹角称为林带的交角，林带与理想设计林带（与主害风风向垂直的林带）的夹角称为林带的偏角（图15-3）。林带交角对防护效能的影响较大（表15-1），其实质在于：①气流通过林带的路径延长，增加了林带宽度，减小了透风系数；②气流方向的有效防护距离和在林带垂直线上的有效防护距离不同，因而影响到防风效应。

由表15-1可以看出，随着交角的减小，林带的防护效能逐渐降低，当交角由90°减小到67.5°时，20H范围内的防风效能由32.64%降为29.98%，降低2.66%，比

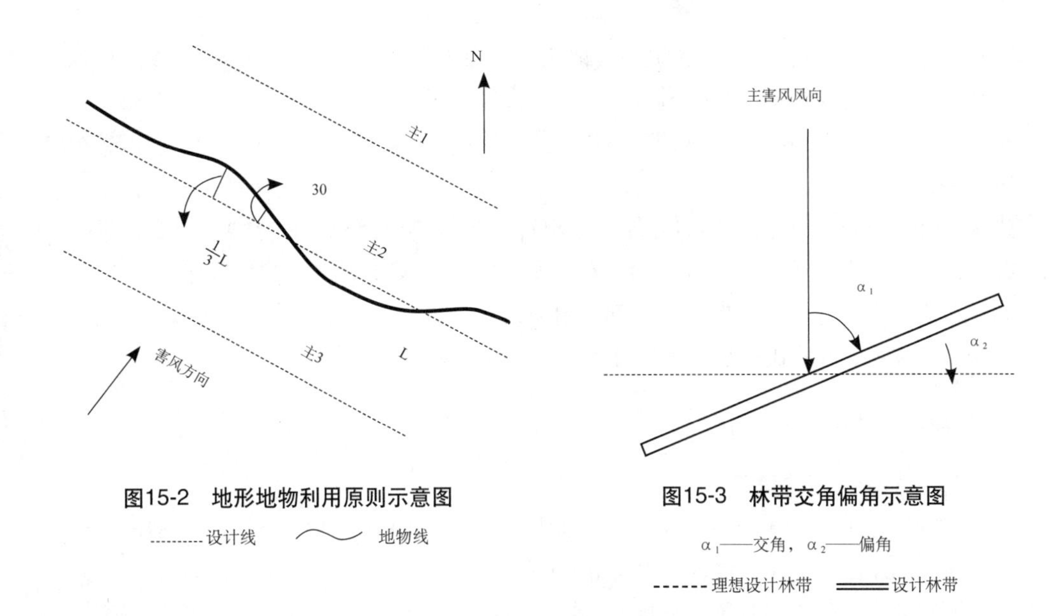

图15-2　地形地物利用原则示意图

--------- 设计线　〜〜 地物线

图15-3　林带交角偏角示意图

α_1——交角，α_2——偏角

------ 理想设计林带　═══ 设计林带

表15-1　林带与风向交角的大小对降低风速的影响

交角	背风面					交角变化对防风效能的影响（%）	备注
	5H	10H	15H	20H	平均		
90°	71.28	35.33	19.13	4.8	32.64	0	疏透结构
67.5°	63.05	34.83	16.87	5.16	29.98	8.15	
45°	54.88	25.44	9.47	4.33	23.53	27.91	
22.5°	39.13	17.28	8.23	1.01	16.41	38.72	
0°	17.98	2.51	-0.46	-0.97	6.01	81.59	

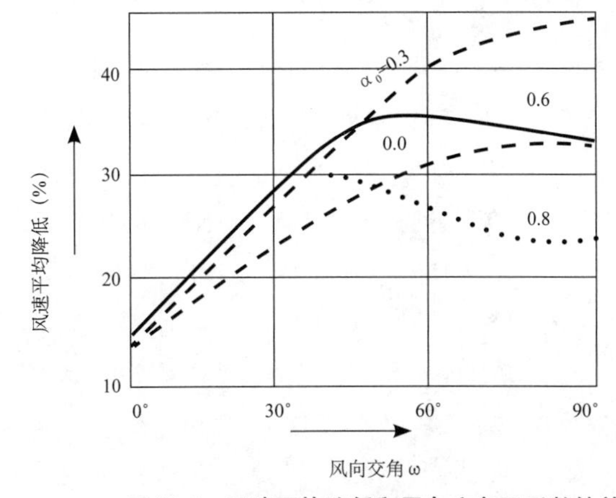

图15-4　风速平均降低和风向交角及系数的关系

90° 减小到 45° 时，20H 内的防护效能平均降低 9.11%，比 90° 时防护效能降低约 27.91%。上述分析说明，林带与风向的交角直接影响防护效能的大小。此外，康斯坦季诺夫（1950 年）还进一步观测到防护效能与风向交角的关系受透风系数的影响，由图 15-4 可以看出，当林带透风系数为 30% 时，防护效能随林带交角增大而提高；当透风系数为 60% 时，最大防风效能并不出现在林带交角为 90° 的地方，而是出现在 60° 的地方；当透风系数为 80% 时，林带交角由 90° 减小到 30° 防风效能逐渐增大，防风效果反而更好，在林带交角为 30° 时防风效果最好。因此，林带的防风效能与结构有密切关系，在农田防护林规划设计时，应首先确定最佳结构。

二、林带间距

1. 主林带间距的确定

林带网格大小取决于主副林带的带间距离，而带间距离除某些特殊条件造成一定的带距（如水渠、道路、地形、地物等）外，一般应等于有效防护距离。主林带有效防护距离的大小受许多因子的影响，与林带本身结构有关的因子在设计中应尽量采用最优标准，在这种情况下林带间距离由下列因子决定。

（1）害风季节的最大平均风速值（V_m）。

（2）林带高度（H）即林带主要树种的成龄高度。根据测树学原理，树木的连年生长量达成熟龄时的生长高度，可作为防护林带（网）设计树的标准。根据国内外大量资料，主林带的防护距离一般为 20 ~ 25H；在风沙区和沿海台风危害区，主林带间距为 15 ~ 20H。

（3）最大允许风速（V_0），即林网内农作物不至造成灾害的最大风速 风速对农作物的影响比较复杂，风速较小时不仅对农作物无害，反而有利。只有当风速增大到一

表15-2　风速换算表

风速(m/s)　高度(m) 风级	10	9	8	7	6	5	4	3	2	1.5	1	0.5
十一	31	30.4	29.	29.1	28.3	27.3	26.1	24.6	22.4	20.9	18.7	15.0
十	26	25.5	25.0	24.4	23.7	22.9	21.9	20.6	18.8	17.5	15.7	12.6
九	23	22.6	22.1	21.6	21.0	20.3	19.4	18.2	16.6	15.5	13.9	11.1
八	19	18.7	18.3	17.8	17.3	16.7	16.0	15.1	13.7	12.8	11.5	9.2
七	16	15.7	15.4	15.0	14.6	14.1	13.5	12.7	11.6	10.8	9.7	7.7
六	12	11.8	11.5	11.3	10.9	10.6	10.1	9.5	8.7	8.1	7.2	5.8
五	9	8.8	8.7	8.4	8.2	7.9	7.6	7.1	6.5	6.1	5.4	4.4
四	7	6.9	6.7	6.6	6.4	6.2	5.9	5.5	5.1	4.7	4.2	3.4
三	4	3.9	3.8	3.7	3.6	3.5	3.4	3.2	2.9	2.7	2.4	1.9

定数值时，才会对农作物造成危害。农田防护林的作用就在于把害风风速降到临界值以下，而害风风速临界值的大小，则取决于农作物的抗风能力和土壤条件。对于我国华北和西北地区而言，达到干热风指标的风速即为害风风速；对于风害区或东南沿海台风危害地区，引起吹折作物茎干的风速为危害风速；对于一般风沙区，起沙风速（一般≥ 5m/s）为害风风速；对于风沙灾害严重的地区，能够引起风沙流速的风速（一般≥ 8m/s）为害风风速。总之，不同地区灾害的性质和程度不一样，林带间距应有所不同。另外，由于各地区防护对象和防护高度不同，害风风速应换成气象台站的风速，目的是将离地面不同高度处的风速与气象台站的风速联系起来（表 15-2）。

林带间距可按下列方法确定：

① 计算出应降低风速的百分数

$$\Delta = \frac{V_m - V_0}{V_m} \times 100\% \quad \cdots\cdots (1)$$

式中：Δ——削弱风速（%）；

V_m——害风季节最大平均风速（m/s）；

V_o——最大允许风速（m/s）。

② 根据朱延曜、朱劲伟的经验公式计算林带有效防护距离

$$L_\Delta = A\ (B - \alpha_0)^a e^{b\alpha_0} \quad \cdots\cdots (2)$$

式中：L_Δ——削弱风速 Δ 的有效防护距离（H）；

α_0——林带透风系数；

e——自然对数的指数；

A、B、a、b——经验常数（表 15-3）。

应该指出，公式（2）是根据风洞资料推算出来的，而风洞资料是在各种条件几乎处于最优情况下观测到的。野外观测时，各种最优条件同时出现的可能性很小，所以实际设计时要根据规划区内的林带结构特征、林木生长情况等加以修正，最后乘以林带主要树种的成龄高度求出设计间距。

例如，某地区害风季节的最大平均风速为 20m/s，要求林网内任何一点风速不大于 14m/s（最大允许风速），则应降低风速：Δ=（20 ～ 14）/20 ×100%≈30%。查表

表15-3　有效防护距离L_Δ的拟合公式经验常数

Δ（%）	B	A	a	b	R_Δ	a_0m
20	0.90	15.8	0.88	3.06	0.96	0.61
30	0.84	13.4	0.71	2.57	0.90	0.56
40	0.77	11.6	0.46	1.90	0.74	0.53

15-3 得到各种经验常数，代入公式（2），求得有效防护距离为 23H，若树种成林高度为 12 ~ 15m，则林带间距为 12×23 ~ 15×23H，即 276 ~ 345m。再根据窄林带（2 ~ 7 行，风洞实验）的疏透结构和透风系数的关系，可求得对于窄林带的最适疏透度为 25% ~ 30%。但由于种种原因，林带的各种参数不可能都处在最优状态，林带间距可适当减小，可以取 200 ~ 300m。

2. 副林带间距的确定

副林带间距的确定，除根据次要害风的危害程度外，还必须考虑充分发挥农业机械化作业效率的问题。为满足农业现代化的要求，在不减低防护作用的前提下，可适当加大副林带间距，一般为 2 ~ 3 倍于主林带间距，以形成既能充分发挥林带的防护作用，又能最大限度地提高机械化作业效率、便于灌溉的农田林网化体系。

3. 辅助林带间距的确定

辅助林带是指设计林带尚处于幼龄阶段，不能有效地发挥防护作用，或老林带需要更新，将使其防护作用受到影响时，在两条主林带之间增设的临时性林带，一般宽度较窄，只有 1 ~ 2 行，多采用速生树种，以使其尽快发挥防护效果。随着主林带接近或达到成林高度，辅助林带可砍伐利用。

林带间距的确定是一个复杂的问题，受农业生产对防护的要求、灾害情况、土壤、树种以及地形地物和水利工程设施等诸因素的制约。因此，林带间距的幅度较大，网格大小也不可能完全一致。按各地营造防护林的经验，华北中原地区遭受一般风害的壤土或沙壤土的耕地，主林带间距为 200 ~ 300m，副林带间距为 400 ~ 600m，网格面积为 13 ~ 20hm²。由于各国自然条件不同，主林带距也有差异，如丹麦为 250 ~ 400m；前联邦德国为 300 ~ 500m；法国为 250 ~ 350m；罗马尼亚为 500 ~ 600m；前苏联为 400 ~ 600m。

三、林带结构

所谓林带的结构类型是指林带内树木枝叶的分布状况和茂密程度。农田防护林按其外部形态和内部结构特征可划分为紧密结构林带、疏透结构林带、通风结构林带。

1. 林带的最优结构指标确定

在规划设计中首先要确定林带的“最优”结构指标。最优结构指标不是固定的数值，而决定于防护目的和具体要求。林带的效能最适透风系数（a sm）约为 0.33 ~ 0.34，具有最大的平均防风效能；距离最适透风系数（a L_m）约为 0.55 ~ 0.59，具有的有效防护距离 $L\Delta$ 最大。对于一般为防止风、沙营造的农田防护林，则要求有最大的有效防护距离并降低一定的风速百分比。实际上林带的透风系数 a 始终保持某一特定值是不可能的，应保持在 a sm < a < a L_m 范围内较为合理。

透风系数 a 是农田防护林规划设计中至关重要的结构参数。透风系数相同的林带，防风效应相同，透风系数不同的林带，防风效应也不相同。它能反映林带防风效应的动力特征，在分析林带动力效应时，该参数较为精确。疏透度 β 也是林带结构参数，反映林带透光孔隙的特性。林带可以被看成海绵状的物体，不透光时，即 β=0 时仍可透风。因此用 β 参数分析防护林带效应时，仅在一定条件下（例如，宽、高比近于 1 时）适宜，在另外的条件下，则可产生较大的误差。

2. 确定造林密度

造林密度和林带宽度是规划设计中的重要参数。株行距过小，则影响林带林木的生长发育，出现被压木和“霸王树”，难以形成结构均匀的林带；株行距过大则林带林木过于稀疏，枝、叶不能充满林带占据的整个空间，郁闭度偏小，甚至出现天窗。致使林带地上部分的平均生物量体积密度过小，因而风速消减系数也小。在这种情况下，要形成有最适透风系数的林带结构，需有较大的宽度，增大了林带占耕地的比率。较合理的造林密度（株行距），一般应为防护成熟中、后期保存密度的 3 ～ 4 倍。后期的保存密度可由预估的林木蓄积或单株材积粗略的确定。

设林带造林树种已确定，则该树种的单株材积（V_0）或林带蓄积（M）、林带高度（H）等，任一年的平均值，可由生长模型计算出来。当已知枝、叶比（g）随林龄的变化时，则可求得林带内地上生物量的体积密度 W，则 $W=V_0(1+g)/(s\bullet H)$，其中 s 为单株林木的营养面积。实践表明，单株树地上生物量体积密度 W 应大于 0.0006，小于 0.003，或林冠部位的生物量体积密度 W 应大于 0.0004，小于 0.003。据此利用公式

$$k=0.245+0.03298\,W \qquad r=0.194 \cdots\cdots\cdots\cdots (3)$$

可求得风速削弱系数 k 值约为 0.02 ～ 0.08。

例如：设选择树种营造的林带初始防护成熟高度为 18m，单株材积为 0.3m³，$1+g=1.35$，则根据上公式可得：

$$S=\frac{V_0(1+g)}{H\cdot\exp\left[\frac{k-0.2546}{0.03298}\right]} \cdots\cdots\cdots\cdots (4)$$

式中 s 为单株的平均营养面积，令 k 取界限值 0.02 和 0.08 及上述数值代入上公式，可得 s=7.5 ～ 37.5m²，此数值表示当某树种生长在某地位级土地上的初始成熟高度为 18m，材积为 0.3 m³，枝叶比为 0.35 时，其营养面积应大于 7.5m²，小于 37.5m²，。其长度尺度约为 2.7 ～ 6.1m，即为株行距的参考数据可以确定林带的株行距。可以看出株行距可在相当大的范围内变动，均可取得理想的结构，因而也给林带宽度以相当大的变动范围。

3. 确定林带宽度

林带风速削弱系数的变动范围为 0.02 ～ 0.08，若取透风系数 a =0.5 位最优结构指标，则由公式 $k=\frac{0.669}{d}-$ ma 可求得林带宽度 d=0.669 ma/k 约为 6 ～ 23m；若取最适透风系数为 0.4，则林带宽度约为 8 ～ 30m。可以看出，林带宽度也有相当大的变动

表15-4　杨树林带宽度及株行距的选择

H (m)	V_0 (m^3)	D (m)	a	k	S (m)	保留株行数距 (m×m)	初始株行距 (m×m)	可设行
18	0.3	10	0.4～0.5	0.0613～0.0464	7.9～12.4	4×2 4×3 6×2	1×2 1×2.5 1.5×2	4～5 10
18	0.3	15	0.35～0.45	0.0468～0.0356	12.3～17.2	4×3 5×3 6×3等	2×1.5 3×2 1.5×2.5等	5～6 10
18	0.3	12	0.4～0.5	0.0511～0.386	10.8～15.7	5×3 4×3 4.5×3等	2.5×2 2×1.5 2.5×1.5等	4～6 8

范围。显然，若取具上述生长特征的某树种营造林带，宽度为10m（在最适带宽范围内），要求初始成熟时的透风系数，可为0.4～0.5，则由公式$k=\frac{0.669}{d}-$ ma 得k=0.669 ma/d=0.0613－0.0464

由公式（4）可得单株树营养面积s为7.9～12.4m²，则株行距可近似的取为2m×4m～3m×4m，见表15-4。

若林带幼龄阶段植株较小，为使林带尽早达到最优结构，以发挥较大的防护效益，造林密度可大些。随着林木的生长，可出现过密的情况，可通过抚育调整其结构。

第三节　农田防护林造林树种选择及其配置

一、造林树种选择的原则

农田防护林的树种选择，应根据树木的生物学特性和生态学特性，针对一定的立地条件以及当地营造农田防护林的主要和次要目的综合考虑，通常应遵循以下几个原则：

（1）适地适树，营造农田防护林所选的树种，其生态学特性应与当地的立地条件（主要为气候、土壤）一致，这是造林工作必须遵守的一项基本原则。并尽可能选用当地的乡土树种和经过引种试验证明适宜的树种。

（2）生长迅速、树形高大，枝叶繁茂，在短期内可以发挥较好的防护作用；在以冬季起防护作用为主的林带应配以常绿树种。

（3）抗风性强，不易风倒、风折及风干枯梢；抗病虫害、耐旱、耐寒且寿命长。

（4）树冠以窄冠形为好，如箭杆杨、水杉、池杉、窄冠幅的新品种杨树无性系等。

（5）防止选用传播虫害的中间寄主的树种，如棉区的刺槐、甜菜区的卫茅（蚜虫中间寄主），落叶松、杨树有杨锈病共同病害。

（6）树木本身的经济价值高，如乔木树种有核桃、银杏、李、柿树、板栗、杏、山楂等，灌木树种有紫穗槐、柠条、杞柳等。

(7) 在灌区可考虑选择蒸腾量大的树种，以利于降低地下水位。

二、我国各农田防护林区的主要造林树种

我国农田防护林分布地区辽阔，自然条件复杂多样，从寒温带到热带，从干旱地区到湿润地区，从黑土到红壤，立地条件相差悬殊；而树种资源又相当丰富。且不同地区造成灾害的因子和程度以及农田防护林的主要目的不同，因此，各地的造林树种差别很大。根据农田防护林各类型区的自然特点和长期以来营造农田林网的经验，各类型区采用的主要造林树种如表 15-5。

三、农田防护林带的配置

1. 配置类型

农田防护林带的配置类型，是根据树种在林带中的地位和作用（即树种类型）、

表15-5　我国各农田防护林类型区的主要造林树种

防护林类型区	主要造林树种	
	乔木树种	灌木树种
东北西部内蒙古东部农田防护林区	小叶杨、青杨、北京杨、小青杨、小黑杨、白榆、旱柳、文冠果、水曲柳、胡桃楸、黄菠萝、蒙古栎、山楂、油松、樟子松、兴安落叶松、红皮云杉	小叶锦鸡儿、胡枝子、沙棘、紫穗槐、柽柳、杞柳
华北北部农田防护林区	小叶杨、加杨、小黑杨、青杨、新疆杨、群众杨、旱柳、山杏、沙柳、沙枣、枣、白榆、樟子松、华北落叶松	小叶锦鸡儿、紫穗槐、沙棘、沙柳、花棒、胡枝子、枸杞、柠条、柽柳
华北中部农田防护林区	毛白杨、北京杨、加杨、沙兰杨、I-69杨、I-72杨、群众杨、大官杨、小黑杨、合作杨、白榆、泡桐、合欢、枫杨、楸树、刺槐、国槐、臭椿、香椿、苦楝、栾树、旱柳、银杏、板栗、核桃、枣、柿、花椒、山楂、油松、白皮松	紫穗槐、杞柳、胡枝子、丁香、枸杞、榛子
西北农田防护林区	新疆杨、银白杨、胡杨、小叶杨、青杨、旱柳、白柳、沙枣、小叶白杨、桑树、核桃、阿月浑子、巴旦杏、白榆、小叶白蜡	梭梭、小叶锦鸡儿、柽柳、沙棘、沙柳、花棒、柠条、枸杞
长江中下游农田防护林区	I-69杨、I-72杨及其无性系、加杨、楸树、薄壳山核桃、枫杨、苦楝、白榆、乌桕、黄连木、栾树、杉木、水杉、池杉、喜树、香椿、柿树、垂柳、柳杉、旱柳、木麻黄、毛竹、银杏、杜仲、樟树	杞柳、紫穗槐
东南沿海农田防护林区	木麻黄、刺槐、苦楝、台湾相思、杉木、水杉、樟树、喜树、旱柳、乌桕、桑树、大叶桉、兰桉、柠檬桉、窿缘桉、木波罗、椰子、铁刀木、黄槿、马尾松、湿地松	紫穗槐、沙棘、沙柳
西藏拉萨河谷农田防护林区	银白杨、小叶杨、藏青杨、旱柳、白榆、垂柳、青海云杉	沙棘、沙柳

树种的生物学特性及生长型等搭配在一起而形成的树种组合类型。配置类型有以下几种：

(1) 乔木混交

由两种或两种以上主要树种组成，可以促进林带生长，提高防护效果，延长防护时间；同时，可以充分利用地力，获得多种经济价值较高的木材。

采用这种混交类型，应选择较好的立地条件。当喜光树种与耐荫树种混交时，要特别注意混交方式，防止种间竞争过于激烈。如兴安落叶松与水曲柳，水杉与香椿，枫杨与侧柏，杨树与油松，新疆杨（箭杆杨）与白榆，加杨与侧柏等均属于此混交类型。

(2) 主要树种与辅佐树种混交

这种混交类型的林带，往往由高大乔木树种与中等乔木树种或亚乔木组成，主要树种为高大乔木，形成第一层林冠。辅佐树种为亚乔木，形成第二层林冠，且常常为较耐荫的树种。这种类型能形成良好结构的林带，主要树种与辅佐树种的种间竞争也较缓和，其防护效能较好，稳定性较强。一般要求较好的立地条件、树种搭配也必须得当，否则林带生长到中、后期可能发生一树种受压而生长不良甚至死亡的现象。目前，这种混交类型有新疆杨与小叶白蜡，旱柳与沙枣，箭杆杨与沙枣等混交林带，种间关系表现正常。

(3) 乔木树种与灌木混交

乔木树种与灌木混交的林带，种间矛盾比较缓和，能形成疏透适中的结构，抗灾力强，稳定性良好，主要树种与林内灌木之间矛盾尖锐时也易调节。这种混交多用于立地条件较差的地方，而且条件越差越应增加灌木的比重，在风沙危害较重地区比较适宜。目前，各地常见这种混交类型如杨树与紫穗槐混交。

(4) 综合混交

这种混交类型由主要树种、辅佐树种与灌木共同组成，形成双层或多层林冠、屋脊形断面及紧密结构的林带，有效防护距离不大，林带内种间关系往往表现激烈而产生分化。在风沙严重地区，营造这种混交类型的林带，对阻沙和固沙可以起到良好的作用。

综合混交林带树种不能过多，需搭配得当，减少行数，加大株行距，防止过密。采用带状或行间混交方式，以便缓和种间矛盾。各树种间搭配得当也可以形成透风均匀的疏透结构林带。

2. 配置方式

目前我国各地区农田防护林带采用的配置方式主要有株间混交、行间混交和带状混交。

(1) 株间混交

即行内隔株种两个以上的树种，不同树种的种植点相距较近，种间发生相互作用和影响较早。

(2) 行间混交

在林带中一行树种与另一行其他树种依次配置，种间发生作用和影响较迟，一般多在林分郁闭后出现。种间矛盾比株间混交容易调节，施工也较简便，是营造农田防护林带常用的一种方式。

(3) 带状混交

林带中一个树种连续种植三行以上，构成一条"带"，与另一树种构成的带依次配置，树种间的矛盾和影响最先出现在相邻近的两带之间，带内各行出现较晚。这种混交相邻近边行具有与行间混交相似的性质，带内各行则可以避免一个树种被另一树种压抑，故可产生良好的混交效果，它适用于矛盾较大和初期生长速度悬殊的林带主要树种的混交；还可以用一行某树种与一带其他树种进行混交，即行带混交，可以保证主要树种的优势，削弱辅佐树种过强的竞争力。

无论采取上述何种混交方式，都应根据立地条件、树种特性，预期的林带结构、防护效能及当地对林网的经营水平和程度而合理地确定。

由单一树种构成的单纯林带，近年来在全国各农田防护林区（特别是北方第区）被广泛采用。这种林带树种过于单纯，抗性弱并易感染病虫害；单纯林带不能充分利用地力，经济效益低。因此，凡是有条件的地区，在农田防护林的设计与营造中，应尽可能营造不同混交类型的复层林带。

第四节　农林间作

在我国，农林间作是一种古老而特殊的农田防护林类型，是防止自然灾害，充分发掘自然潜力，合理利用土地资源的一项创举。其配置主要是选择经济价值较高的树种如柿树、枣树、泡桐等，按照一定规格栽植于农田中，使树木和农作物共生在一起发挥农林相互依存、互相促进的作用，达到林粮双丰收的目的。

一、桐粮间作

泡桐原产我国，生长迅速，用途广泛，是著名的速生用材树种之一。泡桐枝叶稀疏、发叶晚、落叶早、根系分布深，适合与农作物间作。我国劳动人民在长期的农业生产实践中，发现并且应用了泡桐的这些特性，创造了农桐间作这种新的栽培形式。泡桐进入农田后，改变了群落结构，打破了原来单纯作物群体所保持的水热和营养平衡，建立了更高水平的水热和营养物质平衡，给农作物（尤其是小麦）创造了良好的生长条件。因此，它已成为我国华北地区以林护农、以农促林、农林结合共同发展的一条新途径。

据调查，在农桐间作条件下，一般 10 年生泡桐，平均胸径可达 40cm，材积 0.5m^3，最高可达 1.5 m^3，如 10 年为一轮伐期，每 hm^2 按 150 株计算，以国家收购价为准，每年每公顷平均木材收入 6750 ~ 13500 元。兰考县孔村 260 hm^2 耕地基本农桐间作化，从

1971 ~ 1975 年，泡桐木材收入平均占农业总收入的 35%，粮食总产量由 1971 年的 50.25 万 kg 增加到 1975 年的 80 万 kg。大量研究表明，间作地较对照地有明显而稳定的增产作用，而且即使在林冠下也无明显的减产现象。分析其原因：一方面是小麦生育期内的大部分时间都与泡桐基本错开，同时强光往往容易引起高温危害；另一方面小麦的光饱和点比较低，约为最大日照量的 1/3 ~ 1/2。据观测，泡桐树冠下绝大部分时间里的光辐射强度在 27.6J/cm²•min 左右，对小麦生长是比较适宜的，所以小麦在树冠下不会造成明显减产。据 Campbell 等报导，对小麦来说遮荫引起的光照不足导致产量减少，仅仅发生在湿润的年份，但对产量影响很小。我国华北地区，多数年份在小麦生长季内雨水稀少，所以不会对小麦造成明显的不利影响。

但是，对大多数秋作物来说，包括那些在总面积上表现得增产的作物，在树冠下一般都存在一个明显的低产带。这主要是由于树冠下光照不足引起的，因为华北地区的降雨量集中于秋作物生长季节，这期间阴雨天较多，加之泡桐进入 6 月下旬以后长出大量新枝、叶和丛枝，使树冠透光度有所降低；另一方面，大多数秋作物光饱和点都比较高，如玉米嫩叶即使在最大日照下也不显示光饱和。

间作地增产幅度受当年气候和农田的水肥条件影响也很大，如棉花一般在雨水过多的年份，间作地中出现减产，平常年份基本与对照地平产。但干旱年份较对照地增产，这是与棉花的生态特性密切相关的。

为了调整农桐间作的群落结构，提高农桐间作的群体效应，河南农学院蒋建平等根据透光率等指标，提出了农桐间作理想泡桐树冠结构模式。

$$M=P>35+A<2.0+B<0.3+C<100+D<0.7+E>80+F>100+G<16 \qquad (5)$$

式中：M——农桐间作中理想树冠结构；

P——透光率（> 35%）；

A——叶面积指数（< 2.0）；

B——疏密度（< 0.3）；

C——单叶面积（< 100cm²）；

D——树冠长度（< 7.0m）；

E——分枝角度（> 80°）；

F——新梢生长量（> 100cm）；

G——发枝力（< 16%）。

用简单的语言来说，“农桐间作中泡桐理想树冠结构”应是强透光、小叶面积指数、冠稀叶小，短冠、分枝角大、新梢长、发枝力弱。

几种接近模型结构的泡桐各项指标如表 15-6 所示。应该指出的是以上仅从农作物的角度来选择树种。但是，农林间作有不同类型：以林为主，株行距一般，(4 ~ 6) m×(5 ~ 10) m；农林并举，株行距 (4 ~ 6) m×(10 ~ 20) m；以农为主，株行距 (4 ~ 6)

表15-6　几种待选泡桐各树冠因子与模型对照表

项目＼树种	台湾泡桐	兰考泡桐	楸叶泡桐	川泡桐	模型因子
透光率P(%)	45.1	33.4	32.05	27*	>35
叶面积指数A	1.12	1.40	1.77	2.46*	<2.0
疏密度B	0.23	0.30	0.52*	0.58*	<0.3
分枝角度E（度）	80	80	45*	75*	>80
新梢生长量F（cm）	102.8	100.0	37.8*	92.3*	>100.0
单叶面积（cm²）	131.37*	136.25*	86.93	198.48*	<100
树冠长度D（m）	5.0	7.0	7.0	5.8	<7.0
发枝力G（%）	14.73	13.07	15.83	24.64*	<16

注：* 号表示该指标与模型不符。

m×(20～60)m。各类型的要求侧重不一，下面就各间作类型提出适宜的泡桐种(品种)。

1. 以农为主

以农为主的间作类型要求农作物的产量有保证。按模型去选择，由表15-6可知，适于该间作类型的树种有台湾泡桐、兰考泡桐、楸叶泡桐，应以兰考泡桐为主。

2. 以桐为主

这种间作类型，除考虑农作物产量外，更主要的是要考虑树木的生长状况（生长速度和材质等）。尽管豫杂一号泡桐、白花泡桐和豫选一号泡桐对农作物影响较大，但它们生长极快，可作为该间作类型的主栽树种。另外，也可选用兰考泡桐。

3. 农桐并作

该间作类型农、桐应放在同等重要的位置，既要农作物生长好，同时树木也要生长快。因此，应选较为符合模型的兰考泡桐为主栽树种，其他如楸叶泡桐、豫杂一号泡桐、豫选一号泡桐可作为辅栽树种。

二、枣粮间作

枣粮间作是枣区广大群众在长期的生产实践中，根据枣树和农作物的生物学特性和生态学特性，为获得枣粮双丰收而广泛采用的一种栽培形式。枣粮间作的产量和经济价值是由枣树和农作物共同构成的，因此选择适宜的农作物是很重要的。根据枣区人民多年的生产实践，优良的间作作物主要有禾如小麦、谷子以及豆类如花生、大豆、绿豆等。其次，间作形式也很重要。枣树栽种密度适当，由于光照、温湿度、风力、水分蒸发等农田小气候有所改变，尽管粮食作物播种面积有所缩减，但产量并不低于同样管理条件下的纯粮食产量。据调查，枣粮间作的小麦产量可达7500kg/hm²，比不间作的小麦单产提高45%，而且枣的产量也比较高，显示出间作的最大经济效果。目前，枣粮间作大体有三种形式：

1. 以枣为主的间作形式

枣树的栽植密度大，一般株行距（7 ～ 10）m×（3 ～ 4）m，每公顷栽 300 ～ 450 株。

2. 枣粮并举间作形式

这是枣粮间作最好的一种，既不影响粮食产量，也能提高枣的产量。栽植时行距较大，一般行距 15 ～ 20m，株距 3 ～ 4m，每公顷栽 150 ～ 225 株，这样的行距也便于机耕和枣树管理。

3. 以粮为主，以枣为辅的间作形式

这种形式有利于农作物种植和生长，但经济效益较小，行距一般 30m 左右，株距 3 ～ 4m，每公顷栽 75 ～ 120 株。

第五节　农田防护林规划设计的方法及实施措施

一、农田防护林规划设计的方法及步骤

农田防护林建设是农田基本建设、实现农业现代化的重要内容，是改善农业生态环境，实现生态系统良性循环，促进农作物稳产高产的基础建设；是充分利用光、热、水、土资源，提高农业经济效益的有效措施；也是建立具有中国特色的现代化林业体系的组成部分。因此，必须慎重对待规划设计工作，使农田防护林建设建立在科学的基础上。农田防护林规划设计可按下列程序进行。

1. 成立规划领导组织

农田防护林规划涉及到农田基本建设的各个方面，不是林业部门所能独立完成的。所以，要成立有领导、技术人员和群众参加的“三结合”规划领导小组，领导全部工作，协调计划，并及时解决规划工作中出现的问题，参加规划的技术人员应包括林业、水利、土地规划、农业、畜牧、气象、交通等各个行业。

2. 调查研究，收集资料

在规划设计时，应首先了解该地区的自然条件和社会经济状况，并对此进行全面、认真地分析，以便做出符合当地实际情况、切实可行的规划设计。通常，进行农田防护林规划设计所需的基本资料包括：

（1）社会经济情况

① 地理位置及行政归属。

② 人口：总人口、农业劳力、半劳力人数。

③ 土地利用情况：总面积，农、林、牧各种用地面积，宜农、宜林、宜牧面积等。

④ 农业：主要农作物播种面积，单产、总产，农业耕作方式，栽培作物主要种类，农业与天气的关系等。

⑤ 林业：农田林网化程度，近几年造林、更新、育苗面积，营造农田防护林的主

要乔灌木树种，“四旁”绿化树种等。

⑥ 畜牧业：了解规划地区饲养牲畜种类、数量、耕畜总数以及饲养方式等。

⑦ 机械化程度：各种大型农机具数量，每一标准台担负的耕地面积。

从收集的社会经济状况资料中，了解和分析当地的农业生产特点、经济条件、物质基础和营林经验，据以确定防护林的建设规模和施工进度。

(2) 气象资料

一个地区需要营造农田防护林的重要原因，主要是恶劣的气候条件所致，为了使规划设计起到最大效果，必须查明主要灾害气象因子的性质、程度和规律，同时也要对一般气候条件作必要的了解。通常要到规划地区或附近地区气象站收集如下资料：

① 气温：年、1 月、7 月、平均气温，极端高温、最低气温，≥ 10℃积温，无霜期。

② 湿度：年平均绝对、相对湿度，六七月平均绝对、相对湿度和最小数值。

③ 降水：年降水量、年蒸发量，冬季稳定积雪，干燥度。

④ 风：年平均风速、最大风速、瞬时最大风速。绘制风玫瑰图，了解灾害风（大风、干热风）出现的时间、次数、风速、风向、频率以及对农作物危害情况。

注意：由于气候的年际变化和波动，搜集材料的年数越多代表性越大，一般来说有 10 年以上平均资料，即具有一定代表性，并注明提供资料的气象站与规划地区的直线距离、方位、海拔高度及资料年限。

(3) 水文资料

① 地上水：河流、湖泊、水库、池塘的个数、水量、饮水渠道，可能和已经饮水灌溉的面积。

② 地下水：已有砖井、机井的个数和灌溉面积，允许新建灌井的个数及灌溉面积。

(4) 土壤条件

收集以往各种土壤调查的文字报告，测定数据及图表，了解规划地区的土壤类型，各类型的分布及理化性质。

(5) 植被条件

在规划设计之前，首先要摸清当地的各种乔、灌木树种（包括外来树种）资源，并对其生物学特性和生态学特性进行调查，同时还要作出经济价值和用途的评价，为建立具有多样性和稳定性的防护林体系提供树种资源，为树种配置提供依据。

(6) 文字、图表资料的收集

结合上述资料项目，从有关部门收集有关研究报告、调查设计资料及图表，地形图或平面图的比例视规划区的大小而定，一般在 1 ∶ 10000 ～ 1 ∶ 50000。航空测量照片也可作为设计参考图。

3. 提出初步的规划设计技术工作方案

综合分析上述基本资料，充分考虑其他各业发展对农田防护林建设的要求，提出农田防护林的规划原则，类型区划分的设想（范围小可以不划分），防护林建设各主要参数以及按立地条件类型的造林典型设计，对于其中难以解决的问题可以选择典型通过深入实际调查加以明确，然后提出初步的技术工作方案。

4. 完成规划设计

初步技术工作方案的内容包括设计的原则、大纲和标准，要最后完成设计还必须经过现场勘查设计、内业调整、编写报告、审查定案等过程，方案如有问题要及时修改，如获得通过可交林业部门贯彻执行。

二、实地规划设计的措施

1. 加强领导、发动群众

平原绿化涉及面广，牵涉的问题很多，必须加强党政各级领导，做好群众的思想发动工作，不断解决认识问题，真正使群众认识到在平原农区发展林业的重大意义。同时及时总结经验，解决发展中出现的问题。既要加强宏观指导，又要具体地抓好政策落实、规划设计、技术指导、技术培训和种苗工作，建立健全林业组织机构，以保质保量地完成规划设计的各个环节。

2. 认真落实党的林业政策，建立和完善林业生产责任制

鉴于目前有近 90% 的土地包产到组，责任到户，而林带又要占用一定数量的土地，关系到群众的切身利益。因此，要做好必要的土地调整；在营造林带时，必须适应新形势的要求，及时落实有关造林政策和林业生产责任制，坚持林随地走，谁造谁有，长期不变，允许继承的政策，在收益分成上，要国家、集体、个人三者兼顾，切实履行承包合同，坚持分配兑现，取信于民。

3. 加强管护，做好林带恢复发展工作

由于林带多处在交通方便、人为活动频繁的地方，易遭人畜、机械等破坏。“三分造、七分管”，正说明了管护的重要性。总结以往的经验、教训，要因地制宜采取各种有效措施，加强对林木的经营管理。做到责任明确，任务到人，奖惩分明；要严格林木采伐更新审批手续，对破坏林带的事件严肃处理，情节严重者要依法惩办；在做好现有林木管护的基础上，把破坏的林带恢复起来，并按规划要求，分期分批营造新的林带，逐步实现整体规划。

4. 备好种苗，进行科学造林

苗木是造林的物质基础，苗木好坏直接影响到造林的成败。为了加强林带建设，必须抓好育苗工作。育苗要选用好地、良种，加强水肥管理，病虫防治，育大苗、壮苗，为营造优质速生的林带创造条件。

此外，必须把好造林质量关。要结合林带的立地条件，按造林标准设计选用适宜的树种、合理密度和配置方式。穴要大而深，地势低凹处应筑台地降低地下水位。苗木应选用两年生的优质壮苗，做到随起、随运、随栽。定植时，苗要正，根要舒展，深浅合适，做到表土填根，心土后填，分层踏实。为了把好质量关，可分段包干，责任到人，按苗木成活率的高低付给报酬。要加强管护，及时清除杂草，适时修枝、间伐。条件许可时，可施肥促进林木生长发育。

第三篇　荒漠化防治

第十六章
荒漠化土地的成因、性状

1996年完成的全国荒漠化土地普查表明，中国荒漠与荒漠化土地总面积为262.2万km²，占国土总面积的27.3%。特别是近几十年来，荒漠化扩大的速度愈来愈快。从50年代到70年代，以年均1560km²速度扩大；进入80年代，每年扩大面积增加到2100km²；近年来，平均每年沦为沙漠化的土地，已扩大到2400km²以上。每年因荒漠化危害造成的经济损失高达540亿元，已成为制约一些地区经济和社会发展、人民生活水平提高的重要因素。因此防治荒漠化所面临的形势十分严峻，任务十分艰巨，必须作为一项战略任务，坚持不懈地与荒漠化进行长期的斗争。

第一节　荒漠化及其成因

一、荒漠与荒漠化

荒漠与荒漠化现象主要为干旱或半干旱区脆弱生态环境条件下的产物。我国北方特别是西北干旱区，如河西走廊、准噶尔、塔里木、柴达木等巨型内陆盆地，荒漠分布最广，荒漠化现象也最严重。按一般规律，荒漠地区地势平坦且辽阔，气候极端干燥，降水极少，日照强烈，日夜温差很大，风力很强而且持久。这里主要特征是基本无地表水体，植被稀疏，一般动物难以生存，形成荒无人烟的不毛之地。根据不同成因地貌上的差异，荒漠又可分为沙漠（沙质荒漠）、戈壁（砾质荒漠）、岩漠、泥漠、盐漠等等。“荒漠化”主要是指非荒漠地区，在干旱、半干旱和某些半湿润和湿润地区，由于气候变化和人为活动等各种因素所造成的土地退化，它使土地生物和经济生产潜力减少，甚至基本丧失，如绿洲或草场，由于天然作用或人为作用，生态环境受到破坏，使原来的耕地或草场，逐渐演化为荒漠的过程。1990年联合国环境署在内罗毕召开的荒漠化评估会议上，明确指出荒漠化的概念是“由于人类不合理的活动所造成干旱地区的土地退化”。所谓土地退化是指：土地作物生产减少，土地生产潜力衰退，土地资源的丧失，生物多样性的减少，以及地表出现不利于发展生产的地貌形态，如沙丘等。天然作用形成的荒漠化一般演变过程非常缓慢，例如气候干旱化，往往要经过几百年或上千年的时间；而人为作用形成的荒漠化，在短短几十年的时间内，就可造成严重后果。目前西北地区土地荒漠化的迅速扩大，在很大程度上是人为作用，即人类活动的影响占有主导地位。全球荒漠化问题日趋严重，荒漠化是地球上最为普遍的土地退化形式，被称为“地球的癌症”。

森林砍伐、气候变化、人口增长以及过度放牧，在很大程度上造成了全球每年有 150 万 km^2 的土地变成荒漠。世界土地总面积的大约 40%已受到荒漠化影响，给世界每年造成 40 多亿美元的损失，受其影响的人口总数超过了 10 亿。荒漠化问题已成为全球关注的环境问题。在我国，据有关资料表明，我国荒漠化潜在发生区域范围，即干旱、半干旱和半湿润、湿润地区范围总面积约 331.7 万 km^2，占国土面积 34.6%，其中荒漠化土地面积 262 万 km^2，占这一区域面积的 79%，占国土面积的 27.3%，相当于 14 个广东省面积，占全国耕地总面积的两倍多，并以每年 2460 多 km^2 速度扩大，生活在荒漠地区和受荒漠化影响的人口近 4 亿。据有关方面粗略估算，因荒漠化危害造成的直接经济损失每年高达 540 多亿，间接损失难以估计。

我国政府一贯十分重视荒漠化防治工作，并将生态建设作为西部大开发战略的首要内容部署实施。我国在荒漠化防治方面，成效比较大，经过 50 多年的建设，特别是 1978 年启动“三北”防护林体系建设工程、1991 年实施防沙治沙工程、2001 年开展京津风沙源治理工程以来，荒漠化防治工作取得了重大成效。监测数据表明，仅 1994 ～ 1999 的 5 年间，全国就减少流动沙丘面积 321.5 万 hm^2，增加固定及半固定沙丘面积 422.1 万 hm^2。但全国的荒漠化土地面积近几十年来呈不断扩展趋势。沙质荒漠蔓延的速度 60 ～ 70 年代每年约为 1560km^2，到 80 年代每年达 2100km^2。目前荒漠化面积已达国土总面积的 8%，其中风沙活动和水蚀引起的荒漠化面积几乎各占一半。

据历史资料记载，近百年来我国沙尘暴共发生 70 次，平均 30 年一次。60 ～ 70 年代每两年一次，90 年代每年都有。2000 年就发生 12 次。2000 年 12 月 31 日从新疆、内蒙西部发生，跨过世纪之交，在 2001 年 1 月 1 日影响到我国北方大部分地区，北京也出现扬沙。2001 年春季，我国北方地区共出现 18 次沙尘天气过程，其中强沙尘暴过程 41 天。所以荒漠化是当今世界上一个值得注意的环境问题，也是水土保持工作中的一项重要研究课题。

另外，还有盐渍化及其他因素所形成的荒漠化土地。不仅北方干旱、半干旱多风地区有广大的沙漠化土地，就是湿润和半湿润地带，如豫东、豫北平原及唐山市郊、鄱阳湖畔、北京市周围地区，也出现以风沙为标志的沙质荒漠化土地。以水蚀为主形成的岩地及石质坡地荒漠化土地在我国南方也有扩大，如江西红土及花岗岩丘陵地区的荒漠化土地，从 70 年代占全省的 12.9%，增加到 80 年代的 26.7%；浙江省中部红土丘陵沙漠化土地，自 70 年代的 9.4% 增加到 80 年代的 10.5%；贵州乌江流域的石质荒漠化土地已占全流域的 8.6%。

二、荒漠化的成因

随着沙尘暴的日益频繁，土地荒漠化越来越引起人们的注意。土地荒漠化不断扩张，除气候变化因素外，主要是不合理的人为活动造成的。更多的研究表明，单纯的气候因素变化不可能使草原变成沙地，导致荒漠化的主要原因在于滥垦、滥用水资源、滥牧、滥采、滥伐及滥猎，并且通常是多种因素同时加成作用，而在气候干旱年份往往能加剧土地荒漠化的进程，使中国的土地荒漠化趋势日益扩大。

1. 滥垦

由于人口增长和短期利益驱动，许多地方无计划、无节制的进行开垦，砍林除草，又没有作好水土保持和生态维护工作，导致土地荒漠化，更加速生态脆弱地区沙化进程，“一年开草场，二年打点量，三年五年变沙粱”情况频繁发生。草原开垦为农田，初期虽有一些收入，如经营不合理，产量逐年下降直至弃耕。在无植被保护的弃耕地上，土壤受到风蚀，原来平坦的地势又重新出现大大小小的沙滩，遇特殊干旱年份，风蚀加剧，原为固定、半固定沙地变成流动沙地，继而出现沙漠。据中国沙漠研究所研究，位于我国中东部的毛乌泰沙漠就是破坏植被，草原变成沙漠的例子。由于美国盲目开垦西部草原，致使本世纪30年代发生了空前的黑风暴，导致310km²土地的荒漠化。据不完全统计，前苏联从1954～1957年，在西伯利亚和哈萨克斯坦开荒3200km²，把旱作区推进到150mm等雨线，形成土地沙化，滚滚流沙，尘风暴迭起，结果连种子都收不回来，损失巨大。

2. 滥用水资源

由于中国仍以大水漫灌方式灌溉，水资源浪费现象严重，而西北和华北地区干旱少雨，加上水资源未合理分配与管理，造成河流上游过度用水，下游缺水，大面积植被枯死，土地沙化。而当地居民又超量放牧羊群，更加速了草场退化、沙化速度。目前沙化面积已达6万km²，为沙尘暴提供无尽沙源；另外由于水资源不足，大量超采地下水，也导致地面植被大面积死亡，土地退化。如河西走廊的石羊河流域是最突出的一个实例。石羊河年均径流量约12亿～15亿m³，主要流经武威与民勤两个盆地。建国以来，在上游地区修建了许多水库，山区河川径流量，基本上全部被拦截，导致山前平原地下水补给逐年减少，溢出带泉流量严重衰减，原泉灌系统被迫改为井灌，地下水位急剧下降，形成恶性循环。随着武威地区耗水量的迅速增加，下游民勤盆地的来水量，由50年代的5.47亿m³，急剧下降到90年代1.5亿m³左右，导致下游河流断流，湖泊干涸，河灌改为井灌，地下水位大面积持续下降，水质恶化，土壤盐渍化面积不断扩大，大片灌木林、沙棘林衰败死亡，草场退化，绿洲退缩，大片耕地撂荒，并被沙漠所替代。因而沙漠面积不断扩大，沙漠化日益严重，生态环境急剧恶化。

3. 滥牧

过度放牧往往也引起草原荒漠化发生，由于长期超限利用，比如沙漠化地区草场超载率达到50%，部分地区甚至高达300%，不但造成草原大面积退化、沙化，每年以两三千万亩的退化速度扩大，而且草原生产力也比50年代下降约30%～50%。草原“五十年代没腰深，六十年代没臀，七十年代没膝，八十年代没脚脖子”的顺口溜形象地说明这种困境。牧场牲畜数量超过载畜时，优良的牧草被大量取食，留下饲料价值低劣的牧草，草种数量减少，草地质量下降，加上牲畜反复践踏，地表被破坏，出现斑点状裸地，继而加剧扩大连片，也引起较为严重的土地荒漠化现象。另外，在湿润和半湿润区森林植被遭到严重破坏后，水土流失加剧，尤其在沙页岩、紫色沙页岩和花岗片麻岩地区，一旦表土流失，下层的风化壳抗蚀力减弱，粘粒流失，而沙砾留在地表致使大面积土地荒芜成为不毛之地。

4. 滥采

每年春秋两季，大批人员涌入内蒙、甘肃等地开采经济价值高的甘草、发菜和中药材，加上各式采矿工程大面积毁林除草，破坏植被，导致大片森林，草场沙化。

5. 滥伐

因为沙化地区主要能源为燃烧薪材，随着人口的增加，居民大量砍伐林木，甚至连用来防风固沙的防护林也不能幸免。

6. 滥猎

富经济价值的野生动物因为栖息地被破坏或遭大量盗猎，数量锐减，使维持生态系统平衡的生物链失衡，间接造成沙化。如青海原本专吃野鼠的猎隼非常多，后因大量被盗捕，使鼠害泛滥，大面积啃食草原，导致土地荒漠化。

总之，不合理的人为经济活动是引起土地荒漠化的主要根源，气候因素只是在某种程度上助长或加速了这一进程的发展。

三、荒漠化的危害

土地荒漠化造成的结果是贫困，土地肥力下降，靠降雨的农田和靠灌溉的土地的退化，生产潜力减低，甚至完全丧失生产力。我国有1.7亿人口受到荒漠化的危害或威胁，约有2100km²农田遭受荒漠化危害，粮食产量低而不稳，由于荒漠化，造成大面积草场牧草严重退化，载畜量下降；800km的铁路和数千公里的公路因风沙堆积而阻塞。据估算，全国每年因荒漠化危害造成的直接经济损失达20亿～30亿美元，间接经济损失为直接损失的2～3倍。据载，1997年4月15日西北地区爆发了一场范围广大的沙尘暴，兰州、银川等城市沙尘弥漫，不见天日，并波及华北、华东等地区。有关专家认为，上述沙尘暴主要是由于西北地区沙漠化日趋严重形成的。近20年来，沙尘暴天气不论是发生频率或强度，均逐年有所增加；特别是1993年5月5日在河西走廊发生的那次黑风暴，直接经济损失7亿元，兰新铁路中断一星期，金川有色金属公司被迫停产，沙漠向前推进8m，如果不积极采取防治荒漠化措施，那么今后沙尘暴的影响范围将越来越大，危害也越来越严重。

荒漠化给人们的生活与生存带来直接危害。据调查，全国有5万多个村庄和城镇经常受到荒漠化的危害。内蒙古鄂托克旗30年间流沙压埋房屋2200多间，迫使700多户村民迁移他乡；甘肃民勤县中渠乡由于沙化和盐碱化，全乡66.6余km²耕地有53km²撂荒，全乡1.4万人，最近5年间，就迁走了3000多人；地处塔克拉玛干沙漠南幽静的皮山、民丰两县因风沙危害，县城先后两次搬家，策勒县城则搬了三次。荒漠化造成土地质量下降，可利用土地资源锐减。全国荒漠化地区的退化草地已达105万km²，占草地总面积的56.6%；退化耕地7.7万多km²，占耕地总面积的45.5%，超过江苏、广东两省耕地面积的总和。据测算，因草地退化造成的损失相当于每年少养绵羊 5000 万只，荒漠化造成粮食每年减产 30 多亿 kg。

对大中城市、工矿及国防设施造成严重威胁。西安、兰州、乌鲁木齐、呼和浩特、银川等数十座大中城市长期受到沙尘危害，成为这些城市大气环境的重要污染源。仅 2000 年 4 月 6 日，北京首都国际机场因沙尘暴延误 300 多个航班。

从 1949 ～ 1985 年，秦岭的森林植被覆盖率由 36.5%下降到 27%左右；商洛地区解放初有森林植被 43 万 hm²(640 万亩),仅经 20 年(到 1971 年)只留下 26.5 万 hm²(398 万亩)，减少了近一半，结果使山区森林线升高 300 ～ 500 米之多，使水土流失、滑坡、泥石流等生态灾难加剧。山区河流水质恶化,水量减少。而且这种恶化趋势还在加剧! 草地的退化、沙化使其产草量和载畜量严重下降,新疆的草地,平均 1.49hm²（22.35 亩）载畜量仅为一只。

第二节　风成床面（地貌）的发生与发展

发生荒漠化的土地，在风力作用下，泥沙颗粒在移动过程中，将聚集成一系列不同的地表形态。虽然其种类繁多、千姿百态，但仔细剖析起来，不外乎三种基本类型，即沙纹、沙丘和巨型沙丘。这三种类型的波长分别属于不同的数量级,沙纹 0.01 ～ 10m,沙丘 10 ～ 500m 和巨型沙丘 0.5 ～ 5km，而以沙纹和沙丘（链）为常见。

一、沙纹

风成沙纹在迎风坡面微微向上凸起，与地面成 8° ～ 10 ° 的夹角；背风坡面的峰顶附近比较陡峭，接近沙砾的休止角（30° 左右），而在稍向下风方向处，因以较大角度下落，或在空中因相撞而成锐角打在床面上的跃移质的冲击作用，坡面所成的角度较小，约在 20° 左右（图 16-1）。整个沙纹在外表上看起来具有明显的不对称性，沙纹波长在 10cm 左右，波高多为 0.5 ～ 1cm，沙纹的波长与波高的比值平均在 18 左右，但变化范围较大。

拜格诺指出，风成沙纹是跃移运动的直接产物，跳跃起来的颗粒以较平的角度降落到床面，对后者有冲击力，当地面因某种原因形成一个较小的洼地，如图 16-2 中 ABC 部分。在洼地的背风面 AB 上和迎风面 BC 比较起来，跃移颗粒冲击点分离得要远一些，所受到的冲击次数相对要少一些，这样迎风坡上移动的泥沙要比背风坡上多得多，原始洼地将日益扩大。同时，因为斜坡 BC 所受到的冲击要比下风方向平整床面上所受到的冲击大，就这两种床面的交界点 C 而言，来自上风方向的泥沙的速度要比移向下风方向去的泥沙速度快，结果就会使泥沙在 C 点附近聚集起来，形成第二个背风坡 CD,在这里泥沙的运动比较弱。由于受较强的冲击力作用而自 D 点外移的泥沙，要比沿着斜坡 CD 来的泥沙多，因此又形成第二个洼地。这样周而复始，使沙纹不断向下风方向延伸。风成沙纹的波长实质上正是反映了平均沙粒在朝下风方向的行程所

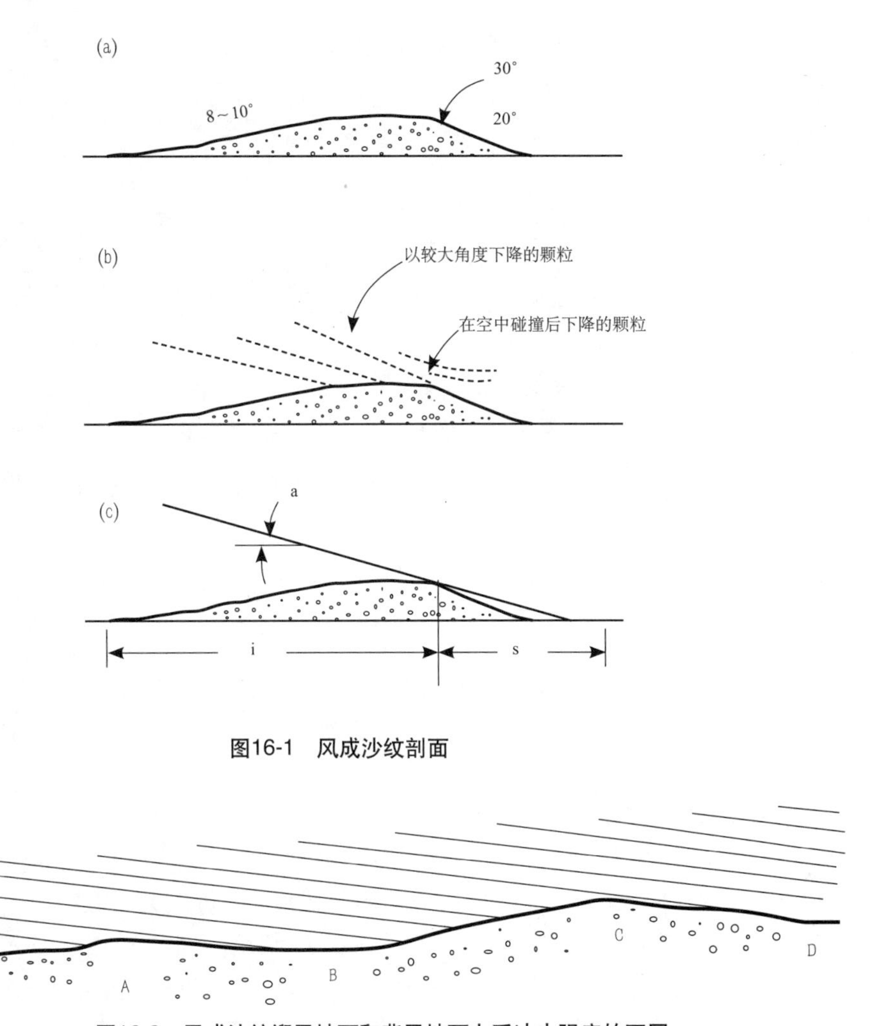

图16-1　风成沙纹剖面

图16-2　风成沙纹迎风坡面和背风坡面上受冲击强度的不同

作的跳跃距离（表 16-1）。

夏普（R.P.Sharp）研究指出，风成沙纹的波长除与风速有关外，还与泥沙粒径的大小有关，并认为组成沙纹的物质主要是表层蠕移质，随风速增大跃移质冲击角和沙纹波高有减少的趋势，波高则因组成物质的变粗而增高。

二、沙脊

沙脊是沙纹的一种，发生在有粗颗粒泥沙补给而且正处在侵蚀下降状态的沙漠地区，在床面吹蚀过程中；粗颗粒逐渐聚集成层，并因跃移质的冲击作用，以地表蠕动的形式沿着迎风坡向上运动，在越过峰顶后，落入背风坡上的风荫区，在那里沉降下来，如果这样的粗颗粒不被风力的直接吹扬作用带动，则它们就会在峰顶附近聚集使沙纹发展成长，形成了沙脊。

表16-1　风成沙纹的波长与平均沙粒飞跃距离的对比

摩阻风速（cm/s）	19.2	25.0	40.4	50.5	62.5
平均沙粒飞程（cm）	2.5	3.0	5.4	8.0	11.6
实测沙纹波长（cm）	2.4	3.0	5.3	9.15	11.3

沙脊是比沙纹更大的地表形态，波长一般 0.6 ～ 1.0m 左右，波高达 5 ～ 8cm，波长与波高比值平均为 15 左右。在沙脊的波谷表面，粗颗粒泥沙不会超过 10% ～ 20%，但在峰顶附近则往往占到 50% ～ 80%，最粗的颗粒直径可以达到 2 ～ 5mm，甚至 1cm 以上。

风成沙纹沙脊在横向排列上都形成与风向垂直的连续波峰，外形比较规则。

三、沙丘（链）

在平坦裸露的荒漠上，最常见的风成地形是新月形沙丘，以及由此组成的沙丘链。

沙丘发育可以分为饼状沙丘、盾状沙丘、雏形新月形沙丘及真正的新月形沙丘四个阶段。

在植被丛的周围经常可见到舌状丘（或缓凸形沙丘），这是大沙丘形成的最初阶段。

植物的摩擦作用使风力降低，促使风沙流中的沙沉积，当沙粒不断堆积达到一定高度之后，沙堆本身变成了障碍物，风开始从沙堆顶部及两侧迂回而过。

当强风时，越过沙丘顶部的气流能在沙堆背风面形成一个与气流相反的反向涡漩，和主要气流相互作用而使沙粒沉积形成落沙坡，迂回沙堆两侧吹出两个顺风的兽角。这时沙堆已具有新月形沙丘的雏形，进一步发展就形成新月形沙丘。图 16-3 表示了单个新月形沙丘的形态及其发展过程。

如果沙源丰富，那么在新月形沙丘云集的地区，各个沙丘可以联结起来，形成新

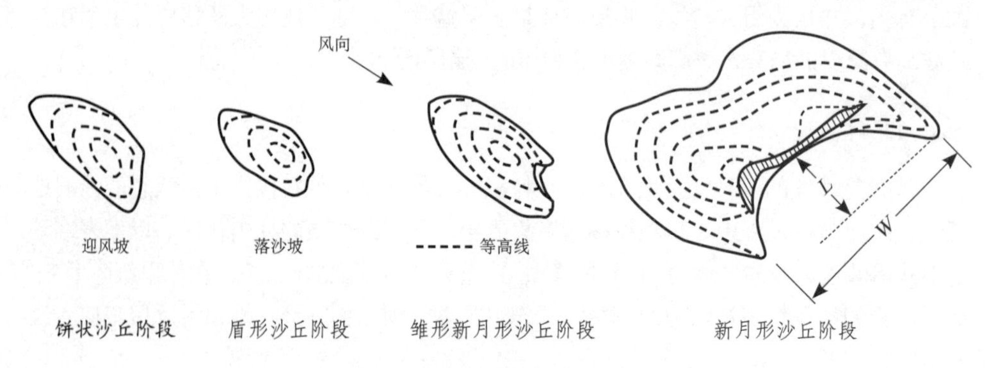

图16-3　新月形沙丘及其发展过程

月形沙丘链。沙丘一般高 3 ～ 15m，有些地区则能达到 30m。

当一个地区有两种主要风向经常交替地吹时，按这两种互相垂直的主要风向所形成的两种互相垂直的新月形沙丘链就能发展成为格状的新月形沙丘链。

在大沙漠内，还可见到其他类型沙丘，如在单向风或数个近似定向风的条件下形成的纵向沙垄以及在山前气流受干扰而形成金字塔形沙丘等。

沙丘的移动，一般表现为迎风坡侵蚀，背风坡淤积，从雏形新月形沙丘开始，陡峭的滑动面逐渐形成，流线在滑动面顶分离，在坡下形成一个涡辊，使沙集中在这里。值得注意的是虽然风速在沙丘顶部最大，但沙丘表面最大吹蚀量却发生在迎风坡的坡腰地段。

随着沙丘迎风坡面的侵蚀和背风坡面的落淤，整个沙丘将沿着气流方向徐徐移动。沙丘移动的速度主要取决于风速的大小，其与风速的关系实际上是风速与输沙量的关系。根据研究，输沙量与超过沙粒开始运动的定向起动风速的三次方成正比。因此，当风速超过起沙风速后，沙丘移动的速度随风速的加大而急剧加快（表 16-2）另一方面，沙丘移动的速度与其本身的高度成反比关系，即沙丘越高，移动速度越慢（表 16-3）。

四、巨型沙丘

巨型沙丘多出现在特殊干旱的沙漠地区，如撒哈拉大沙漠和阿拉伯大沙漠等。秘

表16-2　各种风速下的输沙量和沙丘前移值

2m高度处的风速（m/s）	通过丘顶0～10cm高程气流中的含沙量（g/min）	沙丘前移值（cm/h）
4	0.59	1.77
5	1.22	3.07
6	2.20	4.81
7	3.62	7.04
8	5.57	9.79
9	8.16	13.08
10	11.48	16.98
11	15.63	21.48
12	20.73	26.65
13	26.85	32.60

表16-3　不同高度沙丘的移动速度

沙丘高度（m）	移动速度（m/a）
2.5	22.5
3.0	19.0
4.0	14.0
5.0	8.7
6.0	7.5
8.0	6.2
9.0	5.0
13.0	4.0

鲁有名的pur-pur巨型新月形沙丘（图16-4），沙丘高55m，宽850m，长2000m，在它的迎风面和两臂的延伸方向都可以看到次一级的新月形沙丘，巨型沙丘一般需要几年的时间就能形成，但这种巨型沙丘需要几千年的时间才能形成。

巨型沙丘还具有各种不同的外形，有的成角锥状，高达150m，周径达1～2km，称为金字塔沙丘。

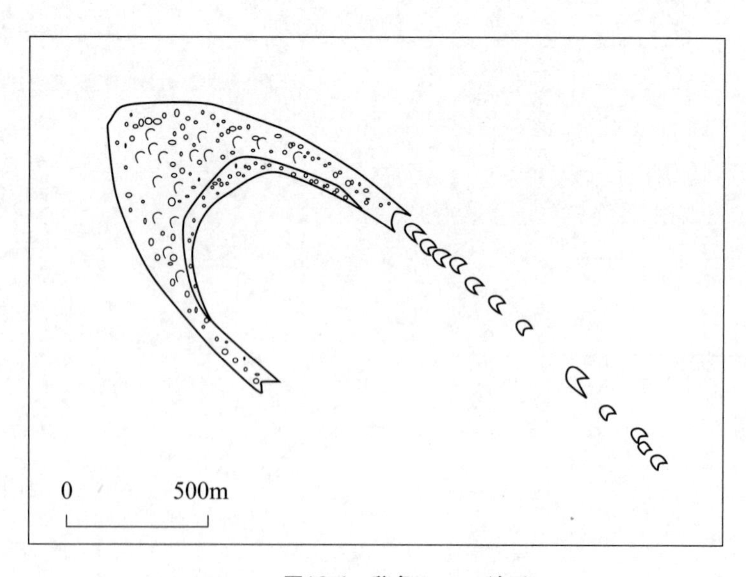

图16-4　秘鲁pur-pur沙丘

第三节　荒漠化土地的性状

一、沙地的机械组成及养分条件

荒漠化土壤中，石英沙粒的含量比例大。受风扬作用愈久，沙粒分选性愈好，磨圆度愈高，一些易碎矿物，如石膏、角闪石、长石、云母和绿泥石等数量愈少，而沙粒含量愈高，一般可达 90%～98%。石英沙粒难溶于水，其所含成分不为植物生长所必需，因此纯净的石英沙地往往是最为贫瘠的。大量研究结果表明，沙地土壤的养分状况，通气透水性以及水热状况与沙地的机械组成密切相关。卡尔库萨研究（表 16-4）表明，沙地机械组成中粉粒和物理性粘粒数量越大，就越能提高土壤的持水量，和有用化学成分的含量，土壤营养元素含量越高。

我国治沙工作多采用下列机械组成分级标准：

粗沙粒，沙粒直径＞ 1.0mm；粗沙，沙粒直径 1.0 ～ 0.5mm；中沙，沙粒直径 0.5 ～ 0.25mm；细沙，沙粒直径 0.25 ～ 0.05mm；粉沙，沙粒直径 0.05 ～ 0.01mm；粘粒，沙粒直径＜ 0.01mm。

在研究沙地矿质的养分状况时，经常采用沙地水浸提液化学成分的分析材料，由其中所含可溶性盐类的性质和数量，就可以确定某一沙地中可为植物利用的可溶性物质是否够用，以及其中哪些是对植物有害的物质（如氯化钠、硫酸钠等），以便正确制定利用和改造沙地的技术措施。

根据对我国草原地带和半荒漠化地带各沙地水浸提液的分析，在流动沙丘上水溶性矿物总盐量不超过 0.05%，干残余物一般不超过 0.04%。这说明在流动沙丘上盐渍化特征不大，对栽培植物是有利的。而在荒漠及半荒漠地区的沙丘间低地，以及低凹的湖盆边缘的沙地，盐渍化程度都比较严重。

尽管不同的沙区，沙地中所含矿物成分以及其水浸提液的化学成分上有些差异，相对而言其肥力状况有着高低之分，但是，从植物营养条件的观点出发，沙地还是相当贫瘠的，因此，除了气候因素影响之外，往往由于养分不足限制了某些乔灌木树种

表16-4　沙粒直径与矿物元素的含量

沙粒直径（mm）	沙SiO_2	铝Al_2O_3	铁Fe_2O_3	钙CaO	镁MgO	钾K_2O	磷P_2O_5
1～0.2	93.6	1.6	1.2	0.4	0.5	0.8	0.05
0.2～0.04	94.0	2.0	1.2	0.5	0.1	1.5	0.1
0.04～0.01	89.4	5.1	1.5	0.8	0.3	2.3	0.2
0.01～0.002	74.2	13.2	5.1	1.6	0.3	4.2	0.1
＜0.002	58.2	21.5	13.2	1.6	1.0	4.9	0.4

的生长，有些乔灌木树种，不仅其生长势相当微弱，就是在其生长过程中亦呈现出枯梢以及死亡现象。

从植物生活所需的N、P、K等主要营养元素分析来看，沙丘和被植物初步固定的沙地最缺乏的是氮素，腐殖质含量也仅为0.021%～0.048%，这种营养状况使许多植物不能生长或生长极为缓慢，唯有豆科植物和豆科以外少数植物种能依靠根瘤菌固氮使沙地逐渐肥沃。也可采取积极的改土措施，如增施有机肥，使沙地在短期内变为丰产良田、牧场或丰产林基地。

二、沙地的物理性质

荒漠化土壤石英沙含量最大，因此，土壤的温度条件在很大程度上取决于石英的温度状况。根据B．P．威廉士测定的各种矿物成分的比热资料（表16-5）可知，石英沙的比热最小，而沙地的比热与石英沙相近，大致为0.790J，而含有一定粘粒和有机质的土壤，其比热值通常较高。

另外，石英沙的导热度较大，因此沙地亦具有较大的导热度（表16-6），白天增

表16-5　各种矿物成分的比热

矿物名称	比热（J）
大石英沙	0.790
小石英沙	0.811
粘粒	0.974
分解后的泥炭	1.995
未分解完的泥炭	2.212

表16-6　各种物质的导热度

物质名称	导热度（$J/cm^2 \cdot h$）
干沙	0.0017
干粘沙	0.0013
湿沙	0.0146
湿粘粒	0.0084
水	0.0050
雪	0.0021
空气	0.0021

表16-7　不同机械组成的土壤孔隙度

机械组成	总孔隙度（%）
粗沙	40.0
中沙	42.3
细沙	45.2
粘壤土	47.2
粘质黑土	50.3
粘土	52.7

温迅速，夜间又很快冷却。沙地表面昼夜温差较大，夏天沙表温度有时可超过空气温度30℃。当沙表温度增加到一定程度时，常可见到地表植物体的灼烧现象。

沙地具有比热小、导热度大、日照时数长和昼夜温差大等特点，在植物整个生长期中，沙地地区的总热量超过粘土地区，只要善于利用，可以看做是开发沙区和提高当地生产极其有利的一面。

据C. H. 克拉考夫资料可知（表16-7），通常沙地沙粒含量高，大孔隙的比重大，而毛管孔隙少，因此总孔隙小，而粘土最大。

孔隙度的大小不仅取决于母质矿物颗粒的大小，而且还取决于矿物颗粒的空间排列状况。在以吹扬为主的疏松沙地，孔隙度较大；为植物逐渐固定的紧实沙地，其孔隙度较小，充分表明机械组成相同的沙地可能有不同的孔隙度，而机械组成不同，孔隙度相同的沙土，并非意味着有相同的通气透水性。粘土的孔隙度虽然较大，但多为毛管孔隙，不仅影响通气透水性，而且限制根系的发育；相反，沙地土壤总孔隙度虽然不大，但非毛管孔隙度比重大，疏松透水，有利于根系伸展，但沙土的持水能力较差。

三、沙地土壤的水分状况

沙地的水分状况决定于沙地机械组成的状况。流沙地的非毛管孔隙多，因此具有很高的透水性和很低的毛管上升力。沙表面蒸发不大，因为下层水分是依靠气态水移动的，所以沙表干燥后蒸发很弱，这就大大减少了水分的消耗。

沙土的持水量决定于其机械组成和腐殖质含量。组成沙地的沙粒平均直径愈小，沙地有机物含量愈大，则持水量愈大。水在土壤中有以下几种形态：气态水、吸湿水、薄膜水，毛细管水和重力水。沙地水分虽然基本上与一般土壤相同，但却有其独特的性质。

气态水分布在沙粒间孔隙的空气中，在沙地中，气态水具有很大意义，气态水凝结是沙地水分来源之一，而且在干燥到呈吸湿状态的沙土中唯有气态水是能够移动的。

吸湿水是沙粒表面吸收气态水而形成的，沙粒全部蒙上一层水分子膜时，称为最大吸水量。沙粒对水分子的吸力很大，只有在105℃的高温下长时间加热，才能使吸湿水重新转变为气态水，因此吸湿水不能为植物所利用，吸湿水的数量决定于沙粒表面积总和，沙粒直径愈小，沙粒的总表面积愈大，吸湿水也愈多。

当沙土湿度超过了沙土的最大吸湿量时，就开始形成薄膜水。薄膜水借助沙粒和水分子间的内聚力吸持在沙粒上，薄膜水可由水膜厚处向水膜薄处缓慢移动，沙粒上的水膜厚度尚未超过分子力的有效作用范围时，仍可加厚，水膜厚度最大时的土壤湿度称为最大分子持水量。由表16-8可知，沙粒粒级越小，分子持水量越大。

植物根系可以利用一部分薄膜水，但是薄膜水移动的非常缓慢，故当沙土中只有薄膜水时，植物便会枯萎。

毛管水是土壤水的另一种状态，其移动受重力和表面张力支配，存在于地下水之上的沙层中，为大气降水湿润的沙土层中也可能有毛管水。地下水上升形成的毛管水和大气降水形成的毛管水常被比较干旱的沙层隔开。在这种情况下，由降水浸渍的沙层中的水分称为悬垂毛管水，不象和地下水连接的毛管水那样有水源补充。

表16-8　沙粒最大分子持水量

	沙粒直径（mm）	最大分子持水量%
粗沙	1～0.5	1.57
中沙	0.5～0.25	1.60
细沙	0.25～0.01	2.73
极细沙	0.01～0.005	4.75
胶沙	0.005以下	44.85

表16-9　不同沙粒级的毛管水上升高度

沙粒的粒级	毛管水上升的高度（cm）		最大高度（cm）	达以最大高度的时间（d）
	经过24h	经过48h		
粗沙（1～2mm）	54	60	65	4
中沙(1～0.5mm)	115	123	131	4
细沙(0.5～0.2mm)	214	230	246	8
极细沙(0.2～0.1mm)	376	396	428	8
粉沙(0.1～0.05mm)	530	574	1055	72

毛管水是植物可以吸收利用的水分，在地下水位低的沙土上，悬垂毛管水是植物水分营养的主要来源。在干旱地区，植物生长状况取决于沙地毛管水数量，而这一数量又取决于沙地的机械组成。直径大于 2mm 的沙粒间几乎没有毛细管作用，直径中等（2 ~ 0.2mm）的沙粒间毛细管作用微弱，直径为 0.2 ~ 0.02mm 颗粒具有强的毛细管作用，直径为 0.02 ~ 0.002mm 的颗粒具有极强的毛细管作用（表 16-9）。

沙地的高渗透性和低持水量能保证吸收全部降水，甚至吸收全部暴雨。被沙地吸收的雨水以重力水的形式渗透到粘土层或其他不透水层。这样，给沙地创造了在少量降水情况下积累更多水分的条件。沙土微弱的毛细管作用使土壤水分蒸发减到最低限度。这部分重力水虽不能为上部根系吸收利用，却是深层根系吸水生长的主要源泉。

第十七章
荒漠化防治措施

占国土总面积8%的荒漠化土地中，风沙活动和水蚀引起的荒漠化面积，几乎各占一半，由水力侵蚀引起的土地退化及沙漠化问题的防治措施在有关章节已作过详细阐述，本章仅就因风沙活动引起的土地荒漠化的防治措施作一简单介绍。

防治沙漠化的行动应优先考虑对还未退化或仅轻微退化的土地采取措施，然而也不能忽视严重退化地区。因此，对荒漠化的防治工作，一方面应采取行动做好预防监督工作，另一方面应对退化较重的荒漠化土地采取措施进行治理。

第一节　土地荒漠化的预防监督

目前，全国有393万hm²的农田和493万hm²的草场正受到荒漠化的威胁，如何摆脱或制止这些地区土地荒漠化的进一步发展，结合荒漠化发生发展的原因及我国的国情，应切实做好如下几方面的工作。

一、保护和恢复现有植被

我国的干旱、半干旱地区，有着辽阔的天然牧场，生产肉、奶、羊毛、皮革和其他畜产品，对满足人民生活需要和发展国民经济有重要作用。但长期以来，由于不合理的开垦、过度放牧、重用轻养破坏了草原的生态平衡，使草场退化，生产力下降，产草量降低。目前，全国已有退化草原面积0.87亿hm²。这些地区水源紧缺，生态系统脆弱，土地荒漠化潜在可能性大，一旦植被遭到破坏，较难恢复，风吹沙扬现象加剧，极易出现新的或者更为剧烈的荒漠化。因此，在这些地区保护和恢复现有植被，稳定草原生态系统，提高生态环境的结构、功能对防止荒漠化的发生、发展意义重大。

二、合理开发、利用土地

农业是国民经济的基础，解决15亿人口的吃饭问题是中国面临的头等大事。在中国农业生产的基础设施，农业生态环境状况和农业生产基本条件还没有根本改善的情况下，人口在以平均每年1700万人的速度增长，而耕地面积却以每年平均30万hm²左右的速度逆减。加之水土流失比较严重，土地荒漠化和盐碱化不断扩展，土壤有机质含量逐年减少，都给我国农业发展造成了严重困难。

从历史上看，我国的粮食产量增长主要靠两条，一条是通过改进生产技术，完善生产条件，增加粮食单产；另一条则是通过开荒拓地，增加耕地面积。这虽然在很大程度上解决了吃粮问题，但过度毁林、毁草开垦，大大加剧了土地荒漠化的发生和发展，致使全国目前有 393 万 hm^2 的农田受到荒漠化的威胁。

为防止该类土地荒漠化程度进一步加剧和杜绝新的荒漠化发生，需要制定合理的土地开发、利用规划，加强土地荒漠化发生、发展和指标体系的研究，为荒漠化防治提供依据；研究适合于不同类型荒漠化土地的最佳土地利用方案以恢复其生产力；选择和培育适合生长于不同荒漠化生态条件下的优良物种，以提高其生态经济效益。严防无计划、无节制地盲目开垦土地，对宜垦土地的开发利用，应将荒漠化的预防监督工作放在首位，杜绝先破坏后治理现象；对已开垦土地中荒漠化潜在威胁较大的土地，应尽早退耕还林、还草，恢复植被；对人多地少一时难于退耕的土地，一方面应合理规划防护林带（网），建立综合性防护林体系，发挥其防风固沙，改善生态环境的功能，另一方面通过合理的农业技术措施，如草田轮作，合理农作物轮作，增施有机肥料改良土壤性状，以及其他一些能够防止风蚀发生的农业技术措施，使土地不致因农业生产而发生荒漠化和土地退化现象。

三、建立荒漠化监测及信息系统

《21 世纪议程》中指出，对于有荒漠化倾向和干旱的地区，需要有更好的信息和监测系统，并且政府应该建立和加强国家系统，测估荒漠化对经济和社会的后果。因此应积极开展荒漠化土地的分布、面积类型，以及有关自然和社会条件的基础性调查，建立土地荒漠化的指标和评价体系，实现全国数据采集和分析方法的标准化，并应用航、卫星遥感资料，结合地面试验站进行荒漠化监测和发展趋势的预测和评估，掌握土地荒漠化演变的动态规律，以及建立地方级荒漠化监测机构，及时获取荒漠化发生、发展的有关数据信息，并由国家级荒漠化土地环境资料存储数据库统一管理，在综合分析、评价基础上，确定那个地区应优先采取行动，并有针对性地提出防治措施，防止荒漠化的发生与扩展。

四、建立合理的经营机制，促进新的生活方式

在干旱和半干旱地区，传统的生活方式是依赖于农牧业，由于干旱的气候条件和人口迅速增加的压力，这种生活方式常常不够充分而且无法承受。因此亟需建立适合荒漠化地区经济发展的新的经营机制，一方面进一步完善以承包经营土地为主要形式的家庭联产承包责任制，明确土地经营者的责、权、利，充分调动经营者合理利用和保护承包土地的积极性，防止土地退化和荒漠化发生。另一方面，建立荒漠化地区农村金融体系并实行优惠政策，扶持和促进家庭手工业，野生动物饲养业，渔业，立足农村的轻型制造业和旅游业等行业的发展。广开脱离农田的就业机会，让贫困的农村人口不再使用贫瘠的土地种植粮食，而是种植林草，恢复土地生产力，从新的经营体制和生活方式上防止土地的荒漠化。

五、开发农业新技术、增加经济发展的科技后劲

我国广大沙区年积温高，日照时数长，昼夜温差大，光照充裕，只要善于利用，可以看作是开发沙区，提高当地生产最广阔、最廉价的自然资源。合理开发利用荒漠化地区资源，发展经济，不仅是荒漠化地区人民摆脱贫穷之路，也是防止土地荒漠化的主要措施之一。因此，只要根据荒漠化地区的实际，运用系统工程理论，优化农、林各业的土地利用结构；研究和推广荒漠化地区农业新技术，如采用节水技术、合理利用水资源；筛选和培育抗旱、耐瘠薄改土作用强的作物品种，合理确定种植密度；研究和推广畜牧业新技术，如建立人工草牧场，研究开辟饲料新途径，以草定畜，计划放牧，实行圈养、舍养，以及研究和推广生活用能源新技术，如风能、太阳能的利用，就能促进荒漠化地区的经济发展。经济条件改善后，人们对环境质量的要求和保护环境的意识也将随之而提高，对土地荒漠化的预防和治理才真正有了保障。

第二节　流沙治理

干旱地区大面积的流动沙地，固定和半固定沙地，因干旱、风蚀、沙压、沙打、沙害等造成了很大危害，并且细小微粒尘土到处飞扬，给人们的身体健康也带来了巨大危害。如在80年代中期，撒哈拉沙漠地区的旱灾约造成了300万人死亡，加之生产力的丧失和发展资源的转移,使当地人民遭受到极大危害。因此急需采取措施加以治理。治沙的措施有两大类，其一是机械固沙，其二是植物固沙。前者有沙障固沙和化学胶结物固沙；后者有防护林、固沙林等。

不同的方法和措施可能都会产生使流沙固定的效果，关键的问题是要考虑具体地区的自然条件和社会经济条件，如是否容易取材和成本多少，固沙后经济效果如何。因此，在一个地区的具体条件下，自然应该有一个最优的方法可供选择，较之其他方法成本最低，固沙效果好，而且经济效益显著。

从气候条件来看，在降雨量满足植物生长的地区应以植物直接固沙为主，在必要时辅以工程措施。随着降雨量减少，植物成活难度增大，多半采用机械固沙和植物固沙相结合的方法，在荒漠极端干旱植物难以生长的地方就转变为以工程固沙为主。当然在有灌溉条件的地方，植物固沙仍然是最好的方法。

一般说来，植物固沙优于机械固沙，因为植物可以世代演替，长久地使流沙固定。就目前所采用的材料来看，机械固沙一般只能维持2～3年，固沙效果逐年降低。而植物则不然，是逐年增加的。植物枯落物的分解不仅可以改良土壤，同时也有固结土壤的作用，最主要的是植物有经济利用价值，能产生经济效益。

一、沙障固沙

在干旱地区固沙造林之前，首先要使流沙固定，否则在沙丘上植树，不可避免地要受到剧烈的风蚀而使固沙造林失败。

为了使流沙固定，常采用各种形式的障碍物来加固沙表或削弱近地表层的风力，通常把这些障碍物称为沙障。沙障受秸秆材料的限制一般仅能维持 3 ～ 4 年，因此，采用沙障的目的仅仅是为了给植物固沙创造条件，沙障分为平铺式沙障和直立式沙障两种。

1. 平铺式沙障

平铺式沙障通常是采用柴、草、土、石等铺设而成，主要用于固定就地流沙，而对过境流沙的拦截作用不大。如采用粘土或泥墁沙面，虽可有效地固定流沙，但降水不易下渗，水分条件不好，不利于植被生长。若采用铺草或压卵石，则水分条件较好，有利于植被定居、生长。铺草厚度不宜太厚，过厚不仅浪费材料，而且沙地在其覆盖下，地表变坚实，通气不良，影响降雨入渗和植物生长。铺草过程中，一般将柴草全面或带状覆盖在沙面上，铺后用湿沙盖住，柴、草和沙混合在一起后，就不致被风吹走。

2. 直立式沙障

直立式沙障大多是积沙型沙障，对过境流沙的拦截作用较大，根据沙障高出沙面的高低，有高立式、半隐蔽式和隐蔽式之分。高立式沙障通常高出沙面 50 ～ 100cm；半隐蔽式沙障高出沙面式 20 ～ 50cm；若沙障与沙面等高，或高度在 10cm 以下者，为隐蔽式沙障。

风沙运动是一种贴近地面的沙子搬运现象，其搬运的沙子绝大部分是在离地表 30 cm 的空间内通过，且又特别集中在 0 ～ 10cm 高度的空间内，占 80% 左右。因此，生产实践中多采用半隐蔽或隐蔽式沙障。高立式沙障不仅费用高，而且拦沙效果也并非一定比前两者好。

为了发挥沙障的较大固沙效能，在沙障高度和间距等参数一定条件下，应根据当地的风力和沙源来确定选用那种结构类型的沙障。当风沙流遇到不透风或紧密结构的沙障时被迫抬升，流速加大，而在沙障背风面急剧下降，沙障前后产生强烈的涡动，气流载沙能力降低，在沙障前后形成积沙，尤其当沙源充足时，积沙厚度很快与沙障等高，沙障失去拦沙能力。

若采用空隙度 25% ～ 50% 的透风沙障，沙障前没有或仅有很少积沙，而在障后却能较均匀地积沙，防护距离可达 7 ～ 14 倍障高。沙障不易被沙埋，也不易形成凸、凹不平的“驴槽地”，且沙障拦蓄沙粒的时间长、积沙量大（图 17-1）。

在主风方向明显的地区，沙障走向应与主风风向垂直，在沙丘迎风面呈行式按沙丘等高线设置。沙障的间距，决定于新月形沙丘链地面坡度和沙障本身的高度。当沙障较高时，间距可大些，低矮的沙障间距宜小些；沙面坡度平缓的间距大，较陡的间距小；风力弱时，间距大，风力强时，间距宜小。亦可以通过下式具体计算得到沙障

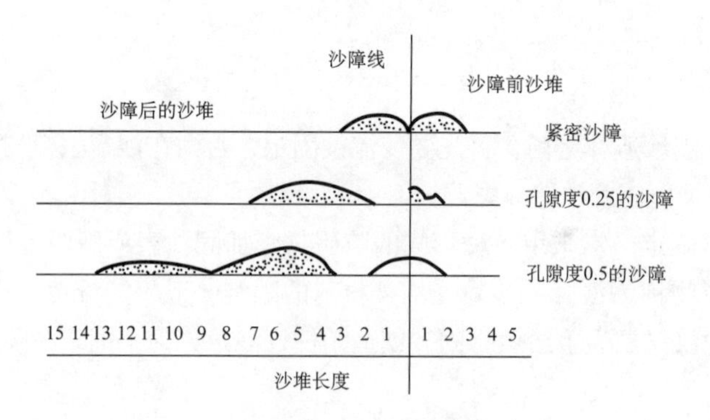

图17-1　不同空隙度的沙障周围的积沙情况

间距，即：

$$D=H\text{ctg}\,\alpha$$

式中：D——沙障间距（m）；

H——沙障高度（m）；

α——沙面坡度。

从固沙的角度看，沙障间距不宜过大，大量的研究证明，间距4m以下的沙障，其固沙作用较为稳定。

二、化学固沙

沙障材料体积庞大，不易运输和机械化施工，从50年代开始一些国家研究便于机械化施工的胶结物固沙的方法，英国和以色列采用重油和橡胶混合物，美国采用环氧树脂，石油树脂水乳化液，荷兰采用合成树脂，前苏联采用沥青乳剂以及最近采用油母页岩矿液等喷洒沙面，但一般成本较高。

由于现代科学技术和化学工业的发展，许多国家把能改良土壤结构的高分子化合物制成商品广泛地用于农业户，一般施用量较小，仅施用土重的0.1%～0.15%，就可使土壤团粒结构显著增加，增产效果也非常明显，例如美国W. P. 马丁在俄亥俄州立大学农场的石质沙壤土上用圆盘耙混合0.1%CRD-186制剂，土壤团聚体数量显著增加，燕麦产量增加40%，在甜菜地施用CRD-186（为土重0.15%时）团聚体量较对照增加49%，产量增加30%，用于固沙时一般不影响种子发芽和生长，反而有促进生长的作用。

沙地在自然状况下成土过程缓慢，要使流沙变成含有腐殖质、有团粒结构的肥沃沙壤土大约需要数十年之久，因此必须应用现代科学技术以最小的投资，以自然界不可比拟的速度，加速流沙的固定和沙土的熟化过程。除上述人工合成的高分子化合物外，还可以利用天然有机物，如棉柴、芦苇、泥炭、褐煤、树脂、木材（纸浆）废液以及城市垃圾废物等作为原料，从中提取天然高分子化合物，包括多糖、多糖醛、纤维素、半纤维素、木质素、树脂酸、腐殖酸等，提取产物多呈粘液或加工成固态粉剂施用，兹介绍两种较易制备的化学固沙剂。

1. 沥青乳剂

喷洒沥青乳剂可以胶结单个沙粒形成多孔的固结沙层，能抵抗 9m/s 风速，除非机械破坏，可保持 2 ~ 3 年之久，为防止风蚀和植物固沙提供条件。

据试验，焦油、焦油沥青、石油对种子和幼苗有害，唯有石油沥青对植物无有害影响。配制沥青乳剂的关键技术问题是选择合适的乳化剂，否则沥青和水就会分离不能结合。最常用的沥青是以亚硫酸盐（造纸废液）做乳化剂。因为亚硫酸盐碱液对电解质有着高度的稳定性，它的 pH 在 1.5 ~ 9.5 范围内变化，不致被破坏。

石油沥青乳剂的配置方法是把沥青装入一锅内，加热到 160℃。在另一锅里装水，加热到 90 ~ 95℃，每 1t 热水中加入 10kg 的亚硫酸钠和 3kg 的苛性钠。然后，将沥青与亚硫酸碱液按 1 ∶ 1 的比例配合，注入混合器搅拌即成。使用时将配好的乳剂稀释以 9 份的水，即可喷洒于沙地。

每平方米用稀释的乳剂量为 2kg 时（沥青量 100 ~ 150g）有最大的稳定性。沥青渗透至 0 ~ 7mm 的沙层内把沙粒胶结起来。沥青胶结层不会使沙地透气性变坏。沥青膜能缩小沙地温度的昼夜变幅，不影响播种的植物的种子发芽。据试验结果显示，黑梭梭的生长高度、冠幅、根系深度都为对照区的 1.2 ~ 1.3 倍。

2. 油母页岩矿液（乃路近 $Hapo_3NH_4$）

70 年代前苏联又试制了一种新的固沙胶结物，制备技术比沥青乳剂简便，这种胶结物称为乃路近（乃路近 $Hapo_3NH_4$），是一种由油母页岩制成的黑色液体。用拖拉机牵洒沥青机或用 AH ~ 2 飞机来喷洒每公顷用量 3 ~ 4t，在沙地表面形成覆盖层，厚度 3 ~ 4mm。每公顷喷洒 3t 的用量不会对土壤、地下水以及植物生长造成污染，乃路近覆盖沙面，为天然植被加速恢复创造了条件。1973 年调查，经处理地段每公顷收饲料 27t，其中有 1.0t 燕麦，而自然生长的短命植物，饲料每公顷不超过 0.36t，而在对照地播种沙燕麦却是不成功的。

三、植物固沙

植物固沙则是通过植物个体或群体对气流产生阻力，降低风速，起到防止风蚀的作用。另外，根系的盘结也固持了沙地。植物的枯枝落叶不仅覆盖地表，而且腐烂分解后可改良土壤理化性状，对流沙治理有积极的作用。植物固沙的措施很多，在有人力的地方，可通过直播和扦插固沙，边缘地区可通过飞机播种固沙。

1. 直播固沙

沙生先锋植物中并不是所有植物种都能直播成功，目前试验成功的植物是豆科灌木花棒和踏郎。这两种灌木适于流沙环境，生长迅速，当年生苗高可达 20cm 以上。生长愈快、枝叶愈茂密，对风沙影响的群体作用也就愈大。这些当年生直播幼苗之所以能够在流动沙丘上存活下来，发挥固沙功能，主要还是靠一定数量的幼苗构成的群体效应。群体的边缘虽有一部分幼苗受风蚀，甚至死亡，但群体中心地区的幼苗则能较为健壮成长。

调查研究证明，沙丘迎风坡上的保存率与幼苗密度有密切的关系。幼苗面积在1000m²以上，每平方米幼苗密度为20株的花棒，当年的面积保存率可达50%以上，3～4年沙丘迎风坡就被固定。由于播后鼠虫对种子和幼苗造成危害，应适当增加播种量以保证一定的幼苗密度。在榆林沙地，目前花棒每公顷播22.5kg，踏郎播15kg较为适合。

花棒和踏郎可以采用覆沙的条播或穴播，条距1～2m，穴距0.3m×0.5m，品字形配置，覆沙4～5cm，也可以不覆沙播种。为防止花棒种子位移，可采用种子外裹上一层粘土的方法使重量增加至4～5倍。种子依靠自然覆沙，遇有透雨即可发芽。

花棒、踏郎种子容易受鼠害，小面积播种常因鼠害而失败。为防鼠害可采用毒饵毒杀的方法，用内吸杀鼠毒剂氟乙酰胺效果最好。出苗后有黑色金龟子虫害，冬季又有兔害都是降低保存率的重要原因，必须加以防治。

2. 植苗和扦插造林

在干草原流沙地上，按适当深植和合理密植要求，采用植苗和扦插造林方法，造林后1～2年即可接近郁闭，完全可省去扎沙障的工序，目前试验表明，较成功的灌木树种有沙柳、花棒、紫穗槐、踏郎和沙蒿等。

我国陕北、宁夏栽植沙柳时，多采用簇式栽植法，该方法"疏中有密"，既可以抗风蚀又可解决密度过大造成水分、养分不足的问题。陈世雄在总结群众扦插沙柳经验的基础上，又对簇式形式的不同密度做了对比试验（表17-1），在不扎沙障情况下，以0.5m×1.5m配置的簇式扦插的（每丛4～5个插条）生长最好，风蚀最轻。0.5m×2m簇植的和0.1m×1.5m株行距式密植的，虽然密度比簇植的大（7株/m²），但由于株间产生了间隙风的缘故，所以比簇植的风蚀强，生长也不好。

沙柳喜沙埋不耐风蚀，沙丘迎风坡或丘间地未受沙埋的远不如背风坡基部受沙埋的沙柳生长好，要采取平茬的办法促进其生长。

表17-1　4年生沙柳（在新月形沙丘链上）不同密度的生长情况

	造林方式	每m²株数	高生长(cm)	地径(cm)	冠幅(cm)	4年生积累风蚀深(cm)
1.0×1.5	簇植	3	106.5	0.8	78×55	22.9
0.5×2.0	簇植	4	101.8	0.9	76×58	18.0
0.5×1.5	簇植	5	129.5	0.9	80×71	12.0
0.1×1.5	行植	7	111.0	-	60×58	27.0
0.05×1.5	行植	13	65.0	-	44×35	-

1963 年，北京林学院与中卫固沙林场及宁夏农科所等单位协作在试验地为 3 ～ 7m 的中格状沙丘的中上部，无沙障保护，花棒栽植造林采用株行距 0.5m × 1m 的两行一带，带距 2m，栽深 70cm 并以栽深 45cm 的作对照，很难抵抗这样风蚀深度，但在迎风坡中上部转移交换区避免了严重风蚀。深栽 45cm 的保存率为 66.5%，栽深 70cm 的高达 81%，生长效果也是深栽的好，经过一个生长季节，地上部分在 0.5m 株距下已经开始郁闭，除林缘尚有风蚀外，大面积林地上出现积沙现象。

榆林地区林业局的研究表明，紫穗槐在榆林沙区，冬季最低气温零下 30° C 时出现枝梢冻干现象，但是第二年仍能从主干生出新枝，紫穗槐只要沙埋不超过枝条的 2/3 仍能正常生长。随着沙埋加厚，不定根生长也随之升高，因此在背风坡基部栽植，随着沙丘移动而布满背风坡，但在迎风坡则因风蚀生长不良。为解决风蚀问题，榆林沙区采用密植造林法，用 1 年生苗木成行密植，形成障蔽形式，从迎风坡下开始垂直主风等高带状开沟，沟深 40cm，宽 25cm，行距 2m，株距 10cm，第二年还可在行间栽植樟子松、油松等，这样栽植的紫穗槐 2 ～ 3 年就能起到防风固沙保护乔木生长的作用。

根据定边县长茂滩林场及西北农学院的研究，用两种沙蒿栽植，成活率较高（80% 以上），白沙蒿成活率不到 50%。枝条选择 3、4 年生少果带枝的黑沙蒿成活率高，秋季栽植沙层含水较多，成活率比春季高。采用沟植法，沟宽 20 cm，长 30 ～ 40 cm，开沟后将苗子靠下沿垂直放入，使根系舒展，枝长均匀紧接，然后从上沿填入湿沙，分两次踏实，地上留 10 ～ 15 cm 枝梢。

3. 飞机播种固沙

在人工撒播造林可以成功的地方，也可以用飞机播种，此法速度快，节约劳力，尤其适合于地广人稀的沙区，如一架运五型飞机一天可作业 1330hm² 左右，相当于地面 400 ～ 500 个劳力播种。当然飞播成效和气候条件有很大关系。根据榆林区飞播试验协作组在榆林流动沙丘的多年实践证明，我国东部沙区年降雨量 400mm 左右的干旱草原地带，如在 5、6 月份播种期内，有 20mm 左右的大雨，且自然条件和榆林沙区相类似，采用飞机播种固沙是可以成功的。但飞播成效还与播区的立地条件、飞播植物种类、播种时间、播种量、种子的播前处理以及播后管理等因素密切相关。流沙地飞播的主要技术：

（1）飞播的规划技术和飞播作业技术

飞机播种造林设计工作是在播种前一年进行。在调查的基础上，对播区沙丘类型，原植被类型，沙地水分状况等做深入调查研究，肯定调查地区适合飞播后，对播区测量，规划出接近平行主风的航播带，并埋设入航、出航标桩。绘制播区位置图（1/20 万）和编出飞行作业图（1/10000）和设计说明书。考虑飞播效率，根据航区的具体情况确定单程或复程的航带长，航高是影响播幅的主要因素，设计播带为 50m 宽大粒种子时，航高以 60 ～ 70m 为宜。

沙蒿等小粒种子，播带宽 40m 时航高以 45 ～ 50m 为宜。鉴于播幅中央落种密度大，靠近边缘密度小的问题，为使落种密度均匀，播幅宽应在播带宽度的基础上增加

20%～30%的重复系数。侧风速和侧风角是影响飞播作业质量的重要因素。根据实践经验要求侧风速不超过5.4m/s，侧风角度不超过40°（小粒种子不超过20°），超过此限制应停止飞行作业。在顺逆风飞播大粒化种子时，风速不应超过6～8m/s，播小粒种子不应超过6m/s。适时开箱和关箱是保证飞播量的重要环节，同一播带若播种两次以上不应固定一端入航。

（2）飞播固沙植物的选择

在流沙上飞播要选择抗风蚀、耐沙埋、生长快、自然繁殖能力强，而且具有较高经济价值的植物。

榆林沙区试播过的植物有踏郎、花棒、白沙蒿、黑沙蒿、白宁条、沙打旺、酸刺、沙枣、紫穗槐、棉蓬、沙米等11种，通过5年试验，选出踏郎、花棒两个固沙灌木较为适于飞播。

踏郎为豆科灌木，高1～2m，种子是扁的，播在沙面上很少发生位移，容易得到覆沙，覆沙后遇雨就可发芽，1年生幼苗平均生长高度可达18～24cm，可抵抗18cm以下的风蚀，自然繁殖能力强。4年生植株沙压后地下茎节处抽芽成新株达3～7株，能自然形成较大的灌丛堆。花棒为豆科大灌木，高达4～5m，当年生幼苗可达15～30cm高，最大70～80cm，与踏郎近似也较抗风蚀耐沙埋，1年生苗可以抵抗15cm以下的风蚀。花棒、踏郎有根瘤，能从大气中吸收氮，枝叶为家畜的优良饲料，一般3、4年开花结实。种子含油量很高，花期长达4个月，可做蜜源植物。

（3）播期

播期的选择与成苗的关系十分密切，在考虑播种后种子发芽的前提下，尽量避开鼠、虫危害的盛期，更好地利用生长季，培植健壮植株。

从种子发芽所需的温度要求来看，5月上旬（地表16.1℃的条件）就开始发芽，但种子萌芽缓慢，易受鼠害，出苗少，出苗后又值金龟子危害盛期，因而早播的反而不如5月下旬至6月上旬后期播种的。

种子需要自然覆沙才能更好的发芽，从背风坡方向来的东南风覆沙的面积率大，西北风也能覆沙，但覆沙面积率比东南风的低，经过几次风向变化之后，沙丘的迎风坡大部分种子都可得到覆沙。当种子自然覆沙后，遇有连续几次小雨或一次中雨均有利于种子发芽，如遇20mm以上大雨，花棒幼苗能一次出齐。榆林沙区播期以5月中旬至6月中旬为宜。

（4）飞播期的确定

踏郎、花棒1年生苗只能抵抗15cm以下的风蚀，榆林流动的新月形沙丘链迎风坡风蚀深度都超过这两种植物抗风蚀能力的临界深度以上，因此单株踏郎、花棒很难在迎风坡上保存下来。飞播植物，初期在一定幼苗密度情况下构成群体，能增加对风蚀抵抗的能力。

试验证明，幼苗密度和幼苗面积两者都是影响保存面积率的显著因子，初步认定播种当年花棒每平方米需要20～25株的密度才能有效地抵抗风蚀，踏郎15～20株。

按此密度计算播量时，还要考虑种子纯度和种子发芽率以及加上由于鼠害、虫害和日灼死亡损失的种子。按榆林沙区情况，鼠害较严重，花棒每公顷应播 22.5kg，踏郎每公顷播 15kg。

（5）飞播种子处理

花棒种子圆球形，荚果皮上具绒毛。种子轻而粒径大遇风易于流动，如不处理，种子在沙丘上分布不均匀，5 ~ 7 粒聚积成堆。为防止种子位移，在其种子外面包裹上比原种子重 4 ~ 5 倍的黄土，制成“大粒化”种子丸，能有效地减轻种子位移且不影响发芽，因而可提高苗木分布的均匀度和成苗面积率。

为减少大粒化种子的重量和飞播成本，用白沙蒿种子加 50 倍水制成沙蒿胶，将沙蒿胶涂于种子外面，然后包裹上 2 倍于种子的黄土。这种大粒化种子的土壳牢度与不用胶的 4 倍大粒化种子的土壳牢度相当。经试验，2 倍大粒化种子也能有效地减轻位移。

（6）飞播立地条件的选择

播种地的沙丘类型，丘间地情况及沙地水分 等立地条件因子是影响飞播成效的重要因素之一。在沙丘较稀疏，丘间低地宽，地下水位浅，付梁不明显的新月形丘链地段，因其水分条件好，飞播有效面积大，植物生长快，容易形成较大块状的幼苗群体，因此总的飞播成效也高。据榆林飞播试验表明，若采取正确的综合技术措施，当年飞播有苗面积率可达 76.3% ~ 83.09%，当年生长季末花棒平均高 30cm，最高 75 cm；踏郎平均高 17 cm，最高 42.4 cm，每平方米有苗 7.6 株，沙丘植物已稳定地起到了固沙作用。

（7）防治鼠害、兔、虫三害

花棒、踏郎等豆科种子播后极易受鼠害，受害率达 13.6% ~ 64.2%。种子发芽出土后，幼苗又遭受大皱鳃金龟子的危害，受害率占出苗面积的 26.8% ~ 64.7%。幼虫在地下伤害根皮，成虫危害幼株的嫩芽，影响植株的发芽和生长，甚至导致植株枯死。野兔成片状的咬断风蚀裸根的幼株，受害率可达 17.7% ~ 31.9%。

防鼠用内吸性氟乙酰胺 0.1% ~ 0.2% 的药液浸种作毒饵。播前数日施放，鼠食 5 ~ 7 粒以上即可被毒杀。防治金龟子成虫采用 666 粉喷粒，残效期半个月。喷粉应在虫害最严重的 4 月底至 5 月进行，防治兔害采用胡萝卜丝拌氟乙酰胺做成毒饵施放，同时配合狩猎。

（8）飞播后数年内必须采取封禁管护措施

封禁后不仅使飞播植物受到保护，而且自然植物在飞播植物的影响下也可以逐渐得以恢复。

飞播很适合于恢复沙漠化不久的土地，在一般流动沙丘上也会取得一定成效。按目前的技术经济条件看，较适合于草原地带的沙地上采用（即年降雨量 400mm 左右的地区）。

第三节　沙地防护林

一、防沙林带

在大沙漠的边缘地带，沙漠常以沙丘移动和风沙流的方式侵害附近农田和牧场。为防止沙害需要在沙漠边缘营造大型防护林带。大型防护林带一般有两部分组成，一是在防护林带迎风面建立封沙育草带或固沙带，二是在固沙带后营造的有乔灌木混交的防风阻沙林带。

在干旱半干旱地区，只有选择地下水位高的湖盆草滩边缘或有灌溉条件的沙地，才能营造有乔木的混交林带。

1. 封沙育草带（固沙带）

在防风林带迎风面的沙丘迎风坡，采取固沙措施，营造固沙带或者划区封禁，保护天然植被以减少进入防沙林带的沙源。新疆吐鲁番县采用冬闲水对封沙育草带进行冬灌，大大改善了沙荒地的水分状况，不但有效地促进沙、旱生植物天然萌蘖，而且还能有目的地增加草带内具有固沙性能和饲用价值高的植物种类。

2. 防风阻沙林带

防风阻沙林带，是在沙漠边缘继封沙育草之后制止流沙的第二道屏障，主要作用是继续削弱越过草带前进的风沙流的速度，并阻挡气流中的剩余泥沙，对气流加以“过滤”。

防风阻沙林带的宽度：在靠近沙漠边缘地带的荒滩地，可以营造中间有间距的多带式防沙林带，间距 50 ~ 100m，总带宽 500 ~ 1000m。

沙丘移动不可避免地造成林内树木的沙埋，因此树种必须选择生长快、抗沙埋，沙埋后在树干上能生长大量不定根，反而促进生长的树种。在防沙林带上经常可以看到，随沙埋厚度的增加，树木总高也增加的现象。据调查在中卫荒草湖滩地沙埋 81cm 的小叶杨为对照高生长的 104%，沙埋 195cm 的为对照的 213%，沙埋 458cm 的为对照的 367%。旱柳、沙柳等树种也有这种现象，而有些树种如生长缓慢的针叶树种沙埋就容易致死。

另外，由于沙丘前移，靠沙丘背风坡造林时，为避免幼树被埋死，应留出一定的安全距离。

根据树木应当沙埋，但又不能过度沙埋，只允许沙埋树木年平均生长量的 1/2 的原则，可采用下式计算出所留安全距离：

$$L=\frac{h-K}{S}\times(V-C)$$

式中：L——安全距离（m）；

h——沙丘高度（m）；

K——苗高（m）；

S——树木年高生长量（m）；

V——沙丘年前进距离（m）；

C——常数（按树种生长快慢取 0.4 或 0.8）。

公式中沙丘高度减去了苗高，沙丘年前进距离 V，减去了每年沙埋相当于树木生长高度的 1/2 处的水平距离 C，这样不致于使沙埋量超过树木年生长高度的 1/2。

为了增强防沙林带的阻沙作用，防沙林带应营造乔灌木混交林，或者保留乔木基部的枝条不进行抚育修枝，否则沙丘可能穿过林带，其阻沙作用不大，而且乔木树干间的间隙风会增强风蚀不利于树木生长。

二、沙地农田防护林的特点

沙质土壤胶积力较差，遇到起沙风，土壤易被风蚀。在春季常把种子吹出，吹露幼苗根系，使幼苗遭受风蚀沙割和沙埋的危害。所以沙区农田如不防止风害对作物和土壤的危害，虽然有水灌溉，仍然得不到较好收成。沙地农田防护林可以防止土壤风蚀，在干旱地区预防土地“沙化”有着重要意义。

1. 沙地防护林带间距的确定

在沙地影响农作物生活的主要因素是风蚀。因此，沙地护田林带的有效距离，主要从防止风蚀的观点来决定，有效防护距离内的风速应小于起风沙的风速。由于各地区的土壤、树种、生长高度、主风的风力、农业耕作技术等因子的差别，主带距也不同，在沙地为了达到背风面不起风的目的，各地区风力分别要求降低风速 30% ~ 40%，风力大的地区甚至 50%。根据实际观测，按上述减低风速的要求，有效防护距离大致在 10 ~ 15H 高处。考虑到机耕效率和农业耕作的要求及采取其他农业技术措施防止土壤风蚀的效果，在草原地带风速为 10 ~ 15m/s 情况下，主带距可确定为 200 ~ 300m，副带距 400 ~ 500m。例如，辽宁西部昭乌达盟（科尔沁沙地），1976 年春季发生的历史上罕见的大风，一般地区风速达 8.9 级，北部最大风速达 30m/s。调查表明，在原 450m × 450m 网格，林带高 12m，在林带背风面 300m 左右处已有明显风蚀，而与上述林带情况近似的带距 200m 或 300m 网格的农田内无风蚀现象，作物也未明显受害。

据民勤治沙站的研究，在河西风力较强的风沙区，主林带的带间距离以 15H 计算，防风效应较为可靠。降雨量在 200mm 以下的荒漠草原地带，属于灌溉农业、林业地区，但大风速和沙暴日数增多，以小网格，窄林带为宜。新疆林业科学研究所等单位的研究结果充分证明了这点。新疆各地窄林带的宽度大都在 4 ~ 8 行，6 ~ 12m 之间，网格面积 250m × 250m，且采用行间混交便于抚育管理及间伐更新。株行距为 1.5m × (1.0 ~ 1.5) m，10 ~ 15 林龄的窄林带，未发生明显的挤压分化，仍保持良好的防风性能。

在沙地护田林带幼年时期，林带间土地仍有风蚀的可能，因此在带间田地上要采取临时性辅助措施。如每隔一定距离（如 20m）营造 2m 宽的灌木带，或隔一定距离留一行秸杆的方法（如玉米秸）也可以减轻风蚀。

2. 沙地护田林的结构和宽度

当沙地周围仍有流动的沙源或沙地土壤松散，流动性大时，如林带结构不适宜就会沉积很厚的堆沙。在永定河下游、豫东以及陕北的沙地上，都可以见到由于林带结构不合理所造成的四周高、中间低的“驴槽”地，促使农田土壤盐渍化，给农业造成不利影响。

林带积沙与林带的结构有密切的关系。

风沙流在运行途中，遇到紧密结构林带的阻挡，气流翻越林墙，沙粒被析出沉积于林带前并逐级向林中侵入，久而久之造成巨大沙堆，埋没林带，进入农田（图17-2）。为了避免上述缺点，选用沙生灌木柽柳（Tamarix ramosissima ldb）营造紧密林带。柽柳不同于乔木，它不怕沙埋、沙割、愈埋生长愈旺盛，有及良好的阻沙作用。紧密结构林带，虽有积沙的弊病，但近期内有较好的阻沙效果。

通风结构林带由于下部强烈通风，在各树干间形成许多“通风道”，风速加剧到大于旷野风速的林缘和林中遭受风蚀，林带后1倍林高范围内沙粒堆积，附近农作物

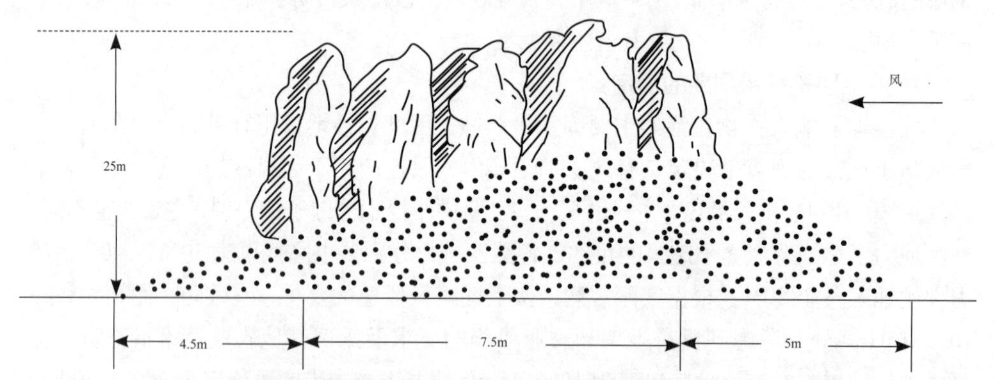

图17-2　新疆吐鲁番县红旗公社农场三队沙枣、白榆混交林带积沙效应

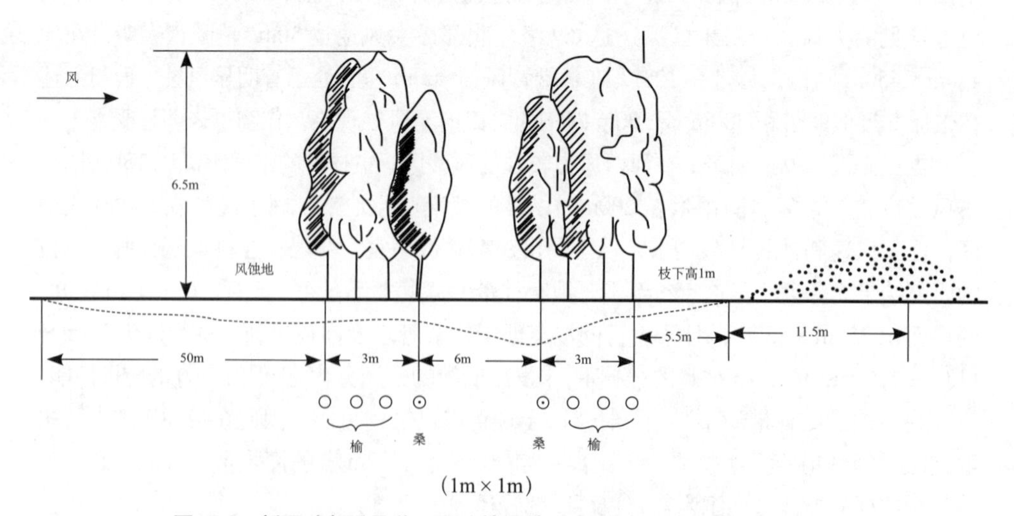

图17-3　新疆吐鲁番县艾丁湖公社团结三大队4行行道林积沙状况

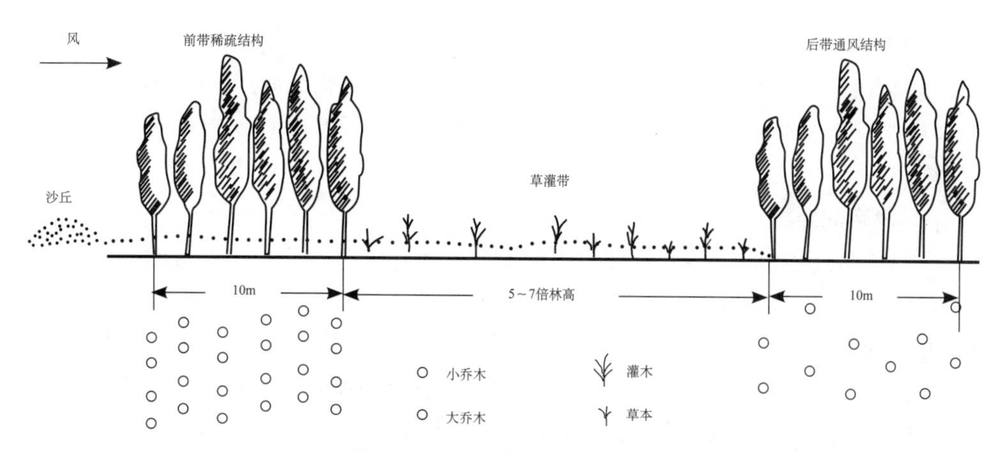

图17-4　双带式沙林带积沙作用断面示意图

遭受沙埋、沙打和沙割（图 17-3）。在这种情况下，一般随林带宽度的增加和枝下高的降低，林带内部的风蚀现象减轻，沙粒沉积的位置也愈靠近林带，沙堆向田间延伸的距离缩短。

稀疏结构林带的防沙作用介于前二者之间，通常在林带内和林带后 3H 范围内有积沙，堆沙高度低于紧密结构林带，高于透风结构林带。

无论何种结构类型林带，都有不同量和不同部位的积沙作用。积沙的数量和速度与沙源密切相关，沙源丰富地段，应营造多带式稀疏结构林带，带距 5 ～ 7H 高，林间种草（图 17-4）。

在森林草原区可选用杨、柳、油松等树种，在草原区可选用杨、榆、樟子松、油松等，在荒漠草原灌溉地上可选用杨、榆、沙枣、旱柳等。

三、牧场防护林

我国西北、东北地域辽阔的沙区是我国畜牧业的主要生产基地。从森林草原一直到荒漠的各地带均有分布，自然条件差异很大，都存在着干旱、严寒、风沙、雪暴等严重自然灾害以及面临着草场退化，土壤沙漠化等问题。因此，我国的林业治沙工作者必须重视沙区护牧林的建设，采取正确的牧场管理措施，保护和改善牧场的生态条件，保持和提高牧场的生产力，以促进畜牧业的发展。牧场防护林就是建设草原，维持草原生态平衡，使畜牧业向稳产、高产和优质方向发展的重要生态防护屏障。

树种选择要以适地适树为原则，要求树种抗风沙、耐干旱、贫瘠能力强，生长迅速，树形高大，枝叶稠密，防护能力强，饲用价值较高；易成活，易繁殖，寿命长，以当地优良乡土树种为主，结合引进成功的优良树种。草原冬春干旱多风，从防护需要出发，还应尽可能考虑选用常绿树种。

我国适宜的护牧林乔木树种有油松、樟子松、小叶杨、青杨、箭杆杨、胡杨、旱柳、沙枣、杜梨等，灌木有黄柳、沙柳、沙棘、紫穗槐、胡枝子、柽柳、柠条、枸杞子等。

流动半固定沙地结合固沙要求应选用梭梭、花棒、沙拐枣、木蓼、杨柴等。

护牧林要求形成混交林，搭配时要注意不同树种的生物学特性；林带断面应为矩形，结构应为透风或稀疏结构。起拦畜作用的林带下部应有灌木生篱构成的紧密结构的林带。

1. 林带间距离

主林带间距取决于成年林带的防护距离。在风沙危害不严重的或非沙质草地，当形成林网时，以25H为最大防护距离。沙质草原的气候干旱、风沙危害严重，最大防护距离以15H为宜。遇特殊情况，如幼畜及病畜放牧场，间距可小于10H。近年来研究认为，以小网格窄林带防护效果较好。即一般主林带间距在100～200m之间，副林带间距可大些，可根据作业区、渠路设置、机械作业要求而定，以400～800m为宜。某些情况下，如割草地上的防护林，为作业方便，可不设副林带。

2. 林带设置

主林带应与主害风垂直，如不能垂直，但不能小于45°，副林带与主林带垂直。规划应尽量利用天然地界如河流、沟渠、道路等，保护原有林，将其纳入防护林系统之内。

3. 林带宽度

主林带10～20m宽，副林带7～10m即可，但牧区一般都地多人少，干旱多风，为防止森林环境污染，宽度可适当加大5m左右。

4. 造林密度

造林宽度根据自然条件，主要是水分条件和机械作业要求而定，水分条件好或有灌溉条件可稍密，否则要稀疏些。采取宽行密植原则，以（1.5～2.0）m×3.5m为宜。为便于作业机械运行和畜群通行，要留好缺口。

5. 护牧片林的营造

在放牧草场，条件较好的林带网眼内可以造些稀疏团块状片林，既可作为牧场又可作为畜群夏避酷暑，冬避风雪的处所，又可提供食源。在流沙和半固定沙丘区驱赶放牧时，也应在较好部位营造防风沙片林；在畜群转换季节牧场途中，如有条件也应造些防风固沙片林；在畜群引水点、休息处、厩舍周围，践踏严重，易破坏成沙化之源地区，为防止沙化，保护畜群免受灾害，需要营造片林。

附录

农田防护林规划设计实例

——江苏省铜山县大庙镇农田防护林体系规划设计

我国自然条件复杂多样，各地区灾害的性质和程度各不相同，因此农田防护林规划设计要求必然存在差异，对不同类型区应采用相应的方法。本文以我国淮海平原的一般风害区为背景，介绍江苏省铜山县大庙镇农田防护林体系规划设计。此规划完成于 1990 年秋，经南京林业大学专家、教授和徐州市林业技术人员反复论证，于 1991 年春实施。在大庙镇领导、技术人员和广大群众的密切配合下，顺利完成了规划设计所规定的各项任务。

经过 4 年，大庙镇主要农田防护林树种（新品种杨树）长势良好，平均高 12～15m，平均胸径 14～18cm；林木覆盖率提高 9.4%；产生经济效益 900.35 万元，投入产出比为 15.07；全镇农田防护林的投资回收期为 1.21 年，年平均投资效果系数为 3.52。因此，大庙镇农田防护林体系建设获得了巨大效益，群众赞叹这是“无烟的绿色工厂”。此外，此工程多次受省、市表彰并立碑纪念。

1995 年 6 月 26～27 日，江苏省科学技术委员会组织有关专家对此项目进行了鉴定，现将此规划介绍给读者，仅供参考。

1．自然条件和社会经济状况

大庙镇位于徐州市东郊，地理坐标 N35° 14'、E 117° 18' 属暖温带湿润气候区，年均气温 14.5℃，极端最高和最低温度为 38℃和 − 13℃，年降雨量 869.9mm，主要集中在 6、7、8 月。光照充足，无霜期 200d 左右。影响农、林业生产的主要自然灾害有干旱、雨涝、霜冻、飓风和冰雹等。

全镇土地总面积 80km²，耕地 3800hm²，人口 61000 人。市、县和乡级公路 7 条，总长 87.5km；. 大沟 9 条，长 535.1km，中沟和小沟 290 条，共 222.9km。低山丘陵面积 410 hm²，黄河故道滩地 33 hm²，其余地段均为埝下平原。土壤为黄泛冲积的黄潮土类，中性至微碱性。

该镇有市县级厂矿企业 10 余家，镇办企业 100 余家，工业年产值 5740 万元，农业总收入 12395.34 万元，农村人均收入近千元。农业生产结构以稻麦两熟为主。

2. 农田防护林体系现状和存在的问题

现有林业用地682 hm²，有林地660 hm²，其中经济林167 hm²，速生丰产林28 hm²，农田林网465 hm²，宜林荒地近22 hm²。村庄占地905 hm²，四旁植树27.4万株。全镇森林覆被率15.1%，活立木蓄积8万m³，林业年收入50万元左右。农田防护林树种主要为大官阳、I-214杨、刺槐、柳树和紫穗槐等。

大庙镇历来是市、县农业生产示范试点和技术推广及良种培育基地，林业生产虽取得了较大成绩，但仍存在以下一些问题。

现有林网造林树种单一，造林密度大，生长慢，经济效益低。另外，林网缺株断带严重，林网化率低，防护功能低下。此外，林网中现有树种病虫危害严重，降低了林木生长量和林带的防护功能。农业生产中未能充分利用沟坡路旁种植绿肥，发挥生物肥田和改土功能。围村林树种种群简单，常绿和经济树种短缺，且分布零散、效益低下。

3. 防护林体系规划设计的原则

本设计是在已建成的田、林、路、沟、渠现状下进行的，又基于林带、林网、片林、散生木、灌木和草带组成平原农区防护林体系。其中，以大、中型河堤、干线公路林带组成基干林带，以基干林间纵横交错的沟、渠、路林带组成林网。规划设计的原则为：

3.1 因地制宜，因害设防

在农田防护林的建设中，不能超越当地的客观条件生搬硬套外地经验，要根据当地的自然地理特征、灾害性质和防护对象，抓住当地主要农业自然灾害和当前发展农业生产的关键问题进行防护林规划设计。

为做到因地制宜、因害设防，首先要组织力量进行周密地实地调查，调查土地利用情况，农、林、牧各业结构，生产水平和特点，当地的树种资源，以及当地对农田防护林建设的要求和希望，并搜集规划区的基础资料和有关图件。在了解和掌握有关资料的基础上，经过综合分析，形成明确的指导思想，选择适宜的规划设计参数，确定各林种、树种的组成比例和结构。

3.2 全面规划，综合治理

实现平原地区林网化是农田基本建设的主要内容之一，也是平原地区尽快富起来的突破口。因此，在规划设计时要田、水、林、路、电统一规划，合理布局，力求少占耕地；旱、涝、风、沙、盐碱综合治理，农林牧全面考虑，做出切实可行的科学规划，建成一个农、林、牧、副、渔各业相互结合，比较完善的人工农业生态系统。

3.3 当前利益和长远利益相结合

营造农田防护林的最终目标，归根到底还是改变农业生态环境，增加群众收入，提高人民的生活水平。但如何处理好当前利益与长远利益的矛盾，是关系到规划能否实施及实施后能否管护好的关键，只顾当前利益而忽视长远利益，就会影响防护林效益的发挥，起不到应有的防护作用；相反，只注重长远利益而忽视了当前利益，就会挫伤群众营造防护林的积极性。

因此，在营造农田防护林时，在保证防护效益的前提下，应选择或引进适合当地生长的经济树种或配置部分灌木，以短养长，长短结合，为农村城镇提供“四料”和工业原料。开展多种经营，活跃农村经济，并为农、林、牧生产的发展提供资金，做到近期增产增收，提高广大群众营造农田防护林的积极性。同时，要从长远观点出发，打破小生产思想的束缚，克服小农经济缺点，树立社会主义大农业的思想，提出长远规划，以适应国民经济迅速发展和人民生活不断提高的需要。

3.4 建立综合性防护林体系

营造相互联系、相互影响的综合性防护林体系，比单一的农田防护林带（网）有更大的生态效能和经济效益。因而，在规划设计时，应该以农田林网为主题，应考虑和其他防护林种密切结合，形成综合性的防护林体系。在建设综合性防护林体系时，要充分考虑如下方面：

(1) 三网化规划。三网是指农田林网，水系林网和道路林网。设计中应做到三网密切结合，统一规划，合理配置。避免三网交差，斜切耕地，给耕作带来不便。这是平原地区常见的设计形式。使林带和水渠相结合，即可少占耕地，又可保护水渠，起到林护渠，渠养林的效果；林带和道路相结合，同样达到少占耕地的目的，且林带生长之后，可巩固路基，降低地下水位，还可以减少农村公路路面返浆。

(2) 山、水、林、田、路综合治理。综合性防护林体系不仅包括了平原区的农田防护林，也包括了丘陵山区的水土保持林，沙丘周围的固沙林，水源涵养林。

4. 防护林造林立地类型划分与树种规划

根据大庙镇地形图、水利图（1/10000），首先对沟、渠、路及河流断面尺寸，土壤类型、质地、厚度，主栽作物品种、布局，原农田防护林生长状况、病虫害情况进行调查，分别基于林带和农田林网，按土层厚度、土壤类型、土壤理化特性，生长季潜水埋深（以沟河常水位为参考），主栽作物种类（分旱、水）等进行造林立地类型划分，结果将全镇农田防护林区划为 5 个类型。

在正确进行立地条件类型划分的基础上，本着适地适树原则，以 I—69 杨、I—72 杨、W—46 杨和南京林业大学最新培育的 NL—105、NL—106、NL—203、NL—116 和 NL—121 等杨树无性系为主，水杉、国槐、泡桐、铅笔柏、银杏、良种刺槐、悬铃木为辅，林下配置花椒、紫穗槐、杞柳、金针菜等经济植物，形成乔、灌、草立体配套的农田防护林（网）。通常在土层深厚（>1.0m），土壤潜位较高（水田周围）的黄泛冲积土上，营造以速生杨树、水杉、杞柳、紫穗槐为主的防护林带；在土层较浅薄（<1.0m）土壤紧实的山淤土上（旱田周围），营造以良种刺槐、国槐、白蜡、臭椿、楝树、紫穗槐、白蜡条为主的防护林带；堤顶发展以花椒、银杏、果树（桃）、金针菜等为主的经济植物，交通干道两侧配置铅笔柏。

5. 防护林设计的有关技术参数

5.1 林带走向

根据国内外研究成果，主林带走向与主害风方向垂直，其防护效果最好。但 70

年代末和80年代初，我国林学界在研究农田防护林（网）防护效益中证明，方田林网能有效削弱来自任何方向的风。根据“林随水走，林随路走”原则，该区主林带走向一般为东西走向，主害风风向东北、西南向，风向与林带斜交，防护效应较高。

5.2 林带宽度

以沟、渠、路占地设置林带，主林带一般设在斗渠上，培植3～5行乔木，1～2行灌木，成林后透风系数基本为5%～6%；副林带配置在农渠或道路两侧，配置两行以上乔木，林下因地制宜地配置灌木带。据国内外对农田防护林防风效能的研究，该透风系数为最适值，表明本设计林带配置合理。

5.3 林带间距

本区为一般风害区，主要有风沙和干热风等自然灾害。据研究，在一般风害区以降低旷野风速20%作为确定有效防风距离的标准，有效防护距离为20～25H。若林带成林后平均树高为15 m，则主要林带间距为300～375m；副林带间距可为主林带的2倍。以2倍计算则其间距为600～750m，林网控制的面积为18～28 hm²。大庙镇农田基本建设完成后，农田的规格是200m×400m，也有的为300m×400m，网格面积为8～12 hm²。这时，主林带间距为200～300m，副林带间距为400m，完全满足江苏省地方标准《徐淮平原农田防护林建设工程技术标准》的要求。

6. 防护林体系的规划设计

农田防护林体系的规划设计主要包括：①基干林带的规划设计；②农田林网的规划设计；③围村林的改造计划；④用材林的规划设计；⑤水土保持林的规划设计。其中，关于基干林带和农田林网的内容较多，主要是林带的典型设计。基干林带7条，7个典型设计；农田林网220条，15个典型设计，一共有22个典型设计。为节约篇幅，本文在基干林带中选择2个典型设计，在农田林网中选择3个典型设计，加以详细说明，其他省略。同样，在苗木数量表中，为节约篇幅也略去了部分内容，但这都不影响对规划设计的认识和了解。

6.1 基干林带的规划设计

6.1.1 后坝引河大沟基干林带的造林设计

(1) 现状：东西走向，长1.4km，属路沟堤类型。路宽7.0m，沟宽30m，沟坡长7.0m，沟深4.0m，堤顶宽18m，堤高0.9m。壤土。路旁为1年生I—214杨（=10cm，=9.5m）。堤顶长势很差的刺槐（10年生，=9cm，=7m）。

(2) 林带设计：采用2杨（W—46杨）1水杉3花椒2银杏1紫穗槐3金针菜配置。配置图式见附图2-1，征地和造林要求见附表2-1。

6.1.2 官庄大沟引河基干林带的造林设计

(1)现状 东西走向，属沟青坎路渠类型。路宽5～10m，沟宽20～30m，渠宽3～4m。官庄大沟以西，青坎宽7.0m，沟外坡长6～8m，内坡长2.5m。官庄大沟以东，青坎宽12m，沟坡长0.5m。分布有长势较差的刺槐（15～20年生，=15m，=16.5m）和水杉（10年生，=12cm，=9.5m）。沙壤土。

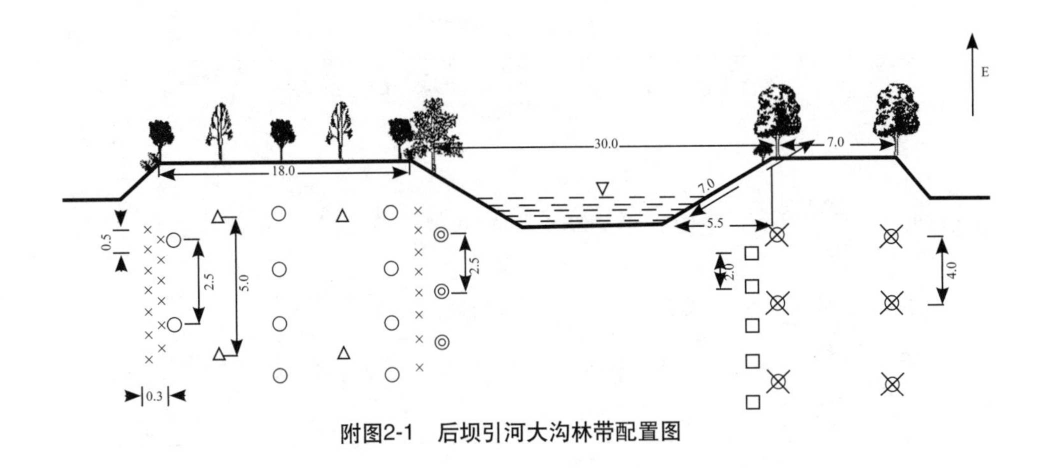

附图2-1　后坝引河大沟林带配置图

附表2-1　造林技术指标

树种名称	树种代号	株（行）距(m)	整地要求*（cm）	苗木规格		种苗数
				苗高（m）	地径（cm）	株/km
W—46杨	⊗	4.0	穴状100×100×100	3.5	3.5	500
水杉	○	2.5	穴状60×60×50	1.4	1.5	400
银杏	△	5.0	穴状70×70×50	1.0	1.0	400
花椒	◎	2.5	穴状50×50×40			1200
紫穗槐	□	2.0	穴状40×40×40			500
金针菜	×	0.5×0.3	条状30×20			4000

注：* 表中3个数字分别表示栽植穴的长、宽、深。

(2) 林带设计 官庄大沟以西采用3杨（W-46杨）1水杉3紫穗槐配置，配置图式见附图2-2，整地和造林要求见附表2-2。官庄大沟以东的规划略。

6.2 农田林网的规划设计

6.2.1 沟路渠类型

(1) 道路代号：

沟坡长3~5m者：Ⅰ$_{1}$、Ⅰ$_{2}$、Ⅰ$_{①}$、Ⅰ$_{②}$、Ⅰ$_{④}$、Ⅰ$_{⑤}$、Ⅰ$_{⑥}$、Ⅰ$_{⑦}$、Ⅳ$_{22}$、Ⅲ$_{23}$、Ⅲ$_{27}$、Ⅲ$_{22}$、Ⅳ$_{25}$、Ⅳ$_{⑥}$、Ⅴ$_{④}$、Ⅴ$_{⑥}$、Ⅴ$_{⑦}$、Ⅴ$_{⑩}$。

沟坡长1~2.5m者：Ⅰ$_{6}$、Ⅱ$_{4}$、Ⅱ$_{5}$、Ⅱ$_{8}$、Ⅱ$_{9}$、Ⅱ$_{14}$、Ⅱ$_{15}$、Ⅱ$_{16}$、Ⅱ$_{19}$、Ⅱ$_{①}$、Ⅱ$_{②}$、Ⅱ$_{⑦}$、Ⅱ○$_{17}$、Ⅲ$_{2}$、Ⅲ$_{3}$、Ⅲ$_{4}$、Ⅲ$_{5}$、Ⅲ$_{7}$、Ⅲ$_{8}$、Ⅲ$_{9}$、Ⅲ$_{10}$、Ⅲ$_{11}$、Ⅲ$_{12}$、Ⅲ$_{13}$、Ⅲ$_{16}$、Ⅲ$_{20}$、Ⅲ$_{28}$、Ⅲ$_{29}$、Ⅲ$_{30}$、Ⅲ$_{⑦}$、Ⅲ○$_{25}$、Ⅳ$_{9}$、Ⅳ$_{10}$、Ⅳ$_{16}$、Ⅳ$_{17}$、

附表2-2　造林技术指标

树种名称	树种代号	株（行）距（m）	整地要求*（cm）	苗木规格		种苗数
				苗高（m）	地径（cm）	株/km
W—46、I—69、72杨	⊗	4.0	穴状100×100×100	3.5	3.5	500
水杉	△	5.0	穴状60×60×50	1.4	1.5	400
紫穗槐	○	5.0	穴状40×40×40			400
杞柳	●	1.0	穴状50×40、			2000

注：* 表中3个数字分别表示栽植穴的长、宽、深。

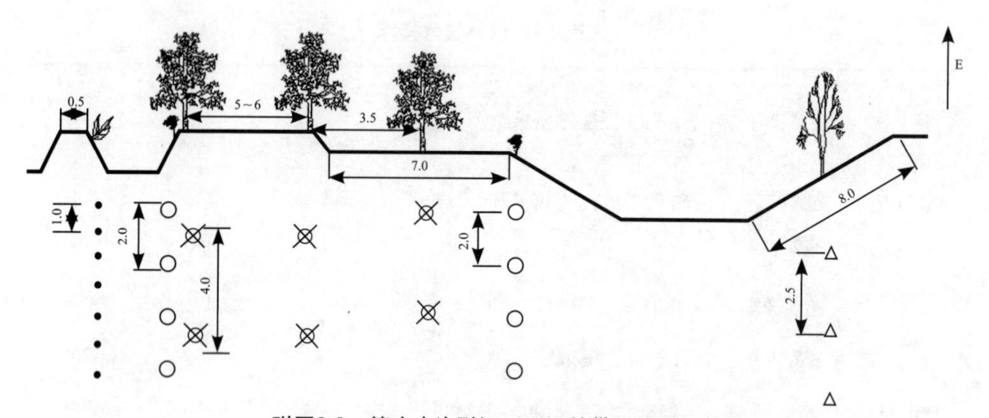

附图2-2　管庄大沟引河（西）林带配置图（单位：m）

$Ⅳ_{18}$、$Ⅳ_{19}$、$Ⅳ_{20}$、$Ⅳ_{21}$、$Ⅳ_{23}$、$Ⅳ_{29}$、$Ⅳ_{30}$、$Ⅳ_{31}$、$Ⅳ_{32}$、$Ⅳ_{3}$、$_{4}$ Ⅳ○$_{1}$、Ⅳ○$_{4}$、Ⅳ○$_{11}$、Ⅳ○$_{15}$、Ⅳ○$_{16}$、Ⅳ○$_{17}$、$Ⅴ_{11}$、$Ⅴ_{14}$、$Ⅴ_{15}$、$Ⅴ_{19}$、$Ⅴ_{20}$、$Ⅴ_{21}$、$Ⅴ_{22}$、$Ⅴ_{23}$、$Ⅴ_{25}$、$Ⅴ_{26}$、$Ⅴ_{27}$、$Ⅴ_{32}$、$Ⅴ_{33}$、$Ⅴ_{34}$、Ⅴ○$_{8}$、Ⅴ○$_{12}$。

（2）现状：沟路宽大于5m，沟坡长1～5m。渠宽2～3m，渠坡长1～2m。壤土和粉壤土。分布着长势极差的大官杨和柳树。

（3）林带设计：沟坡长3～5m者，采用2杨（I—69、I—72杨）2水杉2紫穗槐配置，配置图式见附图2-3，整地和造林技术要点见附表2-3。沟坡长1～2.5m者，采用2杨4紫穗槐配置，图表略。

6.2.2 沟路类型

（1）道路代号：

沟坡长3～4m者：Ⅰ○$_{14}$、Ⅰ○$_{15}$、Ⅲ○$_{8}$、Ⅲ○$_{9}$、Ⅲ○$_{10}$、Ⅲ○$_{11}$、Ⅲ○$_{12}$、Ⅲ○$_{15}$、$Ⅳ_{1}$、$Ⅳ_{5}$、Ⅴ○$_{13}$、Ⅴ○$_{15}$。

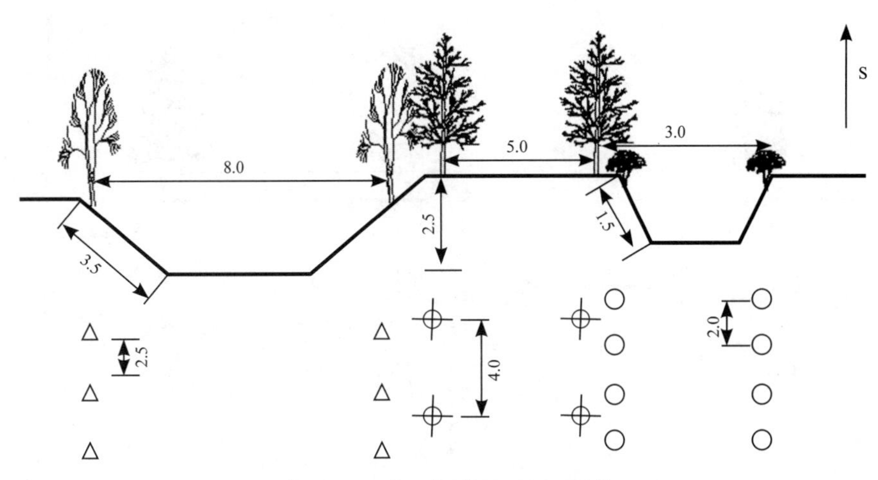

附图2-3　2杨2水2紫配置图（单位：m）

附表2-3　造林技术指标

树种名称	树种代号	株（行）距（m）	整地要求*（cm）	苗木规格		种苗数
				苗高（m）	地径（cm）	株/km
I—69、72杨	⊕	4.0	穴状100×100×100	3.5	3.5	500
水杉	△	2.5	穴状60×60×50			800
紫穗槐	○	2.0	穴状40×40×40	1.4	1.5	1000

注：* 表中3个数字分别表示栽植穴的长、宽、深。

沟坡长1～2.5m者：Ⅰ$_{3}$、Ⅰ$_{5}$、Ⅰ$_{8}$、Ⅰ○$_{3}$、Ⅰ○$_{8}$、Ⅰ○$_{9}$、Ⅰ$_{10}$、Ⅰ$_{11}$、Ⅰ○$_{12}$、Ⅰ○$_{13}$、Ⅰ○$_{16}$、Ⅱ$_{1}$、Ⅱ$_{2}$、Ⅱ$_{6}$、Ⅱ$_{7}$、Ⅱ$_{10}$、Ⅱ$_{11}$、Ⅱ$_{12}$、Ⅱ$_{13}$、Ⅱ$_{17}$、Ⅱ$_{18}$、Ⅱ○$_{4}$、Ⅱ○$_{5}$、Ⅱ○$_{6}$、Ⅱ○$_{11}$、Ⅱ○$_{12}$、Ⅱ○$_{13}$、Ⅱ○$_{14}$、Ⅱ○$_{15}$、Ⅲ$_{1}$、Ⅲ$_{15}$、Ⅲ$_{18}$、Ⅲ$_{19}$、Ⅲ$_{26}$、Ⅲ○$_{1}$、Ⅲ○$_{3}$、Ⅲ○$_{4}$、Ⅲ○$_{5}$、Ⅲ○$_{13}$、Ⅲ○$_{14}$、Ⅲ○$_{16}$、Ⅲ○$_{25}$、Ⅳ$_{2}$、Ⅳ$_{3}$、Ⅳ$_{4}$、Ⅳ$_{8}$、Ⅳ$_{33}$、Ⅳ$_{22}$、Ⅳ$_{24}$、Ⅳ○$_{9}$、Ⅳ○$_{10}$、Ⅳ○$_{14}$、Ⅴ$_{5}$、Ⅴ$_{7}$、Ⅴ$_{16}$、Ⅴ$_{17}$、Ⅴ$_{35}$、Ⅴ$_{36}$、Ⅴ○$_{1}$、Ⅴ○$_{2}$、Ⅴ○$_{3}$。

（2）现状：沟、路宽均5m以上，沟坡长1～4m，沟深1.2～1.5m，树种零乱，断带严重。

（3）林带设计：沟坡长3～4m者，采用2杨（W-46杨）1臭椿（或苦谏）1杞柳配置，配置图式见附图2-4，整地和造林技术要点见附表2-4。沟坡长1～2.5m者，采用2泡桐2杞柳配置，图表略。

6.2.3 路沟渠类型的造林设计

（1）道路代号：Ⅲ①、Ⅳ②、Ⅴ28。

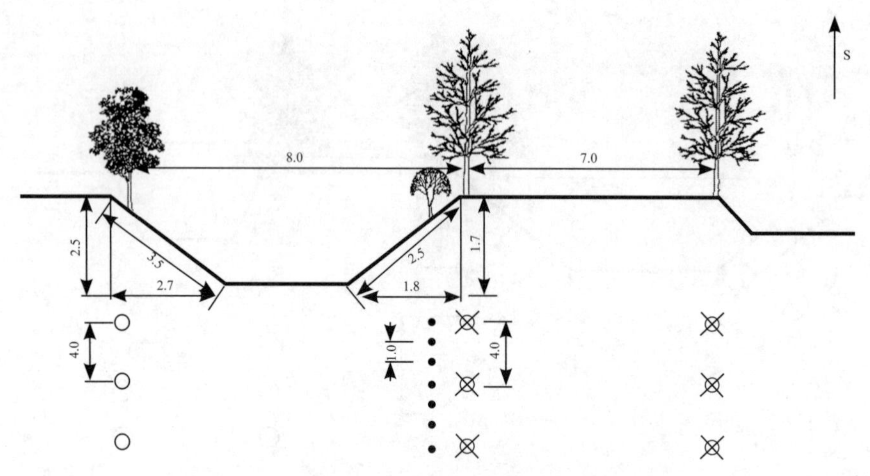

附图2-4　1杨、1臭（苦）、1杞配置图（单位：m）

（苦、杨树改成泡桐、则株距为5m）

附表2-4　造林技术指标

树种名称	树种代号	株（行）距（m）	整地要求*（cm）	苗木规格		种苗数
				苗高（m）	地径（cm）	株/km
W—46杨 臭椿（苦楝） 杞柳	⊗	4.0	穴状100×100×100	3.5	3.5	500
	○	4.0	穴状60×60×50		0.9	250
	●	1.0	条状50×40、	1.0		2000

注：*表中3个数字分别表示栽植穴的长、宽、深。

(2) 现状：沟宽6m，路宽2～3m。沟坡长1.5m，渠宽2.5m，渠坡长1.2m，分布着10年生大官杨（$\overline{D}$=10m，$\overline{H}$=7m），树木分布零散，防护效果差。

(3)林带设计：采用1扬(NL-80105杨或NL-80106杨)1花椒1紫穗槐5金针菜配置。配置图式见附图2-5，整地和造林技术要点见附表2-5。

6.3 围村林改造计划

围村林的总体布局和局部配置围村林的总体布局必须处理好“生态效益”和“经济效益”的关系，短期内突出经济效益，同时强调美化作用。选择适宜树种，进行合理配置，达到与村庄高度协调，形成多功能、多效益的林木复合经营结构。围村林改造对象包括老龄、定植过密而又生长不良，配置不合理，种质退化，病虫危害严重的树种。改造的技术路线主要按照主干道路空隙地和庭园河、沟塘边的技术路线进行造林设计和改造。

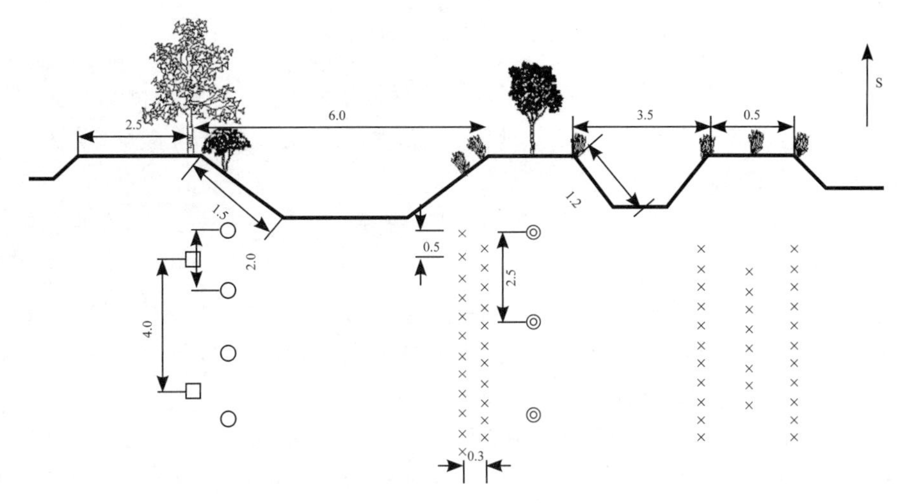

附图2-5　2杨、1花、1紫、6金配置图（单位：m）

附表2-5　造林技术指标

树种名称	树种代号	株（行）距（m）	整地要求*（cm）	苗木规格		种苗数
				苗高（m）	地径（cm）	株/km
NL—105、106杨	□	4.0	穴状100×100×100	3.5	3.5	250
花椒	◎	2.5	穴状50×50×40			400
紫穗槐	○	2.0	穴状40×40×40			500
金针菜	×	0.5×0.3	条状30×20、			1000

注：* 表中3个数字分别表示栽植穴的长、宽、深。

6.3.1 主干道路林带的配置

根据道路的宽度和土壤条件，配置行数不等的乔木树种，不提倡配置经济树种。

6.3.2 空隙地及庭园的树种配置

空隙地指房舍、道路、沟塘、蔬菜地以外的地块，可根据面积大小、光照和土壤条件的差异，选择相应的乔灌木和经济树种，如速生杨、泡桐、水杉、笋用竹等。栽植标准应按丰产林的规格要求，庭院规划应以园林和经济林为主。

6.3.3 河、沟、塘边的树种配置

该类造林地水分条件好、肥力高，宜培育大径级用材林，沟塘边配以灌木护坡，防止水土流失。

6.4 用材林规划设计

官庄大沟，房亭河和房改河河堤为速生丰产林生产基地，其造林设计由省统一规划。

6.5 水土保持林规划设计

大庙镇低山丘陵区面积413hm²，现有水土保持林树种主要为侧柏和刺槐等，目前尚有22hm²宜林荒地未绿化。结合该地区水土流失严重，岩石裸露，立地质量差的特点，水土保持林的规划设想如下：

分水岭防护林分，分水岭部位风大、土层浅薄，宜沿分水岭设置以侧柏、刺槐、紫穗槐为主的防护林带。

坡面水土保持林宜发展护坡用材林和护坡薪炭林，造林树种有侧柏、柏木、刺槐、苦楝、黄连木等。亦可采用工程整地措施，如修窄面梯田、鱼鳞坑、水平阶等种植经济树种，如石榴、山杏、青梅、山楂等。

山麓部位土层较厚，一般0.2～0.5m以上，有灌溉水源的地方，可发展经济林，形成果品生产基地。造林树种有石榴、杏、山楂、柿子等。造林时应挖大穴，施足基肥，并加强造林后的抚育管理。

7. 苗木和经费概算

7.1 苗木数量概算

完成改造林设计共需NL—80105株或NL—80106杨21935株，I—69或I—72杨36452株，W—46杨33815株，水杉35111株，银杏4300株，花椒9124株，臭椿（苦楝）4830株，铅笔柏4900株，悬铃木360株，国槐2050株，紫穗槐232393丛（每丛3株），杞柳156740株，枸杞12613株，金针菜103680株，苗木分年度概算见附表2-6、2-7。

7.2 经费概算

经费概算包括苗木费用、造林整地费用和幼林管理费用，总经费186323.75元。其中苗木费用110959.3元，整林造地费用68365.0元，幼林管理费用7000元（包括幼林管理，病虫害防治和必要的施肥费用），分年度经费概算见附表2-8、表2-9。

8. 分年度实施计划

根据规划的需要和当地对规划的要求，结合人力、物力和财力及苗木来源等具体情况，本设计分三年完成，分年度实施计划如下：

第一年(1991)，完成Ⅳ、Ⅴ区的林网更新、改造和全镇主要基干林带(海郑公路除外)的更新改造任务。共需植NL—80105、NL—80106杨13885株，I—69、I—72杨24455株，W—46杨15025株，水杉22980株，银杏4300株，花椒7524株，臭椿（苦楝）2315株，泡桐2915株，悬铃木300株，国槐2050株，紫穗槐149333株，杞柳58660株，枸杞9880株，金针菜71040丛，总费用175675元。其中苗木费130480元，整地造林费用42595.0元，幼林抚育费用2000元。另外，设立一个面积为1.33hm²的临时苗圃，培育翌年造林苗木。

第二年（1992年），完成Ⅰ、Ⅱ、Ⅲ区的林网更新和改造任务，及上年造林地的补植工作。预计需植NL-80105株和NL-80106杨8050株，W-46杨18790株，I—69、I-72杨1197株，水杉12130株，花椒1600株，臭椿（苦楝）2515株，紫穗槐83060株，

附表2-6 基干林带苗木数量表

道路名称		道路长度(m)	改造长度(m)	改部位造	树种配置	树种名称及数量													
						速生杨类				水杉(2.5m)	银杏(5.0m)	花椒(2.5m)	臭椿(苦楝)(4.0m)	紫穗槐(2.5m)	杞柳(1.0m)	国槐(4.0m)	铅笔柏(2.5m)	金针菜(0.3×0.5m)	悬铃木(5.0m)
						株距(m)	W—46	I—69 I—72	105 106										
大张 公路	镇南 镇北	900 1900	900	全改 沟坡	2法1水3紫 2法1水2紫	4.0 4.0				360 760				1350 1900					360
赵屋至吴少公路 海郑公路 候集至大湖公路 安然大沟 后坝引河大沟		2200 8900 4100 5000 1400	2200 9800 4100 5000 1400	全改 全改 全改 全改 全改	2杨1椿(楝)1紫 2(柏+杨)4紫 2槐1椿(楝)3紫 3杨1水2紫 2杨1水3花2银1紫3金	4.0 4.0 4.0 4.0 4.0		2450 700	1100 3750	2000 560	1400	1680	550 1025	1100 19600 6150 5000 700	2050	4900	8400		
官庄 大沟	官庄大沟西 官庄大沟东	2600 5800	2600 5800	全改 全改	3杨1水3紫 2杨3柳2金	4.0 4.0	1950	2900		1040	2900			3900 2900	17400			23200	
基干小计							5100	2900	4850	4720	4300	1680	1575	4260	17400	2050	4900	31600	360

附表2-7　农田林网苗木数量表（I区）

道路名称或代号	道路长度(m)	道路段长(m)	改造部位	树种配置	树种名称及数量											
					速生杨类				水杉	银杏	花椒	臭椿(苦楝)	紫穗槐	杞柳	枸杞	金针菜
					株距(m)	W-46	I—69 I—72	NL-105 NL-106	株距 2.5m	株距 5.0m	株距 2.5m	株距 4.0m	株距 2.0m	株距 1.0m	株距 1.5m	金针菜 0.5m × 0.3m
I_1	1940	1940	全改	2杨2水2紫	4.0		970		1550					1940		
I_2	1380	1380	全改	2杨2水2紫	4.0		690		1100				1380			
I_3	1940	1940	全改	2杨2柳	4.0	970								3880		
I_5	350	350	全改	2杨2柳	4.0	175								700		
I_6	1300	1300	全改	2杨2紫	4.0			650					1300			
I_7	1300	1300	全改	1花2枸4金	4.0						520					
I_8	880	880	全改	2杨2柳	4.0	440								1761		
I_9	880	880	全改	4金	4.0			125								10400
I_{10}	500	500	全改	1杨1紫								250				
I_{11}	300	300	全改	4金											867	7040
I_1	1200	1200	全改	2杨2水2紫	4.0		600		960				1200			
I_2	650	650	全改	2杨2水2紫	4.0		325		520				650			2400
I_3	360	360	全改	2杨2柳	4.0	180								720		
I_4	1300	1300	全改	2杨2水2紫	4.0		650		1040				1300			
I_{16}	900	900	全改	2杨2柳	450								1800			
I区小计						6180	4525	775	7234		520	410	10600	25080	867	19840

附表2-8　经费概算表（1991年度）

树种名称	苗木费用			整地造林费用				幼林管理费用
	苗木数量（株）	苗价（元/株）	苗木费用（元）	每工整地造林数量	需工数（日）	工价（元/日）	整地造林费用（元）	包括病虫害防治、必要的施肥费用（元）
NL-105、NL-106杨	13885	1.20	1662	20	694.3	7.0	4859.75	
W-46杨	15025	1.0	1.5025	20	751.25	7.0	5258.75	
I-69杨、I-72杨	24455	1.80	19564	20	1222.75	7.0	8559.25	
水杉	22980	0.80	18384	30	766	7.0	5362	
银杏	4300	5.00	21500	20	215	7.0	1505	
花椒	7524	0.60	4514	30	251	7.0	1755.6	
臭椿(苦楝)	2315	0.50	1158	30	77.2	7.0	540.2	
法桐	360	4.50	1620	15	24	7.0	168	200
国槐	2050	2.50	5125	20	102.5	7.0	717.5	
铅笔柏	4900	3.00	14700	20	245	7.0	1715	
泡桐	2915	1.00	2915	30	97.2	7.0	681.2	
紫穗槐	149333	0.03	4480	150	996	7.0	6969	
杞柳	58660	0.02	1714	200	293.3	7.0	2053.1	
枸杞	9880	0.10	988	150	66	7.0	461.1	
金针菜	71040	0.03	2131	250	284.2	7.0	1989.1	
1991年小计	130485			42595				2000

附表2-9　经费概算表（1992年度）

树种名称	苗木费用			整地造林费用				幼林抚育管理费用（元）
	苗木数量（株）	苗价（元/株）	苗木费用(元)	每工整地造林数量	需工数（日）	工价（元/日）	整地造林费用(元)	
NL—105、NL—106杨	8050	0.80	6440	20		7.0	2817.5	
W—46杨	18790	0.80	15032	20		7.0	6576.5	
I—69、I—72杨	119970	0.50	5998.5	20		7.0	4199	
水杉	12131	0.50	6066	30		7.0	2831	
花椒	1600	0.50	800	30	402.5 939.5 600	7.0	373	5000
臭椿（苦楝）	2515	0.30	755	30		7.0	587	
紫穗槐	83060	0.03	2492	150		7.0	3876	
杞柳	99080	0.005	495	200		7.0	3468	
枸杞	2733	0.10	273.3	150		7.0	128	
金针菜	32640	0.02	652.3	250		7.0	914	
1992年小计	39004.8			25770				5000

杞柳 99080 株，枸杞 2733 株，金针菜 32640 丛，总费用 69774.8 元（除围村林改造费用）。其中苗木费用 39004.8 元，整地造林费用 25770 元，幼林管理费用 5000 元。

第三年（1993 年），完成宜林荒山荒地的绿化造林工作，并加强对已造林地的管理和苗木补植工作，以及围村林改造的进一步完善和深化。

9. 效益估算

9.1 经济效益

新建农田林网是以速生杨树为主，乔灌草相结合，长期效益和短期效益兼顾的多林种、多层次的防护林体系。林网建成后，主要用材树种的生长情况及经济效益估算见附表 2-10。5 年后主要用材树种的经济效益可达 987.01 万元，10 年时可达 3109.02 万元，年平均为 310.90 万元。

主要经济树种及草本植物经济效益估算见附表 2-11。

规划实施 3 年后，每年就可从经济树种及草本植物中获得经济效益 35.71 万元，到 5 年时达 97.57 万元，10 年内总的经济效益为 656.84 万元。

在实施规划 10 年后乔灌草总的经济效益可达 3765.86 万元，年均 376.59 万元，是规划前 50 万元（1989）的 60 倍。

9.2 生态效益

目前，铜山县大庙镇林木覆盖率为 15.1%，尚有 $66.7hm^2$ 农田未建林网，10 年后全镇林木覆盖率可达 22% 左右。

建立农田防护林体系的主要目的是改善生态环境，为农作物生长创造有利条件。据测定，在林带背风面有效防风范围内，平均风速可降低 25%，水分蒸发减少 14%，土壤含水量增加 20%，空气湿度也有所提高。由于防护林的建立，农业生态环境得到了改善，抵御或减缓了自然灾害对农作物的破坏，粮食产量也必然提高。

林网建成后，大庙镇几种主要农作物的增产情况及效益估算见附表 2-12。因此大庙镇林网的生态效益至少为 335.95 万元 / 年。

此外，农田防护林不仅能起到防风固沙的作用，还能提供“三料”。例如，紫穗槐就是一种高效的绿肥植物，1000kg 嫩叶含氮素 13.2kg，磷素 3kg，钾素 7.9kg，其肥效相当于硫酸铵 65kg，过磷酸钙 15kg，硫酸钾 15.8kg。

紫穗槐还是营养丰富的饲料。1000kg 紫穗槐风干叶里含粗蛋白 23.7kg，粗脂 31kg，用这种饲料大力发展养殖业，可改善人们的生活水平，促进社会繁荣与进步。

$$R_0=\frac{\sum_{t=1}^{n}\frac{S_t}{(1+t)^t}}{\sum_{t=1}^{n}\frac{C_t}{(1+i)^t}}$$

9.3 投资回收年限

（1）静态投资回收年限按下式计算：

附表2-10　主要用材树种经济效益估算

树种	株数	5年						10年					
		$\overline{D}_{1.3}$ (cm)	$\overline{H}$ (m)	$V_{单}$ (m³)	V (m³)	木材价格（元/m³）	总值（万/元）	$\overline{D}_{1.3}$ (cm)	$\overline{H}$ (m)	$V_{单}$ (m³)	V (m³)	木材价格（元/m³）	总值（万元）
I-69、72杨	36452	22.0	17.2	0.2610	9513.97	300	285.42	34.8	18.1	0.8094	29504.25	300	885.13
NL-105、106杨	21935	24.0	18.5	0.3000	6580.50	300	197.42	36.0	20.0	0.9950	21825.33	300	654.76
W-46杨	33815	25.5	21.3	0.4222	14276.69	300	428.30	40.0	22.0	1.300	43959.50	300	1318.79
水杉	35111	12.0	5.5	0.0622	2183.90	300	65.52	17.4	12.0	0.1760	6211.14	300	186.33
铅笔柏	4900	8.0	5.0	0.0250	122.50	500	6.13	14.0	10.0	0.1539	754.11	500	37.71
苦楝	2415	8.0	3.0	0.0150	36.23	600	2.17	13.0	8.0	0.1062	256.47	600	15.38
国槐	2050	3.0	4.0	0.0028	5.80	500	0.29	7.0	7.0	0.0269	55.23	500	2.76
臭椿	2415	6.0	6.0	0.0170	40.97	400	1.64	10.0	10.0	0.0785	189.67	400	7.59
法桐	360	6.0	6.0	0.0170	6.12	200	0.12	10.0	10.0	0.0785	28.26	200	0.57
合计							987.01						3109.02

附表2-11　主要经济树种及草本植物的经济效益估算

树种	3年				5年		
	株数	产量（kg/株）	单价（元/kg）	总值（元）	产量（kg/株）	单价（元/kg）	总值（元）
银杏	4300				2.0	24.0	206400
花椒	9124	0.5	14.0	63868	1.25	14.0	159670
枸杞	12613	1.0	10.0	126130	2.5	10.0	315325
紫穗槐	232393	1.5	0.30	104576.85	2.5	0.10	174294.75
杞柳	156740	0.75	0.40	47022	1.5	0.40	94044
金针菜	103680	0.03	5.00	15552	0.05	5.00	25920
合计							975653.75

注：银杏产量在10年内呈增长趋势，本表为计算方便按5年时达到稳定计算。

附表2-12　几种主要作物的增产效益

项目	小麦	水稻	玉米	棉花	大豆
总产量（万kg）	1538.63	1487.46	466.46	41.16	31.38
平均增产幅度（%）	12	10	20	10	15
增产量（万kg）	184.64	148.75	93.23	4.12	4.71
粮价（元/kg）	0.80	0.70	0.66	4.0	1.30
折合效益（万元）	147.71	104.13	61.53	16.46	6.12
合计（万元）	335.95				

注：总产量的基数取自1989年

$$T_s=\frac{A_{总}}{B_{总}-C_{年}}$$

式中：T_s——投资回收年限；

$A_{总}$——总投资，包括群众投资和国家投资；

$B_{年}$——年效益；

$C_{年}$——年运行费用。

(2)动态投资回收年限按下式计算：

$$T_D=-\frac{\ln\left(1-\frac{K_0\cdot i}{B_{总}-C_{年}}\right)}{\ln(1+i)}$$

式中：T_D——投资回收年限；

$B_{年}$——年效益；

$C_{年}$——年运行费；

K_0——直接投入总值；

I——经济报酬率。

9.4 内部回收率

内部回收率是指经济效益费用比 R=1 或净效益 P_0=0 时，该工程方案可以获得的经济报酬率，即为回收率 IRR，可通过计算确定。根据

$$\sum_{t=1}^{n}\frac{B_t - C_t}{(1+i)\cdot t} - K=0$$

式中：B_t——第 t 年的毛收入；

C_t——第 t 年的年运行费；

I——内部回收率（%）；

K——投资现值（用内部回收率折算）。

内部回收率的插补计算公式为：

$$IRR=\frac{|NPW_1|}{|NPW_1|+|NPW_2|}\times(i_2-i)\%+i_1\%$$

式中：IRR——内部回收率（%）；

$|NPW_1|$——具有正值净效益现值的绝对值；

$|NPW_2|$——具有负值净效益现值的绝对值；

i_1, i_2——相应的利率。

参考文献

[1] 林杰．基于GIS的苏南低质低效杉木林分类研究[J]. 南京林业大学学报：自然科学版，2010，34（3）：157–160.

[2] 林杰，张波，李海东，等．基于HEC – GeoHMS和DEM的数字小流域划分[J]. 南京林业大学学报：自然科学版，2009，33 (5) ：65 – 68.

[3] 林杰，张金池，吴玉敏，等．南京市水土流失的现状、原因及防治对策[J]. 南京林业大学学报：自然科学版，2008，32（2）：43–46.

[4] 林杰，张金池，彭世揆，史学正，等．基于MapObjects的红壤资源信息系统[J]. 南京林业大学学报：自然科学版，2006，30（3）：89–92.

[5] 林杰，张金池，彭世揆，史学正，等．江西省1：100万土壤信息系统的构建[J]. 南京林业大学学报：自然科学版，2005，29（5）：106–110.

[6] 张金池，李海东，林杰，等．基于小流域尺度的土壤可蚀性K值空间变异[J]. 生态学报，2008，28（5）：2199–2206.

[7] 李海东，林杰，张金池，等．小流域尺度下土壤有机碳和全氮空间变异特征[J]. 南京林业大学学报：自然科学版，2008,32 (4) ：38–42.

[8] 张金池主编．水土保持学．辽宁大学出版社，2004.

[9] 张金池，胡海波，苏南丘陵主要森林类型水土保持功能研究．中国林业出版社，1994.

[10] 张金池，卢义山，康立新．苏北海堤主要防护林类型防蚀功能研究．南京林业大学学报，1996，3：12–18.

[11] 张金池，卢义山．主要海堤防护林类型地表径流规律研究．土壤侵蚀与水土保持学报，1996，4：44–50.

[12] 张金池，卢义山，康立新．海堤防护林树木根系对堤防稳定性影响研究．南京林业大学学报，1993，2：15–21.

[13] Zhang Jinchi，HYLOYUKI NAKAMURA，Effect of tree roots on soil erosion control at seadikes in the Northern part of Hangzhou bay ,China，日本砂防学会志，1998，51（2）：23–37.

[14] 张金池，胡海波，林文棣．江苏沿海平原沙土区水土流失规律研究．南京林业大学学报，1995，2：24–30.

[15] 张金池，胡海波，陈扬宏．苏南丘陵区不同土地利用状况蓄水保土功能研究．南京林业大学学报，1995，2：6–11.

[16] 张金池，林文棣．苏北淤泥质海岸森林立地分类与评价方法研究．南京林业大学学报，1992，1：28–35.

[17] 张金池，胡海波．徐淮平原农田防护林体系经济效益分析．南京林业大学学报，1996，4：21–26.

[18] 张金池，卢义山．苏北海堤防护林冠层截流降水特性研究．南京林业大学学报，1996，1：7–13.

[19] 张金池，胡海波等．徐淮平原农田防护林树木根系对土壤酶活性影响研究．林业科学研究，1996，6：45–51.

[20] 胡海波,康立新等. 泥质海岸防护林土壤酶活性特征研究. 土壤学报,1998,35(1)：112–118.

[21] 胡海波，陈金林等. 苏北淤泥质海岸防护林土壤水分的研究. 中国生态农业学报，2002，10（4）：24–27.

[22] 胡海波，张金池等. 岩质海岸防护林土壤微生物数量及其与酶活性和理化性质的关系. 林业科学研究，2002，15（1）：88–95.

[23] 胡海波，梁珍海. 淤泥质海岸防护林的降盐改土功能. 东北林业大学学报，2001，29(5)：34–37.

[24] 胡海波，张金池等. 亚热带基岩海岸防护林土壤的酶活性. 南京林业大学学报，2001，25（4）：21–25.

[25] 胡海波，王汉杰等. 中国干旱半干旱地区防护林气候效应的分析. 南京林业大学学报，2001，25（3）：77–82.

[26] 胡海波，项卫东. 长江中下游环境特征与洪灾的关系. 南京林业大学学报，1999，23（2）：37–41.

[27] 胡海波，张金池等. 98长江洪灾的成因及对策分析. 福建林学院学报，1999，19(4)：303–306.

[28] 胡海波，康立新. 国外沿海防护林生态及其效益研究进展. 世界林业研究，1998，11(2)：18–25.

[29] 庄家尧．安徽省大别山区上舍小流域植物根系与土壤抗冲性的研究．中国水土保持科学，5（6）：15–20. 2007

[30] 庄家尧．Zhuang GIS–based simulation on the process of water and sediment discharge in the Shangshe catchment. Proceedings of the ninth international symposium on river sedimentation, Yichang China, Beijing: Qinhua University Press. 2004.

[31] 庄家尧．用积分公式法改进水文观测中径流量计算精度的研究．南京林业大学学报，32（6）：147–151：2008.

[32] 庄家尧．小流域不同土地利用类型土壤蓄水能力的研究．亚热带植物科学，37（100），6–10. 2008.

[33] 张金池主编．水土保持与防护林学．中国林业出版社，1995.

[34] 辛树帜，蒋德麒．中国水土保持概论[M]. 北京：中国农业出版社，1982.

[35] 王礼先．中国大百科全书水利卷．水土保持分支．北京：中国大百科全书出版社，

1992.
[36] 张金池，杜天真等著．长江中下游山地丘陵区植被恢复与重建．北京：中国林业出版社，2007.
[37] 周晓峰．中国森林生态系统定位研究[M]. 北京：中国林业出版社，1994.
[38] 林杰，李海东，张金池等．基于GIS的小流域土壤抗蚀性空间变异特征[J]. 水土保持研究，2009，16(2).
[39] 俞元春，李淑芬．江苏蜀林区土壤溶解有机碳与土壤因子的关系[J]. 土壤，2003，35(5).
[40] 张金池，康立新，卢义山．苏北海堤林带树木根系固土功能研究[J]. 水土保持学报，1994(2).
[41] 郑子成，吴发启，何淑勤．不同地表条件下土壤侵蚀的坡度效应[J]. 节水灌溉，2006(6).
[42] 王丽，张金池，张小庆．土壤保水剂含量对喷播基质物理性质及抗冲性能的影响[J]. 水土保持学报，2010(2).
[43] 田育新，吴建平．林地土壤抗冲性研究[J]. 湖南林业科技，2002(3).
[44] 陈永宗．黄土高原的水土流失及其治理[J]. 水土保持通报，1981(1).
[45] 张先仪．整地方式对水土保持及杉木幼林生长影响的研究[J]. 林业科学，1986(3).
[46] 水建国，孔繁根，郑俊臣．红壤坡地不同耕作影响水土流失的试验[J]. 水土保持学报，1989(1).
[47] 张金池，庄家尧，林杰．不同土地利用类型土壤侵蚀量的坡度效应[J]. 中国水土保持科学，2004(3).
[48] 马志尊．应用卫星影象估算通用土壤流失方程各因子值方法的探讨[J]. 中国水土保持，1989(3).
[49] 史志华，蔡崇法，丁树文．基于GIS和RUSLE的小流域[J]. 农业工程学报，2002(4).
[50] 李玥，张金池，李奕建等．上海市沿海防护林下土壤养分、微生物及酶的典型关系[J]. 生态环境学报，2010(2).
[51] 关君蔚．水土保持原理[M]. 北京：中国林业出版社，1996.
[52] 黄春海等．山东省地貌区划[M]. 山东师范大学．1983.
[53] 张金池，浦瑞良，王永昌．苏北云台山区水土流失强度遥感分级方法研究[J]. 水土保持研究与进展．1993.
[54] 胡海波，张金池．平原粉沙淤泥质海岸防护林土壤渗透特性的研究[J]. 水土保持学报，2001，15(1)：39–42.
[55] 胡海波，魏勇等．苏北沿海防护林土壤可蚀性的研究[J]. 水土保持研究，2001，8(1)：150–154. 土壤侵蚀分类分级标准 SL190–2007.
[56] M.J 柯克比，R.P.C 摩根编著．王礼先等译．土壤侵蚀．北京：水利电力出版社，1987.

[57] 张金池，康立新，卢义山．苏北海堤林带树木根系固土功能研究．水土保持学报，1994，8 (2)：43–47.
[58] 胡海波，张金池等．徐淮平原农田防护林带（网）对小麦产量的影响． 南京林业大学学报，1997，21 (4)：1–5.
[59] 张金池，藏廷亮，曾锋．岩质海岸防护林树木根系对土壤抗冲性的强化效应[J]．南京林业大学学报，2001，25 (1)：9–12.
[60] 胡海波，张金池．平原粉沙淤泥质海岸防护林土壤渗透性的研究[J]．水土保持学报，2001，15 (1)：39–42.
[61] 黄进，张金池，陶宝先．江宁小流域主要森林类型水源涵养功能研究 ．水土保持学报，2009 年 01 期．
[62] 胡海波，康立新等．泥质海岸防护林改善土壤理化性能的研究 ．南京林业大学学报，1994，18 (3)：13–18.
[63] 刘世荣，温远光等．中国森林生态系统水文生态功能规律．北京：中国林业出版社，1996.
[64] 李文华，何永涛，杨丽韫．森林对径流影响研究的回顾与展望．自然资源学报，2001，16 (5)：398–406.
[65] 祝志勇，季永华．我国森林水文研究现状及发展趋势概述．江苏林业科技，2001，28 (2)：42–45.
[66] 王礼先，张志强．森林植被变化的水文生态效应研究进展．世界林业研究，1998，11 (6)：14–23.
[67] 胡海波，张金池等．我国沿海防护林体系环境效应的分析．世界林业研究，2001，14(5)：37–43.
[68] 张金池．西部喀斯特山区植被的恢复措施．中国林业教育，2001 年 05 期．
[69] 侯喜禄，梁一民．黄土丘陵沟壑区水土保持林体系建设及效益分析．中国科学院水利部西北水土保持研究所集刊（森林水文生态与水土保持林效益研究专集），1991 年 02 期．
[70] 刘新胜，韩朝新，罗刚．湖北数字林业体系建设途径探讨．湖北林业科技 2002 年 04 期．
[71] 张金池，张小庆，林杰．南京市高效林业生态建设思路与对策．林业科技开发，2009 年 02 期．
[72] 王礼先，王斌瑞等．林业生态工程学[M]．北京：中国林业出版社，2000.
[73] 孙立达，朱金兆．水土保持林体系综合效益研究与评价．北京：中国科学技术出版社，1995.
[74] 中国水土保持学会编．水土保持科学理论与实践．北京：中国林业出版社，1992.
[75] 张金池．小流域农林复合经营类型与技术．林业科技开发，1998 年 05 期．
[76] 胡海波，姜志林等．农田防护林采伐年龄的探讨．江苏林业科技，1999，26(1)：

57－61.

[77] 甘牛．水土保持农业技术措施．中国水土保持，1982年02期.

[78] 俞元春，何晟，Wang G.Geoff. 杉木林土壤渗滤水溶解有机碳含量与迁移. 林业科学，2006年01期.

[79] 张金池，胡海波，李大江. 苏北淤泥质海岸主要造林树种根系研究. 南京林业大学学报(自然科学版)，1992年01期.

[80] 刘志芹，王克勤．人工水土保持林营建技术综述[J]. 山西水土保持科技，2003(3)：1－4.

[81] 杨艳生，史德明编著．数值分析和土壤侵蚀研究．南京：东南大学出版社，1992. 146～160.

[82] D.L.Dunkerley. Infiltration rates and soil moisture in a groved mulga community near A lice Springs, arid central Australia:evidence for complex internal rainwater redistribution in a runoff－runon landscape. Journal of A rid Environments, 2002 (51)：199－219.

[83] D.M.Silburn, R.D.Connolly. Distributed parameter hydrology model (ANSWERS) applied to range of catchment scales using rainfall simulator data: Infiltration modelling and parametermeasurement. Journal of Hydrology, 172 (1995)：87－104.

[84] Ger Bergkamp. A hierarchical view of the interactions of runoff and infiltration with vegetation and micro topography in semiarid shrublands. Catena 33 1998, (33)：201－220

[85] Zhang Jinchi, Zhuang Jiayao, Nakamura Hiroyuki,Ishikawa Haruyoshi, Cheng Peng, Fu Jun. Development of GIS－based FUSLE model to predict soil loss in a sub catchment of Chinese fir forest with a focus on the litter in the Dabie Mountains, China , Forest Ecology and Management, 2008, (255) 2782 2789. (SCI收录)

[86] Huang Jin, Zhang JinChi, Zhang ZengXin, Xu ChongYu, Wang BaoLiang, Yao Jian (2010) Estimation of future precipitation change in the Yangtze River basin by using statistical downscaling method (SDSM). Stoch Environ Res Risk Assess. doi: 10.1007/s00477－010－0441－9 (SCI收录)

[87] Jinchi Zhang .Modification and test of ULSE model to predict soil loss in a cultivated land sub－catchment scale in the Dabie Dountains, China, Environmental Pollution and Public Health Special Track within iCBBE (2010, Chengdu,China) EI扩展版收录.

[88] (Zhang Jinchi, Zhuang Jiayao, Nakamura Hiroyuki,Ishikawa Haruyoshi, Cheng Peng, Fu Jun. Development of GIS－based FUSLE model to predict soil loss in a sub catchment of Chinese fir forest with a focus on the litter in the Dabie Mountains, China , Forest Ecology and Management, 2008, (255) 2782 2789. (SCI收录)

[89] Zhang Jinchi, Study on soil and water conservation function of shelter－forest in Northern part of Jiangsu province, The proceedings of the international symposium on Forest and Environment, Forestry publishing house of China, 1996.

[90] 张金池，胡海波，阮宏华．长江流域的水土流失及防治对策．南京林业大学学报，1999 年 02 期．
[91] 李发斌，王青，李树怀．王家沟流域水土保持工程措施经济效益分析．水土保持研究．2004 年 03 期．
[92] 王广任．水土保持工程措施(沟壑治理部分)．中国水土保持．1982 年 01 期．
[93] 高晓琴，姜姜，张金池．生态河道研究进展及发展趋势．南京林业大学学报(自然科学版)，2008 年 01 期．
[94] William B.Magrath，谢宝．水土保持工程措施的经济分析．水土保持科技情报．1992 年 01 期．
[95] 张胜利，李光录．黄土高原沟壑区小流域水土保持工程体系优化配置研究．西北林学院学报，2000 年 04 期．
[96] 张增信，张金池，盛日峰．长江流域降水的季节变化对流域水资源的影响研究．青岛理工大学学报，2010 年 01 期．
[97] 王礼先．水土保持学．北京：中国林业出版社，1995.
[98] 吴发启．水土保持学概论．北京：中国农业出版社，2003.
[99] 王礼先等．水土保持工程学．北京：中国林业出版社，1991.
[100] 赵惠萍．浅谈水土保持方案编制存在的几个问题．中国水土保持，2004 (10)
[101] 朱太芳．开发建设项目水土保持方案编制要考虑水流失．中国水土保持,2006 (6)
[102] 王治国，朱党生，纪强，孟繁斌．开发建设项目水土保持方案编制及设计的若干思考．中国水利，2006 (12)
[103] 朱广茂．开发建设项目水土保持方案编制的探讨．浙江水利科技，2000 年 (5)
[104] 张金池．从我国水土流失现状论恢复森林植被的战略地位,世纪之交关注森林．北京：中国林业出版社，2001.
[105] 万福绪，韩玉洁．苏北沿海防护林优化模式研究[J]．北京林业大学学报，2004,(02)．
[106] 王礼先,洪惜英,谢宝元等．小流域土地资源信息库在水土保持规划中的应用．北京林学院学报，1985 年 02 期．
[107] 陈炯新主编．小流域水利规划手册．北京：水利水电出版社．1991.
[108] 陈发扬编．水土保持规划．北京：水利水电出版社．1989.
[109] 水利部水土保持司，水利部水土保持检测中心．水土保持生态建设项目前提工作培训教材．北京：中国标准出版社，2001.
[110] 姜德文编著．生态工程建设监理．北京：中国标准出版社，2002.
[111] 水利部水土保持司．水土保持监督执法概论．北京：中国法制出版，1995.
[112] 范志平，曾德慧，朱教君．农田防护林生态作用特征研究．水土保持学报，2002 年 04 期．
[113] 李秀江，杨春花，秦淑英．农田防护林体系的效益及评价方法．河北林果研究，

2000 年 01 期 .
[114]胡海波，万福绪，张金池 . 徐淮平原农田防护林带杨树根系特征研究 . 南京林业大学学报(自然科学版)1996 年 01 期 .
[115]郭学斌 . 影响农田防护林防风效益的主导因子探讨 . 山西林业科技,2000 年 02 期 .
[116]胡海波，姜志林，袁成 . 农田防护林采伐年龄的探讨 . 江苏林业科技 ， 1999 年 01 期 .
[117]中华人民共和国水土保持法 .1991.
[118]全国生态环境建设规划 . 环境与发展 ,2000 (11) .
[119]李纯利，李瑞凤，姜蕊云 . 水土流失的危害及其防治 . 水利科技与经济 .2001(3).
[120]中华人民共和国水利部 . 土壤侵蚀分类分级标准 . 2008.
[121]中华人民共和国水利电力部 . 水土保持试验规范 .1987.
[122]邱沛炯，沈云良 . 遥感技术在水土流失调查与监测中的应用 . 治淮 ,1992 (9) .
[123]开发建设项目水土保持技术规范 GB50433—2008
[124]开发建设项目水土保持防治标准 GB50424—2008
[125]水土保持监测技术规程 SL277—2002
[126]开发建设项目水土保持方案管理方法
[127]开发建设项目水土保持方案编报审批管理规定